丛书总主编　陈宜瑜
丛书副总主编　于贵瑞　何洪林

中国生态系统定位观测与研究数据集

农田生态系统卷

北京昌平站

（1991—2010）

马义兵　李菊梅　刘宏斌　武淑霞　主编

中国农业出版社
北　京

图书在版编目（CIP）数据

中国生态系统定位观测与研究数据集．农田生态系统卷．北京昌平站：1991—2010 / 陈宜瑜总主编；马义兵等主编．—北京：中国农业出版社，2023.12

ISBN 978-7-109-31438-2

Ⅰ.①中… Ⅱ.①陈… ②马… Ⅲ.①生态系－统计数据－中国②农田－生态系－统计数据－昌平区－1991-2010 Ⅳ.①Q147②S181

中国国家版本馆 CIP 数据核字（2023）第 210186 号

ZHONGGUO SHENGTAI XITONG DINGWEI GUANCE YU YANJIU SHUJUJI

中国农业出版社出版

地址：北京市朝阳区麦子店街 18 号楼

邮编：100125

责任编辑：李昕昱　　文字编辑：陈　灿

版式设计：李　文　　责任校对：吴丽婷

印刷：北京印刷一厂

版次：2023 年 12 月第 1 版

印次：2023 年 12 月北京第 1 次印刷

发行：新华书店北京发行所

开本：889mm×1194mm　1/16

印张：21.25

字数：628 千字

定价：168.00 元

中国生态系统定位观测与研究数据集

中国生态系统定位观测与研究数据集
农田生态系统卷·北京昌平站

PREFACE 1
序　一

进入20世纪80年代以来，生态系统对全球变化的反馈与响应、可持续发展成为生态系统生态学研究的热点，通过观测、分析、模拟生态系统的生态学过程，可为实现生态系统可持续发展提供管理与决策依据。长期监测数据的获取与开放共享已成为生态系统研究网络的长期性、基础性工作。

国际上，美国长期生态系统研究网络（US LTER）于2004年启动了Eco Trends项目，依托US LTER站点积累的观测数据，发表了生态系统（跨站点）长期变化趋势及其对全球变化响应的科学研究报告。英国环境变化网络（UK ECN）于2016年在*Ecological Indicators*发表专辑，系统报道了UK ECN的20年长期联网监测数据推动了生态系统稳定性和恢复力研究，并发表和出版了系列的数据集和数据论文。长期生态监测数据的开放共享、出版和挖掘越来越重要。

在国内，国家生态系统观测研究网络（National Ecosystem Research Network of China，简称CNERN）及中国生态系统研究网络（Chinese Ecosystem Research Network，简称CERN）的各野外站在长期的科学观测研究中积累了丰富的科学数据，这些数据是生态系统生态学研究领域的重要资产，特别是CNERN/CERN长达20年的生态系统长期联网监测数据不仅反映了中国各类生态站水分、土壤、大气、生物要素的长期变化趋势，同时也能为生态系统过程和功能动态研究提供数据支撑，为生态学模型的验证和发展、遥感产品地面真实性检验提供数据支撑。通过集成分析这些数据，CNERN/CERN 内外的科研人员发表了很多重要科研成果，支撑了国家生态文明建设的重大需求。

近年来，数据出版已成为国内外数据发布和共享，实现“可发现、可访问、可理解、可重用”（即 FAIR）目标的重要手段和渠道。CNERN/CERN 继 2011 年出版“中国生态系统定位观测与研究数据集”丛书后再次出版新一期数据集丛书，旨在以出版方式提升数据质量、明确数据知识产权，推动融合专业理论或知识的更高层级的数据产品的开发挖掘，促进 CNERN/CERN 开放共享由数据服务向知识服务转变。

该丛书包括农田生态系统、草地与荒漠生态系统、森林生态系统及湖泊湿地海湾生态系统共 4 卷（51 册）以及森林生态系统图集 1 册，各册收集了野外台站的观测样地与观测设施信息，水分、土壤、大气和生物联网观测数据以及特色研究数据。本次数据出版工作必将促进 CNERN/CERN 数据的长期保存、开放共享，充分发挥生态长期监测数据的价值，支撑长期生态学以及生态系统生态学的科学研究工作，为国家生态文明建设提供支撑。

孙鸿烈

2021 年 7 月

PREFACE 2

序 二

科学数据是科学发现和知识创新的重要依据与基石。大数据时代，科技创新越来越依赖于科学数据综合分析。2018 年 3 月，国家颁布了《科学数据管理办法》，提出要进一步加强和规范科学数据管理，保障科学数据安全，提高开放共享水平，更好地为国家科技创新、经济社会发展提供支撑，标志着我国正式在国家层面开始加强和规范科学数据管理工作。

随着全球变化、区域可持续发展等生态问题的日趋严重以及物联网、大数据和云计算技术的发展，生态学进入了“大科学、大数据”时代，生态数据开放共享已经成为推动生态学科发展创新的重要动力。

国家生态系统观测研究网络（National Ecosystem Research Network of China，简称 CNERN）是一个数据密集型的野外科技平台，各野外台站在长期的科学研究中积累了丰富的科学数据。2011 年，CNERN 组织出版了“中国生态系统定位观测与研究数据集”丛书。该丛书共 4 卷、51 册，系统收集整理了 2008 年以前的各野外台站元数据，观测样地信息与水分、土壤、大气和生物监测以及相关研究成果的数据。该丛书的出版，拓展了 CNERN 生态数据资源共享模式，为我国生态系统研究、资源环境的保护利用与治理以及农、林、牧、渔业相关生产活动提供了重要的数据支撑。

2009 年以来，CNERN 又积累了 10 年的观测与研究数据，同时国家生态科学数据中心于 2019 年正式成立。中心以 CNERN 野外台站为基础，生态系统观测研究数据为核心，拓展部门台站、专项观测网络、科技计划项目、科研团队等数据来源渠道，推进生态科学数据开放共享、产品加工和分析应用。为了开发特色数据资源产品、整合与挖掘生态数据，国家生态科学数据中心立足国家野外生态观测台站长期监测数据，组织开展了新一版的观测与研究数据集的出版工作。

本次出版的数据集主要围绕“生态系统服务功能评估”“生态系统过程与变化”等主题进行了指标筛选，规范了数据的质控、处理方法，并参考数据论文的体例进行编写，以翔实地展现数据产生过程，拓展数据的应用范围。

该丛书包括农田生态系统、草地与荒漠生态系统、森林生态系统以及湖泊湿地海湾生态系统共4卷（51册）以及图集1本，各册收集了野外台站的观测样地与观测设施信息，水分、土壤、大气和生物联网观测数据以及特色研究数据。该套丛书的再一次出版，必将更好地发挥野外台站长期观测数据的价值，推动我国生态科学数据的开放共享和科研范式的转变，为国家生态文明建设提供支撑。

2021年8月

FOREWORD 前言

土壤肥力直接关系农产品安全，土壤肥力监测和肥料效益是制定农田施肥策略和计划的科学基础支撑。土壤肥力和肥料效益长期定位试验和监测是农业非常宝贵和重要基础性科研工作，也是国家创新体系的重要组成部分，是开展农业资源环境领域研究的重要基础平台，不仅涉及土壤培肥和作物增产，还涉及资源高效利用和环境安全。我国土壤类型较多，土壤肥力差异较大，不同气候条件下耕作制度不同，全面掌握我国土壤肥力演变、农产品产量和质量变化可为政府部门制定科学农业策略和制度提供重要依据。

国家土壤肥力与肥料效益监测站网（简称肥力网）始建于1987年，是当时由国家计划委员会立项，加上省部资金配套，由中国农业科学院农业资源与农业区划研究所（原土壤肥料研究所）主持，联同吉林省农业科学院土壤肥料研究所、新疆农业科学院土壤肥料与农业节水研究所、陕西省农业科学院土壤肥料研究所、河南省农业科学院植物营养与资源环境研究所、西南农业大学、中国农业科学院湖南红壤实验站和浙江省农业科学院土壤肥料研究所在我国9个主要土壤类型上（广州赤红壤监测基地随城市化在2000年消失）建设的国家级大型土壤肥力和肥料效应长期定位监测试验站网络，包括吉林公主岭黑土肥力与肥料效益监测站、新疆乌鲁木齐灰漠土肥力与肥料效益监测站、陕西杨凌黄土肥力与肥料效益监测站、北京昌平褐潮土肥力与肥料效益监测站、河南郑州潮土肥力与肥料效益监测站、浙江杭州水稻土肥力与肥料效益监测站、重庆北碚紫色土肥力与肥料效益监测站、湖南祁阳红壤肥力与肥料效益监测站等8个监测站。主要研究我国不同区域、不同类型土壤和不同施肥制度条件下土壤肥力长期演变规律，研究肥料利用率以及肥料的农学和生态环境效应，研究我国不同水热梯度带农田土壤肥力质量、环境质量演变规律、最佳施肥制度以及集约化养殖废弃物农业利用的环境效应。肥力网是1999年科学技术部遴选的首批国家重点野外科学观测试验站（试点站）之一，2006年被正式纳入国家野外科学观测研究站序列。2019年7月1日，科技部将国家野外科学观测研究站优化调整更名为北京昌平土壤质量国家野外科学观测研究站（简称北京昌平站）。

自建站以来，始终坚持“五个统一”的原则（统一试验处理，统一采样时间，统一测定方法，统一长期保存样品，统一数据处理），针对全国土壤肥力长期演变和肥料的农学和生态环境效应进行了长期的动态监测和评估，不仅为我国耕地保育技术和农业产地环境管理提供了科学依据，还为农业科学技术研究与推广提供了野外试验平台。20多年来，在土壤、作物和气象等方面积累了宝贵的历史资料和较完整的监测数据。该站服务面向农业科学研究项目和生产实际管理以及科普教育宣传，为农业管理部门、农业科研单位、农业大专院校、农业科研工作者、大学生、基层农业技术人员、农民等服务，为了实现历史资料和数据的资源共享和高效挖掘，经过各站全体人员的共同努力，整理汇编了这本20年（1991—2010年）的长链数据集。

本书有关各监测站的数据与资料分别由各站站长朱平（吉林公主岭黑土监测站）、刘骅（新疆乌鲁木齐灰漠土监测站）、杨学云（陕西杨凌黄土监测站）、刘宏斌（北京昌平褐潮土监测站）、黄绍敏（河南郑州潮土监测站）、陈义（浙江杭州水稻土监测站）、石孝均（重庆北碚紫色土监测站）、王伯仁（湖南祁阳红壤监测站）率领各站人员整理，全书由马义兵、李菊梅、刘宏斌、武淑霞等负责统稿和审核。虽然我们对历史的数据反复做了审核，部分数据做了重新核实和测定，力求数据准确无误，但是由于编辑时间紧，以及历史的原因和主、客观因素的限制，错误和不妥之处在所难免，敬请批评指正。

20多年来肥力网坚持不懈，努力工作，获得了非常宝贵的、无可取代的资料，都是长期在站工作的所有人的通力合作和无私奉献的结晶，与老一辈开创者、长期支持和指导我们工作的专家和学者的功劳分不开，在此表示衷心的感谢！也由衷地感谢默默无闻的长期在站工作及野外监测一线的科研人员。由于时间久，涉及人员多，因此每个人的贡献不再一一列举，在此对所有涉及人员致以崇高的敬意！希望这本20年的长链数据集为大家服务时显示出重要的科学价值。

特别说明：国家土壤肥力与肥料效益监测站网自2019年7月1日起更名为北京昌平土壤质量国家野外科学观测研究站（简称北京昌平站），由于该数据集涉及资料时段为1991—2010年，其间站名为国家土壤肥力与肥料效益监测站网（简称肥力网），因此为了与所涉及的资料归属名称一致，该数据集内容仍沿用国家土壤肥力与肥料效益监测站网（简称肥力网），特此说明。

本书编委会

2023年10月

CONTENTS

目 录

第1章 引　言

1.1 站网简介

国家土壤肥力与肥料效益监测站网（简称肥力网，英文名称：National Soil Fertility and Fertilizer Effects Long - term Monitoring Network）于1987年由中华人民共和国国家计划委员会立项，拨款900万元，加上各省配套资金共计1 500万元，由中国农业科学院农业资源与农业区划研究所（原土壤肥料研究所）主持，联同吉林省农业科学院土壤肥料研究所、新疆农业科学院土壤肥料与农业节水研究所、陕西省农业科学院土壤肥料研究所、河南省农业科学院植物营养与资源环境研究所、西南农业大学、中国农业科学院湖南红壤实验站、浙江省农业科学院土壤肥料研究所在我国8个主要土壤类型上（原为9个，广东广州赤红壤监测站随城市化在2000年消失）建设的国家级大型土壤肥力和肥料效益长期定位监测试验站网络。

9个土壤肥力与肥料效益监测站分别为北京昌平褐潮土监测站、吉林公主岭黑土监测站、新疆乌鲁木齐灰漠土监测站、陕西杨凌黄土监测站、河南郑州潮土监测站、浙江杭州水稻土监测站、重庆北碚紫色土监测站、湖南祁阳红壤监测站、广东广州赤红壤监测站。9个土壤肥力与肥料效益监测站横跨我国中温带、暖温带、中亚热带、南亚热带4个气候带，分布在我国9个农区的东北、甘新、黄土高原、黄淮海、长江中下游、华南、西南7个农业区内，其覆盖面积占我国农区耕地面积的2/3，代表了我国主要的作物轮作类型。每个监测站代表1个土壤类型，土壤类型有黑土、灰漠土、黄土、褐潮土、潮土、红壤、赤红壤、紫色土、水稻土。除了主点外，尚设有附点，相互对应和补充；除了主监测区，尚设有相同处理的试验微区、裂区试验和养分渗滤池，形成了点面结合，主区、微区、裂区结合的全方位土壤肥力与肥料效益长期监测体系。在中华人民共和国农业部“八五”“九五”重点项目的支持下，监测站从1990年起开展规范、系统的土壤肥力和肥料效益长期定位试验监测。

各监测站均为国有土地，监测环境相对稳定，监测设施比较完善。每个监测站均拥有土地2～3.3 hm^2，设有处理小区面积为200～400 m^2的大田肥料长期定位试验小区264个（南方每小区120～334 m^2，北方每小区400～468 m^2）；建立了446个微区肥料长期定位辅助试验；在黑土、黄土、褐潮土、潮土、紫色土、水稻土基地建有6个大型渗滤池群（包括208个大型渗滤计）；建有9个总面积为1 867 m^2 的大型网室盆栽场、2 626 m^2 的水泥晒场、7 148 m^2 的实验室，以及5个气象观测哨；建立示范田块和其他研究设施（如水土流失观测场、节水灌溉设施）；配有农机具、配电室、机井等设备，拥有价值1 000多万元的各种监测和分析仪器设备；均建有样品保藏库，在北京还建有大型土壤和植物标本长期储存库和网络共享数据库。

监测站生态系统复杂多样，保存的土壤、植株样品完整，已有30多年的长期监测实践和经验，形成了一个较系统的统一监测研究网络，积累了丰富的野外科学监测数据，建立了作物产量数据库、土壤养分含量数据库、植株养分含量数据库、气象资料数据库及研究数据库。有的监测站还对降水和灌溉水进行了连续监测，数据资料具有动态长链性、连续性、完整性，这些监测站具有国家野外科学观测研究站的基本特征和明显的农业行业特色。

监测站的监测研究初步揭示了不同农业措施下的土壤肥力，包括全国几个主要农业区土壤的养分状况及物理特性的变化趋势和肥料增产效应，监测站先后为国家领导人、中华人民共和国国家计划委员会、中华人民共和国农业部、中华人民共和国化学工业部起草了《我国土壤肥力演化趋势分析》、《我国化肥施用效果及提高化肥利用率技术》等报告，为我国化肥工业布局、化肥使用区划提供了可靠的依据；探明了施肥后肥料的去向、主要损失途径、影响因素、对生态环境的影响，为提高化肥利用率提供了坚实的基础数据；进一步证实化肥和有机肥在我国粮食增产、土壤培肥、提高肥料利用率等方面具有相互配合的作用等。

国家土壤肥力与肥料效益监测站网是1999年首批中华人民共和国科学技术部“国家重点野外科学观测试验站（试点站）”之一，2006年被正式纳入国家野外科学观测研究站序列。中华人民共和国科学技术部对原有的105个国家野外科学观测研究站进行优化调整，自2019年7月1日起，国家土壤肥力与肥料效益监测站网更名为北京昌平土壤质量国家野外科学观测研究站（简称北京昌平站）。

1.2 研究方向

1.2.1 研究我国不同土壤长期施肥条件下肥料的农学效应、养分利用率及去向

利用国家土壤肥力与肥料效益监测站网的监测数据和样品，研究我国不同土壤类型、不同轮作制度下肥料的农学效应和累积利用率，探明肥料的去向或归宿、养分的形态与演变，结合养分平衡和培肥土壤原理，建立最佳施肥制度，为我国不同地区的养分资源科学管理、科学施肥、培肥土壤提供理论依据和有效途径。

1.2.2 研究我国不同水热梯度带农田土壤肥力质量和环境质量演变规律

充分发挥国家土壤肥力与肥料效益监测站网“五个统一”（统一试验处理、统一时间采样、统一测定方法、统一长期保存样品、统一数据管理）的优势，克服单点研究不能揭示区域尺度演变规律的局限性，依靠长期试验平台，利用历史资料和样品，应用数学模拟方法，研究我国不同水热梯度带农田土壤肥力质量和环境质量演变规律及其重要影响因素，在国家尺度上提出农田土壤质量宏观调控对策。

1.2.3 研究耕地土壤有机碳库演变规律及驱动因子

采取信息技术、同位素示踪技术、现代生物技术、点位空间扩展法、模型分析法等手段，全面系统研究我国典型农区耕地土壤有机碳库数量与质量的演变规律；探讨农业耕作栽培措施和气候条件等对土壤有机碳库变化的影响；建立我国耕地土壤有机碳平衡模型并预测我国典型农区土壤有机碳的平衡期和平衡点，为提高土壤碳储量、土壤生产力及建立土壤培育技术体系提供有效途径和理论依据。

1.2.4 研究大型畜禽场粪便有机肥引起的土壤中重金属的累积及毒害效应

因为动物饲料添加高剂量重金属元素，所以畜禽粪便制成的有机肥中也含有较高水平的重金属，长期施用这类有机肥有可能引起重金属元素在土壤中的累积甚至对植物产生毒害，或影响农产品质量和人体健康。所以研究畜禽粪便及有机肥对土壤重金属累积的影响及毒害效应是非常重要的，该研究能为制定合理的动物饲料添加剂标准和农田合理施用有机肥提供科学依据。

1.3 人才队伍

国家土壤肥力与肥料效益监测站网的固定人员共有58名，其中正高级17人，副高级16人，中

级17人，初级2人，其他6人；30～44岁的有21人，45～59岁的有27人，小于30岁的有9人；研究人员35人，管理人员13人，技术人员10人。研究人员的专业包括土壤学、植物营养学、环境科学、生态学、农学等专业，专业结构合理，研究人员各自的重点研究方向明确，研究人员分工协作，团结合作，具有扎实的专业知识，具有良好的科研素质和学术风气。研究人员年龄结构合理，研究队伍稳定，具有极强的开拓精神及创新能力，敬业爱业，吃苦耐劳，能长期坚持在试验基点工作，保证了试验及长期生态环境监测结果的高质量、高水平和高效率。

1.4 样品保存

国家土壤肥力与肥料效益监测站网在北京建有大型土壤、植物样品及标本长期储存库，保存着北京褐潮土监测站历年的土壤、植株样品，其他7个监测站5年1次的全面取样的土壤和植株样品，及9个监测站的土壤剖面。北京大型土壤和植物标本长期储存库迄今共保存长期定位试验土壤样品10 000份以上，长期定位试验植株茎叶和籽粒样品5 000多份，为养分循环和土壤质量演变研究提供了宝贵的资源。

在吉林公主岭黑土监测站、新疆乌鲁木齐灰漠土监测站、陕西杨凌黄土监测站、河南郑州潮土监测站、浙江杭州水稻土监测站、重庆北碚紫色土监测站、湖南祁阳红壤监测站也分别建有土壤、植物样品及标本储存库，每个监测站样品库均保存1份自己站的历年土壤和植株样品。

第2章 试验设计和监测站概况

2.1 试验设计

2.1.1 设计原则

国家土壤肥力与肥料效益监测站网按照“五个统一”的原则设计试验。

2.1.1.1 统一试验处理

大田长期定位试验主要处理如下：①空白（CK_0，不耕作，不施肥，不种作物）；②不施肥（CK）；③氮（N）；④氮磷（NP）；⑤氮钾（NK）；⑥磷钾（PK）；⑦氮磷钾（NPK）；⑧有机肥（M）；⑨氮磷钾＋有机肥（NPK＋M）；⑩氮磷钾（增量）＋有机肥（增量）[1.5（NPK＋M）]；⑪氮磷钾＋秸秆（NPK＋S）；⑫氮磷钾＋有机肥＋种植方式2（NPK＋M＋F2）；小区面积200～400 m^2。不同监测站设置试验处理和试验处理编号有所不同，但是大原则是一致的。

试验要求统一作物，北方地区为小麦、玉米、豆类；南方地区为水稻、小麦、豆类。小区面积北方地区旱地不小于400 m^2，南方地区稻田不小于120 m^2，不设重复。施用有机肥料和无机肥料应等氮量，北方地区施用氮素150 kg/hm^2，南方地区施用氮素165 kg/hm^2，有机氮与无机氮的比例为7∶3。施用的有机肥料应测定养分含量。氮、磷、钾化肥施用比例为1∶0.5∶0.5，但各地可根据具体条件适当调整。秸秆还田处理如氮素不足，可增施无机氮肥进行补充。陕西省、北京市、河南省的试验小区增设灌水与不灌水两个处理，可在田间或微区中进行试验。

2.1.1.2 统一采样时间

各监测站每年秋季收获后均需采集土壤（0～20 cm）、秸秆、籽粒样品并分析测定。土壤性质监测每5年全面采集1次，土壤采集0～100 cm各剖面层样品。

2.1.1.3 统一测定方法

所有测定方法均是统一的，各监测站均按照站网制定的统一测定方法进行监测和样品分析。

2.1.1.4 统一长期保存样品

在北京建立样品长期保存库，各监测站每季、每年和5年1次全面取样的样品被分析测定后，除了各站样品库保存1份外，还须另备1份送交北京样品库长期保存。

2.1.1.5 统一数据管理

监测站网还建有数据库，各监测站的监测数据每年上报数据库，由数据库统一处理和保存。

2.1.2 匀地情况

各监测站在正式试验前都进行了匀地试验，空白试验茬数平均3.5茬，高于技术规程的要求。绝大多数监测站的产量差异变幅在10%以下，土壤肥力条件达到正式布置长期试验的要求。各监测站匀地试验的结果见表2-1。

表 2-1　匀地试验结果

监测站	匀地作物	空白试验茬数/茬	产量差异变幅/%
吉林公主岭黑土监测站	玉米	3	4.6
新疆乌鲁木齐灰漠土监测站	春麦	2	<8.0
陕西杨凌黄土监测站	玉米，大、小麦	5	5.0
北京昌平褐潮土监测站	小麦、谷子	2	8.8
河南郑州潮土监测站	小麦、谷子	4	11.0
浙江杭州水稻土监测站	水稻	4	7.78
重庆北碚紫色土监测站	水稻、小麦	5	7～8
湖南祁阳红壤监测站	玉米、绿豆	2	5～7

2.1.3　种植制度

国家土壤肥力与肥料效益监测站网选择的土壤类型有：黑土（全国 1 000 万 hm^2，其中吉林 110 万 hm^2）、灰漠土（全国 473 万 hm^2，其中新疆 191 万 hm^2）、黄土（全国 2 533 万 hm^2，其中陕西近 667 万 hm^2）、褐潮土、潮土（全国潮土 2 600 万 hm^2，其中海河流域 533 万 hm^2，黄河流域约 667 万 hm^2，河南 149 万 hm^2）、水稻土（3 000 万 hm^2，其中杭嘉湖平原 233 万 hm^2）、红壤（全国 2 667 万 hm^2，其中湖南 867 万 hm^2）、紫色土（全国 1 867 万 hm^2，其中四川 913 万 hm^2）。各监测站在自然条件、生产条件、土壤类型方面于全国有较大的覆盖面，其覆盖面积占我国农区耕地面积的 2/3，代表了我国主要的作物轮作类型，见表 2-2。

表 2-2　代表土壤类型和种植制度

监测站	位置	土壤类型	主要种植制度
吉林公主岭黑土监测站	吉林省公主岭市	黑土	春玉米/春玉米/大豆
新疆乌鲁木齐灰漠土监测站	新疆维吾尔自治区乌鲁木齐市	灰漠土	春玉米/冬小麦/棉花
陕西杨凌黄土监测站	陕西省咸阳市杨凌区	黄土	冬小麦/夏玉米
北京昌平褐潮土监测站	北京市昌平区	褐潮土	冬小麦/夏玉米
河南郑州潮土监测站	河南省郑州市	潮土	冬小麦/夏玉米
浙江杭州水稻土监测站	浙江省杭州市	水稻土	大麦-早稻-晚稻；小麦-单季稻
重庆北碚紫色土监测站	重庆市北碚区	紫色土	冬小麦/水稻
湖南祁阳红壤监测站	湖南省祁阳市	红壤	冬小麦/夏玉米

2.1.4　监测内容

监测内容主要包括以下 4 个方面：一是气象观测。主要指标为天气状况、空气温度、相对湿度、降水量、风速、日照时数。二是土壤监测。主要指标为机械组成、有机质、pH 值、全量和有效养分、阳离子交换量、重金属、土壤容重和孔隙状况、土壤水溶性盐分含量。三是生物指标。包括作物品种、生物和经济产量、播种时间、播种量、出苗和分蘖情况、生育期、株高、穗长、穗粒数、千粒重、田间管理、茎叶籽粒中元素含量、土壤微生物区系、土壤酶活性。四是水文指标。包括土壤耕层含水量、土壤田间持水量、农田灌溉量、降水化学指标、淋溶水化学指标。具体监测频率、规范和方法见土壤肥力与肥料效益监测规范与方法（第3章）。

2.2 监测站概况

2.2.1 吉林公主岭黑土监测站

2.2.1.1 试验地点

吉林公主岭黑土监测站位于吉林省公主岭市的吉林省农业科学院试验农场内，地理坐标为124°48′33.9″E，43°30′23″N，海拔220 m。该监测站位于辽河流域（上游区）松嫩-三江平原农业区，地势平坦，地形呈漫岗波状起伏。属于温带大陆性季风气候区，其特点是四季分明，冬季寒冷漫长，夏季温热短促；年平均气温5～6 ℃，4—5月平均气温为7～16 ℃，6—8月为19～25 ℃，9月份为16 ℃左右，年最高温度34 ℃，年最低温度－35 ℃；年降水量500～650 mm，作物生长期（4—9月份）降水量约占全年降水量的80%以上，尤其是7—9月的降水量为最多，占全年降水量的60%以上，主要灾害性天气是春旱夏涝；雨热同季，年蒸发量1 200～1 600 mm；有效积温2 600～3 000 ℃，年日照时数2 500～2 700 h。黑土冻结深度一般为1.1～2.0 m，最深的接近3 m，冻结时间为120～200 d。黑土区暖季短，冷季长而严寒，无霜期为125～140 d。

黑土区地下水埋藏较深，大约在50～200 m，最深可达300 m。含水层以灰白色粗砂层为主。地下水的矿化度不高，一般为0.3～0.7 g/L，化学组成以 HCO_3^- 和 SiO_2^{2-} 为主。由于地下水埋藏深，地下水对土壤的形成和发育没有直接的影响。黑土区水分来源主要是大气降水，水分循环方式为大气-土壤，为1年1季雨养农区。土壤水分的运动范围一般在1 m土层内，只有在夏、秋季冻层融通，同时降水又特别集中时，才出现临时重力水，有时淋溶到2 m土层下，属地表湿润淋溶型。

黑土主要分布在波状起伏漫岗的中上部，坡度为1°～5°，土壤水分较为适中。黑土区耕地面积700万 hm^2，占吉林和黑龙江2个省份总耕地面积的50%左右，粮食产量占2个省份的70%左右，是我国北方玉米、大豆、小麦的主要产区，也是国家重要的商品粮和畜牧业基地。

吉林公主岭黑土监测站代表了北方地区典型的农田黑土土壤类型，土壤养分水平中等，无灌溉旱地雨养农业，主要耕作制度为玉米连作和玉米-大豆轮作等。小流域面积为300 hm^2，主要代表是吉林省中部主要粮食主产区黑土区域，周边是吉林省农业科学院永久性试验用地，有永久性使用权。

2.2.1.2 土壤类型

黑土土壤母质为第四纪黄土状沉积物，按照全国第二次土壤普查名称，土壤为典型黑土（中层黑土），属黑土土类、黑土亚类、肥黑土土种；在联合国世界土壤资源参比基础（WRB）中，视黑土为独立的土类，命名为Phaeozems。黑土区的自然植被为草原化草甸植物，属杂类草群落。其土壤剖面特征见图2-1。

采样地点：吉林省农业科学院黑土监测试验区内

植　　被：月见草（即待霄草）、玉米

地下水位：30 m

采样时间：1989年10月

剖面描述：

0～20 cm。Aa层，为耕作区，属壤质黏土，具有粒状及团粒结构，疏松多孔，多植物根，较湿润，有粒径为1～3 mm棕黑色铁锰结核，向下层过渡不明显。

20～40 cm。A 层，为灰色，属壤质黏土，具有团粒状结构，疏松，湿润，根较多，多铁锰结核，向下以颜色及结构明显过渡。

40～64 cm。AB 层，为灰棕色，属壤质黏土，具有小团块结构，较疏松，湿润，根少量，多粒径为 2～5 mm 铁锰结核，腐殖质呈舌状延伸，向下层过渡明显。

64～89 cm。B 层，为黄棕色，属壤质黏土，具有块状结构，较紧，湿润，少量根，铁锰结核较上层多，有锈斑和属穴，有少量根系，向下层逐渐过渡。

89～120 cm。BC 层，为暗棕色，属壤质黏土，具有棱块状结构，结构面有胶膜和白色二氧化硅粉末。粘紧，较湿，根极少，少量锈斑和铁锰结核。通层无石灰性反应。

图 2－1　吉林省黑土剖面

2.2.1.3　试验设施

吉林公主岭黑土监测站占地面积 40 000 m^2，其中，试验地面积为 36 000 m^2，建筑面积为 2 460 m^2。

试验用房土建工程共计 760 m^2。其中，田间工作室为 260 m^2，物质资料保存室为 250 m^2，数据库为 40 m^2，农具存放室为 105 m^2。

试验区面积为 36 000 m^2，设有 8 个永久性标记。其中，黑土肥力和肥料效益监测区为 12 000 m^2，高产示范和预备试验区为 6 670 m^2，始于 1980 年的肥料和轮作监测区为 12 000 m^2。试验小区间距为 1.4～2 m。

包括辅助试验微区和养分渗漏池。辅助试验微区位于田间长期试验区西侧，占地 680 m^2，每个微区面积为 2.1 m^2，共 100 个微区，净面积为 210 m^2。辅助试验微区中厚层黑土有 30 盆，中层黑土有 35 盆，薄层黑土有 35 盆。养分渗漏池与网室相接，占地面积 624 m^2，建筑面积为 170 m^2，微区面积为 2 m^2，共 40 个微区，净面积为 80 m^2。土层深 1.2 m 的有 36 个池子，土层深 2 m 的有 4 个池子。每个池子设地表径流和 5～6 个渗漏管，并安装水分提取液探头。

温室为 400 m^2，网室为 180 m^2，风干室为 343 m^2，晒场为 400 m^2。

包括生产示范区。设在吉林省公主岭市刘房子街道、吉林省德惠市杏山村、黑龙江省绥棱县 3 处，现有试验面积 3 000 m^2，示范面积 667 hm^2（图 2－2）。

办公楼

长期定位试验区

养分渗漏池和网室

辅助试验微区

样品库

自动气象观测站

图 2-2 吉林公主岭黑土监测站试验设施

2.2.1.4 研究方向

主要监测研究我国东北地区黑土区不同施肥制度条件下土壤肥力演变规律、肥料利用率、肥料的农学和生态环境效应、黑土农田土壤质量和环境质量演变规律、最佳施肥制度以及集约化养殖废弃物农业利用的环境效应等。

2.2.1.5 试验处理

①撂荒（CK_0，不耕作，不施肥，不种作物）；②不施肥（CK）；③氮（N）；④氮磷（NP）；⑤氮钾（NK）；⑥磷钾（PK）；⑦氮磷钾（NPK）；⑧氮磷钾＋有机肥（NPK＋M1）；⑨氮磷钾（增量）＋有机肥（增量）［1.5（NPK＋M1）］；⑩氮磷钾＋秸秆（NPK＋S）；⑪氮磷钾＋有机肥＋种植方式 2（NPK＋M1＋F2）；⑫氮磷钾＋有机肥（NPK＋M2）。处理⑪为种植方式 2，即玉米-玉米-大豆，一年一熟连作，其他处理为种植方式 1，即玉米-玉米，一年一熟连作。

2.2.2 新疆乌鲁木齐灰漠土监测站

2.2.2.1 试验地点

新疆乌鲁木齐灰漠土监测站位于新疆维吾尔自治区乌鲁木齐市以北 25 km 的新疆农业科学院安宁渠综合试验场内（图 2-3），地理坐标为 87°28′12.3″— 87°28′20.5″E，43°56′20.9″—43°56′31.9″N，海拔高

图 2-3 新疆乌鲁木齐灰漠土监测站全景

度 600 m。该监测站位于准噶尔内流区，属甘新农业区的北疆农牧区，属于典型的大陆性干旱气候，代表着欧亚大陆腹地、温带内陆区。年均温 7～8 ℃，≥10 ℃的积温为 3 200～3 600 ℃；夏季白天温度偏高，夜晚温度迅速下降，昼夜温差大，日照时数充足，年日照时数 2 550～3 500 h，无霜期 160 d；地下水位 30 m 以下，年降水量 280～320 mm，年蒸发量 1 560 mm，不足 2%的耕地全部靠灌溉，地下水埋深 6～7 m，主要的春麦和春播玉米区为一年一熟。

灰漠土是发育在干旱荒漠环境中的一类地带性土壤，广泛分布于世界各地。中国的灰漠土面积有 65 660 km^2，新疆维吾尔自治区灰漠土自然分布面积 179 万 hm^2，耕地面积 57 万 hm^2，主要分布在天山北麓山前平原洪积冲积扇的中部和中下部，土壤有机质矿化度强，以致土壤缺乏有机质，土壤板结、有效肥力低是限制农业生产进一步发展的主要因素。

新疆乌鲁木齐灰漠土监测站坐落于天山山前平原洪积冲积扇的中部和中下部，该区域承载着天山北坡特色鲜明的经济带，光热资源充沛，具有发展特色农业的优越条件，人口和经济总量在新疆维吾尔自治区占有很大比重，是新疆维吾尔自治区最具经济活力的地区，也是新疆维吾尔自治区粮、棉、油、糖的主要产地，现已发展了以生产优质粮、油、棉为主的种植产业，以番茄、红花、胡萝卜、枸杞等为主的“红色产业”，以葡萄、石榴、杏等优质瓜果蔬菜种植加工为一体的酿酒、饮料产业。因此，灰漠土是新疆维吾尔自治区农业的重要耕地资源，是天山北坡经济带的根基。

2.2.2.2 土壤类型

灰漠土土壤母质为冲积、洪积性黄土，按照全国第二次土壤普查名称，属灰漠土土类的中度熟化灰漠土，中国土壤系统分类名称为灰漠土；美国土壤系统分类名称为荒漠土。

土壤剖面分为 A 层、B 层、C 层、D 层、E 层，分别是：灰白色结皮层，为碎片状结构；灰棕色犁底层，为板状结构；暗红棕淤积层，有大量白色石灰淀积；黄土母质层；灰色粗沙砾石层。其剖面特征如图 2-4 所示。

图 2-4 新疆维吾尔自治区灰漠土剖面

采样地点：新疆乌鲁木齐灰漠土监测站内

采样日期：1990 年 7 月

剖面描述：

0～2 cm。灰白色，粗粉沙，鳞片状结构结皮层，稍紧实，蜂窝状孔隙，植物根少，干。

4～14 cm。淡灰棕，粉沙壤土，碎块状，粒状，疏松，多量孔隙，植物根多，稍润。

20～30 cm。暗灰棕，粉沙壤土，块状，坚实，少量细孔，植物根较多，湿润。

34～40 cm。灰棕，中壤，棱块状，紧实，少量孔，植物根少，湿润。

50～70 cm。灰黄棕，轻壤，碎块状，较疏松，多量孔隙，植物根少，湿润。

75～85 cm。黄灰棕，沙土，较疏松，少量细孔，植物根极少，稍干。

85～100 cm。黄灰棕，粗沙砾石，稍紧实，多量大孔，稍干。

2.2.2.3 试验设施

新疆乌鲁木齐灰漠土监测站占地面积 46 000 m²，具有独立的水、电供给系统和分析测试设备。

典型作物轮作体系的土壤肥力与肥料效益长期定位试验区为 6 786 m²，共 12 个小区，每个小区面积为 468 m²，小区间隔采用预制钢筋水泥板，埋深为 70 cm，地表露出 10 cm 加筑土埂，不会出现渗水漏水现象。水肥耦合试验区、肥料试验区、土壤水盐动态观测区、良种繁育区等综合试验区为 13 300 m²，示范区为 10 300 m²。

试验及辅助用房面积为 764 m²，包括综合实验室，可进行土壤、肥料的养分和盐分、植株生物学特性的测试；样品库为 280 m²，办公室、会议室、资料室、计算机室总面积为 320 m²，车房、库房面积为 160 m²。

田间设施有网室盆栽区 510 m²，每个微区为 2 m²，共 40 个，保持原状土柱，四周用水泥板隔开，可供肥料、灌溉试验之用。晒场为 500 m²，自动气象观测站为 150 m²，1 口 130 m 深机井，田间灌溉为定量管道灌溉系统，并备有配套农机具（图 2－5）。

长期定位试验区

网室、微区

样品库

自动气象观测站

棉花试验

氨挥发试验

瓜棉套作试验

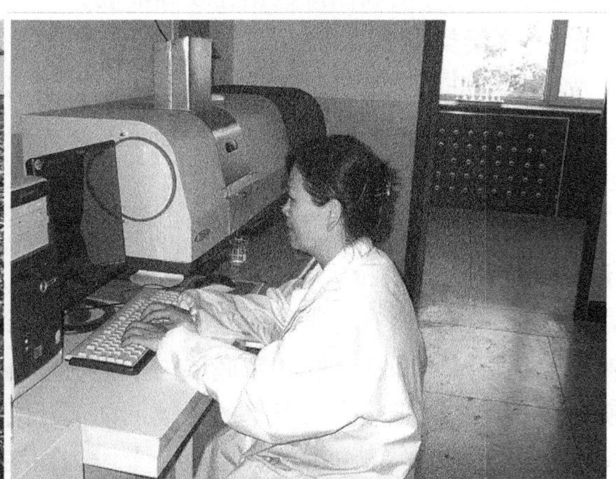
实验室

图 2－5　新疆乌鲁木齐灰漠土监测站试验设施

2.2.2.4　研究方向

①新疆维吾尔自治区干旱绿洲典型农业条件下土壤肥力变化和施肥效益演变；②中低产土壤改良利用和土壤退化生态环境恢复重建技术；③干旱区典型绿洲生态条件下水资源高效利用技术；④灰漠土有机碳库演变规律及机理；⑤不同施肥措施对灰漠土农药、重金属积累与毒性效应。

2.2.2.5　试验处理

①撂荒（CK_0，不耕作，不施肥，不种作物）；②不施肥（CK）；③氮（N）；④氮磷（NP）；⑤氮钾（NK）；⑥磷钾（PK）；⑦氮磷钾（NPK）；⑧氮磷钾＋有机肥（$N_1P_1K_1$＋M，有机和无机氮总量与化肥氮相等）；⑨氮磷钾（增量）＋有机肥（增量）（$N_2P_2K_2$＋2M，有机和无机氮总量是化肥氮的 1.5 倍）；⑩氮磷钾＋秸秆（$N_3P_3K_3$＋S）；⑪增量有机肥（2M），种植方式 2（M＋F2）；⑫秸秆还田（S）。试验始于 1990 年，试验面积为 5 300 m^2，共有 12 个处理。3 年 1 个轮作周期，种植制度为小麦-玉米-棉花，一年一熟轮作。

2.2.3　陕西杨凌黄土监测站

2.2.3.1　试验地点

陕西杨凌黄土监测站位于黄土高原南部的陕西省杨凌区大寨街道，地理坐标为 108°0′45″—108°0′50″E，

34° 17′48″—34°17′54″N，海拔高度 524.7 m。监测站地处暖温带的半湿润区，带有大陆性季风气候区的特点，属黄土高原农业区。年平均气温 12.9 ℃，1 月平均气温－1.2 ℃，7 月平均气温 26.0 ℃，极端最高气温 42.0 ℃，极端最低气温－19.4 ℃，平均最低极端气温－12.1 ℃，≥0 ℃积温 4 800.2 ℃，≥10 ℃积温 4 000～4 300 ℃，全年无霜期 184～216 d。平均年降水量 550～600 mm，主要集中在 5、7、9 月，尤其以 9 月雨量最多，7 月为关中汛雨季节，全年暴雨较少，常有冬旱和春旱发生。年蒸发量 993 mm，监测站属半干旱农业区。年日照时数 2 100～2 200 h，光、热资源较丰富，根据陕西省气象区划，监测站属于半干旱伏旱秋霜区。地下水位 28 m，深井抽水灌溉。主要原生植被是以杨树、柳树、槐树和臭椿等为主的落叶阔叶林，土地主要利用类型为农田，主要农作物为冬小麦、夏玉米（一年两熟轮作制），另有油菜、棉花、蔬菜和果树等。

陕西杨凌黄土监测站代表典型黄土高原区域的土壤类型，土壤养分水平中等，部分土壤为灌溉，部分土壤为旱作。作物种植制度多为小麦-玉米轮作，也有经济作物油菜-玉米轮作和经济林果连作等制度。监测站坐落于陕西省杨凌区大寨街道孟家寨村，既可以保证远离城区，防止外部的影响，也可以保证观测研究方便和保持数据连续和准确。

2.2.3.2 土壤类型

黄土土壤母质为第四纪风积黄土，按照全国第二次土壤普查名称，属褐土土类，黄土亚类，红油土属，厚层红油土种；中国土壤系统分类名称为土垫旱耕人为土；美国土壤系统分类名称为 Eumorthic Anthrosols。

土壤剖面分 7 个发生层次：耕层、犁底层、老耕层、古耕层、黏化层、钙积层、母质层。在普通褐土表层以上形成一个人工堆垫的表层，它是人为长期旱耕熟化，施入土粪或富含有机质的农家肥料而形成的诊断层，具有双层耕种熟化层段，即在耕层和犁底层之下具有埋藏的老耕层。现代耕作层及其人工堆垫表层以下的土壤剖面同于普通褐土，是我国特有的褐土类型，可分为两大层段，上段为覆盖层，下段为自然褐土剖面，覆盖层从上到下又可分为耕层、犁底层和老耕层，均由褐土的腐殖质层演化而来。全剖面通常由耕层、犁底层、老耕层、古耕层、黏化层、钙积层及母质层构成。其剖面特征如图 2－6 所示。

图 2－6 陕西省黄土剖面

采样地点：陕西省杨凌区大寨街道孟家寨村（高程 520 m，地下水深 100 m 左右）

采样时间：1990 年 7 月 27 日

剖面描述：

0～17 cm，为耕层；17～38 cm，为犁底层；38～57 cm，为老耕层；57～77 cm，为古耕层；77～155 cm，为黏化层；155～218 cm，为钙积层；218 cm 以下，为母质层。

2.2.3.3 试验设施

陕西杨凌黄土监测站占地 23 000 m^2，四周有围墙保护，围墙总长度 556 m。监测站分灌溉农业区和雨养农业区。试验区周围设 5 m 宽保护区，试验小区相隔 1.0 m。

田间长期定位试验区为 9 840 m^2，其中雨养农业区长期监测试验小区有 11 个，每个小区面积为 399 m^2；灌溉农业区长期监测试验小区有 14 个，每个小区面积为 196 m^2。

监测试验用房为 1 158 m^2，有 57 间。包括样品库 400 m^2，保存了自 1990 年以来的土壤与植株样品。也包括实验室及生活用房等，配有分析测试仪器及农机具。

网室的面积为624 m²（一半用于保护渗漏池群，另一半用做盆栽试验场地）。建有土壤渗滤小池52个，每个为0.79 m²，地下取样观测室为80 m²。微区池有20个，每个为25 m²，相互之间用高120 cm的水泥板隔离，能有效防止水分侧渗，可进行灌溉、水肥耦合等试验。

另有120 m²的田间气象观测哨1座，拥有自动气象站1套，并设有降水降沉自动采样器，收集干湿沉降样品，测定其中的成分含量。晒场为330 m²。机井1眼，灌水沟长140 m，喷灌头27～36个（图2-7）。

长期定位试验区

网室

样品库

养分渗漏池

自动气象站

监测楼

图2-7　陕西杨凌黄土监测站试验设施

2.2.3.4 研究方向

①黄土区农田土壤肥力演变规律；②黄土区农田土壤有机碳库演化及机理；③长期施肥肥料去向及其对环境的潜在影响与机理；④长期施肥对生物多样性和土壤功能与健康的影响及机制。

2.2.3.5 试验处理

①休闲（CK_{00}，不施肥，无作物，无植物生长）；②撂荒（CK_0，不耕作，不施肥，不种作物）；③对照（CK，不施肥）；④氮（N）；⑤氮磷（NP）；⑥氮钾（NK）；⑦磷钾（PK）；⑧氮磷钾（NPK）；⑨氮磷钾＋秸秆（NPK＋S）；⑩氮磷钾＋有机肥（NPK＋M）；⑪氮磷钾（增量）＋有机肥（增量）[1.5（NPK＋M）]。

2.2.4 北京昌平褐潮土监测站

2.2.4.1 试验地点

北京昌平褐潮土监测站位于北京市昌平区中国农业科学院昌平试验基地，地处南温带亚湿润大区，属海河流域（上游区）、黄淮海区的燕山与太行山山麓平原农业区、温榆河洪积冲积扇褐潮土粮区。位于116°12′08″E，40°12′34″N，海拔高度43.5 m。年总辐射量5 447MJ/m²，年日照时数2 778.7 h，年平均温度11.8 ℃，1月平均气温为－5.4 ℃，7月平均气温则大约为26 ℃，≥10 ℃积温为4 500 ℃；年降水量为577 mm，主要集中在6、7、8月，约占全年总降水量的65%以上；年蒸发量1 065 mm，无霜期210 d。冬春干旱少雨，旱季时地下水位在150 cm以下，雨季时水位可上升到100 cm甚至60～70 cm。灾害性天气主要是春旱和夏季暴雨。

全国潮土2 600万hm²，黄淮海地区的潮土和褐潮土的面积占比例很大，海河流域有533万hm²，多集中在山东省、河北省、河南省以及江苏省和安徽省北部，同时北京市平原也有很大面积的潮土和褐潮土，这一地区自古以来就是我国粮、棉、油的主要产地，主要为小麦-玉米一年两熟，但土壤的肥力比较低，有机质10 g/kg左右，氮素含量为0.8～1.0 g/kg，有效磷只有10 mg/kg左右，钾素比较丰富。

2.2.4.2 土壤类型

褐潮土土壤母质为黄土性物质，属潮土土类，脱潮土亚类，粘身两合土土种（简称北京褐潮土）。剖面采自北京褐潮土监测站内，其土壤剖面特征如图2-8所示。

采样地点：北京昌平褐潮土监测站内

剖面描述：

0～20 cm。土层呈褐色，壤土，根系多。

20～52 cm。土层呈浅褐色，壤土，根系多。

52～80 cm。土层褐黑色，黏壤土，有黄豆大小的粒状结构，质地较黏。

80 cm以下。土层浅褐色，黏壤土，氧化还原交替，夏季有水，多锈斑。

图2-8 北京市褐潮土剖面

2.2.4.3 试验设施

北京昌平褐潮土监测站总占地面积20 000 m²，为自主所有权土地，建有长期定位监测研究所需的田间设施和试验用房。

建站时基建总面积为658.7 m²，其中包括主楼的试验室、资料室、标本室、宿舍、风干室、拖拉机库、仓库等，共508.7 m²；还有生活设施用房，包括伙房、食堂、机井房等，共150 m²。近年又对基地条件进行了改善，新增平房建筑面积300 m²，增加了接待客座研究人员休息居住的客房、餐厅等，新增楼房建筑面积180 m²，扩大了实验室、测试分析室、样品准备间等的使用空间，基本满足试验研究和生活用房需求。

试验用地有 12 800 m²，其中，长期定位试验区为 4 800 m²，预备试验区为 5 000 m²，丰产田试验区为 3 000 m²。

田间设施有网室 600 m²，盆钵 450 个，养分渗漏池 40 个（每个 2 m²），地下取样观测室 46 m²，水泥隔板微区 40 个（每个面积 3 m²，深 60 cm），地下管道 340 m，喷灌设施 1 套；另外，还有铁栏杆围墙 730 m，超过 300 m 的道路，晒场 720 m²，120 m 深的机井 1 眼，1 座 50 m² 的气象哨。设施配套齐全（图 2-9）。

网室

径流池

地下取样观测室

样品库

长期定位试验区

微区试验

图 2-9 北京昌平褐潮土监测站试验设施

2.2.4.4 研究方向

①土壤肥力与肥料效益长期监测。利用设置的大田和微区长期肥料定位试验，系统采集土壤和植株的监测数据，处理和保藏土壤植株样品等，开展褐潮土肥力与肥料效益长期定位监测研究，揭示长期定位不同施肥制度农田土壤肥力与肥料效益演化规律。②农田生态系统生产力与环境可持续发展。开展农田生态系统 N、P、K 等养分循环、转化规律及优化管理研究；研究农田生态系统土壤健康功能评价、衰退与修复；研究肥料对环境与农产品的污染机制及防治；向农民推荐施肥技术，为国家农业可持续发展提供决策依据。

2.2.4.5 试验处理

①撂荒（CK_0，不耕作，不施肥，不种作物）；②对照（CK，不施肥）；③氮（N）；④氮磷（NP）；⑤氮钾（NK）；⑥磷钾（PK）；⑦氮磷钾（NPK）；⑧氮磷钾＋厩肥（NPK＋M）；⑨氮磷钾＋过量厩肥（NPK＋1.5M）；⑩氮磷钾＋秸秆（NPK＋S）；⑪氮磷钾＋不同轮作方式（NPK＋F2）；⑫过量氮＋磷钾（1.5N＋PK）；⑬氮磷钾＋水（NPK＋水，灌水量为其他处理灌水量的 2/3）。其中，处理⑪为不同轮作方式，为小麦-玉米→小麦-大豆复种轮作，其他种植制度为冬小麦-夏玉米，一年两熟。小区处理面积为 200 m^2，不设重复。田间管理按大田丰产要求进行。

2.2.5 河南郑州潮土监测站

2.2.5.1 试验地点

河南郑州潮土监测站位于河南省郑州市，地处黄淮海平原西部。地理坐标为 113°39′25″E，34°47′2″N，海拔高度为 91.3 m。监测站属于热带向暖温带过渡地带和大陆性季风气候，受大陆季风影响，冬季干冷，夏季炎热，年平均气温 14.4 ℃，最高气温 43.0 ℃，最低气温－17.9 ℃（1955 年），≥10 ℃积温 4 960～5 360 ℃，无霜期 224 d。年日照时数 2 000～2 600 h，日照百分率为 55%，太阳光合有效辐射量 58～59 kJ/cm^2。年均降水量 645 mm，蒸发量 1 450 mm，地下水位在雨季为 50～80 cm，在旱季为 150～200 cm。冬春雨雪较少，夏季降水集中，约占全年降水量的 60%。主要灾害性天气为旱灾与涝灾。

潮土是我国的一种重要的农业土壤，面积达 1 267 万 hm^2，集中分布在黄淮海冲积平原。潮土区地形平坦，水资源比较充足，排灌方便，光、热资源丰富，适种多种作物，新中国成立以来一直是我国的粮棉油生产基地，也是优质小麦主要种植基地。由于雨量分布不均，潮土区易受旱、涝、和次生盐渍化威胁，而且由于黄河多次泛滥、改道沉积的作用，潮土区形成不同质地土层沙黏相互交错的特点，土壤肥力较低，是我国面积较大的中低产土壤。

河南郑州潮土监测站代表大陆性季风气候条件下，黄淮海地区一年两熟制下潮土类型，土壤养分水平中等偏下，灌排良好，作物种植多为小麦-玉米，部分为小麦-花生、小麦-大豆，小麦-棉花，多种种植制度并存。监测站属淮河流域，1987 年选址时在郑州郊区，在河南省农业科学院试验场内，属于典型的潮土。现在监测站已经属于市区，周围有建筑设施。

2.2.5.2 土壤类型

潮土土壤母质为黄河沉积物，按照全国第二次土壤普查名称，属潮土土类潮土亚类的两合土土种；中国土壤系统分类名称为淡色潮湿雏形土土类、石灰淡色潮湿雏形土亚类；美国土壤系统分类名称为雏形土。其剖面特征如图 2 - 10 所示。

采样地点：河南郑州潮土监测站内

采样时间：1988 年 7 月 9 日

剖面描述：

0～28 cm。A 层，黄褐色，沙质壤土，小块状，松，多麦茬，湿润，浸入体为砖粒块。

28～52 cm。AB 层为犁底层，灰黄色，沙质壤土，块状，紧，虫孔较多，湿润，浸入体为砖粒。

52～87 cm。B 层为心土层，淡黄色，壤土，块状，较紧，虫孔小孔隙，湿润，少量锈斑纹，浸入体为砖粒。

87 cm 以下。C 层为底土层，棕黄色，粉沙壤土，松，细小孔隙较多，土壤结构多为碎块状和块状。

图 2 - 10　河南省潮土剖面

2.2.5.3 试验设施

河南郑州潮土监测站共建有田间试验小区 12 个，每个小区为 400 m^2；水泥晾晒场为 500 m^2，并配有农机具和其他设备；养分渗漏池为 1 个；田间定位试验微区池为 105 个；田间气象观测哨为 1 个；盆栽网室为 400 m^2；试验用房为 280 m^2（其中土壤样品室为 40 m^2，植物样品室为 40 m^2，实验室为 200 m^2）；还有示范田块和部分其他研究设施（图 2 - 11）。

长期定位试验区

微区试验

样品室　　　　养分渗漏池

图 2-11　河南郑州潮土监测站试验设施

2.2.5.4　研究方向

①潮土区农田土壤肥力质量和环境质量演变规律；②潮土区农田土壤有机碳库演变规律及驱动因子；③潮土区农田系统中干湿沉降、灌水和淋溶等物质循环过程研究；④养分在土壤中的形态、时空转化及生物有效性；⑤土壤主要营养元素的平衡与养分管理。

2.2.5.5　试验处理

①撂荒（CK_0，不耕作，不施肥，不种作物）；②不施肥（CK）；③氮（N）；④氮磷（NP）；⑤氮钾（NK）；⑥磷钾（PK）；⑦氮磷钾（NPK）；⑧氮磷钾＋有机肥（NPK＋M，有机和无机氮总量等于化肥氮）；⑨氮磷钾（增量）＋有机肥（增量）[1.5（NPK＋M）]；⑩氮磷钾＋秸秆（NPK＋S，秸秆氮和无机氮总量等于化肥氮）；⑪氮磷钾＋有机肥＋种植方式 2（NPK＋M＋F2）。处理⑪为种植方式 2，即小麦-玉米→小麦-大豆轮作，其他处理均为种植方式 1，即小麦-玉米一年二熟轮作。

2.2.6　浙江杭州水稻土监测站

2.2.6.1　试验地点

浙江杭州水稻土监测站位于中国东南部的浙江省农业科学院农业试验场（2003 年迁至浙江省农业科学院海宁杨渡试验基地），地处杭州湾钱塘江西岸，地理坐标为 120°25′01″E，30°26′04″N，海宁杨渡试验基地地理坐标为 120°24′22″E，30°26′07″N，海拔 3～4 m。年平均气温 16～17 ℃（历史纪录最高气温 40.2 ℃，最低气温－7.9 ℃），≥10 ℃积温 4 800～5 200 ℃，年降水量 1 500～1 600 mm，年蒸发量 1 000～1 100 mm，无霜期 240～250 d，年日照时数 1 900～2 000 h，年太阳辐射量 100～115 J/cm^2。主要灾害性天气是 3～4 月的“倒春寒”，6 月的梅雨、暴雨，7—9 月的台风、暴雨及 9 月的旱临低温。监测站所在区域的主要农作物为水稻，大麦双季稻连作或大麦（小麦）单季稻轮作，均为当地的主要种植模式。

浙江省的水稻土面积占农耕地土壤总面积的 76%，浙江省水稻土的自然环境与生产水平在中国长江中下游稻区具有良好的代表性，因此研究浙江省水稻土的肥力演变及施肥效应，对提高和维持中国稻田产出与稻田土壤肥力有重要的指导意义。浙江杭州水稻土监测站代表浙江省 4/5 耕地面积，具有模拟不同施肥制处理长期定位试验，探究稻田生态系统中不同施肥制管理条件对土壤肥力发展方向的长期影响，为水稻土肥力与生产力的可持续发展提供科学依据。

2.2.6.2　土壤类型

水稻土归属水稻土类，渗育水稻土亚类，黄松田土种。水稻土为长期淹水种稻的水田土壤，肥力属中上等，潜水位 80 cm（秋季），排水状况良好，耕层质地为粉沙性黏壤土，在中国南方江河冲积

图 2－12　浙江省水稻土剖面

水稻土中有广泛代表性。水稻土母质为湖海相过渡地带浅海沉积物，地形属冲积海积平原。水稻土剖面特征如图 2－12 所示。

采样地点： 浙江杭州水稻土监测站（浙江省农业科学院农业试验场）

采样时间： 1988 年 10 月 31 日

剖面描述：

0～20 cm。A 层为耕作层，深栗褐色，有少量鳝血斑，较松软。

20～30 cm。AP 层为犁底层，黑褐色，极坚实。

30～50 cm。P 层为青塥层，灰色，粉质，较松软。

50～100 cm。C 层为潴育层，亮黄褐色，多锈斑，上部软而黏，下部松软粉质。

2.2.6.3　试验设施

浙江杭州水稻土监测站拥有试验地 144 280 m^2，其中，定位试验区为 13 320 m^2，共建有田间试验小区 23 个（每个小区 250～300 m^2），水泥晾晒场为 400 m^2（配有耕作农机具和灌溉设备），有稻田原状土柱养分渗漏池 1 个（320 m^2，共计有渗漏小池 8 个，每个 4 m^2），有田间定位试验预备区 6 个（每个 900 m^2），有田间气象观测哨 1 个，盆栽温室网室为 1 212 m^2（在建），试验用房为 1 100 m^2（其中办公室、实验室、土壤样品库共计 900 m^2，田间工作室为 200 m^2），还建有示范田块和其他研究设施（如微生物分析实验室）（图 2－13）。

长期定位试验区全貌(杭州)

长期定位试验区全貌(海宁)

田间微区同位素示踪试验

有机物料分解砂滤管理解设施

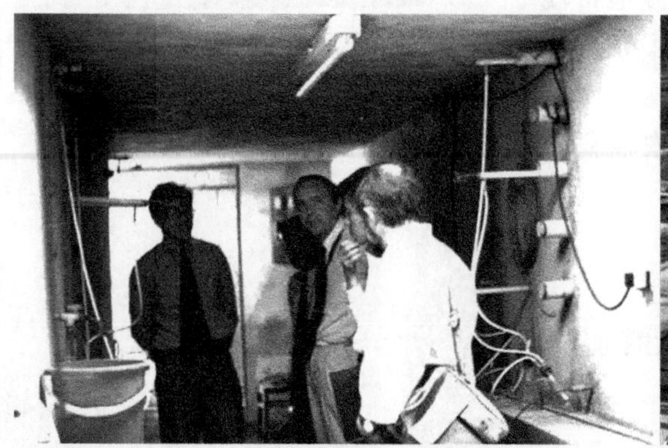
养分渗漏计装置

温室气体排放田间气体收集装置

监测实验大楼

土壤与植物样品库

田间工作室

附属网室温室

图 2-13 浙江杭州水稻土监测站试验设施

2.2.6.4 研究方向

①不同施肥制度下土壤肥力和肥料效应的变化；②不同种植制度下土壤肥力和施肥效应的变化；③稻田土壤有机质和营养元素的平衡趋势预测；④养分在土壤中的形态时空转化及生物有效性；⑤稻田施肥对水体环境质量的影响；⑥稻田施肥对大气环境质量的影响。

2.2.6.5 试验处理

稻田不同施肥制度长期定位试验共设 9 种处理：①撂荒（CK_0，不耕作，不施肥，不种作物）；②不施肥（CK）；③氮（N）；④氮磷（NP）；⑤氮钾（NK）；⑥氮磷钾（NPK）；⑦有机肥（M）；⑧氮磷钾＋有机肥（NPK＋M）；⑨氮磷钾（增量）＋有机肥（1.3 NPK＋M）。

年施肥量为：M 为猪厩肥 22 500 kg/hm^2；N 为 315 kg/hm^2，P（P_2O_5）为 157.5 kg/hm^2，K（K_2O）为157.5 kg/hm^2。M为新鲜猪厩肥，氮（N）肥为尿素，磷（P）肥为过磷酸钙，钾（K）

肥为氯化钾。种植制度为一年三熟的麦-稻-稻，有机肥料与无机肥料均为麦-稻-稻 3 季平均施用。小区面积为 300 m^2，无重复。

稻田不同种植制度长期定位试验共设 4 种处理：①BRR－BRR，麦-稻-稻连种；②BRR－RsRR，麦稻稻-油（油菜）稻稻轮种；③BRR－MRR，麦稻稻-肥（紫云英）稻稻轮种；④BR－BRR（BR－WR），麦稻-麦稻稻（大麦稻-小麦稻轮种）。2001 年后，改双季稻为单季稻，并撤销第①处理，年施肥量为：M 为猪厩肥 22 500 kg/hm^2；N 为 315 kg/hm^2，P（P_2O_5）为 157.5 kg/hm^2，K（K_2O）为 157.5 kg/hm^2，M 为新鲜猪厩肥，氮（N）肥为尿素，磷（P）肥为过磷酸钙，钾（K）肥为氯化钾。有机肥料与无机肥料均为麦-稻-稻 3 季平均施用。小区面积为 300 m^2，无重复。

2.2.7 重庆北碚紫色土监测站

2.2.7.1 试验地点

重庆北碚紫色土监测站位于重庆市市区以北 50 km 的北碚区西南大学试验农场，地理位置为 106°24′33″E，29°48′36″N，属典型的紫色土丘陵区，海拔高度 266.3 m（图 2－14）。监测站属亚热带湿润季风气候，位于西南农业区。年平均气温为 18.3 ℃，7 月份平均气温最高，达 28.7 ℃；1 月份平均气温最低，为 7.7 ℃。≥0 ℃积温为 6 701.7 ℃，稳定通过 5 ℃的初冬间日数为 356.6 d，平均积温为 6 659.4 ℃；稳定通过 10 ℃的初冬间日数 281.9 d，≥10 ℃的积温 6 006.3 ℃；稳定通过 15 ℃初冬间日数为 214.3 d，其平均积温为 5 072.5 ℃。无霜期 330 d。年平均日照时数为 1 293.6 h，只占可照时数的 29.5%，年太阳总辐射量 3 454 MJ/m^2，一年中日照分布不均，夏秋半年（4—9 月）日照时数为 939.2 h，较冬春半年（10 月至次年 3 月）354.4 h 多 2 倍以上。平均年降水量为 1 086.6 mm，其中最多年份为 1968 年，全年降水 1 544.8 mm；降水季节分布不均，冬春半年（10 月至次年 3 月）降水较少，平均降水量为 233.5 mm，占全年总降水量的 22.2%，夏秋半年（4—9 月）降水偏多，平均降水量为 818.3 mm，占全年总降水的 77.8%，夏秋季降水多为暴雨，且多为雷阵雨。气候具有雨热同季的特点，气温高，热量资源丰富，四季分明，春早、夏长、秋短、冬迟，多云雾、少日照，夏季湿热、冬季温暖干燥，9 月中旬后温度下降快等，具有典型的盆地丘陵气候特征。主要灾害性气候为暴雨、寒潮、干旱（春旱和伏旱）。监测站所在区域是我国粮、油、丝、糖、烟等的重要产区，种植制度为一年两熟或三熟。

图 2－14 重庆北碚紫色土监测站实验区鸟瞰

2.2.7.2 土壤类型

重庆北碚紫色土监测站所在地为方山浅丘坳谷地形，系一冲沟系统的中下部及其两侧丘陵所控制的微小流域，面积为 0.2 km^2，海拔为 250～267 m，相对高度为 17 m，坳谷谷宽为 50～60 m，沟谷纵比降为 15‰，丘坡坡度为 10‰～26‰。长期定位试验小区位于沟谷，供试土壤系侏罗纪沙溪庙组紫色泥岩风化的残积物、坡积物发育而成的紫色土类、中性紫色土亚类、灰棕紫泥土属、大眼泥土种（后经水耕熟化发育而成潴育性水稻土），约占紫色土类面积的 40%，四川省和重庆市的粮食基地县大多分布在这类土壤上，因此供试紫色土具有广泛的代表性。

试验地为稻-麦水旱轮作田，能灌能排，基地周围无工厂及其他高大建筑，无污染源。其土壤剖面特征如图 2－15 所示。

采样地点：重庆市北碚区西南大学试验农场——土地沟

采样时间：1990 年 3 月 15 日

剖面描述：

十壤剖面为 A′—Ap—W—P 构型，各层的特征如下。

0～23 cm。A′层，为灰棕紫色，中壤，团粒结构，松，多孔隙，有新生体石骨子。

23～46 cm。Ap 层，为棕紫色，中壤，块状结构，稍松，少孔隙，有新生体石骨子。

46～67 cm。W 层，为棕紫色，中壤，棱柱状结构，紧，孔隙很少，有新生体石骨子。

67～100 cm。P 层，为灰紫色，中壤，大棱柱状结构，紧，无孔隙，新生体石骨子。

图 2-15 重庆市紫色土剖面

2.2.7.3 试验设施

重庆北碚紫色土监测站占地 3.67 hm^2，建设有 12 个田间长期定位试验小区，每个小区面积 120 m^2，区间有防渗设施；有 98 个田间定位试验微区，每个为 6 m^2；有 4 个水土流失观测场，每个为 40 m^2；有 48 口养分渗漏池，每个为 1.5 m^2，地下取样观测室为 56 m^2；有 350 m^2 的盆栽网室；有 659 m^2 的监测试验用房以及常规分析仪器等研究设施和示范田块；建有机井 1 眼，灌排水沟长 1 150 m，围墙为 250 m^2，晒场为 600 m^2。田间具有硬化的观测通道、独立的灌溉和排水渠道，水电设施和网络通信设施齐全，交通方便，能满足研究人员的研究和生活需要（图 2-16）。

田间长期定位试验小区

监测楼

田间定位试验微区

养分渗漏池

植株样品库

土壤样品库

图 2-16　重庆北碚紫色土监测站试验设施

2.2.7.4　研究方向

①水旱轮作不同施肥制度下紫色土耕地质量演变规律研究：紫色土农田土壤肥力质量的演变研究；紫色土农田土壤环境质量的演变研究；紫色土生物演变规律研究；紫色土耕地有机碳库演变规律及驱动因子研究；紫色土生产力可持续性及调控技术研究。

②不同施肥制度下水旱轮作系统养分循环与优化管理研究：稻-麦（油）轮作条件下不同施肥处理肥料效益演变规律研究；水旱轮作系统主要营养元素循环特征研究；养分在土壤中的存在形态、时空转化及生物有效性研究；肥料对农产品产量和品质的影响和调控研究；水旱轮作系统养分资源优化管理研究。

③紫色土耕地养分流失及施肥对环境的影响研究：水旱轮作下紫色土农田 N、P 迁移及流失特征研究；长期施肥对紫色土重金属累积及迁移转化的影响；紫色土农田生态系统中有机污染物的迁移、转化与污染防治技术研究。

2.2.7.5　试验处理

①撂荒（CK_0，不耕作，不施肥，不种作物）；②不施肥（CK）；③氮（N）；④氮磷（NP）；⑤氮钾（NK）；⑥磷钾（PK）；⑦氮磷钾（NPK）；⑧氮磷钾＋有机肥（NPK＋M）；⑨氮磷钾（增量）＋有机肥（1.5NPK＋M）；⑩氮磷钾＋秸秆（NPK＋S）；⑪氮磷钾＋有机肥＋种植方式 2（NPK＋M＋F2），该处理为水稻-油菜轮作，其他处理都为水稻-小麦轮作；⑫氮磷钾（含氯化肥）＋有机肥[（NPK）Cl＋M]，该处理氮、钾肥用氯化铵和氯化钾，而其他处理则用尿素和硫酸钾；⑬有机肥（M）。

2.2.8　湖南祁阳红壤监测站

2.2.8.1　试验地点

湖南祁阳红壤监测站位于湖南省祁阳市文富市镇官山坪村的中国农业科学院祁阳红壤实验站内红壤旱地上，地理坐标为 111°52′32″E，26°45′12″N，海拔高度约为 120 m，属中亚热带气候带，位于长江中下游农业区。年平均温度为 18 ℃，年最高温度为 36.6～40.0 ℃，年最低温度为－3～1 ℃，≥10 ℃积温为 5 600 ℃；年降水量为 1 250 mm，年蒸发量为 1 470 mm，无霜期约为 300 d，年日照时数为 1 610～1 620 h，年太阳总辐射量为 4 550 MJ/hm^2。监测站所在区域温、光、热资源丰富，有利于多种作物和林木的生长，是良好的农区，可代表亚热带典型的红壤丘陵区。植物种类繁多，地带性植被是常绿阔叶林；人工种植杉树、松树、南竹等经济用材林。在红壤丘陵区种植了柑橘、茶叶、油茶、油桐等经济林，不但产量高，面积广，而且品质优。监测站所在区域的农作物主要以双季稻为主，单季稻也占有一定的比例；冬季作物有大麦、小麦、油菜、绿肥作物、蔬菜。但该地区早春常有寒潮，降水时空分布不均，夏秋季节性干旱等，限制了土壤生产潜力进一步发挥，目前种植业平均产量仅为气候生产潜力的 20%。

湖南祁阳红壤监测站代表南方典型红壤丘陵区域的红壤旱地，土壤养分水平中等偏下，无灌溉旱地农业，作物种植制度多为小麦-玉米。随着农业生产发展，现在旱地多为黄豆-休闲或花生-休闲种植制度，也有经济作物黄花菜连作和经济林果连作制度。小流域面积在 120 hm²，周围多为红壤低丘，丘陵上有油茶、马尾松、南竹、杉树等，丘陵低部多为水田和山塘组成的双季稻种植区。湖南祁阳红壤监测站坐落于官山坪村，可以保持数据的连续性和准确性、方便观测研究及防止外部的影响。

2.2.8.2 土壤类型

红壤土壤母质为第四纪红色黏土，按照全国第二次土壤普查名称，属红壤土类、红壤亚类、浅红土土种；中国土壤系统分类名称为第四纪红土；美国土壤系统分类名称为老成土。监测站红壤可代表南方红壤丘陵区典型红壤旱地农业生态系统。土壤剖面分为 A 层、B 层、BC 层、C 层。土壤结构为块状，质地黏性，颜色为红色。其剖面特征如图 2－17 所示。

采样地点：湖南祁阳红壤监测站

剖面描述：

0～15 cm。为耕作层，红棕色，黏土，粒状，松，多孔隙，多根系，pH5.5。

15～27 cm。为犁底层，红棕色，黏土，块状，紧实，少孔隙，少根，pH5.1。

27～65 cm。为心土层，淡棕色，黏土，块状，紧实，少孔隙，无根，pH4.8。

65～110 cm。为淀积层，淡棕色，黏土，块状，紧实，少孔隙，无根，pH4.8。

图 2－17 湖南省红壤剖面

2.2.8.3 试验设施

湖南祁阳红壤监测站占地 2.67 hm²，拥有 200 m² 的监测试验用房、300 m² 的分析化验室和 120 m² 的土壤样品库。配置有网室、自动气象站、土壤蒸渗仪等野外监测设施，实验室拥有完善的常规分析仪器。田间具有硬化观测通道、水电设施，网络通信完善，交通方便（图 2－18）。

长期定位试验区

网室

自动气象站

样品库

图 2-18　湖南祁阳红壤监测站试验设施

2.2.8.4　研究方向

①不同施肥和耕作制度下红壤耕地质量演变规律研究：红壤土壤肥力质量的演变研究；红壤土壤环境质量的演变研究；红壤有机碳库演变规律及驱动因子研究；红壤生产力可持续性及调控技术研究。

②红壤生态系统养分循环、优化管理及环境研究：红壤地区旱地的肥料效益演变规律研究；红壤不同生态系统主要营养元素循环特征研究；养分在土壤中的存在形态、时空转化及生物有效性研究；肥料对农产品产量和品质的影响和调控研究；红壤旱地生态系统养分资源优化管理研究；长期施肥对红壤重金属累积及迁移转化的影响；长期施肥对土壤环境气体释放、土壤生物、土壤养分迁移等影响研究。

2.2.8.5　试验处理

①撂荒（CK_0，不耕作，不施肥，不种作物）；②不施肥（CK）；③氮（N）；④氮磷（NP）；⑤氮钾（NK）；⑥磷钾（PK）；⑦氮磷钾（NPK）；⑧氮磷钾＋有机肥（NPK＋M）；⑨氮磷钾（增量）＋有机肥（增量）［1.5（NPK＋M）］；⑩氮磷钾＋秸秆（NPK＋S）；⑪氮磷钾＋有机肥＋种植方式 2（NPK＋M＋F2），该处理为小麦-大豆（或红薯）套种，其他处理为小麦-玉米，一年二熟套种；⑫有机肥（1.5M）。

第3章 土壤肥力与肥料效益监测规范与方法

3.1 土壤肥料长期定位试验站监测指标

3.1.1 气象指标

气象指标见表3-1。

表3-1 监测气象指标

项目	频度	备注
天气状况	每天1次	目测日记
风速	每天3次	
空气温度		
定时温度	每天3次（8、14、20时）	
最高温度	每天1值（20时）	百叶箱最高温度表
最低温度	每天1值（20时）	百叶箱最低温度表
相对湿度	每天3次（8、14、20时）	
降水总量	降水时测，每天1次	
雪深	降雪时测，每天1次	
地表温度		2005年开始执行
定时温度	每天3次（8、14、20时）	
最高温度	每天1值（20时）	
最低温度	每天1值（20时）	
日照时数	每天1次	

3.1.2 土壤指标

土壤指标见表3-2。

表3-2 监测土壤指标

项目	采样层次	频度	备注
匀地试验		2～3茬空白试验	布置田间试验前进行
机械组成 有机质 pH值 全氮 全磷 全钾 有效氮 有效磷 有效钾	土壤剖面0～100 cm分层测定	10年1次	

（续）

项目	采样层次	频度	备注
全量分析 （钙、镁、硫、铁、锰、铜、锌、钼） 有效态微量元素 阳离子交换量 重金属	土壤剖面 0～100 cm 分层测定	10 年 1 次	各站可选择项目分析，未分析的试验站需保存土壤供以后分析用
有机质 pH 值 全氮 全磷	0～20 cm	2～3 年 1 次	建议每年 1 次
全钾	0～20 cm	5 年 1 次	
有效氮 有效磷 有效钾	0～20 cm	1 年 1 次	
阳离子交换量	0～20 cm	阶段性测定	
土壤容重	0～20 cm	5 年 1 次	
土壤总孔隙度、毛管孔隙及非毛管孔隙度	0～20 cm	5 年 1 次	
土壤水溶性盐分 全盐量 碳酸根 重碳酸根 硫酸根 氯根 钙、镁离子 钾、钠离子	0～20 cm	5 年 1 次	盐碱土测定
有机质 pH 值 全氮 全磷 全钾 有效氮 有效磷 有效钾 阳离子交换量 土壤容重	20～40 cm	阶段性测定	

3.1.3 生物指标

生物指标见表 3－3。

表 3－3　监测生物指标

项目	频度	备注
种植品种	1 次/茬	长期试验应尽量维持不变

（续）

项目	频度	备注
种植制度（轮作、间套作）	1次/年	长期试验应尽量维持不变
生物产量	1次/茬	
经济产量	1次/茬	
播种时间	1次/茬	
播种量	1次/茬	
出苗期	1次/茬	
基本出苗数量	1次/茬	
分蘖期，分蘖数，有效分蘖数（指小麦、水稻）	1次/茬	
拔节抽穗期	1次/茬	
成熟期	1次/茬	
收获时间	1次/茬	
株高、穗长、穗粒数、千粒重	1次/茬	
田间管理（间苗、补苗、中耕、除草、灌溉、排水、施肥、培土、摘心、整枝、防治病虫害、鼠害、防风、防霜冻、防雹、农药种类和用量、除草剂种类和用量等）	发生时记录	
茎叶的氮、磷、钾元素含量	1次/品种	建议1次/茬
籽实的氮、磷、钾元素含量	1次/品种	建议1次/茬
茎叶的钙、镁、硫、铁、锰、锌元素含量	1次/品种	参考项目
籽实的钙、镁、硫、铁、锰、锌元素含量	1次/品种	参考项目
土壤微生物区系	5～10年1次	有条件的台站监测
土壤酶活性	5～10年1次	有条件的台站监测

3.1.4 水文指标

水文指标见表3-4。

表3-4 监测水文指标

项目	频度	备注
土壤耕层含水量	连续观测	
土壤田间持水量	5年1次	
土壤萎蔫含水量	5年1次	
土壤水分特征曲线	5年1次	
农田灌溉量	1值/次灌溉	
降水化学指标（pH值、总磷量、总氮量、硝酸盐氮、氨态氮）	1值/次降水	建议项目
淋溶水化学指标（pH值、总磷量、总氮量、硝酸盐氮、氨态氮）	阶段性监测	建议项目

3.2　土壤肥料长期定位试验站监测方法

3.2.1　土壤化学分析

土壤化学分析监测方法见表3-5。

表3-5　土壤化学分析监测方法

编号	测定项目	测定方法	参考文献
1	全氮	用硫酸钾-硫酸铜-硒消煮，使用半微量开氏法	中国土壤学会农业化学专业委员会．土壤农业化学常规分析法［M］．北京：科学出版社，1984：79.
2	全磷	用硫酸-过氯酸消煮，使用钼锑抗比色法	中国土壤学会农业化学专业委员会．土壤农业化学常规分析法［M］．北京：科学出版社，1984：97.
3	全钾	用氢氧化钠熔融，使用火焰光度计法	中国土壤学会农业化学专业委员会．土壤农业化学常规分析法［M］．北京：科学出版社，1984：109.
4	有机质	丘林法（180 ℃油浴）	中国土壤学会农业化学专业委员会．土壤农业化学常规分析法［M］．北京：科学出版社，1984：74.
5	腐殖质组成及含量	焦磷酸钠提取-重铬酸钾法	中国科学院南京土壤研究所．土壤理化分析［M］．上海：上海科学技术出版社，1983：136.
6	盐基代换量	1 N乙酸铵交换法或乙二胺四乙酸-铵盐快速法	中国土壤学会农业化学专业委员会．土壤农业化学常规分析法［M］．北京：科学出版社，1984：177.
7	交换性钙镁	1 N乙酸铵交换法或乙二胺四乙酸络合滴定法	中国土壤学会农业化学专业委员会．土壤农业化学常规分析法［M］．北京：科学出版社，1984：186-189.
8	酸碱度	水浸提pH计法	中国土壤学会农业化学专业委员会．土壤农业化学常规分析法［M］．北京：科学出版社，1984：166.
9	碳酸钙（$CaCO_3$）	气量法	中国土壤学会农业化学专业委员会．土壤农业化学常规分析法［M］．北京：科学出版社，1984：221-223.
10	碱解氮	碱解、康维皿扩散法	中国土壤学会农业化学专业委员会．土壤农业化学常规分析法［M］．北京：科学出版社，1984：82.
11	速效磷	0.5 N碳酸氢钠浸提-钼锑抗比色法	中国土壤学会农业化学专业委员会．土壤农业化学常规分析法［M］．北京：科学出版社，1984：99-101.
12	速效钾	1 N醋酸铵浸提-火焰光度法	中国土壤学会农业化学专业委员会．土壤农业化学常规分析法［M］．北京：科学出版社，1984：115.
13	缓效钾	1 N硝酸煮沸浸提-火焰光度法	中国土壤学会农业化学专业委员会．土壤农业化学常规分析法［M］．北京：科学出版社，1984：112-114.
14	微量元素	二乙烯三胺五乙酸浸提原子吸收光谱法（铜、锌、铁、锰）	中国土壤学会农业化学专业委员会．土壤农业化学常规分析法［M］．北京：科学出版社，1984：132-153.
15	钼	极谱法	中国土壤学会农业化学专业委员会．土壤农业化学常规分析法［M］．北京：科学出版社，1984：162-165.
16	硼	沸水浸提-姜黄素比色法	中国土壤学会农业化学专业委员会．土壤农业化学常规分析法［M］．北京：科学出版社，1984：154-157.
17	重金属元素	原子吸收光谱法（铬、镉、汞、砷……）	
18	土壤水溶性盐分分析	电导法和常规法	中国土壤学会农业化学专业委员会．土壤农业化学常规分析法［M］．北京：科学出版社，1984：195-219.

3.2.2 土壤物理分析

土壤物理分析监测方法见表 3－6。

表 3－6 土壤物理分析监测方法

编号	测定项目	测定方法	参考文献
1	机械组成（国际制）	吸管法和粒度法	中国土壤学会农业化学专业委员会．土壤农业化学常规分析法［M］．北京：科学出版社，1984：27.
2	容重	环刀法	中国土壤学会农业化学专业委员会．土壤农业化学常规分析法［M］．北京：科学出版社，1984：20.
3	比重	比重瓶法	中国土壤学会农业化学专业委员会．土壤农业化学常规分析法［M］．北京：科学出版社，1984：15.
4	水分	用中子仪测定，使用烘干法	中国土壤学会农业化学专业委员会．土壤农业化学常规分析法［M］．北京：科学出版社，1984：56.
5	田间持水量	室内测定法	中国土壤学会农业化学专业委员会．土壤农业化学常规分析法［M］．北京：科学出版社，1984：57.

3.2.3 植株和品质分析

植株和品质分析监测方法见表 3－7。

表 3－7 植株和品质分析监测方法

编号	测定项目	测定方法	参考文献
1	全氮	用硫酸钾-硫酸铜-硒消煮，使用半微量开氏法	中国土壤学会农业化学专业委员会．土壤农业化学常规分析法［M］．北京：科学出版社，1984：79.
2	全磷	用硫酸-过氯酸消煮，使用钼锑抗比色法	中国土壤学会农业化学专业委员会．土壤农业化学常规分析法［M］．北京：科学出版社，1984：97.
3	全钾	用氢氧化钠熔融，使用火焰光度计法	中国土壤学会农业化学专业委员会．土壤农业化学常规分析法［M］．北京：科学出版社，1984：109.
4	有机质	丘林法（180 ℃油浴）	中国土壤学会农业化学专业委员会．土壤农业化学常规分析法［M］．北京：科学出版社，1984：74.
5	腐殖质组成及含量	焦磷酸钠提取-重铬酸钾法	中国土壤学会农业化学专业委员会．土壤理化分析［M］．北京：科学出版社，1984：136.
6	盐基代换量	1 N 乙酸铵交换法或乙二胺四乙酸-铵盐快速法	中国土壤学会农业化学专业委员会．土壤农业化学常规分析法［M］．北京：科学出版社，1984：177.
7	交换性钙镁	1 N 乙酸铵交换法或乙二胺四乙酸络合滴定法	中国土壤学会农业化学专业委员会．土壤农业化学常规分析法［M］．北京：科学出版社，1984：186－189.
8	酸碱度	水浸提 pH 计法	中国土壤学会农业化学专业委员会．土壤农业化学常规分析法［M］．北京：科学出版社，1984：166.
9	碳酸钙（$CaCO_3$）	气量法	中国土壤学会农业化学专业委员会．土壤农业化学常规分析法［M］．北京：科学出版社，1984：221－223.

（续）

编号	测定项目	测定方法	参考文献
10	碱解氮	碱解、康维皿扩散法	中国土壤学会农业化学专业委员会．土壤农业化学常规分析法［M］．北京：科学出版社，1984：82.
11	速效磷	0.5 N 碳酸氢钠浸提-钼锑抗比色法	中国土壤学会农业化学专业委员会．土壤农业化学常规分析法［M］．北京：科学出版社，1984：99－101.
12	速效钾	1 N 醋酸铵浸提-火焰光度法	中国土壤学会农业化学专业委员会．土壤农业化学常规分析法［M］．北京：科学出版社，1984：115.
13	缓效钾	1 N 硝酸煮沸浸提-火焰光度法	中国土壤学会农业化学专业委员会．土壤农业化学常规分析法［M］．北京：科学出版社，1984：112－114.
14	微量元素	二乙烯三胺五乙酸浸提原子吸收光谱法（铜、锌、铁、锰）	中国土壤学会农业化学专业委员会．土壤农业化学常规分析法［M］．北京：科学出版社，1984：132－153.
15	钼	极谱法	中国土壤学会农业化学专业委员会．土壤农业化学常规分析法［M］．北京：科学出版社，1984：162－165.
16	硼	沸水浸提-姜黄素比色法	中国土壤学会农业化学专业委员会．土壤农业化学常规分析法［M］．北京：科学出版社，1984：154－157.
17	重金属元素	原子吸收光谱法（铬、镉、汞、砷……）	
18	土壤水溶性盐分分析	电导法和常规法	中国土壤学会农业化学专业委员会．土壤农业化学常规分析法［M］．北京：科学出版社，1984：195－219.

第4章

□□□□□□□□□□□□□□□□□□□□□□□□□□□□□□

长期监测数据

4.1 施肥量和生物监测

4.1.1 定位试验处理施肥量

4.1.1.1 数据概述

定位试验处理施肥量数据集包括8个不同土壤类型监测站（吉林公主岭黑土监测站、新疆乌鲁木齐灰漠土监测站、陕西杨凌黄土监测站、北京昌平褐潮土监测站、河南郑州潮土监测站、浙江杭州水稻土监测站、重庆北碚紫色土监测站、湖南祁阳红壤监测站）长期定位试验施肥相关数据（包括试验处理、施氮量、施磷量、施钾量、肥料类型、有机肥用量、秸秆用量、施肥方式、施肥时间等）。

4.1.1.2 数据采集和处理方法

通过各监测站每年上报汇总数据进行数据采集。根据肥力网各监测站各既定试验方案的施肥量、肥料种类、肥料养分含量、试验小区面积、作物种类等计算肥料用量，按照土壤肥料常规表示单位和数据进行统计。

4.1.1.3 数据质量控制和评估

数据的获取过程、获取方法和传输方式方法经过镉试验站和肥力网总站多级审核以确保数据正确无误。肥料养分含量测定及计算按照科学方法实施，施肥量计算正确，并且各试验站每年保存肥料样品以备复核。

4.1.1.4 数据价值

土壤肥力与肥料效益长期定位试验施肥几十年的数据是我国大农业生产农田养分管理、肥料运筹非常宝贵的资料，可用来比较我国不同气候带、不同土壤类型、不同耕作制度下的施肥发展历史情况（肥料用量、肥料类型、施肥方式以及肥料效应等），可为政府部门制定农业相关政策、规程等提供依据，为科研工作者布置试验提供参考。

4.1.1.5 定位试验处理施肥量数据

表4-1至表4-8分别为吉林公主岭黑土监测站、新疆乌鲁木齐灰漠土监测站、陕西杨凌黄土监测站、北京昌平褐潮土监测站、河南郑州潮土监测站、浙江杭州水稻土监测站、重庆北碚紫色土监测站、湖南祁阳红壤监测站长期定位试验的试验处理及主要化学肥料养分（氮、磷、钾、有机肥、秸秆）历年使用量。

表4-1 吉林公主岭黑土监测站定位试验处理施肥量

处理	N/（kg/hm^2）	P_2O_5/（kg/hm^2）	K_2O/（kg/hm^2）	M/（t/hm^2）	S/（t/hm^2）
CK	0	0	0	0	0
N	165	0	0	0	0
NP	165	82.5	0	0	0

（续）

处理	N/（kg/hm²）	P_2O_5/（kg/hm²）	K_2O/（kg/hm²）	M/（t/hm²）	S/（t/hm²）
NK	165	0	82.5	0	0
PK	0	82.5	82.5	0	0
NPK	165	82.5	82.5	0	0
NPK+M1	50	82.5	82.5	115	0
1.5（NPK+M1）	75	123.75	123.75	172.5	0
NPK+S	112.125	82.5	82.5	0	52.875
NPK+M1+F2	50	82.5	82.5	115	0
NPK+M2	165	82.5	82.5	150	0

注：上表中，氮肥为尿素和磷酸二铵，磷肥为三料磷肥，钾肥为氯化钾，M 为猪厩肥，自 2005 年后换成牛粪，S 为玉米秸秆。化肥、猪厩肥和秸秆（粉碎后）每年于播种前一次性施入。NPK+M1+F2 处理按玉米-玉米-大豆轮作。

表 4-2　新疆乌鲁木齐灰漠土监测站定位试验处理施肥量

处理	N/（kg/hm²）	P_2O_5/（kg/hm²）	K_2O/（kg/hm²）	M（t/hm²）	S（t/hm²）
CK	0	0	0	0	0
N	241	0	0	0	0
NP	241	138	0	0	0
NK	241	0	58	0	0
PK	0	138	58	0	0
NPK	241	138	58	0	0
$N_1P_1K_1$+M	85	51	12	30	30
$N_2P_2K_2$+2M	150	90	18	60	60
$N_3P_3K_3$+S	217	117	51	0	0.3~0.7
2M	0	0	0	60	60
S	0	0	0	0	0.3~0.7

注：其中，氮肥为尿素，磷肥为过磷酸钙，钾肥为硫酸钾，有机肥 M 为羊粪，S 为秸秆。化肥中 60%的氮肥及全部磷、钾肥作基肥，40%的氮肥作追肥。

表 4-3　陕西杨凌黄土监测站定位试验处理施肥量

处理	小麦			玉米		
	N/（kg/hm²）	P_2O_5/（kg/hm²）	K_2O /（kg/hm²）	N/（kg/hm²）	P_2O_5/（kg/hm²）	K_2O/（kg/hm²）
CK	0	0	0	0	0	0
N	165.0	0	0	187.5	0	0
NP	165.0	132.0	0	187.5	150.0	0
NK	165.0	0	82.5	187.5	0	93.8
PK	0	132.0	82.5	0	150.0	93.8
NPK	165.0	132.0	82.5	187.5	150.0	93.8
NPK+S	165.0	132.0	82.5	187.5	150.0	93.8
NPK+M	165.0	132.0	82.5	187.5	150.0	93.8
1.5（NPK+M）	247.5	198.0	123.8	281.3	225.0	140.7

注：其中，氮肥为尿素，磷肥为过磷酸钙，钾肥为硫酸钾。小麦肥料为播种前一次性施入，玉米播种约 1 个月后施肥。随有机肥施入的氮肥量为全部用量的 70%。1990—1998 年，秸秆用量为 4 500 kg/hm² 小麦秸秆（干质量），1998 年后为当季该处理小区的全部玉米秸秆，平均干重为 3 700 kg/hm²。

表 4-4 北京昌平褐潮土监测站定位试验处理施肥量

处理	小麦					玉米				
	N/(kg/hm²)	P_2O_5/(kg/hm²)	K_2O/(kg/hm²)	M/(t/hm²)	S/(t/hm²)	N/(kg/hm²)	P_2O_5/(kg/hm²)	K_2O/(kg/hm²)	M/(t/hm²)	S/(t/hm²)
CK	0	0	0	0	0	0	0	0	0	0
N	150	0	0	0	0	150	0	0	0	0
NP	150	75	0	0	0	150	75	0	0	0
NK	150	0	45	0	0	150	0	45	0	0
PK	0	75	45	0	0	0	75	45	0	0
NPK	150	75	45	0	0	150	75	45	0	0
NPK+M	150	75	45	22.5	0	150	75	45	0	0
NPK+1.5M	150	75	45	33.75	0	150	75	45	0	0
NPK+S	150	75	45	0	2.25	150	75	45	0	0
NPK+水	150	75	45	0	0	150	75	45	0	0
1.5N+PK	225	75	45	0	0	225	75	45	0	0

注：其中，氮肥为尿素，磷肥为过磷酸钙，钾肥为氯化钾，M 为猪厩肥，S 为玉米秸秆。化肥于小麦和玉米（大豆）播种前一次性施入，厩肥和秸秆 1 年施用 1 次，于小麦播种前做基肥。NPK+水处理中灌水量为其他处理灌水量的 2/3。试验从 1991 年正式开始，原方案为 12 处理 4 重复，小区面积为 100 m²。由于小区面积小，无法进行有效隔离，造成试验操作艰难，不利于长期进行，因此于 1996—1997 年作小区调整，1996 年冬作休闲，1997 年春作小麦未施肥，1997 年夏作玉米施肥，成为无重复试验，小区面积为 200 m²。

表 4-5 河南郑州潮土监测站定位试验处理施肥量

处理	小麦					玉米				
	N/(kg/hm²)	P_2O_5/(kg/hm²)	K_2O/(kg/hm²)	M/(t/hm²)	S/(t/hm²)	N/(kg/hm²)	P_2O_5/(kg/hm²)	K_2O/(kg/hm²)	M/(t/hm²)	S/(t/hm²)
CK	0	0	0	0	0	0	0	0	0	0
N	165	0	0	0	0	187.5	0	0	0	0
NP	165	82.5	0	0	0	187.5	93.75	0	0	0
NK	165	0	82.5	0	0	187.5	0	93.75	0	0
PK	0	82.5	82.5	0	0	0	93.5	93.75	0	0
NPK	165	82.5	82.5	0	0	187.5	93.5	93.75	0	0
NPK+M	49.5	82.5	82.5	提供含氮 115.5 kg/hm² 的有机肥	0	187.5	93.5	93.75	0	0
1.5（NPK+M）	247.5	123.75	123.75	33.75	0	281.25	140.25	140.25	0	0
NPK+S	49.5	82.5	82.5	0	提供含氮 115.5 kg/hm² 的秸秆	187.5	93.5	93.5	0	0
NPK+M+F2	165	82.5	82.5	22.5	0	60	60	60	0	0

注：其中，氮肥为尿素，磷肥为普通过磷酸钙，钾肥在 2003 年前为硫酸钾，以后为氯化钾，M 大部分为牛厩肥或马厩肥，个别年份为土杂肥，S 为玉米秸秆，玉米品种在 1991—2006 年均为郑单 8 号，秸秆含氮量为 0.65%。化肥中磷肥和钾肥于小麦和玉米（大豆）播种前一次性施入，氮肥分别在小麦返青期和玉米大喇叭口期追肥，基肥和追肥比例分别为 6：4；厩肥和秸秆 1 年施用 1 次，于小麦播种前做基肥。1991 年，玉米的施肥量同小麦；1991 年，小麦没有秸秆还田；1992—2002 年，70%的氮由秸秆提供，本小区不足，由其他小区的秸秆提供，因为秸秆还田量太大，影响小麦播种，2002 年后改为玉米秸秆全部还田，氮不足由尿素补充。

表 4-6　浙江杭州水稻土监测站定位试验处理施肥量

处理	N/（kg/hm²）	P_2O_5/（kg/hm²）	K_2O/（kg/hm²）	M/（kg/hm²）
CK	0	0	0	0
N	375	0	0	0
NP	375	187.5	0	0
NK	375	0	187.5	0
NPK	375	187.5	187.5	0
M	0	0	0	22 500
NPK+M	375	187.5	187.5	22 500
1.3 NPK+M	487.5	243.75	243.75	22 500

注：其中，氮肥为尿素（N 46%），磷肥为过磷酸钙（P_2O_5 15%），钾肥为氯化钾（K_2O 62%），M 为猪厩肥（N 0.5%，P 0.6%，K 0.7%）。氮肥分 3 次施入，厩肥和磷、钾肥种前一次性施入。种植制度为大麦双季稻，以上用量为 1 年 3 季的总用量，其中，大麦季施氮、磷、钾分别为 75 kg/hm²、37.5 kg/hm²、37.5 kg/hm²；双季稻施肥量相同，施氮、磷、钾分别为 150 kg/hm²、755 kg/hm²、75 kg/hm²；有机肥按 3 季平均施入。

表 4-7　重庆北碚紫色土监测站定位试验处理施肥量

处理	小麦					水稻				
	N/（kg/hm²）	P_2O_5/（kg/hm²）	K_2O/（kg/hm²）	M/（t/hm²）	S/（t/hm²）	N/（kg/hm²）	P_2O_5/（kg/hm²）	K_2O/（kg/hm²）	M/（t/hm²）	S/（t/hm²）
CK	0	0	0			0	0	0		
N	150（135）	0	0	0	0	150	0	0	0	0
NP	150（135）	75（60）	0	0	0	150	75（60）	0	0	0
NK	150（135）	0	75（60）	0	0	150	0	75（60）	0	0
PK	0	75（60）	75（60）	0	0	0	75（60）	75（60）	0	0
NPK	150（135）	75（60）	75（60）	0	0	150	75（60）	75（60）	0	0
NPK+M	150（135）	75（60）	75（60）	22.5	0	150	75（60）	75（60）	22.5	0
1.5NPK+M	225（202）	112.5（90）	112.5（90）	22.5	0	225	112.5（90）	112.5（90）	22.5	0
NPK+S	150（135）	75（60）	75（0）		7.5	150	75（60）	75（0）		7.5
NPK+M+F2	150（135）	75（60）	75（60）	22.5	0	150	75（60）	75（60）	22.5	0
（NPK）Cl+M	150（135）	75（60）	75（60）	22.5	0	150	75（60）	75（60）	22.5	0
M	0	0	0	22.5	0	0	0	0	22.5	0

注：上表中括号内数字是 1991—1996 年氮、磷、钾肥料用量；括号外数字是 1997—2023 年氮、磷、钾肥料用量。上表中，除（NPK）Cl+M 处理氮肥用氯化铵、钾肥用氯化钾外，其他各处理氮肥用尿素，钾肥用硫酸钾；磷肥为过磷酸钙，M 为猪厩肥，S 为稻草还田。小麦和水稻 60%的氮肥及全部磷、钾肥作基肥，小麦 40%的氮肥于 3～4 叶期追施，水稻 40%氮肥在插秧后 2～3 周追施。有机肥每年施用 1 次，于每年秋季小麦播种前作基肥施用，并于施肥前测定其氮、磷、钾含量。

表 4-8　湖南祁阳红壤监测站定位试验处理施肥量

处理	小麦					玉米				
	N/（kg/hm²）	P_2O_5/（kg/hm²）	K_2O/（kg/hm²）	M/（t/hm²）	S/（t/hm²）	N/（kg/hm²）	P_2O_5/（kg/hm²）	K_2O/（kg/hm²）	M/（t/hm²）	S/（t/hm²）
CK	0	0	0	0	0	0	0	0	0	0
N	90	0	0	0	0	210	0	0	0	0

（续）

处理	小麦					玉米				
	N/（kg/hm²）	P_2O_5/（kg/hm²）	K_2O/（kg/hm²）	M/（t/hm²）	S/（t/hm²）	N/（kg/hm²）	P_2O_5/（kg/hm²）	K_2O/（kg/hm²）	M/（t/hm²）	S/（t/hm²）
NP	90	36	0	0	0	210	84	0	0	0
NK	90	0	36	0	0	210	0	84	0	0
PK	0	36	36	0	0	0	84	84	0	0
NPK	90	36	36	0	0	210	84	84	0	0
NPK+M	27	36	36	12.51	0	63	84	84	29.2	0
1.5（NPK）+M	40	54	54	18.77	0	94	125	126	43.8	0
NPK+S	90	36	36	0	1/2 收获物还田	210	84	84	0	1/2 收获物还田
NPK+M+F2	27	36	36	12.51	0	63	84	84	29.2	0
1.5M	0	0	0	18	0	0	0	0	42	0

注：其中，氮肥为尿素，磷肥为过磷酸钙，钾肥为氯化钾，M 为猪厩肥，S 为玉米秸秆。化肥于小麦和玉米（大豆）播种前一次性施入，厩肥和秸秆 1 年施用 1 次，于小麦播种前做基肥。

4.1.2 作物生育期

4.1.2.1 概述

作物生育期数据集包括 6 个不同土壤类型监测站（吉林公主岭黑土监测站、新疆乌鲁木齐灰漠土监测站、河南郑州潮土监测站、浙江杭州水稻土监测站、重庆北碚紫色土监测站、湖南祁阳红壤监测站）的玉米、冬小麦、春小麦、水稻、棉花长期定位试验中不同生育期作物各项生理指标情况，包括品种、播种期、出苗期、开花期、成熟期、收获期等。

4.1.2.2 数据采集和处理方法

通过各监测站每年上报汇总数据进行数据采集。各站数据采集标准是根据不同作物类型、不同样地面积，选择确定观测点或观测植株并计数统计、记录数据。

4.1.2.3 数据质量控制和评估

本数据质量控制原则是按照当地作物品种在当地气候和耕作条件下不同时期生长的生物学特征确定观测时间，按照各生育期特征指标的观测标准观测计数，数据采集全过程的方式方法符合科学要求，数据记录无误，数据具有长链性，具有年际间的可比性。

4.1.2.4 数据价值

本部分数据体现了较长时间尺度下年际间作物生育时期的变化情况，本数据体现了长期不同施肥条件下施肥量、土壤肥力变化、作物不同生长阶段的各生长指标的响应，为作物良好生长的养分运筹研究提供科学数据，为农业科研和农业生产提供宝贵的数据支撑。

4.1.2.5 作物生育期数据

表 4-9 至表 4-17 分别为各监测站（吉林公主岭黑土监测站、新疆乌鲁木齐灰漠土监测站、河南郑州潮土监测站、浙江杭州水稻土监测站、重庆北碚紫色土监测站、湖南祁阳红壤监测站）的玉米、小麦、水稻等作物各生育期的数据记录。

表 4-9　吉林公主岭黑土监测站玉米生育期动态

年份	作物品种	播种期	出苗期	抽雄期	开花期	成熟期	收获期
1990	丹玉 13	1990-4-22	1990-5-9	1990-7-23	1990-8-1	1990-9-22	1990-9-26
1991	丹玉 13	1991-4-21	1991-5-8	1991-7-22	1991-8-1	1991-9-21	1991-9-25
1992	丹玉 13	1992-4-24	1992-5-11	1992-7-25	1992-8-4	1992-9-24	1992-9-28
1993	丹玉 13	1993-4-22	1993-5-9	1993-7-23	1993-8-2	1993-9-22	1993-9-26
1994	丹玉 13	1994-4-23	1994-5-9	1994-7-23	1994-8-2	1994-9-23	1994-9-27
1995	吉单 304	1995-4-25	1995-5-12	1995-7-26	1995-8-5	1995-9-25	1995-9-29
1996	吉单 304	1996-4-22	1996-5-9	1996-7-23	1996-8-2	1996-9-22	1996-9-26
1997	吉单 209	1997-4-24	1997-5-11	1997-7-25	1997-8-4	1997-9-24	1997-9-28
1998	吉单 209	1998-4-25	1998-5-12	1998-7-26	1998-8-5	1998-9-25	1998-9-29
1999	吉单 209	1999-4-22	1999-5-9	1999-7-23	1999-8-2	1999-9-22	1999-9-26
2000	四密 25	2000-4-24	2000-5-11	2000-7-25	2000-8-4	2000-9-24	2000-9-28

表 4-10　新疆乌鲁木齐灰漠土监测站作物生育期动态

年份	作物种类	作物品种	播种期	出苗期	抽穗期/抽雄期	收获期
1990	玉米	SC-704	1990-4-21、1990-4-22	1990-5-1		1990-9-23、1990-9-24
1991	春小麦	新春 2 号	1991-4-4	1991-4-12	1991-6-5	1991-7-15
1992	冬小麦	新冬 15 号	1991-9-23	1991-10-3		1992-7-14
1993	玉米	SC-704	1993-4-22、1993-4-24	1993-5-2	1993-7-8	1993-9-28、1993-9-29
1994	春小麦	新春 2 号	1994-4-3	1994-4-12		1994-7-18
1995	冬小麦	5148	1994-9-21	1994-10-2		1995-7-15
1996	玉米	SC-704	1996-4-26	1996-5-4		1996-10-1、1996-10-2
1997	冬小麦	新冬 19 号	1996-10-1	1996-10-12		1997-7-2
1998	冬小麦	新冬 19 号	1997-9-22	1997-10-1		1998-7-21
2000	玉米	新玉 7 号	2000-5-1	2000-5-10	2000-7-8	2000-9-25、2000-9-26
2001	冬小麦	新冬 18 号	2000-10-4	2000-10-12		2001-7-15
2002	春小麦	新春 8 号	2002-4-8	2002-4-16		2002-7-20
2003	玉米	中南 9 号	2003-5-1	2003-5-10		2003-10-2
2004	冬小麦	新冬 18 号	2003-9-28	2003-10-7		2004-7-11
2005	玉米	新玉 12 号	2005-5-2	2005-5-10		2005-9-20
2006	春小麦	新春 18	2006-3-25	2006-4-7		2006-7-10
2007	冬小麦	新冬 28	2006-9-28	2006-10-8		2007-6-28
2008	玉米	新玉 41 号	2008-4-26	2008-5-5		2008-9-18
2009	棉花	伊陆早 7 号	2009-4-25	2009-5-7		2009-9-5
2010	玉米	新玉 41 号	2010-5-6	2010-5-14		2010-9-18

表 4-11 河南郑州潮土监测站小麦生育期动态

年份	作物品种	播种期	出苗期	分蘖期	拔节期	抽穗期	开花期	成熟期
1991	豫麦 13	1990-10-18	1990-10-23	1990-11-5	1991-3-2	1991-4-13	1991-4-18	1991-5-29
1992	郑太育 1	1991-10-15	1991-10-20	1991-11-7	1992-3-6	1992-4-13	1992-4-19	1992-5-29
1993	临汾 7203	1992-10-16	1992-10-22	1992-11-10	1993-3-8	1993-4-11	1993-4-17	1993-5-29
1994	临汾 7203	1993-10-15	1993-10-21	1993-11-12	1994-3-6	1994-4-10	1994-4-16	1994-5-31
1995	郑州 941	1994-10-20	1994-10-24	1994-11-5	1995-3-6	1995-4-11	1995-4-15	1995-5-31
1996	郑州 941	1995-10-14	1995-10-19	1995-11-3	1996-3-6	1996-4-6	1996-4-12	1996-5-30
1997	豫麦 47	1996-10-10	1996-10-16	1996-11-4	1997-3-9	1997-4-9	1997-4-13	1997-5-31
1998	豫麦 47	1997-10-19	1997-10-25	1997-11-7	1998-3-3	1998-4-3	1998-4-10	1998-5-29
1999	郑州 8998	1998-10-17	1998-10-23	1998-11-6	1999-3-5	1999-4-5	1999-4-10	1999-5-27
2000	郑麦 9023	1999-10-19	1999-10-24	1999-11-6	2000-3-3	2000-4-2	2000-4-9	2000-5-27
2001	郑麦 9023	2000-10-18	2000-10-23	2000-11-5	2001-3-2	2001-4-13	2001-4-18	2001-5-29
2002	郑麦 9023	2001-10-15	2001-10-20	2001-11-7	2002-3-6	2002-4-13	2002-4-19	2002-5-29
2003	郑麦 9023	2002-10-16	2002-10-22	2002-11-10	2003-3-8	2003-4-11	2003-4-17	2003-5-29
2004	郑麦 9023	2003-10-15	2003-10-21	2003-11-12	2004-3-6	2004-4-10	2004-4-16	2004-5-31
2005	郑麦 9023	2004-10-20	2004-10-24	2004-11-5	2005-3-6	2005-4-11	2005-4-15	2005-5-31
2006	郑麦 9023	2005-10-14	2005-10-19	2005-11-3	2006-3-6	2006-4-6	2006-4-12	2006-5-30
2007	郑麦 9694	2006-10-10	2006-10-16	2006-11-4	2007-3-9	2007-4-9	2007-4-13	2007-5-31
2008	郑麦 9962	2007-10-19	2007-10-25	2007-11-7	2008-3-3	2008-4-3	2008-4-10	2008-5-29
2009	郑麦 9962	2008-10-17	2008-10-23	2008-11-6	2009-3-5	2009-4-5	2009-4-10	2009-5-27
2010	郑麦 7698	2009-10-19	2009-10-24	2009-11-6	2010-3-3	2010-4-2	2010-4-9	2010-5-27

表 4-12 河南郑州潮土监测站玉米生育期动态

年份	作物品种	播种期	出苗期	小喇叭口期	大喇叭口期	抽雄期	开花期	成熟期	收获期
1991	郑单 8 号	1991-6-9	1991-6-15	1991-7-12	1991-7-24	1991-7-28	1991-7-28	1991-9-20	1991-9-30
1992	郑单 8 号	1992-6-10	1992-6-16	1992-7-12	1992-7-23	1992-7-26	1992-7-26	1992-9-21	1992-9-29
1993	郑单 8 号	1993-6-9	1993-6-15	1993-7-14	1993-7-24	1993-7-28	1993-7-28	1993-9-22	1993-9-28
1994	郑单 8 号	1994-6-7	1994-6-14	1994-7-12	1994-7-23	1994-7-29	1994-7-29	1994-9-19	1994-9-27
1995	郑单 8 号	1995-6-9	1995-6-14	1995-7-14	1995-7-25	1995-8-1	1995-8-1	1995-9-21	1995-9-29
1996	郑单 8 号	1996-6-10	1996-6-16	1996-7-14	1996-7-23	1996-7-30	1996-7-30	1996-9-23	1996-9-30
1997	郑单 8 号	1997-6-11	1997-6-16	1997-7-16	1997-7-24	1997-7-29	1997-7-29	1997-9-20	1997-9-29
1998	郑单 8 号	1998-6-11	1998-6-16	1998-7-13	1998-7-23	1998-7-29	1998-7-29	1998-9-24	1998-9-30
1999	郑单 8 号	1999-6-11	1999-6-15	1999-7-15	1999-7-25	1999-7-28	1999-7-28	1999-9-22	1999-9-30
2000	郑单 8 号	2000-6-6	2000-6-13	2000-7-13	2000-7-24	2000-7-28	2000-7-28	2000-9-23	2000-9-27
2001	郑单 8 号	2001-6-9	2001-6-16	2001-7-12	2001-7-23	2001-7-26	2001-7-29	2001-9-29	2001-9-29
2002	郑单 8 号	2002-6-10	2002-6-16	2002-7-12	2002-7-23	2002-7-26	2002-7-26	2002-9-21	2002-9-29
2003	郑单 8 号	2003-6-9	2003-6-15	2003-7-14	2003-7-24	2003-7-28	2003-7-28	2003-9-22	2003-9-28
2004	郑单 8 号	2004-6-7	2004-6-14	2004-7-12	2004-7-23	2004-7-29	2004-7-29	2004-9-19	2004-9-27
2005	郑单 8 号	2005-6-9	2005-6-14	2005-7-14	2005-7-25	2005-8-1	2005-8-1	2005-9-21	2005-9-29

（续）

年份	作物品种	播种期	出苗期	小喇叭口期	大喇叭口期	抽雄期	开花期	成熟期	收获期
2006	郑单 958	2006－6－10	2006－6－16	2006－7－14	2006－7－23	2006－7－30	2006－7－30	2006－9－23	2006－9－30
2007	郑单 136	2007－6－11	2007－6－16	2007－7－16	2007－7－24	2007－7－29	2007－7－29	2007－9－20	2007－9－29
2008	郑单 136	2008－6－11	2008－6－16	2008－7－13	2008－7－23	2008－7－29	2008－7－29	2008－9－24	2008－9－30
2009	郑单 528	2009－6－11	2009－6－15	2009－7－15	2009－7－25	2009－7－28	2009－7－28	2009－9－22	2009－9－30
2010	郑单 528	2010－6－6	2010－6－13	2010－7－13	2010－7－24	2010－7－28	2010－7－28	2010－9－23	2010－9－27

表 4－13　浙江水稻土监测站作物生育期动态

作物种类	作物品种	播种期	移栽期	分蘖期	拔节期	抽穗期	开花期	乳熟期	黄熟期	收获期
大麦	浙农 3 号	11－15		12－15	次年 2－15	次年 4－15	次年 4－18	次年 4－25	次年 5－8	次年 5－10
早稻	辐选 6 号	4－10	5－10	5－25	6－10	7－10	7－15	7－20	7－30	8－1
晚稻	原粳 4 号	6－10	8－2	8－12	8－25	9－10	9－15	10－10	10－25	10－30

注：本站未对生育期作跟踪记录，以上仅为作物的一般生育期，前后差异在 3～5 d。不同施肥处理的生育期肯定有差异，不施肥区比全量施肥区明显提早成熟 5～7 d，而增量施肥区要迟熟 3～4 d。

表 4－14　重庆北碚紫色土监测站小麦生育期动态

年份	作物品种	播种期	出苗期	分蘖期	成熟期	收获期
1992	绵阳 21	1991－11－3	1991－11－11	1991－12－10	1992－5－1	1992－5－6
1993	西农麦 1 号	1992－11－5	1992－11－13	1992－12－13	1993－5－3	1993－5－7
1994	西农麦 1 号	1993－11－7	1993－11－15	1993－12－10	1994－5－6	1994－5－10
1995	西农麦 1 号	1994－11－6	1994－11－14	1994－12－12	1995－5－3	1995－5－8
1996	西农麦 1 号	1995－11－11	1995－11－17	1995－12－15	1996－5－7	1996－5－10
1997	西农麦 1 号	1996－11－11	1996－11－18	1996－12－15	1997－5－9	1997－5－11
1998	西农麦 1 号	1997－11－4	1997－11－13	1997　12　14	1998－5－5	1998－5－8
1999	西农麦 1 号	1998－11－5	1998－11－12	1998－12－10	1999－5－4	1999－5－8
2000	西农麦 1 号	1999－11－8	1999－11－14	1999－12－13	2000－5－3	2000－5－6
2001	西农麦 1 号	2000－11－5	2000－11－12	2000－12－10	2001－5－2	2001－5－5
2002	西农麦 1 号	2001－11－6	2001－11－12	2001－12－14	2002－5－4	2002－5－6
2003	西农麦 1 号	2002－11－2	2002－11－10	2002－12－9	2003－5－1	2003－5－3
2004	西农麦 1 号	2003－11－2	2003－11－10	2003－12－8	2004－5－2	2004－5－5
2005	西农麦 1 号	2004－11－3	2004－11－10	2004－12－7	2005－5－1	2005－5－4
2006	西农麦 1 号	2005－11－7	2005－11－12	2005－12－15	2006－5－2	2006－5－4
2007	西农麦 1 号	2006－11－4	2006－11－11	2006－12－14	2007－5－4	2007－5－6
2008	绵阳 31	2007－11－7	2007－11－16	2007－12－18	2008－5－4	2008－5－8
2009	绵阳 31	2008－11－3	2008－11－10	2008－12－8	2009－5－5	2009－5－7
2010	绵阳 31	2009－11－5	2009－11－12	2009－12－10	2010－5－2	2010－5－6

表 4-15 重庆北碚紫色土监测站水稻生育期动态

年份	作物品种	播种期	出苗期	移栽期	拔节孕穗期	成熟期	收获期
1992	汕优 63	1992-3-15	1992-3-20	1992-5-20	1992-6-12	1992-8-18	1992-8-22
1993	汕优 63	1993-3-16	1993-3-22	1993-5-24	1993-6-16	1993-8-24	1993-8-29
1994	汕优 63	1994-3-15	1994-3-21	1994-5-22	1994-6-14	1994-8-12	1994-8-14
1995	汕优 63	1995-3-18	1995-3-23	1995-5-25	1995-6-16	1995-8-24	1995-8-28
1996	汕优 63	1996-3-16	1996-3-21	1996-5-20	1996-6-12	1996-8-20	1996-8-24
1997	汕优 63	1997-3-17	1997-3-22	1997-5-22	1997-6-16	1997-8-24	1997-8-27
1998	Ⅱ优 6078	1998-3-15	1998-3-20	1998-5-16	1998-6-12	1998-8-22	1998-8-23
1999	Ⅱ优 6078	1999-3-15	1999-3-21	1999-5-18	1999-6-13	1999-8-23	1999-8-25
2000	Ⅱ优 838	2000-3-16	2000-3-21	2000-5-16	2000-6-14	2000-8-22	2000-8-25
2001	Ⅱ优 868	2001-3-15	2001-3-10	2001-5-17	2001-6-13	2001-8-21	2001-8-23
2002	Ⅱ优 868	2002-3-16	2002-3-22	2002-5-17	2002-6-14	2002-8-22	2002-8-24
2003	Ⅱ优 7	2003-3-15	2003-3-20	2003-5-12	2003-6-12	2003-8-23	2003-8-26
2004	Ⅱ优 7	2004-3-16	2004-3-21	2004-5-12	2004-6-13	2004-8-24	2004-8-26
2005	Ⅱ优 7	2005-3-15	2005-3-21	2005-5-12	2005-6-14	2005-8-24	2005-8-26
2006	Ⅱ优 89	2006-3-17	2006-3-22	2006-5-13	2006-6-12	2006-8-21	2006-8-23
2007	Ⅱ优 89	2007-3-14	2007-3-21	2007-5-12	2007-6-13	2007-8-23	2007-8-25
2008	Ⅱ优 89	2008-3-16	2008-3-22	2008-5-16	2008-6-14	2008-8-21	2008-8-22
2009	Ⅱ优 89	2009-3-10	2009-3-13	2009-5-17	2009-6-13	2009-8-21	2009-8-23
2010	川优 9527	2010-3-17	2010-3-22	2010-5-17	2010-6-14	2010-8-22	2010-8-24

表 4-16 湖南祁阳红壤监测站小麦生育期动态

年份	播种期	抽穗期	成熟期	收获期
1991	1990-11-8	1991-4-13	1991-5-20	1991-5-22
1992	1991-11-5	1992-4-2	1992-5-19	1992-5-19
1993	1992-11-5	1993-4-13	1993-5-21	1993-5-21
1994	1993-11-7	1994-4-13	1994-5-21	1994-5-21
1995	1994-11-7	1995-4-13	1995-5-21	1995-5-21
1996	1995-11-11	1996-4-5	1996-5-18	1996-5-18
1997	1996-11-7	1997-3-15	1997-5-12	1997-5-12
1998	1997-11-9	1998-3-25	1998-5-8	1998-5-12
1999	1998-11-11	1999-4-20	1999-5-10	1999-5-11
2000	1999-11-7	2000-4-5	2000-5-20	2000-5-22
2001	2000-11-5	2001-4-5	2001-5-10	
2002	2001-11-6	2002-3-8	2002-5-7	
2003	2002-11-10	2003-3-8	2003-5-10	
2004	2003-11-10	2004-3-25	2004-5-10	
2005	2004-11-10	2005-3-21	2005-5-11	
2006	2005-11-10	2006-3-28	2006-5-12	
2007	2006-11-6	2007-3-19	2007-5-9	
2008	2007-11-15	2008-3-29	2008-5-10	
2009	2008-11-13	2009-3-17		

表 4 - 17　湖南祁阳红壤监测站玉米生育期动态

年份	处理	播种期	抽雄期	成熟期	收获期
1991	CK	1991 - 4 - 7	1991 - 6 - 20	1991 - 7 - 20	1991 - 7 - 20
1991	N	1991 - 4 - 7	1991 - 5 - 18	1991 - 7 - 18	1991 - 7 - 20
1991	NP	1991 - 4 - 7	1991 - 6 - 18	1991 - 7 - 18	1991 - 7 - 20
1991	NK	1991 - 4 - 7	1991 - 6 - 18	1991 - 7 - 18	1991 - 7 - 20
1991	PK	1991 - 4 - 7	1991 - 6 - 20	1991 - 7 - 20	1991 - 7 - 20
1991	NPK	1991 - 4 - 7	1991 - 6 - 16	1991 - 7 - 16	1991 - 7 - 20
1991	NPK+M	1991 - 4 - 7	1991 - 6 - 10	1991 - 7 - 10	1991 - 7 - 20
1991	1.5（NPK+M）	1991 - 4 - 7	1991 - 6 - 7	1991 - 7 - 7	1991 - 7 - 20
1991	NPK+S	1991 - 4 - 7	1991 - 6 - 13	1991 - 7 - 11	1991 - 7 - 20
1991	NPK+M+F2	1991 - 4 - 7		1991 - 7 - 8	1991 - 7 - 10
1991	M		—		
1992	CK	1992 - 4 - 6	1992 - 6 - 10	1992 - 7 - 15	1992 - 7 - 18
1992	N	1992 - 4 - 6	1992 - 6 - 15	1992 - 7 - 17	1992 - 7 - 18
1992	NP	1992 - 4 - 6	1992 - 6 - 6	1992 - 7 - 9	1992 - 7 - 18
1992	NK	1992 - 4 - 6	1992 - 6 - 10	1992 - 7 - 16	1992 - 7 - 18
1992	PK	1992 - 4 - 6	1992 - 6 - 11	1992 - 7 - 17	1992 - 7 - 18
1992	NPK	1992 - 4 - 6	1992 - 6 - 9	1992 - 7 - 8	1992 - 7 - 18
1992	NPK+M	1992 - 4 - 6	1992 - 6 - 9	1992 - 7 - 4	1992 - 7 - 18
1992	1.5（NPK+M）	1992 - 4 - 6	1992 - 6 - 6	1992 - 7 - 4	1992 - 7 - 18
1992	NPK+S	1992 - 4 - 6	1992 - 6 - 9	1992 - 7 - 15	1992 - 7 - 18
1992	NPK+M+F2	1992 - 4 - 6		1992 - 7 - 16	1992 - 7 - 12
1992	M	1992 - 4 - 6	1992 - 6 - 9	1992 - 7 - 15	1992 - 7 - 18
1993	CK	1993 - 4 - 2	1993 - 6 - 18	1993 - 7 - 10	1993 - 7 - 15
1993	N	1993 - 4 - 2	1993 - 6 - 16	1993 - 7 - 6	1993 - 7 - 15
1993	NP	1993 - 4 - 2	1993 - 6 - 14	1993 - 7 - 4	1993 - 7 - 15
1993	NK	1993 - 4 - 2	1993 - 6 - 15	1993 - 7 - 5	1993 - 7 - 15
1993	PK	1993 - 4 - 2	1993 - 6 - 21	1993 - 7 - 10	1993 - 7 - 15
1993	NPK	1993 - 4 - 2	1993 - 6 - 13	1993 - 7 - 3	1993 - 7 - 15
1993	NPK+M	1993 - 4 - 2	1993 - 6 - 13	1993 - 7 - 3	1993 - 7 - 15
1993	1.5（NPK+M）	1993 - 4 - 2	1993 - 6 - 12	1993 - 7 - 2	1993 - 7 - 15
1993	NPK+S	1993 - 4 - 2	1993 - 6 - 13	1993 - 7 - 3	1993 - 7 - 15
1993	NPK+M+F2	1993 - 4 - 2		1993 - 6 - 23	1993 - 6 - 25
1993	M	1993 - 4 - 2	1993 - 6 - 14	1993 - 7 - 3	1993 - 7 - 15
1994	CK	1994 - 3 - 27	1994 - 6 - 3	1994 - 7 - 13	1994 - 7 - 15
1994	N	1994 - 3 - 27	1994 - 6 - 2	1994 - 7 - 13	1994 - 7 - 15
1994	NP	1994 - 3 - 27	1994 - 6 - 2	1994 - 7 - 13	1994 - 7 - 15
1994	NK	1994 - 3 - 27	1994 - 6 - 2	1994 - 7 - 13	1994 - 7 - 15
1994	PK	1994 - 3 - 27	1994 - 6 - 2	1994 - 7 - 13	1994 - 7 - 15

（续）

年份	处理	播种期	抽雄期	成熟期	收获期
1994	NPK	1994-3-27	1994-6-2	1994-7-13	1994-7-15
1994	NPK+M	1994-3-27	1994-6-1	1994-7-12	1994-7-15
1994	1.5（NPK+M）	1994-3-27	1994-5-30	1994-7-11	1994-7-15
1994	NPK+S	1994-3-27	1994-6-1	1994-7-12	1994-7-15
1994	NPK+M+F2	1994-3-27		1994-7-9	1994-7-10
1994	M	1994-3-27	1994-5-30	1994-7-11	1994-7-15
1995	CK	1995-4-8	1995-6-20	1995-7-25	1995-7-28
1995	N	1995-4-8	1995-6-22	1995-7-23	1995-7-28
1995	NP	1995-4-8	1995-6-10	1995-7-23	1995-7-28
1995	NK	1995-4-8	1995-6-20	1995-7-23	1995-7-28
1995	PK	1995-4-8	1995-6-20	1995-7-25	1995-7-28
1995	NPK	1995-4-8	1995-6-10	1995-7-23	1995-7-28
1995	NPK+M	1995-4-8	1995-6-10	1995-7-23	1995-7-28
1995	1.5（NPK+M）	1995-4-8	1995-6-10	1995-7-23	1995-7-28
1995	NPK+S	1995-4-8	1995-6-10	1995-7-23	1995-7-28
1995	NPK+M+F2	1995-4-8		1995-7-10	1995-7-15
1995	M	1995-4-8	1995-6-12	1995-7-23	1995-7-29
1996	CK	1996-4-10	1996-6-15	1996-7-25	1996-7-28
1996	N	1996-4-10	1996-6-16	1996-7-25	1996-7-28
1996	NP	1996-4-10	1996-6-16	1996-7-25	1996-7-28
1996	NK	1996-4-10	1996-6-15	1996-7-25	1996-7-28
1996	PK	1996-4-10	1996-6-16	1996-7-25	1996-7-28
1996	NPK	1996-4-10	1996-6-16	1996-7-25	1996-7-28
1996	NPK+M	1996-4-10	1996-6-15	1996-7-25	1996-7-28
1996	1.5（NPK+M）	1996-4-10	1996-6-16	1996-7-25	1996-7-28
1996	NPK+S	1996-4-10	1996-6-16	1996-7-25	1996-7-28
1996	NPK+M+F2	1996-4-10		1996-7-18	1996-7-19
1996	M	1996-4-10	1996-6-16	1996-7-25	1996-7-28
1997	CK	1997-4-8	1997-6-4	1997-7-28	1997-7-28
1997	N	1997-4-8	1997-6-4	1997-7-28	1997-7-28
1997	NP	1997-4-8	1997-6-4	1997-7-28	1997-7-28
1997	NK	1997-4-8	1997-6-4	1997-7-28	1997-7-28
1997	PK	1997-4-8	1997-6-4	1997-7-28	1997-7-28
1997	NPK	1997-4-8	1997-6-4	1997-7-28	1997-7-28
1997	NPK+M	1997-4-8	1997-6-4	1997-7-28	1997-7-28
1997	1.5（NPK+M）	1997-4-8	1997-6-4	1997-7-28	1997-7-28
1997	NPK+S	1997-4-8	1997-6-4	1997-7-28	1997-7-28
1997	NPK+M+F2	1997-4-8		1997-7-15	1997-7-18
1997	M	1997-4-8	1997-6-4	1997-7-28	1997-7-28

（续）

年份	处理	播种期	抽雄期	成熟期	收获期
1998	CK	1998-4-2	1998-5-28	1998-7-25	1998-7-27
1998	N	1998-4-2	1998-5-28	1998-7-25	1998-7-27
1998	NP	1998-4-2	1998-5-28	1998-7-25	1998-7-27
1998	NK	1998-4-2	1998-5-28	1998-7-25	1998-7-27
1998	PK	1998-4-2	1998-5-28	1998-7-25	1998-7-27
1998	NPK	1998-4-2	1998-5-28	1998-7-25	1998-7-27
1998	NPK+M	1998-4-2	1998-5-28	1998-7-25	1998-7-27
1998	1.5（NPK+M）	1998-4-2	1998-5-28	1998-7-25	1998-7-27
1998	NPK+S	1998-4-2	1998-5-28	1998-7-25	1998-7-27
1998	NPK+M+F2	1998-4-2		1998-7-15	1998-7-15
1998	M	1998-4-2	1998-5-28	1998-7-25	1998-7-27
1999	CK	1999-4-3	1999-6-7	1999-7-31	1999-7-31
1999	N	1999-4-3	1999-6-7	1999-7-31	1999-7-31
1999	NP	1999-4-3	1999-6-7	1999-7-31	1999-7-31
1999	NK	1999-4-3	1999-6-7	1999-7-31	1999-7-31
1999	PK	1999-4-3	1999-6-7	1999-7-31	1999-7-31
1999	NPK	1999-4-3	1999-6-7	1999-7-31	1999-7-31
1999	NPK+M	1999-4-3	1999-6-7	1999-7-31	1999-7-31
1999	1.5（NPK+M）	1999-4-3	1999-6-7	1999-7-31	1999-7-31
1999	NPK+S	1999-4-3	1999-6-7	1999-7-31	1999-7-31
1999	NPK+M+F2	1999-4-3		1999-7-16	1999-7-16
1999	M	1999-4-3	1999-6-7	1999-7-31	1999-7-31
2000	CK	2000-4-8	2000-6-20	2000-8-6	2000-8-8
2000	N	2000-4-8	2000-6-20	2000-8-6	2000-8-8
2000	NP	2000-4-8	2000-6-20	2000-8-6	2000-8-8
2000	NK	2000-4-8	2000-6-20	2000-8-6	2000-8-8
2000	PK	2000-4-8	2000-6-20	2000-8-6	2000-8-8
2000	NPK	2000-4-8	2000-6-20	2000-8-6	2000-8-8
2000	NPK+M	2000-4-8	2000-6-20	2000-8-6	2000-8-8
2000	1.5（NPK+M）	2000-4-8	2000-6-20	2000-8-6	2000-8-8
2000	NPK+S	2000-4-8	2000-6-20	2000-8-6	2000-8-8
2000	NPK+M+F2	2000-4-8		2000-7-20	2000-7-23
2000	M	2000-4-8	2000-6-20	2000-8-6	2000-8-8
2001	CK	2000-11-5	2001-4-5	2001-5-10	
2001	N	2000-11-5	2001-4-5	2001-5-10	
2001	NP	2000-11-5	2001-4-5	2001-5-10	
2001	NK	2000-11-5	2001-4-5	2001-5-10	
2001	PK	2000-11-5	2001-4-5	2001-5-10	
2001	NPK	2000-11-5	2001-4-5	2001-5-10	

（续）

年份	处理	播种期	抽雄期	成熟期	收获期
2001	NPK+M	2000-11-5	2001-4-5	2001-5-10	
2001	1.5（NPK+M）	2000-11-5	2001-4-5	2001-5-10	
2001	NPK+S	2000-11-5	2001-4-5	2001-5-10	
2001	NPK+M+F2	2000-11-5	2001-4-5	2001-5-10	
2001	M	2000-11-5	2001-4-5	2001-5-10	
2002	CK	2001-11-6	2002-3-8	2002-5-7	
2002	N	2001-11-6	2002-3-8	2002-5-7	
2002	NP	2001-11-6	2002-3-8	2002-5-7	
2002	NK	2001-11-6	2002-3-8	2002-5-7	
2002	PK	2001-11-6	2002-3-8	2002-5-7	
2002	NPK	2001-11-6	2002-3-8	2002-5-7	
2002	NPK+M	2001-11-6	2002-3-8	2002-5-7	
2002	1.5（NPK+M）	2001-11-6	2002-3-8	2002-5-7	
2002	NPK+S	2001-11-6	2002-3-8	2002-5-7	
2002	NPK+M+F2	2001-11-6	2002-3-8	2002-5-7	
2002	M	2001-11-6	2002-3-8	2002-5-7	
2003	CK	2002-11-10	2003-3-8	2003-5-10	
2003	N	2002-11-10	2003-3-8	2003-5-10	
2003	NP	2002-11-10	2003-3-8	2003-5-10	
2003	NK	2002-11-10	2003-3-8	2003-5-10	
2003	PK	2002-11-10	2003-3-8	2003-5-10	
2003	NPK	2002-11-10	2003-3-8	2003-5-10	
2003	NPK+M	2002-11-10	2003-3-8	2003-5-10	
2003	1.5（NPK+M）	2002-11-10	2003-3-8	2003-5-10	
2003	NPK+S	2002-11-10	2003-3-8	2003-5-10	
2003	NPK+M+F2	2002-11-10	2003-3-8	2003-5-10	
2003	M	2002-11-10	2003-3-8	2003-5-10	
2004	CK	2003-11-10	2004-3-25	2004-5-10	
2004	N	2003-11-10	2004-3-25	2004-5-10	
2004	NP	2003-11-10	2004-3-25	2004-5-10	
2004	NK	2003-11-10	2004-3-25	2004-5-10	
2004	PK	2003-11-10	2004-3-25	2004-5-10	
2004	NPK	2003-11-10	2004-3-25	2004-5-10	
2004	NPK+M	2003-11-10	2004-3-25	2004-5-10	
2004	1.5（NPK+M）	2003-11-10	2004-3-25	2004-5-10	
2004	NPK+S	2003-11-10	2004-3-25	2004-5-10	
2004	NPK+M+F2	2003-11-10	2004-3-25	2004-5-10	
2004	M	2003-11-10	2004-3-25	2004-5-10	
2005	CK	2004-11-10	2005-3-21	2005-5-11	

（续）

年份	处理	播种期	抽雄期	成熟期	收获期
2005	N	2004-11-10	2005-3-21	2005-5-11	
2005	NP	2004-11-10	2005-3-21	2005-5-11	
2005	NK	2004-11-10	2005-3-21	2005-5-11	
2005	PK	2004-11-10	2005-3-21	2005-5-11	
2005	NPK	2004-11-10	2005-3-21	2005-5-11	
2005	NPK+M	2004-11-10	2005-3-21	2005-5-11	
2005	1.5（NPK+M）	2004-11-10	2005-3-21	2005-5-11	
2005	NPK+S	2004-11-10	2005-3-21	2005-5-11	
2005	NPK+M+F2	2004-11-10	2005-3-21	2005-5-11	
2005	M	2004-11-10	2005-3-21	2005-5-11	
2006	CK	2005-11-10	2006-3-28	2006-5-12	
2006	N	2005-11-10	2006-3-28	2006-5-12	
2006	NP	2005-11-10	2006-3-28	2006-5-12	
2006	NK	2005-11-10	2006-3-28	2006-5-12	
2006	PK	2005-11-10	2006-3-28	2006-5-12	
2006	NPK	2005-11-10	2006-3-28	2006-5-12	
2006	NPK+M	2005-11-10	2006-3-28	2006-5-12	
2006	1.5（NPK+M）	2005-11-10	2006-3-28	2006-5-12	
2006	NPK+S	2005-11-10	2006-3-28	2006-5-12	
2006	NPK+M+F2	2005-11-10	2006-3-28	2006-5-12	
2006	M	2005-11-10	2006-3-28	2006-5-12	
2007	CK	2006-11-6	2007-3-19	2007-5-9	
2007	N	2006-11-6	2007-3-19	2007-5-9	
2007	NP	2006-11-6	2007-3-19	2007-5-9	
2007	NK	2006-11-6	2007-3-19	2007-5-9	
2007	PK	2006-11-6	2007-3-19	2007-5-9	
2007	NPK	2006-11-6	2007-3-19	2007-5-9	
2007	NPK+M	2006-11-6	2007-3-19	2007-5-9	
2007	1.5（NPK+M）	2006-11-6	2007-3-19	2007-5-9	
2007	NPK+S	2006-11-6	2007-3-19	2007-5-9	
2007	NPK+M+F2	2006-11-6	2007-3-19	2007-5-9	
2007	M	2006-11-6	2007-3-19	2007-5-9	
2008	CK	2007-11-15	2008-3-29	2008-5-10	
2008	N	2007-11-15	2008-3-29	2008-5-10	
2008	NP	2007-11-15	2008-3-29	2008-5-10	
2008	NK	2007-11-15	2008-3-29	2008-5-10	
2008	PK	2007-11-15	2008-3-29	2008-5-10	
2008	NPK	2007-11-15	2008-3-29	2008-5-10	
2008	NPK+M	2007-11-15	2008-3-29	2008-5-10	

（续）

年份	处理	播种期	抽雄期	成熟期	收获期
2008	1.5（NPK+M）	2007-11-15	2008-3-29	2008-5-10	
2008	NPK+S	2007-11-15	2008-3-29	2008-5-10	
2008	NPK+M+F2	2007-11-15	2008-3-29	2008-5-10	
2008	M	2007-11-15	2008-3-29	2008-5-10	
2009	CK	2008-11-12	2009-3-17		
2009	NP	2008-11-12	2009-3-17		
2009	PK	2008-11-12	2009-3-17		
2009	NPK	2008-11-13	2009-3-17		
2009	NPK+M	2008-11-13	2009-3-17		
2009	1.5（NPK+M）	2008-11-13	2009-3-17		
2009	NPK+S	2008-11-14	2009-3-17		
2009	NPK+M+F2	2008-11-14	2009-3-17		
2009	M	2008-11-14	2009-3-17		

4.2 田间管理情况

4.2.1 概述

田间管理情况数据集包括8个不同土壤类型监测站（吉林公主岭黑土监测站、新疆乌鲁木齐灰漠土监测站、陕西杨凌黄土监测站、北京昌平褐潮土监测站、河南郑州潮土监测站、浙江杭州水稻土监测站、重庆北碚紫色土监测站、湖南祁阳红壤监测站）的玉米、冬小麦、春小麦、大麦、水稻、棉花长期定位试验作物生长期间的田间管理事件记录，包括品种、灌溉方式、灌溉时间、灌溉量、是否使用农药以及农药类型、中耕、除草、异常灾害情况等。

4.2.2 数据采集和处理方法

通过各监测站每年上报汇总数据进行数据采集。各监测站数据采集是由田间试验科研负责人根据田间实际发生情况，实时如实记录。

4.2.3 数据质量控制和评估

本数据质量控制原则是按照田间试验进行过程中发生情况如实记录，记录方式方法符合科学要求，数据记录无误，以为确保试验结果的科学性提供保障依据。

4.2.4 数据价值

本部分数据体现了在田间试验进行过程中田间施肥、农药、灌水、品种、自然灾害等对试验结果的保障性，也体现了年际间田间管理变化与产量变化的响应性，能为保障作物高产稳产、优化田间管理措施提供理论依据，为不同施肥处理条件下作物抗灾性提供理论依据，为农业科研和农业生产提供宝贵的数据支撑。

4.2.5 田间管理记录数据

表4-18至表4-25分别为各监测站（吉林公主岭黑土监测站、新疆乌鲁木齐灰漠土监测站、陕

西杨凌黄土监测站、河南郑州潮土监测站、浙江杭州水稻土监测站、重庆北碚紫色土监测站、湖南祁阳红壤监测站）的玉米、小麦、水稻等作物在田间试验进行过程中关于田间施肥、农药、灌水、品种、自然灾害等数据记录。

表 4-18　吉林公主岭黑土监测站田间管理记录

年份	作物	灌溉	农药	间苗、中耕、除草、施肥、防霜冻、防雹等记录
1990—2000	玉米	雨养	播种前使用种衣剂对种子进行包衣，有效成分一般是克福唑，不施用其他除草剂及杀虫剂等，播种时间一般为每年的 4 月 24—29 日	试验地在播种前施肥，时间一般为每年的 4 月 20—25 日，出苗后在 3 叶期定苗，生育中期铲趟 2～3 次

表 4-19　新疆乌鲁木齐灰漠土监测站田间管理记录

年份	作物	播种量/（kg/hm²）	种植密度/（万株/hm²）	灌溉次数/次	灌溉时期	灌溉总量/（m³/hm²）	灌溉方法	病害名称	农药名称	施药时期	施药方式	备注
1990 1993 1996 2000 2003 2005	玉米	45	8.25	4～5	苗期、小喇叭口期、喇叭口期、灌浆期	5 700～6 300	井水沟灌	玉米螟	呋喃丹	小喇叭口期	灌心	
2008 2010	玉米	75	9.30	10	自 6 月 5 日左右以后，7～10 d 灌 1 次水	4 500	井水滴灌	玉米螟	甲维毒死蜱	小喇叭口期	叶面喷施	播前土壤喷施除草剂氟乐灵 1.5 kg/hm²
1991 1994 2002 2006	春小麦	330		4～5	苗期、拔节期、孕穗期、灌浆期	5 700～6 300	井水沟灌					
1992 1995 1997 1998 2001 2004 2007	冬小麦	330		4～5	苗期、拔节期、孕穗期、灌浆期	5 700～6 300	井水沟灌					
1999	棉花	60	21.00	4～5	苗期、蕾期、花期、铃期	5 700～6 300	井水沟灌	蚜虫	乐果	蕾期、花期	叶面喷施	播前土壤喷施除草剂氟乐灵 1.5 kg/hm²
2009	棉花	60	21.00	9	自 6 月 5 日左右以后，7～10 d 灌 1 次水	4 500	井水滴灌	蚜虫、红蜘蛛	吡虫啉（2 次），阿维菌素（1 次）	蕾期、花期（蚜虫），铃期（红蜘蛛）	叶面喷施	

表 4-20 陕西杨凌黄土监测站长期试验（小麦）

年份	作物	品种	播种日期	收获日期	播种量/（kg/hm²）	灌溉次数/次	灌水量/（m³/hm²）
2001	小麦	陕麦 253	2001-10-10	2002-6-7	135	1～2	900
2002	小麦	陕麦 253	2001-10-10	2002-6-5	135	1～2	900
2003	小麦	陕麦 253	2002-10-5	2003-6-7	135	1～2	900
2004	小麦	陕麦 253	2003-10-12	2004-6-6	135	1～2	900
2005	小麦	陕麦 253	2004-10-4	2005-6-6	135	1～2	900
2006	小麦	陕麦 253	2005-10-16	2006-6-5	135	1～2	900
2007	小麦	陕麦 253	2006-10-5	2007-6-2	135	1～2	900
2008	小麦	陕麦 253	2007-10-12	2008-6-4	135	1～2	900
2009	小麦	小偃 22	2008-10-10	2009-6-5	135	1～2	900
2010	小麦	小偃 22	2009-10-17	2010-6-12	135	1～2	900

表 4-21 陕西杨凌黄土监测站长期试验（玉米）

年份	作物	品种	播种日期	收获日期	种植密度/（株数/hm²）	灌溉次数/次	灌水量（m³/hm²）
2001	玉米	高农 1 号	2001-6-10	2001-10-3	67 500	2～3	900
2002	玉米	高农 1 号	2002-6-12	2002-9-28	67 500	2～3	900
2003	玉米	高农 1 号	2003-6-10	2003-10-8	67 500	2～3	900
2004	玉米	高农 1 号	2004-6-11	2004-9-28	67 500	2～3	900
2005	玉米	郑单 958	2005-6-10	2005-10-9	67 500	2～3	900
2006	玉米	郑单 958	2006-6-9	2006-9-24	67 500	2～3	900
2007	玉米	郑单 958	2007-6-6	2007-10-2	67 500	2～3	900
2008	玉米	郑单 958	2008-6-9	2008-10-2	67 500	2～3	900
2009	玉米	郑单 958	2009-6-9	2009-9-28	67 500	2～3	900
2010	玉米	郑单 958	2010-6-13	2010-10-3	67 500	2～3	900

表 4-22 河南郑州潮土监测站田间管理记录

年份	作物名称	灌溉	农药	除草剂、生长剂	间苗、中耕、除草、施肥、防霜冻、防雹等记录	灾害记录
1991	小麦	播种前灌水，每亩 50 t 左右，若越冬期干燥，灌越冬水，每亩 40 t，在拔节期每亩灌水 50 t 左右；若在越冬期不灌水，在返青期灌水追肥；在抽穗期灌水，每亩 40 t。一般小麦灌 2～3 次				
1992	小麦					
1993	小麦					
1994	小麦					

（续）

年份	作物名称	灌溉	农药	除草剂、生长剂	间苗、中耕、除草、施肥、防霜冻、防雹等记录	灾害记录
1995	小麦					
1996	小麦					
1997	小麦					
1998	小麦					
1999	小麦		喷施氧化乐果，消灭蚜虫	冬前使用1次除草剂		
2000	小麦		喷施氧化乐果，消灭蚜虫	冬前使用1次除草剂		
1991	玉米	犁地播种前，每亩灌水50 t左右，播后一般不再灌水			每年6月23日左右间苗或补苗；在大喇叭口期追氮肥	
1992	玉米					
1993	玉米					
1994	玉米					
1995	玉米					
1996	玉米					
1997	玉米					
1998	玉米					
1999	玉米					7月19日有冰雹，倒伏1/3
2000	玉米					8月份有冰雹，损害较小

表 4－23　浙江杭州水稻土监测站田间管理记录

作物名称	灌溉与排水	主要病虫害与常用农药	间苗、中耕、除草、施肥、防霜冻、防雹等记录
水稻	在分蘖期浅水灌溉；在拔节期搁田；在孕穗期-乳熟期深灌；在腊熟期落干；早季和晚季稻的灌溉定额每亩500～600 m³	主要病虫害：稻瘟病、纹枯病、二化螟、褐稻虱、纵卷叶螟；常用药剂：异稻瘟净、克瘟散、井冈霉素、叶枯净、叶蝉散、杀螟松、扑虱灵	无中耕除草作业，代以在秧田和本田移栽前使用除草剂：丁草胺、敌稗
大麦	烂冬年份需加强排水；燥冬年份需在分蘖期和来春孕穗期灌水	主要病虫害：黑穗病、赤霉病；常用药剂：70%甲基硫菌灵、25%多菌灵可湿性粉剂、50%福美双可湿性粉剂	无中耕除草作业，代以在播种前使用除草剂：绿麦隆、50%灭草松乳油、60%丁草胺乳油750 mL

表 4-24 重庆北碚紫色土监测站田间管理记录

作物	灌溉	农药	间苗、中耕、除草、水分管理等
小麦	不灌溉（雨养）	主要在3—4月喷施杨花氧化乐果、多菌灵、速效菊酯等用于防治蚜虫、白粉病等	11月中、下旬间苗，次年1—2月人工除草
水稻	在不同年份水稻生长季节灌水600～1 350 mm，平均900 mm；主要是在移栽整地前灌溉，1992—1994年灌溉用水来自井水，1995年之后来自田间储水	6—7月每亩用稻螟快100 mL防治螟虫，7月每亩用杀虫双500 g+噻嗪酮25 g防治稻飞虱	浅水分蘖，估计在20～30 d，晒田，孕穗期到开花期灌深水，直到收获前1周断水

表 4-25 湖南祁阳红壤监测站田间管理记录

年份	玉米	灌溉	农药
1991	掖单13号	无灌溉	在喇叭口期，亩用呋喃丹45 kg点蔸，治玉米螟1次
1992	掖单13号	无灌溉	在喇叭口期，亩用呋喃丹45 kg点蔸，治玉米螟1次
1993	掖单13号	无灌溉	在喇叭口期，亩用呋喃丹45 kg点蔸，治玉米螟1次
1994	掖单13号	无灌溉	在喇叭口期，亩用呋喃丹45 kg点蔸，治玉米螟1次
1995	掖单13号	无灌溉	在喇叭口期，亩用呋喃丹45 kg点蔸，治玉米螟1次
1996	掖单13号	无灌溉	在喇叭口期，亩用呋喃丹45 kg点蔸，治玉米螟1次
1997	掖单13号	无灌溉	在喇叭口期，亩用呋喃丹45 kg点蔸，治玉米螟1次
1998	掖单13号	无灌溉	在喇叭口期，亩用呋喃丹45 kg点蔸，治玉米螟1次
1999	掖单13号	无灌溉	在喇叭口期，亩用呋喃丹45 kg点蔸，治玉米螟1次
2000	掖单13号	无灌溉	在喇叭口期，亩用呋喃丹45 kg点蔸，治玉米螟1次

4.3 作物收获期植株性状

4.3.1 概述

作物收获期植株性状数据集包括6个不同土壤类型监测站（吉林公主岭黑土监测站、新疆乌鲁木齐灰漠土监测站、北京昌平褐潮土监测站、河南郑州潮土监测站、重庆北碚紫色土监测站、湖南祁阳红壤监测站）的玉米、冬小麦、春小麦、水稻、棉花等长期定位试验作物在收获期的各种经济指标，包括：作物种类、品种、处理、穗数、每穗粒数、千（百）粒重等。

4.3.2 数据采集和处理方法

通过各监测站每年上报汇总数据进行数据采集。各监测站数据采集是由田间试验科研负责人收获前在试验处理各小区确定采样点，采集代表性混合样，按照科学的田间生物试验考种原则对采回的样本进行处理、考种、如实记录数据。

4.3.3 数据质量控制和评估

数据质量控制原则是按照科学的田间生物试验考种原则对采回的样本进行处理、考种、如实记录数据，记录方式方法符合科学要求，数据记录无误，为确保试验结果的科学性、正确性提供保障依据。

4.3.4　数据价值

作物收获期植株性状相关的数据体现了田间试验不同施肥处理下，各经济指标对施肥的响应，以及年际间气候变化、干旱等灾害异常变化对各经济指标的影响。这些数据能为保障作物高产稳产、优化田间管理措施提供理论依据，为不同施肥处理条件下作物抗灾性提供理论依据，为农业科研和农业生产提供宝贵的数据支撑。

4.3.5　作物收获期植株性状数据

表 4－26 至表 4－33 分别为各监测站（吉林公主岭黑土监测站、新疆乌鲁木齐灰漠土监测站、北京昌平褐潮土监测站、河南郑州潮土监测站、重庆北碚紫色土监测站、湖南祁阳红壤监测站）的玉米、小麦、水稻等作物在收获期关于作物种类、品种、处理、穗数、每穗粒数、千（百）粒重等各项经济指标数据记录。

表 4－26　吉林公主岭黑土监测站作物收获期植株性状

年份	处理	作物	品种	穗数/（株/hm^2）	每穗粒数/粒	千（百）粒重/g
2004	CK	玉米	郑单 958	23 000	361	30.1
2004	N	玉米	郑单 958	29 000	483	37.3
2004	NP	玉米	郑单 958	33 000	480	44.0
2004	NK	玉米	郑单 958	33 000	523	41.0
2004	PK	玉米	郑单 958	21 000	340	32.0
2004	NPK	玉米	郑单 958	37 000	439	44.0
2004	NPK＋M1	玉米	郑单 958	40 000	475	45.0
2004	1.5（NPK＋M1）	玉米	郑单 958	44 000	486	45.0
2004	NPK＋S	玉米	郑单 958	43 000	446	44.3
2004	NPK＋M1＋F2	玉米	郑单 958	37 000	494	45.3
2004	NPK＋M2	玉米	郑单 958	39 000	481	46.5
2005	CK	玉米	郑单 958		163	28.0
2005	N	玉米	郑单 958		391	31.0
2005	NP	玉米	郑单 958		413	35.0
2005	NK	玉米	郑单 958		435	36.0
2005	PK	玉米	郑单 958		238	29.0
2005	NPK	玉米	郑单 958		369	40.0
2005	NPK＋M1	玉米	郑单 958		428	41.0
2005	1.5（NPK＋M1）	玉米	郑单 958		439	41.0
2005	NPK＋S	玉米	郑单 958		427	38.0
2005	NPK＋M1＋F2	玉米	郑单 958		448	42.0
2005	NPK＋M2	玉米	郑单 958		449	42.0

表 4-27 新疆乌鲁木齐灰漠土监测站作物收获期植株性状

年份	处理	作物	品种	株高/cm	穗数/（株/hm²）	每穗粒数/粒	千（百）粒重/g
1990	$N_2P_2K_2$+2M	玉米	SC-704		33 990		
1990	NPK	玉米	SC-704		32 760		
1990	$N_1P_1K_1$+M	玉米	SC-704		32 010		
1990	CK	玉米	SC-704		34 320		
1990	NK	玉米	SC-704		33 330		
1990	N	玉米	SC-704		31 020		
1990	NP	玉米	SC-704		31 020		
1990	PK	玉米	SC-704		33 330		
1990	$N_3P_3K_3$+S	玉米	SC-704		32 670		
1991	$N_2P_2K_2$+2M	春小麦	新春 2 号	66.4		30	46.0
1991	NPK	春小麦	新春 2 号	63.7		28	40.4
1991	$N_1P_1K_1$+M	春小麦	新春 2 号	67.6		24	49.0
1991	CK	春小麦	新春 2 号	48.6		12	39.0
1991	NK	春小麦	新春 2 号	54.1		17	41.0
1991	N	春小麦	新春 2 号	55.4		19	38.8
1991	NP	春小麦	新春 2 号	70.1		27	46.2
1991	PK	春小麦	新春 2 号	55.6		18	43.0
1991	$N_3P_3K_3$+S	春小麦	新春 2 号	63.9		27	46.0
1992	$N_2P_2K_2$+2M	冬小麦	新冬 15 号	98.4		36	47.2
1992	NPK	冬小麦	新冬 15 号	93.6		27	45.3
1992	$N_1P_1K_1$+M	冬小麦	新冬 15 号	78.9		32	44.4
1992	CK	冬小麦	新冬 15 号	59.5		20	37.5
1992	NK	冬小麦	新冬 15 号	67.6		29	40.7
1992	N	冬小麦	新冬 15 号	67.4		30	40.7
1992	NP	冬小麦	新冬 15 号	91.1		34	43.7
1992	PK	冬小麦	新冬 15 号	81.7		31	42.3
1992	$N_3P_3K_3$+S	冬小麦	新冬 15 号	83.7		30	41.5
1994	$N_2P_2K_2$+2M	春小麦	新春 2 号	84.8		26	48.0
1994	NPK	春小麦	新春 2 号	75.6		26	43.0
1994	$N_1P_1K_1$+M	春小麦	新春 2 号	85.2		25	46.0
1994	CK	春小麦	新春 2 号	51.3		8	38.5
1994	NK	春小麦	新春 2 号	71.3		18	40.0
1994	N	春小麦	新春 2 号	77.4		12	46.0
1994	NP	春小麦	新春 2 号	76.0		18	43.0
1994	PK	春小麦	新春 2 号	57.1		8	42.0
1994	$N_3P_3K_3$+S	春小麦	新春 2 号	74.3		15	46.0
1995	$N_2P_2K_2$+2M	冬小麦	5148	73.6		19	46.0
1995	NPK	冬小麦	5148	71.1		12	44.0

（续）

年份	处理	作物	品种	株高/cm	穗数/（株/hm^2）	每穗粒数/粒	千（百）粒重/g
1995	$N_1P_1K_1$+M	冬小麦	5148	70.8		15	49.6
1995	CK	冬小麦	5148	45.4		8	34.0
1995	NK	冬小麦	5148	64.5		25	43.4
1995	N	冬小麦	5148	58.8		26	42.4
1995	NP	冬小麦	5148	68.8		26	47.4
1995	PK	冬小麦	5148	58.3		6	37.0
1995	$N_3P_3K_3$+S	冬小麦	5148	63.3		25	45.6
1996	$N_2P_2K_2$+2M	玉米	704		61 800	575	28.1
1996	NPK	玉米	704		62 250	428	29.6
1996	$N_1P_1K_1$+M	玉米	704		61 575	518	37.3
1996	CK	玉米	704		62 550	471	28.7
1996	NK	玉米	704		61 200	556	34.1
1996	N	玉米	704		61 440	563	27.5
1996	NP	玉米	704		61 695	553	28.2
1996	PK	玉米	704		61 980	432	27.9
1996	$N_3P_3K_3$+S	玉米	704		61 290	565	29.4
1997	$N_2P_2K_2$+2M	冬小麦	新冬 19 号	84.2		31	46.8
1997	NPK	冬小麦	新冬 19 号	87.9		37	44.4
1997	$N_1P_1K_1$+M	冬小麦	新冬 19 号	77.3		38	43.0
1997	CK	冬小麦	新冬 19 号	41.4		8	41.4
1997	NK	冬小麦	新冬 19 号	52.8		16	12.0
1997	N	冬小麦	新冬 19 号	52.9		12	42.0
1997	NP	冬小麦	新冬 19 号	73.6		37	43.0
1997	PK	冬小麦	新冬 19 号	58.3		15	44.6
1997	$N_3P_3K_3$+S	冬小麦	新冬 19 号	79.0		32	44.0
1998	$N_2P_2K_2$+2M	冬小麦	新冬 19 号	94.9		29	38.2
1998	NPK	冬小麦	新冬 19 号	89.9		44	24.8
1998	$N_1P_1K_1$+M	冬小麦	新冬 19 号	96.2		27	30.7
1998	CK	冬小麦	新冬 19 号	57.2		11	34.2
1998	NK	冬小麦	新冬 19 号	66.7		29	38.6
1998	N	冬小麦	新冬 19 号	67.6		27	38.0
1998	NP	冬小麦	新冬 19 号	90.6		32	34.4
1998	PK	冬小麦	新冬 19 号	74.2		20	46.8
1998	$N_3P_3K_3$+S	冬小麦	新冬 19 号	85.9		27	32.2
2000	$N_2P_2K_2$+2M	玉米	新玉 7 号		62 490		23.5
2000	NPK	玉米	新玉 7 号		65 385		22.2
2000	$N_1P_1K_1$+M	玉米	新玉 7 号		68 535		22.9
2000	CK	玉米	新玉 7 号		67 695		14.8

（续）

年份	处理	作物	品种	株高/cm	穗数/（株/hm²）	每穗粒数/粒	千（百）粒重/g
2000	NK	玉米	新玉 7 号		66 660		19.3
2000	N	玉米	新玉 7 号		66 945		18.8
2000	NP	玉米	新玉 7 号		65 265		21.5
2000	PK	玉米	新玉 7 号		61 560		16.0
2000	$N_3P_3K_3$+S	玉米	新玉 7 号		65 265		23.6
2001	$N_1P_1K_1$+M	冬小麦	新冬 18 号	97.2		30.8	42.8
2001	NPK	冬小麦	新冬 18 号	67.6		32.4	40.0
2001	$N_2P_2K_2$+2M	冬小麦	新冬 18 号	64.5		29.4	37.0
2001	CK	冬小麦	新冬 18 号	25.9		10.3	27.0
2001	NK	冬小麦	新冬 18 号	41.4		20.7	31.0
2001	N	冬小麦	新冬 18 号	42.2		22.0	31.0
2001	NP	冬小麦	新冬 18 号	69.7		30.2	41.6
2001	PK	冬小麦	新冬 18 号	34.2		18.2	34.0
2001	$N_3P_3K_3$+S	冬小麦	新冬 18 号	41.4		30.2	42.0
2002	$N_1P_1K_1$+M	春小麦	新春 8 号	37.8		31.0	45.5
2002	NPK	春小麦	新春 8 号	34.8		31.5	44.7
2002	$N_2P_2K_2$+2M	春小麦	新春 8 号	33.4		25.1	48.0
2002	CK	春小麦	新春 8 号	19.7		11.2	28.0
2002	NK	春小麦	新春 8 号	26.8		31.4	42.0
2002	N	春小麦	新春 8 号	25.0		18.7	40.0
2002	NP	春小麦	新春 8 号	32.9		23.3	57.0
2002	PK	春小麦	新春 8 号	28.4		21.7	47.0
2002	$N_3P_3K_3$+S	春小麦	新春 8 号	31.6		36.4	52.0
2003	$N_1P_1K_1$+M	玉米	中南 9 号			3 931.0	30.4
2003	NPK	玉米	中南 9 号			3 943.0	29.8
2003	$N_2P_2K_2$+2M	玉米	中南 9 号			3 943.0	27.2
2003	CK	玉米	中南 9 号			4 086.0	22.7
2003	NK	玉米	中南 9 号			3 894.0	23.1
2003	N	玉米	中南 9 号			3 907.0	26.9
2003	NP	玉米	中南 9 号			3 804.0	30.7
2003	PK	玉米	中南 9 号			3 711.0	27.3
2003	$N_3P_3K_3$+S	玉米	中南 9 号			3 800.0	32.1
2004	$N_1P_1K_1$+M	冬小麦	新冬 18 号	79.6		43.6	49.4
2004	NPK	冬小麦	新冬 18 号	72.7		44.0	42.2
2004	$N_2P_2K_2$+2M	冬小麦	新冬 18 号	73.2		43.3	47.4
2004	CK	冬小麦	新冬 18 号	33.5		9.5	33.4
2004	NK	冬小麦	新冬 18 号	46.8		23.9	37.3
2004	N	冬小麦	新冬 18 号	45.6		20.5	39.6

（续）

年份	处理	作物	品种	株高/cm	穗数/（株/hm^2）	每穗粒数/粒	千（百）粒重/g
2004	NP	冬小麦	新冬 18 号	72.9		41.5	46.1
2004	PK	冬小麦	新冬 18 号	47.3		24.0	12.7
2004	$N_3P_3K_3+S$	冬小麦	新冬 18 号	47.5		42.5	44.6
2005	$N_1P_1K_1+M$	玉米	新玉 12 号	252.7		529.8	38.0
2005	NPK	玉米	新玉 12 号	223.4		558.0	35.4
2005	$N_2P_2K_2+2M$	玉米	新玉 12 号	253.5		543.5	34.9
2005	CK	玉米	新玉 12 号	209.4		385.4	28.2
2005	NK	玉米	新玉 12 号	205.6		412.2	26.8
2005	N	玉米	新玉 12 号	210.6		489.0	30.9
2005	NP	玉米	新玉 12 号	220.3		497.2	27.7
2005	PK	玉米	新玉 12 号	231.0		414.2	31.9
2005	$N_3P_3K_3+S$	玉米	新玉 12 号	216.1		503.9	33.8
2006	$N_1P_1K_1+M$	春小麦	新春 18 号	77.3		35.0	40.3
2006	NPK	春小麦	新春 18 号	66.6		36.0	40.1
2006	$N_2P_2K_2+2M$	春小麦	新春 18 号	81.7		43.0	44.6
2006	CK	春小麦	新春 18 号	42.1		13.0	37.3
2006	NK	春小麦	新春 18 号	46.3		16.0	37.2
2006	N	春小麦	新春 18 号	47.7		22.0	37.3
2006	NP	春小麦	新春 18 号	73.7		39.0	43.6
2006	PK	春小麦	新春 18 号	46.8		20.0	37.6
2006	$N_3P_3K_3+S$	春小麦	新春 18 号	72.3		34.0	44.0
2007	$N_1P_1K_1+M$	冬小麦	新冬 28 号	76.8		31.0	39.9
2007	NPK	冬小麦	新冬 28 号	73.5		23.0	43.5
2007	$N_2P_2K_2+2M$	冬小麦	新冬 28 号	73.6		31.0	41.6
2007	CK	冬小麦	新冬 28 号	47.7		11.0	32.6
2007	NK	冬小麦	新冬 28 号	44.3		19.0	33.2
2007	N	冬小麦	新冬 28 号	44.6		16.0	32.6
2007	NP	冬小麦	新冬 28 号	67.4		30.0	44.3
2007	PK	冬小麦	新冬 28 号	58.6		19.0	43.7
2007	$N_3P_3K_3+S$	冬小麦	新冬 28 号	72.5		33.0	45.2
2008	$N_1P_1K_1+M$	玉米	新玉 41 号	246.4		458.0	38.5
2008	NPK	玉米	新玉 41 号	269.9		460.0	36.1
2008	$N_2P_2K_2+2M$	玉米	新玉 41 号	241.4		460.0	38.7
2008	CK	玉米	新玉 41 号	210.1		324.0	27.9
2008	NK	玉米	新玉 41 号	218.5		364.0	32.1
2008	N	玉米	新玉 41 号	246.0		392.0	32.9
2008	NP	玉米	新玉 41 号	228.4		411.0	38.2
2008	PK	玉米	新玉 41 号	239.1		347.0	30.8

（续）

年份	处理	作物	品种	株高/cm	穗数/（株/hm²）	每穗粒数/粒	千（百）粒重/g
2008	$N_3P_3K_3$+S	玉米	新玉 41 号	239.6		476.0	37.3
2009	$N_1P_1K_1$+M	棉花	伊陆早 7 号	58.3		7.1	5.6
2009	NPK	棉花	伊陆早 7 号	54.9		7.6	5.7
2009	$N_2P_2K_2$+2M	棉花	伊陆早 7 号	60.4		6.6	5.4
2009	CK	棉花	伊陆早 7 号	39.7		4.1	4.1
2009	NK	棉花	伊陆早 7 号	47.1		4.1	5.3
2009	N	棉花	伊陆早 7 号	46.5		4.5	4.3
2009	NP	棉花	伊陆早 7 号	46.0		5.6	5.5
2009	PK	棉花	伊陆早 7 号	42.9		2.6	4.1
2009	$N_3P_3K_3$+S	棉花	伊陆早 7 号	53.4		5.2	5.4
2010	$N_1P_1K_1$+M	玉米	新玉 41 号	266.0		480.0	42.2
2010	NPK	玉米	新玉 41 号	252.0		513.0	35.9
2010	$N_2P_2K_2$+2M	玉米	新玉 41 号	269.0		531.0	39.2
2010	CK	玉米	新玉 41 号	262.0		448.0	23.5
2010	NK	玉米	新玉 41 号	261.0		519.0	36.3
2010	N	玉米	新玉 41 号	269.0		486.0	32.2
2010	NP	玉米	新玉 41 号	276.0		517.0	38.9
2010	PK	玉米	新玉 41 号	285.0		466.0	34.1
2010	$N_3P_3K_3$+S	玉米	新玉 41 号	280.0		574.0	39.5

表 4-28　北京昌平褐潮土监测站作物收获期植株性状（小麦）

年份	处理	株高/cm	穗长/cm	每穗粒数/粒	千粒重/g
1991	CK	47.1	3.8	15	—
1991	N	59.3	5.5	26	—
1991	NP	67.1	5.5	28	—
1991	NK	55.8	5.0	25	—
1991	PK	60.9	5.3	25	—
1991	NPK	67.9	6.0	31	—
1991	NPK+M	71.0	5.6	29	—
1991	NPK+1.5M	70.0	5.6	30	—
1991	NPK+S	66.2	5.8	28	—
1991	NPK+水	70.5	5.8	30	—
1991	1.5N+PK	51.3	4.1	17	—
1992	CK	39.4	2.7	9	27.3
1992	N	47.6	3.9	16	30.1
1992	NP	64.6	5.5	21	32.3
1992	NK	50.5	4.2	15	31.2
1992	PK	43.0	3.3	14	29.5

（续）

年份	处理	株高/cm	穗长/cm	每穗粒数/粒	千粒重/g
1992	NPK	67.9	5.4	23	34.5
1992	NPK+M	67.5	5.3	23	36.9
1992	NPK+1.5M	66.9	5.4	22	37.2
1992	NPK+S	63.8	5.5	22	36.0
1992	NPK+水	67.3	5.5	23	34.3
1992	1.5N+PK	39.9	2.8	9	28.9
1993	CK	57.8	5.0	19	44.2
1993	N	51.1	5.3	20	47.4
1993	NP	76.0	5.9	28	58.4
1993	NK	56.9	5.6	21	48.8
1993	PK	58.2	5.0	17	56.1
1993	NPK	78.0	6.3	29	56.1
1993	NPK+M	82.2	6.2	28	53.7
1993	NPK+1.5M	79.5	6.1	25	53.8
1993	NPK+S	78.6	6.4	29	53.6
1993	NPK+水	79.1	6.3	28	55.5
1993	1.5N+PK	75.2	6.0	27	56.9
1994	CK	39.1	3.3	8	32.5
1994	N	40.4	3.9	12	28.3
1994	NP	68.9	5.0	24	42.1
1994	NK	38.2	3.9	10	32.5
1994	PK	45.8	3.3	10	35.6
1994	NPK	70.7	4.0	22	42.8
1994	NPK+M	74.9	5.1	24	44.8
1994	NPK+1.5M	73.8	4.7	20	42.7
1994	NPK+S	68.4	5.0	24	43.3
1994	NPK+水	66.9	5.1	25	43.7
1994	1.5N+PK	63.9	4.8	21	42.0
1995	CK	49.0	3.4	8	34.7
1995	N	47.9	4.0	11	31.0
1995	NP	72.8	5.5	20	36.7
1995	NK	53.8	4.4	13	34.0
1995	PK	66.5	4.4	15	41.4
1995	NPK	73.9	5.5	22	42.8
1995	NPK+M	77.3	5.4	22	42.8
1995	NPK+1.5M	78.1	5.4	21	44.0
1995	NPK+S	72.7	5.3	20	44.2
1995	NPK+水	82.8	5.7	23	45.4

（续）

年份	处理	株高/cm	穗长/cm	每穗粒数/粒	千粒重/g
1995	1.5N+PK	78.7	5.6	25	44.6
1996	CK	39.1	3.3	8	32.5
1996	N	40.4	3.9	12	28.3
1996	NP	68.9	5.0	24	42.1
1996	NK	38.2	3.9	10	32.5
1996	PK	45.8	3.3	10	35.6
1996	NPK	70.7	4.0	22	42.8
1996	NPK+M	74.9	5.1	24	44.8
1996	NPK+1.5M	73.8	4.7	20	42.7
1996	NPK+S	68.4	5.0	24	43.3
1996	NPK+水	66.9	5.1	25	43.7
1996	1.5N+PK	63.9	4.8	21	42.0
1997	CK	47.3	3.3	7	27.7
1997	N	45.8	3.3	8	26.5
1997	NP	68.4	4.7	14	29.5
1997	NK	50.7	3.4	6	27.5
1997	PK	55.3	3.9	8	28.5
1997	NPK	64.3	4.5	12	30.7
1997	NPK+M	68.5	4.9	15	33.4
1997	NPK+1.5M	80.2	5.5	18	32.9
1997	NPK+S	67.5	4.2	13	31.9
1997	NPK+水	60.4	4.1	11	33.9
1997	1.5N+PK	64.3	4.3	14	32.2
1998	CK	48.4	5.5	9	27.8
1998	N	51.0	6.0	13	26.5
1998	NP	82.8	7.4	29	35.3
1998	NK	58.2	6.4	18	29.8
1998	PK	64.0	5.3	18	31.4
1998	NPK	86.9	7.4	28	34.3
1998	NPK+M	93.7	7.0	31	34.8
1998	NPK+1.5M	81.6	7.2	23	33.8
1998	NPK+S	86.5	7.5	25	33.9
1998	NPK+水	86.4	7.0	30	34.4
1998	1.5N+PK	89.2	8.3	37	33.7
1999	CK	56.6	4.6	19	32.0
1999	N	45.5	3.7	14	30.0
1999	NP	77.3	5.2	24	35.8
1999	NK	63.8	7.0	29	37.1

（续）

年份	处理	株高/cm	穗长/cm	每穗粒数/粒	千粒重/g
1999	PK	61.8	3.7	12	32.0
1999	NPK	91.4	5.6	22	35.8
1999	NPK+M	87.4	5.7	25	35.3
1999	NPK+1.5M	92.9	6.0	23	37.0
1999	NPK+S	93.2	6.0	23	34.3
1999	NPK+水	87.1	3.8	14	36.5
1999	1.5N+PK	84.4	6.2	22	34.2
2000	CK	50.9	3.5	7	28.4
2000	N	61.4	4.0	16	25.0
2000	NP	64.0	4.8	13	32.7
2000	NK	49.2	3.5	7	28.2
2000	PK	60.6	3.0	13	32.8
2000	NPK	91.3	5.9	22	33.1
2000	NPK+M	88.6	7.6	36	34.4
2000	NPK+1.5M	99.2	8.1	40	34.3
2000	NPK+S	99.4	7.1	32	32.5
2000	NPK+水	93.8	6.6	20	32.7
2000	1.5N+PK	94.2	7.3	25	35.1

表4-29 北京昌平褐潮土监测站作物收获期植株性状（玉米）

年份	处理	穗长/cm	围长/cm	秃尖/cm	每穗粒数/粒	百粒重/g
1992	CK	13.1	13.1	1.6		21.3
1992	N	11.3	11.7	0.9		19.3
1992	NP	14.0	13.3	1.3		21.8
1992	NK	13.4	13.4	1.5		21.3
1992	PK	12.7	12.8	1.7		22.2
1992	NPK	16.6	14.5	1.4		24.9
1992	NPK+M	16.2	13.5	1.7		24.5
1992	NPK+1.5M	18.0	14.2	1.9		25.0
1992	NPK+S	17.6	14.4	1.8		74.3
1992	NPK+水	16.7	14.6	1.5		24.9
1992	1.5N+PK	13.3	13.1	1.7		22.1
1993	CK	10.3	11.9	2.3		20.0
1993	N	12.9	12.3	2.1		21.2
1993	NP	15.6	13.7	2.1		23.0
1993	NK	13.9	13.2	2.1		23.5
1993	PK	10.1	11.9	1.8		23.3
1993	NPK	15.9	14.0	1.5		25.4

（续）

年份	处理	穗长/cm	围长/cm	秃尖/cm	每穗粒数/粒	百粒重/g
1993	NPK+M	15.7	14.0	1.5		25.2
1993	NPK+1.5M	14.9	14.2	1.5		25.6
1993	NPK+S	13.7	14.1	2.0		25.1
1993	NPK+水	14.6	14.2	2.1		25.0
1993	1.5N+PK	14.1	14.0	1.8		25.5
1994	CK	10.2	11.1	1.2		20.5
1994	N	13.3	12.0	1.3		21.1
1994	NP	12.1	12.2	1.2		20.7
1994	NK	13.5	12.4	1.7		19.5
1994	PK	11.5	11.8	1.3		20.4
1994	NPK	12.4	12.3	1.3		20.5
1994	NPK+M	14.1	13.0	1.6		22.5
1994	NPK+1.5M	15.3	13.4	1.2		23.9
1994	NPK+S	12.6	12.5	1.6		20.6
1994	NPK+水	13.6	12.5	1.5		22.9
1994	1.5N+PK	14.1	12.8	1.4		21.8
1995	CK	12.6	13.2	1.5		16.7
1995	N	13.7	14.2	2.0		16.5
1995	NP	15.4	14.9	2.0		21.1
1995	NK	14.1	14.4	1.8		17.2
1995	PK	12.6	13.9	1.3		18.0
1995	NPK	14.5	15.0	1.9		21.4
1995	NPK+M	16.1	15.4	2.0		22.5
1995	NPK+1.5M	16.6	15.2	1.9		22.2
1995	NPK+S	16.8	15.3	1.8		20.6
1995	NPK+水	15.9	15.3	2.1		21.2
1995	1.5N+PK	15.7	15.2	1.9		20.5
1997	CK	16.0	14.2	0.9	379	18.5
1997	N	16.3	14.1	0.4	399	23.7
1997	NP	15.5	13.7	0.6	400	20.5
1997	NK	15.3	14.0	0.9	436	14.5
1997	PK	15.6	14.5	0.5	402	23.8
1997	NPK	16.0	14.1	0.7	459	18.5
1997	NPK+M	16.8	15.0	0.7	464	23.8
1997	NPK+1.5M	16.8	14.3	0.2	412	22.3
1997	NPK+S	16.1	13.9	0.5	469	22.3

（续）

年份	处理	穗长/cm	围长/cm	秃尖/cm	每穗粒数/粒	百粒重/g
1997	NPK+水	16.3	14.9	0.6	431	20.3
1997	1.5N+PK	14.6	14.5	0.3	421	23.6
1998	CK	12.1	12.7	2.2	257	19.3
1998	N	13.7	13.7	2.3	285	19.7
1998	NP	14.2	13.7	2.7	365	28.2
1998	NK	12.4	13.0	2.6	287	23.5
1998	PK	10.6	12.1	2.5	193	23.8
1998	NPK	16.0	14.4	1.0	368	26.8
1998	NPK+M	16.4	14.3	2.4	308	26.2
1998	NPK+1.5M	15.0	14.4	2.0	340	26.5
1998	NPK+S	14.7	13.6	2.4	370	26.4
1998	NPK+水	14.2	13.9	1.4	340	27.8
1998	1.5N+PK	14.7	13.8	2.0	305	30.4
1999	CK	10.7	12.1	2.9	211	15.6
1999	N	12.2	12.8	3.0	260	14.0
1999	NP	13.8	13.8	2.3	360	17.4
1999	NK	13.1	12.8	2.5	258	15.1
1999	PK	9.9	12.0	2.7	213	10.9
1999	NPK	14.0	14.0	1.8	338	20.0
1999	NPK+M	15.9	15.6	1.7	475	22.5
1999	NPK+1.5M	15.9	14.7	1.8	416	21.8
1999	NPK+S	14.1	14.4	2.3	385	21.5
1999	NPK+水	15.2	15.2	2.1	308	23.2
1999	1.5N+PK	15.5	15.2	1.6	433	23.5
2000	CK	10.8	11.6	1.3	251	19.5
2000	N	11.8	12.3	0.9	328	17.2
2000	NP	11.2	12.6	1.7	290	20.5
2000	NK	12.8		1.2	322	29.8
2000	PK	12.0	13.5	1.6	294	24.9
2000	NPK	13.0	14.5	1.7	343	26.8
2000	NPK+M	14.2	13.9	1.2	346	27.9
2000	NPK+1.5M	12.6	14.1	1.0	359	29.3
2000	NPK+S	14.4	13.7	0.9	365	28.7
2000	NPK+水	12.8	14.3	1.8	428	27.3
2000	1.5N+PK	13.7	14.1	1.3	366	28.2

表 4-30　河南郑州潮土监测站作物收获期植株性状（小麦）

年份	处理	作物品种	穗数/（万株/hm²）	株高/cm	穗长/cm	每穗粒数/粒	千粒重/g
1991	CK	豫麦 13	280.5	40	5.9	16	40.7
1991	N	豫麦 13	616.5	56.5	7	28	40.5
1991	NP	豫麦 13	750	63.5	7.5	25	39.9
1991	NK	豫麦 13	765	79	8.5	27	41.2
1991	PK	豫麦 13	274.5	67.5	7.7	23	41.2
1991	NPK	豫麦 13	700.5	68.5	7.8	29	38.4
1991	NPK+M	豫麦 13	513	67	7.7	26	40.8
1991	1.5（NPK+M）	豫麦 13	586.5	68	7.8	25	41.7
1991	NPK+S	豫麦 13	856.5	72.5	8.1	30	34.7
1991	NPK+M+F2	豫麦 13	594	67	7.7	25	42.6
1993	CK	临汾 7203	160.5	64	8.3	26	38.3
1993	N	临汾 7203	181.5	65	9.4	40	34.4
1993	NP	临汾 7203	412.5	85	10.6	29	29.4
1993	NK	临汾 7203	223.5	68	9	27	35.6
1993	PK	临汾 7203	133.5	55.4	7.5	26	41.5
1993	NPK	临汾 7203	451.5	88.4	11	36	35.6
1993	NPK+M	临汾 7203	478.5	84.2	9.3	32	46.7
1993	1.5（NPK+M）	临汾 7203	484.5	89.8	9.6	22	35.1
1993	NPK+S	临汾 7203	481.5	89.7	10	23	31.2
1993	NPK+M+F2	临汾 7203	490.5	85.9	9.9	30	40
1994	CK	临汾 7203	234	59	8.3	27	37.7
1994	N	临汾 7203	205.5	52	7.8	26	34.9
1994	NP	临汾 7203	360	70	9	36	40.1
1994	NK	临汾 7203	223.5	59	8.3	28	36.6
1994	PK	临汾 7203	250.5	57	8.1	19	39.1
1994	NPK	临汾 7203	412.5	71	9.1	33	41.3
1994	NPK+M	临汾 7203	574.5	73	9.2	27	40
1994	1.5（NPK+M）	临汾 7203	664.5	74	9.3	25	38.4
1994	NPK+S	临汾 7203	549	72	9.1	29	42
1994	NPK+M+F2	临汾 7203	577.5	73.6	9.2	25	42.6
1995	CK	郑州 941	204	61	6.6	20	44.9
1995	N	郑州 941	220.5	70	7.7	29	38.8
1995	NP	郑州 941	486	86	9.3	36	38.3
1995	NK	郑州 941	234	74	8.4	33	39.2
1995	PK	郑州 941	280.5	67	6.8	18	46.1
1995	NPK	郑州 941	622.5	89	9.2	30	37.1
1995	NPK+M	郑州 941	616.5	92	8.3	26	43

（续）

年份	处理	作物品种	穗数/（万株/hm²）	株高/cm	穗长/cm	每穗粒数/粒	千粒重/g
1995	1.5（NPK+M）	郑州941	607.5	91	8.3	30	40.7
1995	NPK+S	郑州941	655.5	93	8.7	25	43.1
1995	NPK+M+F2	郑州941	559.5	90	7.8	22	47.2
1996	CK	郑州941	237	62	6.9	26	39.6
1996	N	郑州941	243	58	7.4	29	35.7
1996	NP	郑州941	609	75	8.7	31	37.1
1996	NK	郑州941	210	54	7	29	33.6
1996	PK	郑州941	210	58	6.5	23	39.8
1996	NPK	郑州941	510	82	8.6	29	41.5
1996	NPK+M	郑州941	537	77	7.8	22	41.9
1996	1.5（NPK+M）	郑州941	636	79	6.7	19	42.3
1996	NPK+S	郑州941	667.5	80	7.5	21	42.2
1996	NPK+M+F2	郑州941	615	78	7.2	30	44.1
1997	CK	豫麦47	213	60	6.6	29	33.2
1997	N	豫麦47	201	51	6.5	32	32.3
1997	NP	豫麦47	426	76	8.8	40	33.1
1997	NK	豫麦47	201	61	7.5	35	32.4
1997	PK	豫麦47	193.5	55	5.7	21	34.5
1997	NPK	豫麦47	388.5	81	8.3	38	35.6
1997	NPK+M	豫麦47	435	80	6.8	28	40.6
1997	1.5（NPK+M）	豫麦47	507	86	7.3	33	35.7
1997	NPK+S	豫麦47	457.5	84	7.6	31	36.9
1997	NPK+M+F2	豫麦47	450	82	8.5	23	44.8
1998	CK	豫麦47	195	58	7.5	31	38.6
1998	N	豫麦47	168	47	6.1	19	37.9
1998	NP	豫麦47	388.5	65	9.5	37	35.1
1998	NK	豫麦47	166.5	50	6.8	20	39.6
1998	PK	豫麦47	190.5	56	7.2	28	39.6
1998	NPK	豫麦47	451.5	70	9.2	33	39.1
1998	NPK+M	豫麦47	441	73	8.8	37	39.6
1998	1.5（NPK+M）	豫麦47	433.5	75	9.4	38	37.6
1998	NPK+S	豫麦47	484.5	71	9.7	41	39
1998	NPK+M+F2	豫麦47	438	71	8.5	33	39
1999	CK	郑州8998	307.5	60	6.7	25	41
1999	N	郑州8998	334.5	59	6.7	22	40.8
1999	NP	郑州8998	600	77	8.4	27	35.5
1999	NK	郑州8998	310.5	60	7.7	33	39.6

（续）

年份	处理	作物品种	穗数/（万株/hm²）	株高/cm	穗长/cm	每穗粒数/粒	千粒重/g
1999	PK	郑州 8998	256.5	53	6.2	25	38
1999	NPK	郑州 8998	622.5	80	8.8	33	35.6
1999	NPK+M	郑州 8998	447	78	8	38	37.4
1999	1.5（NPK+M）	郑州 8998	631.5	81.4	8.2	29	36.4
1999	NPK+S	郑州 8998	657	81	8.3	32	37.4
1999	NPK+M+F2	郑州 8998	580.5	75.5	7.7	29	40
2000	CK	郑麦 9023	255	58.4	6.3	18	39.9
2000	N	郑麦 9023	168	54.5	5.9	29	29.5
2000	NP	郑麦 9023	600	72.7	8.5	25	47
2000	NK	郑麦 9023	184.5	56.7	6.6	27	31
2000	PK	郑麦 9023	160.5	55.6	6.2	23	38.3
2000	NPK	郑麦 9023	622.5	76.4	8.6	33	36.3
2000	NPK+M	郑麦 9023	453	75.2	8.3	21	48.5
2000	1.5（NPK+M）	郑麦 9023	522	79.8	8.5	22	48.3
2000	NPK+S	郑麦 9023	502.5	76.6	8.6	25	47.9
2000	NPK+M+F2	郑麦 9023	573	74.6	8.1	24	47.4
2001	CK	郑麦 9023	378	45.4	4.6	14	28
2001	N	郑麦 9023	450	49.5	4.9	15	31.4
2001	NP	郑麦 9023	600	66	7.7	25	28.4
2001	NK	郑麦 9023	375	52	5.4	19	33.3
2001	PK	郑麦 9023	345	48.5	5.1	12	43.4
2001	NPK	郑麦 9023	540	68.5	7.8	29	44.6
2001	NPK+M	郑麦 9023	555	71	8	26	43.6
2001	1.5（NPK+M）	郑麦 9023	600	72	8	27	39.1
2001	NPK+S	郑麦 9023	570	70	7.8	27	41.8
2001	NPK+M+F2	郑麦 9023	570	69	8	29	38.2
2002	CK	郑麦 9023	229.5	57.3	5.9	19.9	44.5
2002	N	郑麦 9023	261	57.4	6.6	16.2	40
2002	NP	郑麦 9023	705	76.1	8.3	22	42.5
2002	NK	郑麦 9023	270	60	6.3	22	45
2002	PK	郑麦 9023	270	57.9	6	23	46.9
2002	NPK	郑麦 9023	555	79.1	8.2	22	47
2002	NPK+M	郑麦 9023	480	74.6	7	22	50.1
2002	1.5（NPK+M）	郑麦 9023	690	83.1	8.4	19	45
2002	NPK+S	郑麦 9023	569	77.8	7.6	20	48.7
2002	NPK+M+F2	郑麦 9023	555	77.3	6.9	22.3	51.1

（续）

年份	处理	作物品种	穗数/（万株/hm²）	株高/cm	穗长/cm	每穗粒数/粒	千粒重/g
2003	CK	郑麦 9023	306	52.2	5.9	13.1	47.7
2003	N	郑麦 9023	291	52.7	5.6	13.8	45.5
2003	NP	郑麦 9023	694.5	72	8.6	25.6	41.2
2003	NK	郑麦 9023	298.5	55.7	6.2	17.9	49
2003	PK	郑麦 9023	310.5	79.1	9.4	17.4	48.6
2003	NPK	郑麦 9023	627	54.5	6.1	28.8	44.5
2003	NPK+M	郑麦 9023	592.5	77.8	7.8	23.4	47.6
2003	1.5（NPK+M）	郑麦 9023	666	81.7	9	25	45.3
2003	NPK+S	郑麦 9023	553.5	77.4	8.2	23.5	46.8
2003	NPK+M+F2	郑麦 9023	655.5	79.3	8	21	45.4
2004	CK	郑麦 9023	348	50.4	5.5	13.3	45.9
2004	N	郑麦 9023	345.8	61.2	7.2	20.7	48.1
2004	NP	郑麦 9023	703.5	79.4	8.4	29.3	49.7
2004	NK	郑麦 9023	360	64.9	7.4	20	49.2
2004	PK	郑麦 9023	318	44.7	5.1	12	47.3
2004	NPK	郑麦 9023	613.5	84.3	7.4	27.3	50
2004	NPK+M	郑麦 9023	547.5	80.5	8	26	54.5
2004	1.5（NPK+M）	郑麦 9023	783	86	8.8	25	50.7
2004	NPK+S	郑麦 9023	711	85.8	9	27	50.1
2004	NPK+M+F2	郑麦 9023	706.5	84	8.3	26	52.5
2005	CK	郑麦 9023	278.7	49.1	5.6	17.3	37.8
2005	N	郑麦 9023	232.8	54.1	6.4	19.2	41.2
2005	NP	郑麦 9023	796	75.1	9.2	30	33.6
2005	NK	郑麦 9023	313.2	56.7	6.2	17.4	42.5
2005	PK	郑麦 9023	257.2	48.9	5.5	15.1	36.7
2005	NPK	郑麦 9023	681	80.7	8.9	27.7	36.4
2005	NPK+M	郑麦 9023	586.2	77.6	7.9	25	41.3
2005	1.5（NPK+M）	郑麦 9023	655.2	80.8	8.6	28.5	36.6
2005	NPK+S	郑麦 9023	465.5	70.7	7	22.3	40.3
2005	NPK+M+F2	郑麦 9023	649.4	76.8	7.7	24.2	44.7
2006	CK	郑麦 9023	392.2	51.3	5.4	11.1	46.8
2006	N	郑麦 9023	364.2	49	5.6	10.1	46.3
2006	NP	郑麦 9023	813.8	78.5	8.3	23.1	38.9
2006	NK	郑麦 9023	423	51.1	4.9	13.6	47.9
2006	PK	郑麦 9023	381	52.3	5.6	13.5	48
2006	NPK	郑麦 9023	669.5	82.7	8.1	23.9	42.6

（续）

年份	处理	作物品种	穗数/（万株/hm²）	株高/cm	穗长/cm	每穗粒数/粒	千粒重/g
2006	NPK+M	郑麦 9023	635.9	79.3	7.2	23.4	45
2006	1.5（NPK+M）	郑麦 9023	543.3	80.5	8.5	20.5	42.5
2006	NPK+S	郑麦 9023	748	85.1	7.7	25.5	44.1
2006	NPK+M+F2	郑麦 9023	721.6	82.8	7.8	23.4	45.2
2007	CK	郑麦 9694	312.5	61.7	6.6	19.2	44.3
2007	N	郑麦 9694	318	58.1	6	15.1	43
2007	NP	郑麦 9694	784.5	80.3	8.5	31.9	46.6
2007	NK	郑麦 9694	317	64.4	6.8	19.8	42.4
2007	PK	郑麦 9694	306	54.9	5.6	15.6	45.2
2007	NPK	郑麦 9694	615	88.4	9	33.2	47.9
2007	NPK+M	郑麦 9694	563	84.4	8.3	33.1	48.8
2007	1.5（NPK+M）	郑麦 9694	715	82	8.8	33.1	42.9
2007	NPK+S	郑麦 9694	740.5	83.8	8.3	31.3	47.9
2007	NPK+M+F2	郑麦 9694	670.5	80	8.5	31.1	49.7
2008	CK	郑麦 9962	252.7	41.3	4.9	12.9	43.7
2008	N	郑麦 9962	267.9	33.6	5.2	10.5	38.2
2008	NP	郑麦 9962	578.9	57.1	8	27.6	50.5
2008	NK	郑麦 9962	270.6	42.6	5.8	14.5	40.5
2008	PK	郑麦 9962	270.6	46.8	5.3	14.7	46.9
2008	NPK	郑麦 9962	518.8	64.7	7.7	26.9	48.9
2008	NPK+M	郑麦 9962	614.7	67.7	7.3	24.7	49.9
2008	1.5（NPK+M）	郑麦 9962	628.1	64.5	7.7	24	52.4
2008	NPK+S	郑麦 9962	623.7	65.8	7.7	25.9	53.1
2008	NPK+M+F2	郑麦 9962	655	60.1	7.2	23.7	53.1
2010	CK	郑麦 7698	367	54.7	6	17.1	46.8
2010	N	郑麦 7698	337.6	55.5	5.5	29.1	45.9
2010	NP	郑麦 7698	565.9	65.3	8	31.2	53.5
2010	NK	郑麦 7698	372.6	53.4	6.2	17.9	47.2
2010	PK	郑麦 7698	324.9	57	5.8	12.9	51.9
2010	NPK	郑麦 7698	558.9	73.3	7.6	26	52.7
2010	NPK+M	郑麦 7698	502.8	75.2	6.5	23.9	55.1
2010	1.5（NPK+M）	郑麦 7698	550.4	73	7.7	27	53.4
2010	NPK+S	郑麦 7698	574.3	73.1	6.6	22.1	56.2
2010	NPK+M+F2	郑麦 7698	480.4	74.6	6.3	21.1	56.1

表 4-31　河南郑州潮土监测站作物收获期植株性状（玉米）

年份	处理	作物品种	株数/（万株/hm^2）	株高/cm	穗长/cm	每穗粒数/粒	百粒重/g
1991	CK	玉米郑单 8 号	6.3	200	13.2	220	24.1
1991	N	玉米郑单 8 号	6.3	210	14.2	293	26
1991	NP	玉米郑单 8 号	6.3	210	15.1	311	25.1
1991	NK	玉米郑单 8 号	6.3	220	12.5	306	25.4
1991	PK	玉米郑单 8 号	6.3	190	11.7	157	24.2
1991	NPK	玉米郑单 8 号	6.3	220	15.2	298	25.3
1991	NPK+M	玉米郑单 8 号	6.3	210	14.7	328	25.1
1991	1.5（NPK+M）	玉米郑单 8 号	6.3	230	15.6	297	28.1
1991	NPK+S	玉米郑单 8 号	6.3	230	15.8	356	27
1992	CK	玉米郑单 8 号	6.9～7.5	210	11.4	210	21.4
1992	N	玉米郑单 8 号	6.9～7.5	213	12.6	223	23.6
1992	NP	玉米郑单 8 号	6.9～7.5	225	14.8	345	26.7
1992	NK	玉米郑单 8 号	6.9～7.5	215	11.6	256	21.6
1992	PK	玉米郑单 8 号	6.9～7.5	187	11.1	187	20.7
1992	NPK	玉米郑单 8 号	6.9～7.5	224	14.8	345	26.7
1992	NPK+M	玉米郑单 8 号	6.9～7.5	224	15.1	324	25.9
1992	1.5（NPK+M）	玉米郑单 8 号	6.9～7.5	226	15	345	28.1
1992	NPK+S	玉米郑单 8 号	6.9～7.5	228	14.8	341	27.4
1993	CK	玉米郑单 8 号	6.9～7.5	230	12.7	210	20.8
1993	N	玉米郑单 8 号	6.9～7.5	226	13.5	213	21
1993	NP	玉米郑单 8 号	6.9～7.5	260	15.7	432	23
1993	NK	玉米郑单 8 号	6.9～7.5	240	12.5	234	19.8
1993	PK	玉米郑单 8 号	6.9～7.5	230	12.1	213	21
1993	NPK	玉米郑单 8 号	6.9～7.5	280	15.7	412	26.7
1993	NPK+M	玉米郑单 8 号	6.9～7.5	290	16.4	414	25.9
1993	1.5（NPK+M）	玉米郑单 8 号	6.9～7.5	280	16.7	425	26.8
1993	NPK+S	玉米郑单 8 号	6.9～7.5	280	16.5	421	25.8
1994	CK	玉米郑单 8 号	6.9～7.5	141	10.2	178	18.9
1994	N	玉米郑单 8 号	6.9～7.5	160	11.2	173	20.7
1994	NP	玉米郑单 8 号	6.9～7.5	150	13.5	345	24.7
1994	NK	玉米郑单 8 号	6.9～7.5	180	11.6	189	21
1994	PK	玉米郑单 8 号	6.9～7.5	140	10.1	180	19
1994	NPK	玉米郑单 8 号	6.9～7.5	160	14.2	321	25.6
1994	NPK+M	玉米郑单 8 号	6.9～7.5	160	13.8	322	26.7
1994	1.5（NPK+M）	玉米郑单 8 号	6.9～7.5	180	14.1	327	27.3

（续）

年份	处理	作物品种	株数/（万株/hm²）	株高/cm	穗长/cm	每穗粒数/粒	百粒重/g
1994	NPK+S	玉米郑单8号	6.9～7.5	180	13.6	328	26.4
1995	CK	玉米郑单8号	6.9～7.5	213	12.5	210	20.6
1995	N	玉米郑单8号	6.9～7.5	208	11.8	223	21.7
1995	NP	玉米郑单8号	6.9～7.5	232	14.8	378	26.7
1995	NK	玉米郑单8号	6.9～7.5	211	10.8	256	20.7
1995	PK	玉米郑单8号	6.9～7.5	190	11.1	187	19.9
1995	NPK	玉米郑单8号	6.9～7.5	233	15.2	345	26.7
1995	NPK+M	玉米郑单8号	6.9～7.5	233	14.8	375	25.9
1995	1.5（NPK+M）	玉米郑单8号	6.9～7.5	234	14.9	367	26.9
1995	NPK+S	玉米郑单8号	6.9～7.5	229	14.8	389	26.9
1996	CK	玉米郑单8号	6.9～7.5	220	10.3	214	21.4
1996	N	玉米郑单8号	6.9～7.5	180	10.4	223	21.9
1996	NP	玉米郑单8号	6.9～7.5	220	16.4	435	28.9
1996	NK	玉米郑单8号	6.9～7.5	220	11.3	322	20.5
1996	PK	玉米郑单8号	6.9～7.5	210	11.4	205	21.4
1996	NPK	玉米郑单8号	6.9～7.5	230	16.1	441	28.3
1996	NPK+M	玉米郑单8号	6.9～7.5	240	16	424	29.4
1996	1.5（NPK+M）	玉米郑单8号	6.9～7.5	250	15.5	436	31
1996	NPK+S	玉米郑单8号	6.9～7.5	250	15.2	478	28.9
1997	CK	玉米郑单8号	6.9～7.5	210	11.8	211	23.4
1997	N	玉米郑单8号	6.9～7.5	180	10.5	232	20.4
1997	NP	玉米郑单8号	6.9～7.5	190	15.4	465	26.8
1997	NK	玉米郑单8号	6.9～7.5	190	12.6	322	22.6
1997	PK	玉米郑单8号	6.9～7.5	200	10.3	189	21.6
1997	NPK	玉米郑单8号	6.9～7.5	210	16.1	441	28.3
1997	NPK+M	玉米郑单8号	6.9～7.5	230	16	424	29.4
1997	1.5（NPK+M）	玉米郑单8号	6.9～7.5	230	17.3	436	28.6
1997	NPK+S	玉米郑单8号	6.9～7.5	230	15.2	423	28.3
1998	CK	玉米郑单8号	6.9～7.5	186	9.6	189	23.4
1998	N	玉米郑单8号	6.9～7.5	197.3	10.1	211	21.9
1998	NP	玉米郑单8号	6.9～7.5	215.7	15.4	432	25.4
1998	NK	玉米郑单8号	6.9～7.5	216.7	11.5	322	22.6
1998	PK	玉米郑单8号	6.9～7.5	209	9.6	189	24.9
1998	NPK	玉米郑单8号	6.9～7.5	233	16.1	441	28.3
1998	NPK+M	玉米郑单8号	6.9～7.5	241.7	16	424	29.4
1998	1.5（NPK+M）	玉米郑单8号	6.9～7.5	245	16.9	423	29.9

（续）

年份	处理	作物品种	株数/（万株/hm^2）	株高/cm	穗长/cm	每穗粒数/粒	百粒重/g
1998	NPK+S	玉米郑单8号	6.9～7.5	243.7	16.3	456	27.9
1999	CK	玉米郑单8号	6.9～7.5	178	8.9	145	18.7
1999	N	玉米郑单8号	6.9～7.5	199	9.5	213	19.8
1999	NP	玉米郑单8号	6.9～7.5	201	12.6	345	27.9
1999	NK	玉米郑单8号	6.9～7.5	190	11.2	213	23
1999	PK	玉米郑单8号	6.9～7.5	187	10	189	15.8
1999	NPK	玉米郑单8号	6.9～7.5	213	13.5	345	26.9
1999	NPK+M	玉米郑单8号	6.9～7.5	223	13.5	367	25.9
1999	1.5（NPK+M）	玉米郑单8号	6.9～7.5	223	14.5	356	27.5
1999	NPK+S	玉米郑单8号	6.9～7.5	218	14.2	356	28.9
2000	CK	玉米郑单8号	6.9～7.5	166	9.8	156	21
2000	N	玉米郑单9号	6.9～7.5	187.3	10	178	19
2000	NP	玉米郑单10号	6.9～7.5	203	15.4	367	26
2000	NK	玉米郑单11号	6.9～7.5	198	11.1	213	21
2000	PK	玉米郑单12号	6.9～7.5	209	9.8	200	19
2000	NPK	玉米郑单13号	6.9～7.5	221	14.3	345	25
2000	NPK+M	玉米郑单14号	6.9～7.5	234	14.5	323	26
2000	1.5（NPK+M）	玉米郑单15号	6.9～7.5	231	14.1	356	28
2000	NPK+S	玉米郑单8号	6.9～7.5	224	14.2	345	26.9
2001	CK	玉米郑单8号	6.9～7.5	222	1.5	190	29
2001	N	玉米郑单8号	6.9～7.5	217	2.2	352	23.2
2001	NP	玉米郑单8号	6.9～7.5	215	1.3	415	26.1
2001	NK	玉米郑单8号	6.9～7.5	252	1.2	338	25.4
2001	PK	玉米郑单8号	6.9～7.5	235	1.9	221	25
2001	NPK	玉米郑单8号	6.9～7.5	265	0.9	521	28
2001	NPK+M	玉米郑单8号	6.9～7.5	279	0.7	468	29.4
2001	1.5（NPK+M）	玉米郑单8号	6.9～7.5	270	1	500	30
2001	NPK+S	玉米郑单8号	6.9～7.5	281	0.7	500	29.3
2002	CK	玉米郑单8号	6.9～7.5	180		371	19.3
2002	N	玉米郑单8号	6.9～7.5	174		315	21.6
2002	NP	玉米郑单8号	6.9～7.5	179		347	25.5
2002	NK	玉米郑单8号	6.9～7.5	183		350	21.3
2002	PK	玉米郑单8号	6.9～7.5	185		260	21.8
2002	NPK	玉米郑单8号	6.9～7.5	207		383	27.9
2002	NPK+M	玉米郑单8号	6.9～7.5	209		373	29.8
2002	1.5（NPK+M）	玉米郑单8号	6.9～7.5	214		383	29.6

（续）

年份	处理	作物品种	株数/（万株/hm²）	株高/cm	穗长/cm	每穗粒数/粒	百粒重/g
2002	NPK+S	玉米郑单8号	6.9~7.5	209		359	26.3
2003	CK	玉米郑单8号	6.9~7.5			220	22
2003	N	玉米郑单8号	6.9~7.5			346	21
2003	NP	玉米郑单8号	6.9~7.5			542	24.5
2003	NK	玉米郑单8号	6.9~7.5			278	21
2003	PK	玉米郑单8号	6.9~7.5			160	28
2003	NPK	玉米郑单8号	6.9~7.5			419	29
2003	NPK+M	玉米郑单8号	6.9~7.5			430	29
2003	1.5（NPK+M）	玉米郑单8号	6.9~7.5			426	30
2003	NPK+S	玉米郑单8号	6.9~7.5			461	28
2004	CK	玉米郑单8号	6.9~7.5	204	0.5		
2004	N	玉米郑单8号	6.9~7.5	194	2.4		
2004	NP	玉米郑单8号	6.9~7.5	234	2.2		
2004	NK	玉米郑单8号	6.9~7.5	205	1.2		
2004	PK	玉米郑单8号	6.9~7.5	211	2		
2004	NPK	玉米郑单8号	6.9~7.5	253	1.3		
2004	NPK+M	玉米郑单8号	6.9~7.5	246	1.5		
2004	1.5（NPK+M）	玉米郑单8号	6.9~7.5	252	3.2		
2004	NPK+S	玉米郑单8号	6.9~7.5	263	2.8		
2005	CK	玉米郑单8号	6.9~7.5	212	1.5	227	19.5
2005	N	玉米郑单8号	6.9~7.5	212	1.9	232	19.5
2005	NP	玉米郑单8号	6.9~7.5	241	0	506	27.3
2005	NK	玉米郑单8号	6.9~7.5	225	3	241	20.9
2005	PK	玉米郑单8号	6.9~7.5	220	2.8	185	20.8
2005	NPK	玉米郑单8号	6.9~7.5	246	0.3	487	27
2005	NPK+M	玉米郑单8号	6.9~7.5	270	1.6	462	27.3
2005	1.5（NPK+M）	玉米郑单8号	6.9~7.5	265	1.9	463	27.9
2005	NPK+S	玉米郑单8号	6.9~7.5	260	1.4	453	27.6
2006	CK	玉米郑单958	7.5	177	2.1	104	25.1
2006	N	玉米郑单8号	7.5	195	2.1	185	23.1
2006	NP	玉米郑单8号	7.5	220	1.9	421	18.7
2006	NK	玉米郑单8号	7.5	211	1.8	203	24
2006	PK	玉米郑单8号	7.5	205	2.1	164	24.6
2006	NPK	玉米郑单8号	7.5	227	2.1	333	20.7
2006	NPK+M	玉米郑单8号	7.5	233	1.8	404	18.7
2006	1.5（NPK+M）	玉米郑单8号	7.5	238	2	424	20.8

（续）

年份	处理	作物品种	株数/（万株/hm²）	株高/cm	穗长/cm	每穗粒数/粒	百粒重/g
2006	NPK+S	玉米郑单 8 号	7.5	230	2.3	429	20
2007	玉米郑单 136	CK	6.7～6.9	172	7.9	70	30.1
2007	N	玉米郑单 8 号	6.7～6.9	167	9.1	146	29.8
2007	NP	玉米郑单 8 号	6.7～6.9	178	17.2	515	31.9
2007	NK	玉米郑单 8 号	6.7～6.9	180	10.6	201	25.9
2007	PK	玉米郑单 8 号	6.7～6.9	184	9.5	182	26.1
2007	NPK	玉米郑单 8 号	6.7～6.9	206	15.8	492	32.9
2007	NPK+M	玉米郑单 8 号	6.7～6.9	209	15.8	516	32.6
2007	1.5（NPK+M）	玉米郑单 8 号	6.7～6.9	213	16.2	498	33.7
2007	NPK+S	玉米郑单 8 号	6.7～6.9	212	16.3	519	32.9
2008	CK	玉米郑单 136	6.7～6.9		0.9	122	31.1
2008	N	玉米郑单 8 号	6.7～6.9		1.4	239	29.5
2008	NP	玉米郑单 8 号	6.7～6.9		0.6	464	30.5
2008	NK	玉米郑单 8 号	6.7～6.9		1.9	221	28.7
2008	PK	玉米郑单 8 号	6.7～6.9		2.2	122	31.3
2008	NPK	玉米郑单 8 号	6.7～6.9		1.3	482	32.9
2008	NPK+M	玉米郑单 8 号	6.7～6.9		1.1	540	32.3
2008	1.5（NPK+M）	玉米郑单 8 号	6.7～6.9		1.5	382	32.6
2008	NPK+S	玉米郑单 8 号	6.7～6.9		1.4	424	31.2
2009	CK	玉米郑单 528	6.7～6.9		1.1	360	30.2
2009	N	玉米郑单 8 号	6.7～6.9		0.7	319	24.5
2009	NP	玉米郑单 8 号	6.7～6.9		0.6	453	34.1
2009	NK	玉米郑单 8 号	6.7～6.9		0.7	361	29.5
2009	PK	玉米郑单 8 号	6.7～6.9		1	286	33.1
2009	NPK	玉米郑单 8 号	6.7～6.9		0.6	552	37.3
2009	NPK+M	玉米郑单 8 号	6.7～6.9		0.4	539	36.6
2009	1.5（NPK+M）	玉米郑单 8 号	6.7～6.9		0.6	499	35.9
2009	NPK+S	玉米郑单 8 号	6.7～6.9		1.1	496	36.5
2010	CK	玉米郑单 528	6.7～6.9		13.1	175	23.3
2010	N	玉米郑单 8 号	6.7～6.9		15.1	271	24.4
2010	NP	玉米郑单 8 号	6.7～6.9		16.8	382	37
2010	NK	玉米郑单 8 号	6.7～6.9		14.4	285	26.1
2010	PK	玉米郑单 8 号	6.7～6.9		13.6	230	25.5
2010	NPK	玉米郑单 8 号	6.7～6.9		16.3	433	35.6
2010	NPK+M	玉米郑单 8 号	6.7～6.9		16.7	449	34.1
2010	1.5（NPK+M）	玉米郑单 8 号	6.7～6.9		18.0	482	39.6
2010	NPK+S	玉米郑单 8 号	6.7～6.9		17.7	489	35.8

表 4 - 32 重庆北碚紫色土监测站作物收获期植株性状

年份	处理	作物	每亩穗数/万株	株高/cm	穗长/cm	每穗粒数/粒	千粒重/g
2007	CK	小麦	9.2	77.1	10.2	34.5	43.4
2007	N	小麦	9.7	71.9	10.1	39.7	41.0
2007	NP	小麦	16.5	79.8	10.9	39.6	31.4
2007	NK	小麦	12.2	78.2	9.6	33.2	42.4
2007	PK	小麦	11.8	84.4	9.5	36.6	43.6
2007	NPK	小麦	16.9	89.2	11.6	43.1	36.6
2007	NPK+M	小麦	14.3	89.4	12.3	48.1	39.8
2007	1.5NPK+M	小麦	15.0	84.4	11.3	46.2	38.4
2007	NPK+S	小麦	15.9	92.9	10.9	48.1	43.2
2007	(NPK) Cl+M	小麦	14.8	88.4	11.6	51.8	39.6
2007	M	小麦	9.8	79.1	10.1	32.6	41.2
2007	CK	水稻	6.0	91.4	24.9	148.9	28.4
2007	N	水稻	8.2	101.7	27.7	159.3	26.8
2007	NP	水稻	11.1	101.4	25.7	103.0	27.2
2007	NK	水稻	10.9	95.6	23.3	136.7	24.6
2007	PK	水稻	7.5	106.0	27.3	161.2	29.2
2007	NPK	水稻	11.4	101.5	26.7	133.1	28.0
2007	NPK+M	水稻	10.3	101.1	25.3	137.3	26.8
2007	1.5NPK+M	水稻	12.6	107.9	26.9	101.8	28.0
2007	NPK+S	水稻	10.7	100.6	24.4	126.8	28.2
2007	(NPK) Cl+M	水稻	12.2	100.6	25.8	76.5	31.8
2007	M	水稻	8.3	99.1	27.0	152.7	29.0
2008	CK	小麦	12.6	62.3	7.3	30.9	37.4
2008	N	小麦	11.4	59.7	6.7	28.4	34.0
2008	NP	小麦	17.6	67.0	9.4	49.0	38.6
2008	NK	小麦	11.4	61.4	7.3	27.3	33.7
2008	PK	小麦	14.8	66.8	7.8	33.2	43.8
2008	NPK	小麦	20.4	75.1	10.8	48.7	40.4
2008	NPK+M	小麦	19.7	76.0	10.3	50.5	40.8
2008	1.5NPK+M	小麦	15.5	76.4	11.4	71.1	41.0
2008	NPK+S	小麦	19.2	76.1	10.3	46.0	44.0
2008	(NPK) Cl+M	小麦	20.0	73.1	10.8	52.4	43.0
2008	M	小麦	12.7	65.2	8.9	37.5	38.8
2008	CK	水稻	8.6	101.6	27.8		
2008	N	水稻	12.9	110.9	27.7		
2008	NP	水稻	16.4	106.7	26.6		
2008	NK	水稻	12.6	115.0	28.0		

（续）

年份	处理	作物	每亩穗数/万株	株高/cm	穗长/cm	每穗粒数/粒	千粒重/g
2008	PK	水稻	10.7	101.4	25.2		
2008	NPK	水稻	16.7	111.9	26.4		
2008	NPK+M	水稻	16.6	105.9	25.8		
2008	1.5NPK+M	水稻	15.5	116.9	26.0		
2008	NPK+S	水稻	14.3	114.4	26.8		
2008	(NPK) Cl+M	水稻	16.3	115.4	28.2		
2008	M	水稻	10.6	102.8	26.4		
2009	CK	小麦	10.0	57.0	6.3	31.8	43.4
2009	N	小麦	13.7	53.7	6.3	28.2	41.0
2009	NP	小麦	13.0	69.0	9.1	50.3	31.4
2009	NK	小麦	13.0	61.3	5.7	31.0	42.4
2009	PK	小麦	10.9	58.8	6.6	39.7	43.6
2009	NPK	小麦	14.7	76.6	10.3	49.6	36.6
2009	NPK+M	小麦	12.5	76.5	8.1	55.1	39.8
2009	1.5NPK+M	小麦	16.3	80.3	10.1	42.5	38.4
2009	NPK+S	小麦	13.1	76.6	10.7	58.4	43.2
2009	(NPK) Cl+M	小麦	13.6	83.4	10.2	56.2	39.6
2009	M	小麦	11.3	58.3	6.9	28.5	41.2
2009	CK	水稻	6.2	90.8	24.1	80.6	28.1
2009	N	水稻	8.3	97.3	26.0	92.3	28.0
2009	NP	水稻	10.7	88.6	22.2	132.2	25.6
2009	NK	水稻	9.8	102.0	25.3	125.8	25.6
2009	PK	水稻	6.9	96.2	24.5	99.4	29.9
2009	NPK	水稻	12.1	96.1	21.2	153.7	26.1
2009	NPK+M	水稻	10.3	100.8	22.5	124.9	26.7
2009	1.5NPK+M	水稻	10.5	97.0	21.1	126.2	25.2
2009	NPK+S	水稻	10.6	100.1	22.2	138.8	27.4
2009	(NPK) Cl+M	水稻	12.2	95.4	21.7	139.9	25.9
2009	M	水稻	6.2	93.1	23.2	80.2	29.0
2010	CK	小麦	14.1	63.8	8.4	26.5	39.9
2010	N	小麦	17.1	62.0	7.8	19.8	37.0
2010	NP	小麦	14.6	64.0	9.0	45.3	43.2
2010	NK	小麦	12.1	61.9	8.0	20.9	36.5
2010	PK	小麦	16.1	69.9	8.0	24.5	43.4
2010	NPK	小麦	14.4	76.4	11.0	42.7	43.2
2010	NPK+M	小麦	15.0	76.0	9.8	36.4	41.3

（续）

年份	处理	作物	每亩穗数/万株	株高/cm	穗长/cm	每穗粒数/粒	千粒重/g
2010	1.5NPK+M	小麦	14.8	79.0	10.2	43.7	41.5
2010	NPK+S	小麦	15.2	80.4	11.1	37.6	46.2
2010	（NPK）Cl+M	小麦	14.5	74.5	9.0	43.5	43.9
2010	M	小麦	11.4	64.5	8.3	29.4	40.4
2010	CK	水稻	6.2	92.5	25.7	135.9	28.0
2010	N	水稻	8.8	95.2	25.8	136.9	26.8
2010	NP	水稻	9.4	96.5	25.6	149.6	28.0
2010	NK	水稻	10.9	102.8	27.3	141.5	26.5
2010	PK	水稻	7.7	99.1	26.0	159.9	28.1
2010	NPK	水稻	11.3	107.0	26.6	174.9	27.0
2010	NPK+M	水稻	9.5	105.1	27.2	187.5	27.6
2010	1.5NPK+M	水稻	11.9	106.7	26.3	158.5	27.1
2010	NPK+S	水稻	10.5	115.9	28.1	186.0	27.3
2010	（NPK）Cl+M	水稻	11.6	107.8	27.0	164.1	26.3
2010	M	水稻	7.2	100.2	26.4	151.7	27.6

表 4-33 湖南祁阳红壤监测站作物收获期植株性状

年份	处理	小麦				玉米		
		穗数/（万株/hm²）	株高/cm	每穗粒数/粒	千粒重/g	株高/cm	每穗粒数/粒	百粒重/g
1991	CK	145.5	65.1	29.4	22.0	137.1	82	13.4
1991	N	156.0	79.3	40.5	25.2	161.3	206	15.8
1991	NP	166.5	92.7	38.4	26.1	164.7	271	19.6
1991	NK	154.5	75.9	34.0	24.6	165.3	223	19.0
1991	PK	162.0	75.8	31.3	26.2	136.1	108	14.9
1991	NPK	169.5	85.7	40.0	26.0	170.0	262	19.7
1991	NPK+M	226.5	85.6	34.5	25.6	184.5	279	22.4
1991	1.5（NPK+M）	246.0	87.0	40.0	23.8	184.5	325	22.3
1991	NPK+S	196.5	88.4	39.5	28.4	184.9	307	20.7
1991	NPK+M+F2	217.5	86.3	37.4	24.6	39.2	74	9.4
1991	1.5M						47	17.5
1992	CK	174.0	66.6	15.2	29.6	109.0	180	17.7
1992	N	183.0	72.4	17.7	29.9	150.2	258	23.0
1992	NP	222.0	83.0	19.9	32.8	200.0	212	20.7
1992	NK	241.5	73.7	15.5	29.5	177.4	49	19.4
1992	PK	216.0	72.6	17.9	29.7	95.3	237	22.6
1992	NPK	220.5	87.4	25.9	31.9	195.5	145	23.1
1992	NPK+M	216.0	87.6	30.7	24.7	166.3	247	26.5

（续）

年份	处理	小麦				玉米		
		穗数/（万株/hm²）	株高/cm	每穗粒数/粒	千粒重/g	株高/cm	每穗粒数/粒	百粒重/g
1992	1.5（NPK+M）	219.0	84.9	28.2	34.4	209.1	196	23.6
1992	NPK+S	207.0	85.1	27.1	33.5	203.4		14.7
1992	NPK+M+F2	217.5	80.7	28.1	35.8	37.7	210	22.6
1992	1.5M	174.0	66.6	15.2	29.6	180.8	82	15.3
1993	CK	109.5	64.6	26.9	27.3	122.8	244	24.3
1993	N	135.0	66.6	30.2	28.5	168.9	353	29.8
1993	NP	168.0	78.0	40.2	27.8	178.9	305	27.4
1993	NK	165.0	67.0	30.9	27.9	170.3	87	14.7
1993	PK	120.0	68.7	26.4	29.7	129.5	391	29.4
1993	NPK	177.0	74.1	40.4	28.3	196.5	398	31.8
1993	NPK+M	177.0	84.7	43.7	29.0	189.2	437	33.6
1993	1.5（NPK+M）	145.5	82.9	57.5	30.2	204.5	427	26.6
1993	NPK+S	162.0	78.7	48.4	28.9	206.5	73	16.3
1993	NPK+M+F2	127.5	80.2	51.9	29.1	23.6	284	27.3
1993	1.5M	160.5	79.7	68.7	29.0	151.3	50	11.5
1994	CK	144.0	63.8	20.0	31.0	102.3	181	14.9
1994	N	147.0	80.4	39.4	31.4	132.2	263	24.6
1994	NP	216.0	88.1	35.2	32.2	131.1	168	15.6
1994	NK	157.5	73.8	32.0	32.3	148.5	54	15.4
1994	PK	147.0	67.1	44.0	24.9	101.2	258	24.4
1994	NPK	249.0	94.9	44.4	31.3	168.1	281	24.2
1994	NPK+M	261.0	97.6	28.3	30.7	182.4	345	27.5
1994	1.5（NPK+M）	237.0	97.3	38.4	32.8	186.5	333	22.5
1994	NPK+S	256.5	96.5	41.3	33.2	188.8	79	15.9
1994	NPK+M+F2	166.5	89.9	34.5	35.2	47.9	30	30.4
1994	1.5M	159.0	91.2	32.9	34.3	166.0	86	16.2
1995	CK		63.2	17.1	32.5	111.6	204	15.5
1995	N		78.1	31.9	32.0	140.7	379	21.8
1995	NP		83.5	34.6	34.1	175.2	263	16.6
1995	NK		73.7	25.0	31.4	164.2	119	16.0
1995	PK		61.4	19.9	36.7	113.7	377	25.1
1995	NPK		91.5	38.9	33.8	191.4	381	24.2
1995	NPK+M		93.7	36.8	25.5	196.8	392	23.4
1995	1.5（NPK+M）		95.0	42.5	29.0	206.1	363	25.6
1995	NPK+S		95.1	41.2	32.2	196.5		
1995	NPK+M+F2		93.4	39.7	36.5		262	24.0
1995	1.5M		90.7	36.6	37.1	158.2	100	16.7

（续）

年份	处理	小麦				玉米		
		穗数/（万株/hm²）	株高/cm	每穗粒数/粒	千粒重/g	株高/cm	每穗粒数/粒	百粒重/g
1996	CK	120.0	62.6	32.0	32.0	109.3	250	17.4
1996	N	132.0	50.0	28.1	28.1	122.2	450	22.3
1996	NP	189.0	71.8	31.2	31.2	166.5	254	14.8
1996	NK	190.5	53.8	31.8	31.8	125.6	156	16.6
1996	PK	82.5	68.4	30.1	30.1	110.6	447	23.3
1996	NPK	288.0	79.6	31.9	31.9	177.0	437	26.2
1996	NPK+M	373.5	80.8	31.6	31.6	190.9	471	22.3
1996	1.5（NPK+M）	523.5	87.3	31.2	31.2	198.2	476	23.5
1996	NPK+S	312.0	84.5	35.0	32.6	194.5	48	
1996	NPK+M+F2	211.5	78.3	28.0	32.4	61.8	391	24.7
1996	1.5M	142.5	80.1	29.0	32.8	173.7	115	16.0
1997	CK	42.0	57.3	17.2	42.7	86.0	197	18.0
1997	N	15.0	51.8	26.8	45.5	52.9	473	23.5
1997	NP	43.5	68.9	47.1	41.4	155.0	174	19.0
1997	NK	22.5	57.8	30.1	40.8	87.5	125	17.0
1997	PK	39.0	64.4	23.2	47.9	76.0	474	25.0
1997	NPK	79.5	60.2	33.3	45.2	196.5	460	26.6
1997	NPK+M	64.5	74.0	44.5	42.5	205.6	513	27.3
1997	1.5（NPK+M）	66.0	78.6	41.1	51.9	213.8	469	25.8
1997	NPK+S	63.0	73.5	44.6	47.6	179.7		
1997	NPK+M+F2	61.5	76.9	38.6	46.7		401	25.3
1997	1.5M	54.0	75.3	32.9	52.4	178.5	18	18.0
1998	CK	60.0	57.7	15.7	31.7	75.9	198	21.0
1998	N	60.0	58.2	19.2	31.0	52.9	344	22.0
1998	NP	82.5	72.1	31.1	33.8	145.4	178	23.0
1998	NK	103.5	58.9	20.9	31.8	97.5	98	19.8
1998	PK	64.5	64.9	18.9	33.8	79.3	435	24.5
1998	NPK	93.0	74.7	32.7	33.0	186.5	358	27.2
1998	NPK+M	106.5	77.0	31.8	35.8	193.8	472	28.2
1998	1.5（NPK+M）	135.0	77.9	35.7	34.8	203.7	369	26.5
1998	NPK+S	96.0	78.3	34.6	33.8	167.7		
1998	NPK+M+F2	111.0	74.6	32.1	38.2		290	28.5
1998	1.5M	108.0	75.6	32.1	36.0	168.3	34	16.1
1999	CK	130.5	34.2	6.9	20.3	108.5	36	18.6
1999	N	129.0	23.5	5.3	21.7	106.0	279	19.8
1999	NP	121.5	59.4	16.3	33.0	126.4	50	19.6
1999	NK	126.0	34.6	5.7	21.1	109.3	51	18.1

（续）

年份	处理	小麦				玉米		
		穗数/（万株/hm²）	株高/cm	每穗粒数/粒	千粒重/g	株高/cm	每穗粒数/粒	百粒重/g
1999	PK	136.5	75.0	18.2	36.0	107.6	361	29.4
1999	NPK	126.0	73.1	28.8	31.9	182.9	463	30.6
1999	NPK+M	139.5	76.7	26.4	37.2	209.5	500	31.5
1999	1.5（NPK+M）	130.5	73.6	29.8	37.1	223.3	448	26.7
1999	NPK+S	129.0	70.2	25.2	32.4	171.7		
1999	NPK+M+F2	126.0	66.4	23.5	25.9	53.8	380	31.5
1999	1.5M	129.0	69.8	23.1	36.6	197.4	74	16.5
2000	CK	211.5	62.8	23.6	34.2	72.8	25	15.3
2000	N	159.0	44.8	14.3	32.5	67.3	117	17.6
2000	NP	186.0	58.2	33.4	34.7	95.3	182	22.6
2000	NK	178.5	47.3	12.0	32.9	73.1	90	19.4
2000	PK	204.0	70.4	27.9	37.8	93.8	156	23.2
2000	NPK	261.0	76.3	37.5	36.0	116.0	374	26.6
2000	NPK+M	259.5	85.5	43.1	36.6	159.7	397	27.8
2000	1.5（NPK+M）	280.5	85.4	43.5	34.8	180.8	356	24.2
2000	NPK+S	244.5	79.6	33.9	35.7	146.7	2	20.2
2000	NPK+M+F2	312.0	84.2	36.1	37.0		204	20.8
2000	1.5M	205.5	79.6	37.1	37.5	124.7	30	15.7
2001	CK	7.9	61.9	14.0	32.6	80.8	30	15.7
2001	N	4.7	44.4	12.0	26.1	63.1	28	10.8
2001	NP	7.6	62.8	29.0	30.7	98.4	165	13.7
2001	NK	9.3	40.1	8.0	25.5	63.3	36	15.7
2001	PK	10.7	71.5	25.0	38.9	88.1	36	19.5
2001	NPK	12.7	79.8	28.0	31.9	128.8	204	15.1
2001	NPK+M	16.1	88.2	30.0	24.6	181.6	437	22.5
2001	1.5（NPK+M）	12.9	88.9	28.0	21.6	193.6	468	23.6
2001	NPK+S	10.7	85.1	29.0	31.3	1 152.4	282	18.8
2001	NPK+M+F2	8.8	81.8	24.0	24.9	53.2	2	22.8
2001	1.5M	11.4	80.2	26.0	30.2	167.4	288	17.8
2002	CK	6.7	56.7	23.0	33.1	79.8	10	19.8
2002	N	2.5	31.0	10.0	25.3	78.1	56	18.7
2002	NP	8.0	60.4	37.0	29.7	96.1	117	21.1
2002	NK	7.1	41.6	14.0	28.6	62.3	14	22.9
2002	PK	4.7	67.3	35.0	34.8	82.1	39	21.3
2002	NPK	10.6	67.6	34.0	31.0	120.4	266	26.0
2002	NPK+M	10.2	83.7	46.0	34.1	166.7	435	27.9
2002	1.5（NPK+M）	10.6	89.4	43.0	34.9	153.9	355	28.8

（续）

年份	处理	小麦				玉米		
		穗数/（万株/hm²）	株高/cm	每穗粒数/粒	千粒重/g	株高/cm	每穗粒数/粒	百粒重/g
2002	NPK+S	8.2	87.9	48.0	36.6	129.0	286	25.1
2002	NPK+M+F2	13.3	82.9	36.0	33.2	37.6	2	21.1
2002	1.5M	10.1	82.1	39.0	34.8	157.5	329	29.1
2003	CK	6.4	67.0	13.0	30.9	79.8	76	16.3
2003	N	0.8	48.0	5.0	25.7	78.1	69	18.6
2003	NP	7.8	68.0	31.0	27.5	96.1	233	19.3
2003	NK	0.5	60.0	12.0	27.1	62.3	56	17.4
2003	PK	7.2	73.0	19.0	32.9	82.1	89	17.4
2003	NPK	9.2	80.0	36.0	29.9	120.4	392	26.7
2003	NPK+M	122.0	90.0	41.0	32.8	166.7	387	23.7
2003	1.5（NPK+M）	14.5	94.5	45.0	32.6	153.9	480	26.6
2003	NPK+S	9.3	84.0	51.0	30.3	129.0	359	24.5
2003	NPK+M+F2	9.1	90.0	38.0	32.8	37.6	2	21.1
2003	1.5M	10.2	93.0	46.0	36.2	157.5	323	21.8
2004	CK	9.0	57.9	15.0	28.4	73.9	65	14.9
2004	N	0.9	39.5	9.0	24.0	59.1	23	14.7
2004	NP	8.9	57.8	20.0	26.9	83.4	72	18.5
2004	NK	9.0	35.9	9.0	23.2	61.7	20	19.5
2004	PK	12.2	62.7	16.0	25.9	83.1	57	16.9
2004	NPK	15.5	71.4	18.0	29.5	100.8	165	22.6
2004	NPK+M	14.0	85.7	29.0	33.3	172.6	368	26.5
2004	1.5（NPK+M）	15.0	89.0	34.0	30.3	183.3	338	27.9
2004	NPK+S	11.9	74.0	33.0	30.2	103.8	195	23.7
2004	NPK+M+F2	13.9	87.4	34.0	33.7		2	22.3
2004	1.5M	13.3	85.9	32.0	35.3	125.9	176	24.0
2005	CK	11.1	58.6	21.0	27.7	73.5	33	15.0
2005	N	1.0	41.4	12.0	25.1	52.5	19	16.7
2005	NP	10.0	59.2	27.0	27.4	66.2	89	14.5
2005	NK	0.9	36.1	6.0	24.6	52.8	20	17.8
2005	PK	14.5	79.1	31.0	29.8	83.9	44	18.9
2005	NPK	11.7	67.7	29.0	25.9	80.9	152	22.1
2005	NPK+M	17.7	91.1	33.0	31.3	155.9	325	26.2
2005	1.5（NPK+M）	17.7	88.5	39.0	30.9	178.4	327	27.5
2005	NPK+S	13.8	77.5	39.0	30.7	79.0	145	20.3
2005	NPK+M+F2	20.2	88.4	34.0	33.4			22.1
2005	1.5M	18.0	106.3	32.0	35.7	147.8	224	21.8
2006	CK	15.5	58.5	31.0	15.1	80.4	93	14.0

（续）

年份	处理	小麦				玉米		
		穗数/（万株/hm²）	株高/cm	每穗粒数/粒	千粒重/g	株高/cm	每穗粒数/粒	百粒重/g
2006	N							
2006	NP	7.8	53.5	28.0	15.4	97.8	199	17.4
2006	NK							
2006	PK	10.9	74.5	33.0	21.3	103.0	106	16.5
2006	NPK	7.7	59.7	28.0	15.5	121.9	259	20.6
2006	NPK+M	17.2	87.3	34.0	26.1	180.7	426	25.1
2006	1.5（NPK+M）	18.0	85.0	38.0	37.1	194.2	445	24.6
2006	NPK+S	10.0	64.6	31.0	21.3	148.8	296	21.4
2006	NPK+M+F2	18.2	83.2	35.0	30.1			
2006	1.5M	14.4	85.6	36.0	35.2	157.2	378	21.2
2007	CK	9.5	60.4	19.0	31.2	110.4	70	13.6
2007	N							
2007	NP	4.4	60.0	22.0	31.0	77.9	161	19.0
2007	NK							
2007	PK	8.7	78.3	24.0	33.6	126.2	123	16.9
2007	NPK	6.0	65.0	20.0	30.6	109.6	209	20.6
2007	NPK+M	10.2	88.2	34.0	37.3	194.6	442	23.3
2007	1.5（NPK+M）	9.1	88.7	32.0	35.2	212.2	451	24.1
2007	NPK+S	5.9	74.2	27.0	32.3	118.2	196	21.3
2007	NPK+M+F2	9.6	84.2	29.0	37.6	62.0		
2007	1.5M	12.8	86.1	32.0	37.9	171.5	398	21.3
2008	CK	4.5	49.3	18.0	28.3	101.3	93	16.4
2008	N							
2008	NP	4.0	44.2	12.0	23.7	88.8	110	14.5
2008	NK							
2008	PK	6.5	59.2	30.0	34.6	91.3	119	19.2
2008	NPK	1.2	43.4	14.0	18.5	93.8	216	25.5
2008	NPK+M	11.7	68.4	35.0	33.3	152.9	387	29.8
2008	1.5（NPK+M）	11.6	69.4	40.0	36.8	172.8	471	29.1
2008	NPK+S	1.2	44.6	19.0	20.6	89.3	221	27.0
2008	NPK+M+F2	10.3	70.4	39.0	35.1			
2008	1.5M	7.6	69.8	46.0	37.1	180.8	410	
2009	CK	8.7	50.3	14.0	30.6	126.8	55	14.7
2009	NP	5.5	46.9	14.0	26.7	105.3	55	15.6
2009	PK	8.1	61.7	32.0	34.2	147.7	99	14.8
2009	NPK	8.9	59.0	14.0	27.5	154.7	254	21.4
2009	NPK+M	10.0	78.4	46.0	35.1	232.3	403	27.4

（续）

年份	处理	小麦				玉米		
		穗数/（万株/hm^2）	株高/cm	每穗粒数/粒	千粒重/g	株高/cm	每穗粒数/粒	百粒重/g
2009	1.5（NPK+M）	12.6	80.3	49.0	31.9	229.4	410	26.7
2009	NPK+S	8.5	56.7	18.0	26.2	177.7	267	21.1
2009	NPK+M+F2	11.4	78.9	35.0	34.4			
2009	1.5M	11.4	77.9	42.0	36.3	236.0	452	26.5
2010	CK	12.5	55.3	14.0	31.9	82.5	31	12.0
2010	NP	10.1	52.3	8.0	31.7	92.8	163	10.2
2010	PK	14.6	75.6	34.0	34.7	96.2	70	14.2
2010	NPK	10.4	64.2	16.0	33.1	136.2	294	17.2
2010	NPK+M	18.0	83.8	27.0	25.9	198.2	452	19.8
2010	1.5（NPK+M）	18.1	80.6	23.0	22.3	207.7	475	20.7
2010	NPK+S	12.0	64.9	15.0	33.1	150.1	327	18.5
2010	NPK+M+F2	17.1	78.4	37.0	29.1			
2010	1.5M	16.8	77.7	25.0	29.6	203.0	430	15.4

4.4 作物产量

4.4.1 概述

作物产量数据集包括8个不同土壤类型监测站（吉林公主岭黑土监测站、新疆乌鲁木齐灰漠土监测站、陕西杨凌黄土监测站、北京昌平褐潮土监测站、河南郑州潮土监测站、浙江杭州水稻土监测站、重庆北碚紫色土监测站、湖南祁阳红壤监测站）的玉米、冬小麦、春小麦、水稻等长期定位试验作物收获期试验处理、产量数据。

4.4.2 数据采集和处理方法

通过各监测站每年上报汇总数据进行数据采集。各监测站数据采集是由田间试验科研负责人在收获时，各处理小区单独收获、单独晾晒、单独脱粒、单独称重，准确记录小区产量，并按公顷为单位换算产量并记录产量。实时实地如实记录数据并核实，以确保产量数据的真实性。

4.4.3 数据质量控制和评估

数据质量控制原则是按照各处理小区单收单打、准确记录小区产量，并按公顷为单位换算产量并记录产量。实时实地如实记录数据并核实，以确保产量数据的真实性。记录方式方法符合科学要求，数据记录无误，为确保试验结果的科学性、正确性提供保障依据。

4.4.4 数据价值

作物产量相关的数据体现了田间试验不同施肥处理下，各产量数据对施肥的响应，以及年际间气候变化、干旱等灾害异常变化对产量的影响。这些数据能为保障作物高产稳产、优化田间管理措施提供理论依据，为不同施肥处理条件下作物抗灾性提供理论依据，为农业科研和农业生产提供宝贵的数据支撑。

4.4.5 作物产量数据

表 4 - 34 至表 4 - 42 分别为各监测站（吉林公主岭黑土监测站、新疆乌鲁木齐灰漠土监测站、陕西杨凌黄土监测站、北京昌平褐潮土监测站、河南郑州潮土监测站、浙江杭州水稻土监测站、重庆北碚紫色土监测站、湖南祁阳红壤监测站）玉米、小麦、水稻等作物收获期的产量数据记录，包括籽粒产量、秸秆产量等。

表 4 - 34　吉林公主岭黑土监测站玉米籽粒产量

年份	处理	籽粒产量/（kg/hm^2）
1990	CK	4 065
1990	N	7 080
1990	NP	8 595
1990	NK	8 340
1990	PK	5 325
1990	NPK	8 790
1990	NPK+M1	8 145
1990	1.5（NPK+M1）	9 030
1990	NPK+S	6 135
1990	NPK+M2	10 320
1991	CK	4 920
1991	N	8 325
1991	NP	8 895
1991	NK	8 790
1991	PK	4 995
1991	NPK	8 970
1991	NPK+M1	7 875
1991	1.5（NPK+M1）	9 210
1991	NPK+S	8 100
1991	NPK+M2	9 720
1992	CK	2 648
1992	N	6 443
1992	NP	6 510
1992	NK	6 540
1992	PK	3 885
1992	NPK	6 720
1992	NPK+M1	6 615
1992	1.5（NPK+M1）	6 780
1992	NPK+S	7 335
1992	NPK+M2	7 515
1993	CK	4 283
1993	N	7 860
1993	NP	8 753

（续）

年份	处理	籽粒产量/（kg/hm²）
1993	NK	8 145
1993	PK	4 095
1993	NPK	8 363
1993	NPK+M1	6 105
1993	1.5（NPK+M1）	7 050
1993	NPK+S	7 455
1993	NPK+M2	8 715
1994	CK	4 838
1994	N	8 970
1994	NP	11 152
1994	NK	10 207
1994	PK	4 950
1994	NPK	11 325
1994	NPK+M1	11 047
1994	1.5（NPK+M1）	12 787
1994	NPK+S	10 822
1994	NPK+M2	12 825
1995	CK	4 190
1995	N	8 151
1995	NP	9 768
1995	NK	9 264
1995	PK	4 098
1995	NPK	10 344
1995	NPK+M1	9 720
1995	1.5（NPK+M1）	11 262
1995	NPK+S	10 102
1995	NPK+M2	10 986
1996	CK	3 540
1996	N	7 332
1996	NP	8 383
1996	NK	8 319
1996	PK	3 245
1996	NPK	9 363
1996	NPK+M1	8 391
1996	1.5（NPK+M1）	9 735
1996	NPK+S	9 381
1996	NPK+M2	9 147
1997	CK	4 143

（续）

年份	处理	籽粒产量/（kg/hm²）
1997	N	7 413
1997	NP	7 836
1997	NK	7 794
1997	PK	5 202
1997	NPK	6 923
1997	NPK+M1	7 061
1997	1.5（NPK+M1）	8 459
1997	NPK+S	7 983
1997	NPK+M2	8 223
1998	CK	3 960
1998	N	7 886
1998	NP	8 651
1998	NK	8 388
1998	PK	4 053
1998	NPK	9 144
1998	NPK+M1	9 519
1998	1.5（NPK+M1）	10 050
1998	NPK+S	9 176
1998	NPK+M2	9 543
1999	CK	3 939
1999	N	10 965
1999	NP	9 137
1999	NK	11 733
1999	PK	4 350
1999	NPK	12 052
1999	NPK+M1	11 934
1999	1.5（NPK+M1）	12 598
1999	NPK+S	11 025
1999	NPK+M2	11 688
2000	CK	3 560
2000	N	4 344
2000	NP	5 820
2000	NK	5 003
2000	PK	3 098
2000	NPK	5 973
2000	NPK+M1	6 337
2000	1.5（NPK+M1）	6 926
2000	NPK+S	6 596

（续）

年份	处理	籽粒产量/（kg/hm²）
2000	NPK+M2	6 667
2001	CK	1 702
2001	N	7 423
2001	NP	9 575
2001	NK	9 068
2001	PK	3 286
2001	NPK	8 326
2001	NPK+M1	9 133
2001	1.5（NPK+M1）	9 674
2001	NPK+S	10 748
2001	NPK+M1（2）	
2001	NPK+M2	10 248
2003	CK	3 051
2003	N	7 519
2003	NP	9 114
2003	NK	7 565
2003	PK	3 136
2003	NPK	9 581
2003	NPK+M1	10 575
2003	1.5（NPK+M1）	10 558
2003	NPK+S	9 461
2003	NPK+M1（2）	
2003	NPK+M2	10 833
2004	CK	2 401
2004	N	5 001
2004	NP	6 813
2004	NK	6 837
2004	PK	2 243
2004	NPK	7 061
2004	NPK+M1	8 298
2004	1.5（NPK+M1）	9 250
2004	NPK+S	8 049
2004	NPK+M1（2）	7 993
2004	NPK+M2	8 407
2005	CK	2 210
2005	N	6 118
2005	NP	6 692
2005	NK	7 918

（续）

年份	处理	籽粒产量/（kg/hm²）
2005	PK	3 188
2005	NPK	7 655
2005	NPK+M1	8 874
2005	1.5（NPK+M1）	9 452
2005	NPK+S	8 636
2005	NPK+M1（2）	9 757
2005	NPK+M2	9 857
2006	CK	3 914
2006	N	7 006
2006	NP	10 837
2006	NK	8 919
2006	PK	4 503
2006	NPK	10 893
2006	NPK+M1	11 494
2006	1.5（NPK+M1）	11 906
2006	NPK+S	9 452
2006	NPK+M1+F2	3 449
2006	NPK+M2	12 668
2007	CK	3 422
2007	N	5 650
2007	NP	9 346
2007	NK	7 926
2007	PK	4 173
2007	NPK	9 340
2007	NPK+M1	10 021
2007	1.5（NPK+M1）	8 640
2007	NPK+S	9 840
2007	NPK+M1+F2	8 870
2007	NPK+M2	10 025
2008	CK	3 897
2008	N	8 871
2008	NP	10 481
2008	NK	10 876
2008	PK	4 404
2008	NPK	11 524
2008	NPK+M1	11 765
2008	1.5（NPK+M1）	13 046
2008	NPK+S	10 624

（续）

年份	处理	籽粒产量/（kg/hm²）
2008	NPK+M1+F2	4 118
2008	NPK+M2	13 030
2009	CK	4 932
2009	N	7 852
2009	NP	5 840
2009	NK	2 869
2009	PK	7 343
2009	NPK	8 155
2009	NPK+M1	8 839
2009	1.5（NPK+M1）	7 952
2009	NPK+S	9 271
2009	NPK+M1+F2	8 792
2009	NPK+M2	
2010	CK	6 511
2010	N	7 426
2010	NP	10 410
2010	NK	9 169
2010	PK	4 873
2010	NPK	11 854
2010	NPK+M1	11 668
2010	1.5（NPK+M1）	11 259
2010	NPK+S	12 725
2010	NPK+M1+F2	11 460
2010	NPK+M2	11 449

表 4-35 新疆乌鲁木齐灰漠土监测站作物产量

年份	作物	处理	籽粒产量/（kg/hm²）	秸秆产量/（kg/hm²）	生物产量/（kg/hm²）
1990	玉米	$N_2P_2K_2$+2M	8 250	11 923	20 173
1990	玉米	NPK	7 842	11 389	19 231
1990	玉米	$N_1P_1K_1$+M	9 759	11 331	21 090
1990	玉米	CK	6 857	7 497	14 354
1990	玉米	NK	8 021	10 814	18 835
1990	玉米	N	8 727	10 725	19 452
1990	玉米	NP	9 054	9 960	19 014
1990	玉米	PK	7 416	8 348	15 764
1990	玉米	$N_3P_3K_3$+S	7 149	6 738	13 887
1991	春小麦	$N_2P_2K_2$+2M	2 940	7 061	10 001
1991	春小麦	NPK	2 698	6 121	8 819

（续）

年份	作物	处理	籽粒产量/（kg/hm²）	秸秆产量/（kg/hm²）	生物产量/（kg/hm²）
1991	春小麦	$N_1P_1K_1$+M	3 576	7 624	11 201
1991	春小麦	CK	1 104	2 297	3 401
1991	春小麦	NK	1 603	4 798	6 401
1991	春小麦	N	1 879	4 521	6 401
1991	春小麦	NP	3 294	6 906	10 200
1991	春小麦	PK	1 944	3 456	5 400
1991	春小麦	$N_3P_3K_3$+S	2 601	5 799	8 400
1992	冬小麦	$N_2P_2K_2$+2M	4 509	9 441	13 950
1992	冬小麦	NPK	4 121	7 579	11 700
1992	冬小麦	$N_1P_1K_1$+M	4 896	7 382	12 279
1992	冬小麦	CK	2 104	3 639	5 743
1992	冬小麦	NK	3 673	5 006	8 679
1992	冬小麦	N	3 429	4 564	7 993
1992	冬小麦	NP	4 446	7 254	11 700
1992	冬小麦	PK	3 789	6 261	10 050
1992	冬小麦	$N_3P_3K_3$+S	4 127	6 309	10 436
1993	玉米	$N_2P_2K_2$+2M	5 700	7 535	13 235
1993	玉米	NPK	3 429	4 928	8 357
1993	玉米	$N_1P_1K_1$+M	5 765	9 136	14 901
1993	玉米	CK	2 315	5 374	7 689
1993	玉米	NK	3 321	4 239	7 560
1993	玉米	N	4 092	4 021	8 113
1993	玉米	NP	4 371	6 412	10 783
1993	玉米	PK	3 171	4 822	7 993
1993	玉米	$N_3P_3K_3$+S	5 207	6 725	11 932
1994	春小麦	$N_2P_2K_2$+2M	3 864	7 224	11 088
1994	春小麦	NPK	3 201	4 493	7 694
1994	春小麦	$N_1P_1K_1$+M	4 061	6 645	10 706
1994	春小麦	CK	934	1 033	1 967
1994	春小麦	NK	2 417	2 602	5 019
1994	春小麦	N	2 801	2 235	5 036
1994	春小麦	NP	3 311	3 024	6 335
1994	春小麦	PK	1 620	1 572	3 192
1994	春小麦	$N_3P_3K_3$+S	2 659	2 987	5 646
1995	冬小麦	$N_2P_2K_2$+2M	5 291	7 937	13 227
1995	冬小麦	NPK	3 902	5 853	9 755
1995	冬小麦	$N_1P_1K_1$+M	4 391	6 587	10 977
1995	冬小麦	CK	755	1 133	1 887
1995	冬小麦	NK	2 855	4 283	7 137

（续）

年份	作物	处理	籽粒产量/（kg/hm²）	秸秆产量/（kg/hm²）	生物产量/（kg/hm²）
1995	冬小麦	N	2 577	3 866	6 443
1995	冬小麦	NP	3 872	5 808	9 680
1995	冬小麦	PK	1 359	2 039	3 398
1995	冬小麦	$N_3P_3K_3$+S	3 309	4 964	8 273
1996	玉米	$N_2P_2K_2$+2M	5 291	7 884	13 175
1996	玉米	NPK	6 000	8 940	14 940
1996	玉米	$N_1P_1K_1$+M	4 470	6 660	11 130
1996	玉米	CK	4 065	6 057	10 122
1996	玉米	NK	6 435	9 588	16 023
1996	玉米	N	6 045	9 007	15 052
1996	玉米	NP	6 031	8 986	15 017
1996	玉米	PK	5 205	7 756	12 961
1996	玉米	$N_3P_3K_3$+S	7 245	10 795	18 040
1997	冬小麦	$N_2P_2K_2$+2M	6 330	5 697	12 027
1997	冬小麦	NPK	4 965	4 469	9 434
1997	冬小麦	$N_1P_1K_1$+M	5 385	4 847	10 232
1997	冬小麦	CK	945	851	1 796
1997	冬小麦	NK	2 190	1 971	4 161
1997	冬小麦	N	2 430	2 187	4 617
1997	冬小麦	NP	4 935	4 442	9 377
1997	冬小麦	PK	2 385	2 147	4 532
1997	冬小麦	$N_3P_3K_3$+S	5 100	4 590	9 690
1998	冬小麦	$N_2P_2K_2$+2M	5 467	6 769	12 236
1998	冬小麦	NPK	4 846	6 817	11 663
1998	冬小麦	$N_1P_1K_1$+M	5 171	5 462	10 633
1998	冬小麦	CK	1 296	3 105	4 401
1998	冬小麦	NK	2 099	3 404	5 503
1998	冬小麦	N	2 174	2 754	4 928
1998	冬小麦	NP	5 098	7 018	12 116
1998	冬小麦	PK	2 703	7 518	10 221
1998	冬小麦	$N_3P_3K_3$+S	4 609	7 691	12 300
2000	玉米	$N_2P_2K_2$+2M	8 991	12 534	21 525
2000	玉米	NPK	8 102	10 490	18 592
2000	玉米	$N_1P_1K_1$+M	8 561	11 440	20 001
2000	玉米	CK	3 632	6 587	10 219
2000	玉米	NK	5 953	9 888	15 841
2000	玉米	N	6 396	10 149	16 545
2000	玉米	NP	7 245	10 811	18 056
2000	玉米	PK	5 340	7 871	13 211

（续）

年份	作物	处理	籽粒产量/（kg/hm²）	秸秆产量/（kg/hm²）	生物产量/（kg/hm²）
2000	玉米	$N_3P_3K_3$+S	8 344	11 493	19 837
2001	冬小麦	$N_1P_1K_1$+M	5 936	4 350	10 286
2001	冬小麦	NPK	4 971	4 114	9 085
2001	冬小麦	$N_2P_2K_2$+2M	5 250	4 275	9 525
2001	冬小麦	CK	506	647	1 153
2001	冬小麦	NK	1 680	1 511	3 191
2001	冬小麦	N	1 721	1 704	3 424
2001	冬小麦	NP	4 160	3 814	7 974
2001	冬小麦	PK	1 635	1 714	3 349
2001	冬小麦	$N_3P_3K_3$+S	2 004	1 926	3 930
2002	春小麦	$N_1P_1K_1$+M	2 968	7 178	10 146
2002	春小麦	NPK	2 492	6 471	8 964
2002	春小麦	$N_2P_2K_2$+2M	2 728	6 857	9 585
2002	春小麦	CK	446	1 307	1 753
2002	春小麦	NK	1 834	4 821	6 656
2002	春小麦	N	1 911	4 864	6 776
2002	春小麦	NP	2 839	7 479	10 318
2002	春小麦	PK	1 621	4 379	6 000
2002	春小麦	$N_3P_3K_3$+S	3 493	8 250	11 743
2003	玉米	$N_1P_1K_1$+M	9 026	12 756	21 782
2003	玉米	NPK	7 543	12 508	20 051
2003	玉米	$N_2P_2K_2$+2M	8 582	10 426	19 008
2003	玉米	CK	3 017	7 127	10 144
2003	玉米	NK	5 985	8 506	14 491
2003	玉米	N	6 161	9 158	15 319
2003	玉米	NP	7 275	10 947	18 222
2003	玉米	PK	5 372	9 694	15 066
2003	玉米	$N_3P_3K_3$+S	8 689	12 432	21 122
2004	冬小麦	$N_1P_1K_1$+M	7 521	6 089	13 610
2004	冬小麦	NPK	6 214	5 030	11 245
2004	冬小麦	$N_2P_2K_2$+2M	6 724	5 443	12 168
2004	冬小麦	CK	879	711	1 590
2004	冬小麦	NK	2 224	1 801	4 025
2004	冬小麦	N	2 177	1 762	3 940
2004	冬小麦	NP	6 219	5 034	11 253
2004	冬小麦	PK	2 237	1 811	4 048
2004	冬小麦	$N_3P_3K_3$+S	5 721	4 631	10 353
2005	玉米	$N_1P_1K_1$+M	9 483	11 212	20 695
2005	玉米	NPK	9 145	9 436	18 581

（续）

年份	作物	处理	籽粒产量/（kg/hm²）	秸秆产量/（kg/hm²）	生物产量/（kg/hm²）
2005	玉米	$N_2P_2K_2$+2M	9 696	10 027	19 723
2005	玉米	CK	5 309	7 275	12 584
2005	玉米	NK	7 223	6 610	13 833
2005	玉米	N	7 094	7 864	14 958
2005	玉米	NP	9 013	5 852	14 865
2005	玉米	PK	7 389	7 476	14 865
2005	玉米	$N_3P_3K_3$+S	9 264	6 476	15 740
2006	春小麦	$N_1P_1K_1$+M	5 851	7 700	13 551
2006	春小麦	NPK	4 976	6 043	11 019
2006	春小麦	$N_2P_2K_2$+2M	6 365	8 656	15 021
2006	春小麦	CK	1 782	2 423	4 205
2006	春小麦	NK	2 102	3 906	6 009
2006	春小麦	N	1 941	3 651	5 592
2006	春小麦	NP	5 556	6 748	12 304
2006	春小麦	PK	2 703	3 039	5 742
2006	春小麦	$N_3P_3K_3$+S	5 972	6 904	12 876
2007	冬小麦	$N_1P_1K_1$+M	6 437	8 959	15 396
2007	冬小麦	NPK	5 441	6 231	11 673
2007	冬小麦	$N_2P_2K_2$+2M	6 057	7 792	13 849
2007	冬小麦	CK	1 357	2 178	3 535
2007	冬小麦	NK	1 784	2 227	4 010
2007	冬小麦	N	1 516	2 202	3 719
2007	冬小麦	NP	5 103	5 994	11 097
2007	冬小麦	PK	2 920	4 142	7 062
2007	冬小麦	$N_3P_3K_3$+S	4 838	7 635	12 473
2008	玉米	$N_1P_1K_1$+M	9 540	13 289	22 829
2008	玉米	NPK	9 059	12 332	21 391
2008	玉米	$N_2P_2K_2$+2M	9 771	13 758	23 529
2008	玉米	CK	4 989	6 783	11 771
2008	玉米	NK	6 444	9 221	15 665
2008	玉米	N	7 051	10 727	17 777
2008	玉米	NP	8 650	12 680	21 330
2008	玉米	PK	5 842	8 962	14 804
2008	玉米	$N_3P_3K_3$+S	9 558	12 972	22 530
2009	棉花	$N_1P_1K_1$+M	5 285	6 391	11 677
2009	棉花	NPK	4 420	5 351	9 771
2009	棉花	$N_2P_2K_2$+2M	5 038	6 413	11 451
2009	棉花	CK	2 096	2 815	4 911
2009	棉花	NK	2 621	4 166	6 787

（续）

年份	作物	处理	籽粒产量/（kg/hm²）	秸秆产量/（kg/hm²）	生物产量/（kg/hm²）
2009	棉花	N	2 418	3 876	6 294
2009	棉花	NP	3 422	4 921	8 343
2009	棉花	PK	2 220	3 403	5 623
2009	棉花	$N_3P_3K_3$+S	3 407	4 720	8 127
2010	玉米	$N_1P_1K_1$+M	9 527	10 133	19 660
2010	玉米	NPK	9 225	9 524	18 749
2010	玉米	$N_2P_2K_2$+2M	9 212	11 315	20 527
2010	玉米	CK	5 421	5 723	11 145
2010	玉米	NK	9 519	10 471	19 989
2010	玉米	N	6 971	8 234	15 204
2010	玉米	NP	6 032	11 596	17 628
2010	玉米	PK	8 831	8 266	17 096
2010	玉米	$N_3P_3K_3$+S	6 821	10 943	17 764

表 4-36　陕西杨凌黄土监测站作物产量

年份	处理	小麦			玉米		
		籽粒产量/（kg/hm²）	秸秆产量/（kg/hm²）	生物产量/（kg/hm²）	籽粒产量/（kg/hm²）	秸秆产量/（kg/hm²）	生物产量/（kg/hm²）
1991	CK	1 907	2 844	4 750	2 649	2 596	5 245
1991	N	2 916	5 307	8 223	4 658	3 864	8 522
1991	NK	3 002	4 688	7 690	5 417	3 515	8 932
1991	PK	1 212	1 629	2 841	2 100	2 366	4 466
1991	NP	3 833	3 924	7 757	6 206	2 843	9 049
1991	NPK	3 989	4 543	8 531	6 251	3 667	9 918
1991	NPK+S	3 855	4 466	8 321	7 263	3 166	10 429
1991	NPK+M	3 644	4 047	7 690	6 608	3 677	10 284
1991	1.5（NPK+M）	3 828	4 607	8 435	7 083	3 523	10 606
1992	CK	900			1 730		
1992	N	1 605			2 741		
1992	NK	930			2 742		
1992	PK	1 077			1 838		
1992	NP	4 562			4 898		
1992	NPK	4 440			5 028		
1992	NPK+S	5 328			4 592		
1992	NPK+M	4 500			4 838		
1992	1.5（NPK+M）	6 389			5 204		
1993	CK	1 145			2 180		
1993	N	1 533			4 361		
1993	NK	1 580			4 278		

（续）

年份	处理	小麦			玉米		
		籽粒产量/（kg/hm²）	秸秆产量/（kg/hm²）	生物产量/（kg/hm²）	籽粒产量/（kg/hm²）	秸秆产量/（kg/hm²）	生物产量/（kg/hm²）
1993	PK	620			1 977		
1993	NP	3 801			6 563		
1993	NPK	3 872			6 429		
1993	NPK+S	3 402			6 879		
1993	NPK+M	4 022			6 320		
1993	1.5（NPK+M）	3 854			6 825		
1994	CK	794			1 785		
1994	N	1 061			4 350		
1994	NK	957			4 215		
1994	PK	855			1 530		
1994	NP	3 654			6 285		
1994	NPK	3 425			6 150		
1994	NPK+S	3 840			6 750		
1994	NPK+M	4 044			6 900		
1994	1.5（NPK+M）	4 638			7 500		
1995	CK	641			1 842		
1995	N	660			2 618		
1995	NK	1 016			2 753		
1995	PK	1 185			993		
1995	NP	5 681			4 338		
1995	NPK	5 567			4 559		
1995	NPK+S	5 556			5 336		
1995	NPK+M	5 034			4 766		
1995	1.5（NPK+M）	5 574			3 371		
1996	CK	1 071			2 475		
1996	N	956			3 047		
1996	NK	935			2 897		
1996	PK	1 154			2 699		
1996	NP	4 614			5 267		
1996	NPK	4 025			5 670		
1996	NPK+S	4 482			5 249		
1996	NPK+M	3 479			6 012		
1996	1.5（NPK+M）	4 100			4 937		
1997	CK	1 714			1 767		
1997	N	1 987			2 736		
1997	NK	2 197			2 667		
1997	PK	1 889			1 833		

（续）

年份	处理	小麦			玉米		
		籽粒产量/（kg/hm²）	秸秆产量/（kg/hm²）	生物产量/（kg/hm²）	籽粒产量/（kg/hm²）	秸秆产量/（kg/hm²）	生物产量/（kg/hm²）
1997	NP	6 202			5 889		
1997	NPK	6 194			6 326		
1997	NPK+S	5 778			7 412		
1997	NPK+M	6 096			7 072		
1997	1.5（NPK+M）	6 888			6 997		
1998	CK	1 142			2 771		
1998	N	562			2 965		
1998	NK	852			4 096		
1998	PK	1 954			3 468		
1998	NP	5 983			8 691		
1998	NPK	5 291			7 990		
1998	NPK+S	5 340			8 787		
1998	NPK+M	5 138			8 064		
1998	1.5（NPK+M）	5 889			8 753		
1999	CK	1 451			2 025	2 006	4 031
1999	N	882			2 110	1 992	4 102
1999	NK	1 026			3 488	2 450	5 938
1999	PK	1 833			1 368	1 800	3 168
1999	NP	5 855			8 804	3 398	12 202
1999	NPK	5 969			4 106	3 304	7 410
1999	NPK+S	6 068			5 769	2 874	8 643
1999	NPK+M	5 856			7 128	4 041	11 169
1999	1.5（NPK+M）	6 154			6 542	3 628	10 170
2000	CK	679	1 215	1 893	2 229	3 092	5 320
2000	N	601	1 240	1 841	2 279	2 600	4 879
2000	NK	940	1 788	2 728	3 207	1 826	5 034
2000	PK	1 787	2 752	4 539	2 786	3 711	6 498
2000	NP	5 003	6 233	11 236	5 270	3 356	8 626
2000	NPK	5 407	7 529	12 936	5 377	3 396	8 774
2000	NPK+S	5 139	7 825	12 964	6 373	2 995	9 368
2000	NPK+M	6 522	10 374	16 896	5 302	3 997	9 299
2000	1.5（NPK+M）	6 531	11 001	17 531	7 003	3 966	10 968
2001	CK	436	1 622	2 058	2 141	1 208	3 349
2001	N	509	1 615	2 124	2 508	1 684	4 192
2001	NK	937	2 236	3 173	3 162	2 150	5 312
2001	PK	666	2 116	2 782	2 776	2 923	9 374
2001	NP	6 004	7 763	13 767	6 451	4 528	7 304

（续）

年份	处理	小麦			玉米		
		籽粒产量/（kg/hm²）	秸秆产量/（kg/hm²）	生物产量/（kg/hm²）	籽粒产量/（kg/hm²）	秸秆产量/（kg/hm²）	生物产量/（kg/hm²）
2001	NPK	7 162	9 985	17 146	6 698	3 296	9 994
2001	NPK+S	5 997	9 771	15 768	6 787	3 288	10 075
2001	NPK+M	5 419	10 123	15 542	7 720	3 710	11 431
2001	1.5（NPK+M）	5 916	11 052	16 968	8 182	3 293	11 475
2002	CK	830	1 939	2 769	3 028	2 306	5 334
2002	N	721	1 257	1 978	3 706	2 396	6 102
2002	NK	1 116	2 144	3 260	4 896	3 124	8 021
2002	PK	690	1 706	2 397	4 692	2 636	7 328
2002	NP	8 416	11 938	20 354	8 705	3 321	12 026
2002	NPK	8 582	13 442	22 024	8 492	3 918	12 411
2002	NPK+S	8 822	13 302	22 124	8 533	2 629	11 163
2002	NPK+M	10 218	16 358	2 656	9 740	4 452	14 192
2002	1.5（NPK+M）	7 997	11 719	19 716	9 948	4 754	14 703
2003	CK	423	1 094	1 517	1 774	2 358	4 132
2003	N	413	1 239	1 652	1 730	2 277	4 007
2003	NK	937	1 189	2 126	2 308	2 818	5 126
2003	PK	958	1 418	2 376	2 648	3 642	6 289
2003	NP	3 566	3 905	9 088	5 156	4 053	9 209
2003	NPK	4 610	7 206	11 816	5 498	4 736	10 233
2003	NPK+S	5 376	7 208	12 584	5 166	4 527	9 693
2003	NPK+M	4 890	8 287	13 200	5 732	6 810	12 542
2003	1.5（NPK+M）	4 823	9 035	13 858	5 895	6 128	12 023
2004	CK	1 054	1 201	2 255	2 905	2 382	5 288
2004	N	923	1 371	2 294	2 832	2 448	5 280
2004	NK	1 330	1 752	3 082	4 042	3 479	7 521
2004	PK	1 603	1 939	3 542	2 891	2 761	5 652
2004	NP	5 021	5 110	10 131	6 571	4 253	10 824
2004	NPK	5 348	5 247	10 595	7 392	5 363	12 754
2004	NPK+S	5 706	6 155	11 861	7 150	5 018	12 168
2004	NPK+M	6 673	7 652	14 325	7 151	5 319	12 470
2004	1.5（NPK+M）	6 933	9 245	1 618	7 641	5 125	1 275
2005	CK	751	1 362	2 112	1 672	2 257	3 929
2005	N	939	1 947	2 885	2 626	2 859	5 485
2005	NK	1 155	2 203	3 358	2 956	3 186	6 142
2005	PK	1 222	1 761	2 982	3 293	4 477	7 769
2005	NP	5 565	8 396	13 961	5 634	6 176	11 810
2005	NPK	5 687	8 875	14 562	5 902	6 320	12 221

（续）

年份	处理	小麦			玉米		
		籽粒产量/(kg/hm²)	秸秆产量/(kg/hm²)	生物产量/(kg/hm²)	籽粒产量/(kg/hm²)	秸秆产量/(kg/hm²)	生物产量/(kg/hm²)
2005	NPK+S	4 819	8 131	12 950	6 477	5 922	12 398
2005	NPK+M	5 641	9 284	14 925	6 314	6 996	13 310
2005	1.5 (NPK+M)	6 711	11 127	17 838	6 892	7 624	14 516
2006	CK	1 009	1 631	2 640	1 929	1 955	3 883
2006	N	915	1 697	2 612	2 523	2 573	5 096
2006	NK	1 070	1 794	2 864	2 602	5 496	8 098
2006	PK	989	1 787	2 776	2 421	4 849	7 270
2006	NP	5 620	5 937	11 557	6 515	7 284	13 799
2006	NPK	5 599	6 506	12 105	6 427	4 109	10 536
2006	NPK+S	5 993	7 775	13 768	6 192	5 813	12 006
2006	NPK+M	6 762	9 239	16 001	6 776	8 126	14 902
2006	1.5 (NPK+M)	6 493	8 865	15 358	6 619	9 163	15 782
2007	CK	834	2 163	2 997	2 515	1 560	4 075
2007	N	841	2 109	2 950	2 613	2 038	4 651
2007	NK	1 443	2 959	4 402	3 476	3 558	7 034
2007	PK	921	1 798	2 719	3 441	3 513	6 954
2007	NP	5 044	8 552	13 596	6 834	3 844	10 678
2007	NPK	5 036	8 842	13 878	7 000	3 978	10 977
2007	NPK+S	6 218	11 402	17 620	7 245	4 193	11 438
2007	NPK+M	5 665	9 872	15 538	7 471	5 087	12 558
2007	1.5 (NPK+M)	5 248	12 574	17 823	8 017	6 092	14 109
2008	CK	895	1 656	2 551	1 907	2 145	4 052
2008	N	705	1 518	2 223	2 810	3 883	6 692
2008	NK	1 132	1 987	3 119	2 959	3 579	6 539
2008	PK	1 131	1 990	3 121	2 500	2 500	5 000
2008	NP	6 007	7 242	13 249	6 190	5 672	11 861
2008	NPK	6 125	8 232	14 357	5 941	6 738	12 678
2008	NPK+S	6 768	9 859	16 627	6 575	7 217	13 793
2008	NPK+M	6 435	10 261	16 696	7 438	6 442	13 879
2008	1.5 (NPK+M)	7 010	10 527	17 537	7 810	8 367	16 177
2009	CK	1 262	1 648	2 910	1 886	2 923	4 809
2009	N	1 138	1 743	2 880	3 105	4 187	7 292
2009	NK	1 694	2 298	3 991	3 415	4 193	7 608
2009	PK	1 253	1 632	2 885	2 205	4 194	6 399
2009	NP	6 695	8 561	15 256	5 725	5 880	11 606
2009	NPK	6 614	8 922	15 536	5 465	6 779	12 244
2009	NPK+S	6 862	9 024	15 887	5 203	5 963	11 166

（续）

年份	处理	小麦			玉米		
		籽粒产量/（kg/hm²）	秸秆产量/（kg/hm²）	生物产量/（kg/hm²）	籽粒产量/（kg/hm²）	秸秆产量/（kg/hm²）	生物产量/（kg/hm²）
2009	NPK+M	6 193	8 548	14 741	5 340	5 505	10 845
2009	1.5（NPK+M）	7 196	9 255	16 451	5 406	5 919	11 325
2010	CK	907	1 012	1 920	3 500	2 893	6 393
2010	N	733	1 056	1 789	3 719	2 979	6 697
2010	NK	1 133	1 396	2 529	3 373	2 908	6 281
2010	PK	1 950	2 288	4 238	3 425	3 552	6 977
2010	NP	5 462	5 344	10 807	5 728	4 962	10 690
2010	NPK	6 576	7 008	13 585	6 189	6 106	12 295
2010	NPK+S	6 112	6 864	12 976	6 493	6 153	12 646
2010	NPK+M	7 135	8 447	15 582	6 182	8 298	14 480
2010	1.5（NPK+M）	7 061	9 575	16 636	7 254	7 391	14 645

表 4-37 北京昌平褐潮土监测站作物产量

年份	处理	小麦			玉米		
		籽粒产量/（kg/hm²）	秸秆产量/（kg/hm²）	生物产量/（kg/hm²）	籽粒产量/（kg/hm²）	秸秆产量/（kg/hm²）	生物产量/（kg/hm²）
1991	CK	1 084	1 592	2 675	3 037	3 166	6 203
1991	N	1 487	2 607	4 094	5 715	3 742	9 456
1991	NP	2 256	3 561	5 817	6 281	7 563	13 844
1991	NK	1 683	3 202	4 885	5 451	5 053	10 504
1991	PK	1 697	2 519	4 217	2 571	3 044	5 615
1991	NPK	2 428	3 359	5 786	6 403	5 851	12 254
1991	NPK+M	2 391	3 822	6 213	6 164	6 125	12 289
1991	NPK+1.5M	2 558	3 947	6 506	4 056	5 874	9 931
1991	NPK+S	2 422	3 597	6 019	6 182	8 593	14 775
1991	NPK+水	2 668	4 646	7 314	6 132	6 663	12 795
1991	1.5N+PK	1 340	1 811	3 151	2 947	3 779	6 726
1992	CK	753	1 149	1 902	2 163	2 360	4 523
1992	N	1 275	2 176	3 451	1 449	951	2 400
1992	NP	3 171	4 108	7 279	2 946	3 534	6 480
1992	NK	1 709	2 658	4 367	2 739	2 658	5 396
1992	PK	999	1 295	2 294	2 654	3 374	6 027
1992	NPK	3 249	4 338	7 587	4 271	4 014	8 285
1992	NPK+M	4 321	4 914	9 235	4 970	4 873	9 843
1992	NPK+1.5M	3 793	5 038	8 831	4 975	7 245	12 220
1992	NPK+S	3 474	4 526	8 000	4 502	6 402	10 905
1992	NPK+水	3 392	4 555	7 947	4 821	5 362	10 184

（续）

年份	处理	小麦			玉米		
		籽粒产量/(kg/hm²)	秸秆产量/(kg/hm²)	生物产量/(kg/hm²)	籽粒产量/(kg/hm²)	秸秆产量/(kg/hm²)	生物产量/(kg/hm²)
1992	1.5N+PK	805	1 270	2 075	2 379	3 222	5 600
1993	CK	1 060	1 410	2 470	2 550	4 206	6 756
1993	N	984	1 415	2 399	3 254	4 689	7 943
1993	NP	4 181	4 483	8 664	4 664	5 553	10 217
1993	NK	1 669	2 151	3 820	3 977	5 065	9 042
1993	PK	1 308	1 752	3 060	2 960	5 026	7 986
1993	NPK	4 209	4 755	8 963	5 710	6 162	11 873
1993	NPK+M	4 976	5 500	10 476	6 988	4 932	11 920
1993	NPK+1.5M	4 868	5 629	10 496	5 501	6 047	11 547
1993	NPK+S	4 963	4 759	9 722	5 453	6 122	11 575
1993	NPK+水	4 432	4 917	9 350	5 782	6 916	12 698
1993	1.5N+PK	3 545	3 932	7 476	5 186	5 713	10 898
1994	CK	507	868	1 375	2 162	1 784	3 945
1994	N	527	1 224	1 751	2 674	2 513	5 187
1994	NP	3 131	4 052	7 183	2 877	2 115	4 992
1994	NK	821	1 568	2 389	2 975	2 318	5 293
1994	PK	693	1 410	2 103	2 580	1 979	4 559
1994	NPK	3 385	4 359	7 744	3 255	2 451	5 706
1994	NPK+M	3 725	4 860	8 586	4 364	3 216	7 580
1994	NPK+1.5M	3 516	4 637	8 153	3 866	2 701	6 567
1994	NPK+S	3 354	4 512	7 866	3 291	2 102	5 393
1994	NPK+水	2 895	3 713	6 609	3 753	2 720	6 473
1994	1.5N+PK	2 496	3 305	5 802	4 067	2 683	6 750
1995	CK	604	1 236	1 840	1 417	2 178	3 594
1995	N	597	1 146	1 743	1 458	2 139	3 597
1995	NP	2 750	3 694	6 444	2 778	2 654	5 432
1995	NK	896	1 514	2 410	2 194	2 547	4 742
1995	PK	1 229	2 014	3 243	1 653	2 149	3 801
1995	NPK	2 958	3 847	6 806	3 431	3 199	6 629
1995	NPK+M	2 938	4 153	7 090	3 882	3 539	7 421
1995	NPK+1.5M	3 076	4 340	7 417	3 438	3 563	7 001
1995	NPK+S	2 861	3 667	6 528	3 333	3 588	6 921
1995	NPK+水	2 861	4 042	6 903	3 854	3 685	7 539
1995	1.5N+PK	2 854	3 688	6 542	3 903	2 951	6 853
1997	CK	725	1 675	2 400	1 050	2 982	4 032
1997	N	650	1 626	2 276	1 455	2 973	4 428
1997	NP	1 725	2 825	4 550	1 260	2 502	3 762

（续）

年份	处理	小麦			玉米		
		籽粒产量/（kg/hm²）	秸秆产量/（kg/hm²）	生物产量/（kg/hm²）	籽粒产量/（kg/hm²）	秸秆产量/（kg/hm²）	生物产量/（kg/hm²）
1997	NK	625	1 525	2 150	1 013	2 983	3 996
1997	PK	925	1 726	2 651	1 455	2 667	4 122
1997	NPK	1 475	2 470	3 945	1 290	4 200	5 490
1997	NPK+M	2 460	4 107	6 567	1 710	5 202	6 912
1997	NPK+1.5M	2 375	3 972	6 347	1 635	3 747	5 382
1997	NPK+S	1 850	3 085	4 935	1 605	4 335	5 940
1997	NPK+水	2 000	3 312	5 312	1 500	4 710	6 210
1997	1.5N+PK	1 475	2 525.5	4 000.5	1 695	4 731	6 426
1998	CK	520	1 240	1 760	1 710	2 375	4 085
1998	N	400	1 267	1 667	2 739	6 042	8 781
1998	NP	3 156	4 344	7 500	4 918	9 643	14 561
1998	NK	1 022	3 667	4 689	2 774	6 358	9 132
1998	PK	1 438	2 600	4 038	2 245	3 749	5 994
1998	NPK	3 168	5 319	8 486	4 586	4 900	9 485
1998	NPK+M	3 108	6 405	9 514	4 358	7 606	11 963
1998	NPK+1.5M	3 168	5 643	8 811	4 278	7 247	11 525
1998	NPK+S	3 005	4 897	7 903	4 461	6 845	11 306
1998	NPK+水	2 995	4 708	7 703	4 260	5 230	9 490
1998	1.5N+PK	3 081	5 946	9 027	4 509	7 599	12 107
1999	CK	972	1 639	2 611	1 083	2 667	3 750
1999	N	611	3 056	3 667	1 278	2 389	3 667
1999	NP	2 869	8 269	11 139	2 222	2 711	4 933
1999	NK	1 056	833	1 889	1 278	2 178	3 456
1999	PK	1 944	3 778	5 722	1 833	3 078	4 911
1999	NPK	2 667	7 278	9 944	3 317	3 883	7 200
1999	NPK+M	2 583	8 917	11 500	4 028	4 133	8 161
1999	NPK+1.5M	2 583	8 861	11 444	3 278	4 422	7 700
1999	NPK+S	3 306	6 139	9 444	3 528	3 961	7 489
1999	NPK+水	2 583	7 167	9 750	3 889	4 139	8 028
1999	1.5N+PK	3 417	7 556	10 972	3 361	3 756	7 117
2000	CK	550	925	1 475	3 045	4 640	7 685
2000	N	850	1 900	2 750	3 110	4 368	7 478
2000	NP	1 650	2 650	4 300	4 662	6 295	10 956
2000	NK	600	1 100	1 700	3 672	4 956	8 628
2000	PK	1 000	1 400	2 400	3 787	5 095	8 881
2000	NPK	2 925	4 375	7 300	5 430	9 402	14 831
2000	NPK+M	3 775	5 825	9 600	5 938	6 726	12 663

（续）

年份	处理	小麦			玉米		
		籽粒产量/(kg/hm²)	秸秆产量/(kg/hm²)	生物产量/(kg/hm²)	籽粒产量/(kg/hm²)	秸秆产量/(kg/hm²)	生物产量/(kg/hm²)
2000	NPK+1.5M	2 900	4 300	7 200	5 973	6 107	12 079
2000	NPK+S	2 275	3 525	5 800	5 755	6 872	12 627
2000	NPK+水	3 325	5 075	8 400	6 103	7 050	13 153
2000	1.5N+PK	2 750	3 650	6 400	6 452	5 700	12 151
2001	CK	200	350	550	2 686	6 392	9 078
2001	N	400	567	967	3 332	7 174	10 506
2001	NP	3 433	3 917	7 350	6 656	8 594	15 249
2001	NK	333	600	933	3 162	9 248	12 410
2001	PK	633	933	1 567	4 106	7 982	12 087
2001	NPK	4 500	5 367	9 867	7 846	8 614	16 459
2001	NPK+F2	3 750	5 183	8 933	7 769	9 605	17 374
2001	NPK+M	5 417	6 167	11 583	7 939	9 911	17 850
2001	NPK+1.5M	5 050	6 733	11 783	8 262	9 945	18 207
2001	NPK+S	3 833	4 917	8 750	7 693	10 362	18 054
2001	NPK+水	4 467	5 450	9 917	7 438	8 815	16 252
2001	1.5N+PK	4 167	5 167	9 333	7 251	10 192	17 442
2002	CK	322	544	866	733	5 360	6 093
2002	N	347	653	1 000	1 360	4 760	6 093
2002	NP	2 517	8 883	11 400	5 504	5 601	6 120
2002	NK	359	725	1 084	1 328	6 568	11 105
2002	PK	445	1 641	2 086	2 763	5 882	7 896
2002	NPK	5 408	6 592	12 000	5 557	6 486	8 644
2002	NPK+F2	4 589	12 436	17 025			12 043
2002	NPK+M	6 033	6 567	12 600	6 481	7 431	
2002	NPK+1.5M	6 077	10 123	16 200	5 897	7 950	13 912
2002	NPK+S	4 372	8 528	12 900	6 248	7 729	13 847
2002	NPK+水	4 701	6 324	11 025	6 184	7 066	13 976
2002	1.5N+PK	4 626	14 049	18 675	6 237	7 473	13 250
2003	CK	459	713	1 172	1 456	3 929	5 384
2003	N	492	790	1 282	1 434	3 868	5 384
2003	NP	3 950	5 400	9 350	3 910	4 794	5 303
2003	NK	609	1 056	1 665	1 583	4 371	8 704
2003	PK	1 800	2 600	4 400	3 198	4 930	5 954
2003	NPK	4 450	5 800	10 250	5 334	5 750	8 128
2003	NPK+F2	4 550	6 250	10 800	6 683	6 403	11 083
2003	NPK+M	4 950	7 600	12 550	6 704	7 097	13 086
2003	NPK+1.5M	4 700	6 800	11 500	6 577	7 806	13 802

（续）

年份	处理	小麦			玉米		
		籽粒产量/（kg/hm²）	秸秆产量/（kg/hm²）	生物产量/（kg/hm²）	籽粒产量/（kg/hm²）	秸秆产量/（kg/hm²）	生物产量/（kg/hm²）
2003	NPK+S	4 550	6 000	10 550	5 801	6 616	14 383
2003	NPK+水	5 050	6 350	11 400	6 279	6 599	12 417
2003	1.5N+PK	4 200	5 850	10 050	6 099	6 351	12 879
2004	CK	375	531	906	1 806	3 992	5 798
2004	N	651	968	1 620	1 860	3 705	5 565
2004	NP	2 920	3 580	6 500	5 602	6 518	12 120
2004	NK	395	641	1 036	1 818	4 823	6 641
2004	PK	969	1 295	2 265	3 046	4 689	7 736
2004	NPK	4 640	5 160	9 800	5 672	7 128	12 800
2004	NPK+F2	3 920	4 600	8 520	2 013	3 425	5 438
2004	NPK+M	4 880	6 000	10 880	6 381	8 175	14 556
2004	NPK+1.5M	5 080	6 680	11 760	6 676	10 740	17 417
2004	NPK+S	4 160	4 840	9 000	5 418	7 998	13 415
2004	NPK+水	4 000	4 500	8 500	5 224	7 279	12 503
2004	1.5N+PK	4 920	5 740	10 660	5 565	8 395	13 960
2005	CK	250	403	653	1 444	3 185	4 629
2005	N	236	431	667	1 432	3 111	4 543
2005	NP	2 403	2 861	5 264	3 412	4 735	8 146
2005	NK	153	347	500	1 839	3 899	5 738
2005	PK	792	1 181	1 972	2 425	5 109	7 534
2005	NPK	3 611	4 292	7 903	4 761	7 561	12 323
2005	NPK+F2	3 889	5 194	9 083	5 428	6 271	11 699
2005	NPK+M	4 486	6 417	10 903	5 185	7 213	12 398
2005	NPK+1.5M	4 542	6 806	11 347	5 773	6 680	12 453
2005	NPK+S	4 278	5 472	9 750	4 645	6 459	11 104
2005	NPK+水	3 778	4 556	8 333	4 422	5 930	10 352
2005	1.5N+PK	3 792	4 611	8 403	4 433	6 023	10 456
2006	CK	500	860	1 360	776	4 643	5 419
2006	N	220	440	660	935	5 111	6 046
2006	NP	1 200	1 440	2 640	2 327	6 800	9 127
2006	NK	300	580	880	372	4 144	4 516
2006	PK	720	1 340	2 060	3 262	8 574	11 836
2006	NPK	1 440	2 900	4 340	5 164	13 090	18 254
2006	NPK+F2	2 560	3 480	6 040			
2006	NPK+M	2 240	5 320	7 560	6 673	15 385	22 058
2006	NPK+1.5M	2 480	6 000	8 480	6 874	14 907	21 781
2006	NPK+S	2 400	3 960	6 360	5 259	10 434	15 693

（续）

年份	处理	小麦			玉米		
		籽粒产量/（kg/hm²）	秸秆产量/（kg/hm²）	生物产量/（kg/hm²）	籽粒产量/（kg/hm²）	秸秆产量/（kg/hm²）	生物产量/（kg/hm²）
2006	NPK+水	2 140	4 040	6 180	4 930	12 261	17 191
2006	1.5N+PK	2 220	3 920	6 140	3 464	10 678	14 142
2007	CK	0	500	500	177	1 700	1 877
2007	N	0	333	333	156	2 146	2 302
2007	NP	1 790	4 543	6 333	708	2 224	2 933
2007	NK	943	5 223	6 167	142	2 153	2 295
2007	PK	277	1 390	1 667	1 913	4 434	6 347
2007	NPK	2 583	5 250	7 833	5 298	7 459	12 757
2007	NPK+F2	3 050	6 283	9 333	2 706	7 360	10 065
2007	NPK+M	2 347	7 153	9 500	6 148	9 598	15 746
2007	NPK+1.5M	2 010	8 157	10 167	6 460	10 037	16 497
2007	NPK+S	3 003	6 330	9 333	5 596	7 926	13 522
2007	NPK+水	3 180	5 820	9 000	4 944	6 956	11 900
2007	1.5N+PK	2 630	5 370	8 000	4 774	6 665	11 440
2008	CK	68	632	700	714	1 798	2 512
2008	N	73	727	800	1 054	2 312	3 366
2008	NP	2 400	5 600	8 000	2 108	2 328	4 436
2008	NK	290	1 110	1 400	1 445	3 176	4 621
2008	PK	1 000	4 000	5 000	2 618	3 967	6 585
2008	NPK	2 200	8 400	10 600	4 998	6 996	11 994
2008	NPK+F2	2 200	6 200	8 400			
2008	NPK+M	1 400	8 400	9 800	6 528	10 703	17 231
2008	NPK+1.5M	1 500	7 900	9 400	6 749	11 711	18 460
2008	NPK+S	1 700	5 300	7 000	4 862	5 325	10 187
2008	NPK+水	1 900	6 900	8 800	4 624	5 465	10 089
2008	1.5N+PK	2 700	6 900	9 600	4 046	3 729	7 775
2009	CK	410	510	920	1 161	2 417	3 578
2009	N	285	360	645	1 377	2 949	4 326
2009	NP	1 430	1 284	2 714	3 133	5 223	8 356
2009	NK	345	485	830	2 816	4 976	7 792
2009	PK	1 550	1 000	2 550	3 634	5 207	8 841
2009	NPK	2 920	2 660	5 580	4 747	6 209	10 956
2009	NPK+F2	2 615	2 265	4 880	6 655	7 343	13 997
2009	NPK+M	3 805	5 115	8 920	6 283	7 154	13 437
2009	NPK+1.5M	4 640	4 182	8 822	6 349	7 704	14 053
2009	NPK+S	2 655	2 495	5 150	5 195	5 821	11 016
2009	NPK+水	2 145	2 880	5 025	4 610	5 720	10 330

（续）

年份	处理	小麦			玉米		
		籽粒产量/（kg/hm^2）	秸秆产量/（kg/hm^2）	生物产量/（kg/hm^3）	籽粒产量/（kg/hm^2）	秸秆产量/（kg/hm^2）	生物产量/（kg/hm^2）
2009	1.5N+PK	2 820	2 360	5 180	5 102	4 691	9 793
2010	CK	70	136	206			
2010	N	68	148	216			
2010	NP	810	962	1 772			
2010	NK	124	515	639			
2010	PK	473	765	1 237			
2010	NPK	1 466	1 538	3 003			
2010	NPK+F2	1 015	1 035	2 050			
2010	NPK+M	1 635	2 226	3 861			
2010	NPK+1.5M	1 424	1 448	2 872			
2010	NPK+S	629	1 060	1 689			
2010	NPK+水	743	847	1 590			
2010	1.5N+PK	1 316	1 369	2 685			

表 4-38　河南郑州潮土监测站作物产量

年份	处理	小麦			玉米		
		籽粒产量/（kg/hm^2）	秸秆产量/（kg/hm^2）	生物产量/（kg/hm^2）	籽粒产量/（kg/hm^2）	秸秆产量/（kg/hm^2）	生物产量/（kg/hm^2）
1991	CK	1 490	1 538	3 027	3 852	4 293	8 145
1991	N	4 484	3 419	7 903	6 764	4 818	11 582
1991	NP	5 102	4 008	9 110	7 188	5 336	12 524
1991	NK	5 219	4 499	9 718	6 666	5 477	12 143
1991	PK	1 953	2 191	4 144	3 540	4 074	7 614
1991	NPK	5 141	4 350	9 490	6 896	5 330	12 225
1991	NPK+M	4 407	3 529	7 936	7 038	5 202	12 240
1991	1.5（NPK+M）	4 422	4 131	8 553	7 188	5 952	13 140
1991	NPK+S	5 558	5 185	10 743	7 593	7 038	14 631
1991	NPK+M+F2	4 407	5 091	9 498	2 896	2 567	5 463
1992	CK	2 099	2 453	4 551	3 852	4 293	8 145
1992	N	3 978	4 107	8 085	6 764	4 818	11 582
1992	NP	6 954	7 505	14 459	7 188	5 336	12 524
1992	NK	4 889	5 090	9 978	6 666	5 477	12 143
1992	PK	2 052	2 835	4 887	3 540	4 074	7 614
1992	NPK	6 084	6 888	12 972	6 896	5 330	12 225
1992	NPK+M	6 546	7 064	13 610	7 038	5 202	12 240
1992	1.5（NPK+M）	7 536	7 844	15 380	7 188	5 952	13 140
1992	NPK+S	7 064	7 500	14 564	7 593	7 038	14 631

（续）

年份	处理	小麦			玉米		
		籽粒产量/（kg/hm²）	秸秆产量/（kg/hm²）	生物产量/（kg/hm²）	籽粒产量/（kg/hm²）	秸秆产量/（kg/hm²）	生物产量/（kg/hm²）
1992	NPK+M+F2	6 429	7 191	13 620	2 896	2 567	5 463
1993	CK	2 009	1 899	3 908	4 983	4 421	9 404
1993	N	2 852	2 160	5 012	5 676	4 955	10 631
1993	NP	5 108	5 669	10 776	7 928	6 974	14 901
1993	NK	4 404	4 001	8 405	5 966	5 663	11 628
1993	PK	1 815	1 683	3 498	4 562	4 863	9 425
1993	NPK	6 656	7 721	14 376	8 412	8 514	16 926
1993	NPK+M	5 123	7 134	12 257	8 828	8 280	17 108
1993	1.5（NPK+M)	5 201	8 133	13 334	7 601	9 030	16 631
1993	NPK+S	4 862	8 174	13 035	8 564	8 097	16 661
1993	NPK+M+F2	4 979	7 952	12 930	1 826	3 705	5 531
1994	CK	1 919	2 684	4 602	2 342	2 061	4 403
1994	N	1 478	1 982	3 459	3 491	2 624	6 114
1994	NP	5 585	4 913	10 497	4 098	2 502	6 600
1994	NK	2 087	2 450	4 536	4 539	3 354	7 893
1994	PK	2 012	2 381	4 392	2 106	2 022	4 128
1994	NPK	5 393	5 162	10 554	3 420	2 730	6 150
1994	NPK+M	5 897	6 287	12 183	3 666	2 600	6 266
1994	1.5（NPK+M)	5 855	7 730	13 584	4 196	2 310	6 506
1994	NPK+S	6 174	6 743	12 917	4 107	2 627	6 734
1994	NPK+M+F2	5 861	6 099	11 960	2 126	2 706	4 832
1995	CK	1 997	2 009	4 005	2 436	2 327	4 763
1995	N	2 706	2 525	5 231	3 216	2 955	6 171
1995	NP	7 485	6 497	13 982	3 821	3 294	7 115
1995	NK	3 405	3 188	6 593	3 563	3 114	6 677
1995	PK	2 583	2 805	5 388	1 950	1 835	3 785
1995	NPK	7 593	7 167	14 760	4 647	3 564	8 211
1995	NPK+M	7 653	7 776	15 429	5 085	4 475	9 560
1995	1.5（NPK+M)	8 253	8 352	16 605	5 334	5 622	10 956
1995	NPK+S	7 703	7 572	15 275	4 833	5 631	10 464
1995	NPK+M+F2	6 381	7 466	13 847	2 477	2 883	5 360
1996	CK	2 262	2 949	5 211	2 843	3 855	6 698
1996	N	2 030	2 091	4 121	2 912	3 722	6 633
1996	NP	6 396	6 236	12 632	4 724	4 817	9 540
1996	NK	2 594	2 669	5 262	3 771	4 488	8 259
1996	PK	1 827	2 352	4 179	2 562	3 243	5 805
1996	NPK	6 216	8 472	14 688	4 983	6 875	11 858

（续）

年份	处理	小麦			玉米		
		籽粒产量/（kg/hm²）	秸秆产量/（kg/hm²）	生物产量/（kg/hm²）	籽粒产量/（kg/hm²）	秸秆产量/（kg/hm²）	生物产量/（kg/hm²）
1996	NPK+M	4 646	6 161	10 806	5 222	5 936	11 157
1996	1.5（NPK+M）	5 822	7 004	12 825	5 990	7 790	13 779
1996	NPK+S	5 942	8 205	14 147	6 090	6 218	12 308
1996	NPK+M+F2	5 112	7 413	12 525	2 901	2 262	5 163
1997	CK	2 315	2 499	4 814	3 171	2 981	6 152
1997	N	2 319	2 319	4 638	3 266	2 829	6 095
1997	NP	6 290	7 862	14 151	4 347	3 591	7 938
1997	NK	2 492	2 268	4 760	4 197	2 220	6 417
1997	PK	1 571	1 821	3 392	2 951	2 673	5 624
1997	NPK	5 885	5 481	11 366	5 942	2 178	8 120
1997	NPK+M	5 406	6 000	11 406	6 701	5 093	11 793
1997	1.5（NPK+M）	6 602	7 262	13 863	6 606	5 825	12 431
1997	NPK+S	5 823	6 464	12 287	7 734	5 492	13 226
1997	NPK+M+F2	5 369	6 335	11 703	2 651	2 094	4 745
1998	CK	1 994	1 814	3 807	2 078	2 411	4 488
1998	N	1 400	1 400	2 799	2 343	1 992	4 335
1998	NP	5 273	4 640	9 912	5 235	3 351	8 586
1998	NK	1 310	1 115	2 424	2 709	2 465	5 174
1998	PK	1 577	1 671	3 248	1 719	1 701	3 420
1998	NPK	5 406	5 244	10 650	4 266	3 156	7 422
1998	NPK+M	5 196	5 403	10 599	4 988	3 690	8 678
1998	1.5（NPK+M）	5 657	5 826	11 483	5 415	3 465	8 880
1998	NPK+S	5 481	5 372	10 853	5 711	5 025	10 736
1998	NPK+M+F2	5 573	5 462	11 034	3 339	2 939	6 278
1999	CK	2 601	2 757	5 358	3 266	2 841	6 107
1999	N	2 637	2 769	5 406	2 768	2 325	5 093
1999	NP	6 611	4 461	11 072	8 625	4 703	13 328
1999	NK	3 074	2 951	6 024	5 048	4 241	9 288
1999	PK	2 096	1 886	3 981	2 439	2 268	4 707
1999	NPK	6 675	7 809	14 484	7 262	3 993	11 255
1999	NPK+M	6 267	6 831	13 098	8 550	4 361	12 911
1999	1.5（NPK+M）	6 690	7 895	14 585	9 318	8 294	17 612
1999	NPK+S	6 152	7 136	13 287	9 221	5 163	14 384
1999	NPK+M+F2	5 910	6 501	12 411	3 299	2 705	6 003
2000	CK	1 544	2 145	3 689	3 594	2 984	6 578
2000	N	1 281	1 742	3 023	4 095	2 540	6 635
2000	NP	7 416	8 306	15 722	5 925	3 081	9 006

（续）

年份	处理	小麦			玉米		
		籽粒产量/(kg/hm²)	秸秆产量/(kg/hm²)	生物产量/(kg/hm²)	籽粒产量/(kg/hm²)	秸秆产量/(kg/hm²)	生物产量/(kg/hm²)
2000	NK	1 559	1 949	3 507	4 620	2 726	7 346
2000	PK	1 859	2 576	4 434	3 056	2 505	5 561
2000	NPK	6 131	7 173	13 304	5 649	5 658	11 307
2000	NPK+M	5 948	8 816	14 763	6 660	5 394	12 054
2000	1.5 (NPK+M)	6 584	8 229	14 813	7 946	6 674	14 619
2000	NPK+S	6 116	7 523	13 638	7 346	4 554	11 900
2000	NPK+M+F2	6 324	7 968	14 292	2 823	2 922	5 745
2001	CK	1 310	2 096	3 405	4 200	5 800	10 000
2001	N	1 635	2 496	4 131	4 710	4 177	8 887
2001	NP	3 915	5 885	9 800	7 140	5 386	12 526
2001	NK	1 875	1 530	3 405	4 635	5 227	9 862
2001	PK	1 695	2 535	4 230	3 015	3 837	6 852
2001	NPK	5 790	7 295	13 085	7 710	6 837	14 547
2001	NPK+M	5 910	7 470	13 380	7 590	8 223	15 813
2001	1.5 (NPK+M)	6 060	7 860	13 920	8 505	7 542	16 047
2001	NPK+S	5 865	8 010	13 875	8 730	5 127	13 857
2001	NPK+M+F2	4 485	5 895	10 380	3 675	1 893	5 568
2002	CK	1 755	2 745	4 500	2 948	2 855	5 802
2002	N	1 635	3 030	4 665	3 480	3 000	6 480
2002	NP	5 625	8 610	14 235	4 955	4 151	9 105
2002	NK	1 845	2 775	4 620	3 627	3 483	7 110
2002	PK	1 770	2 370	4 140	2 493	3 072	5 565
2002	NPK	6 255	8 385	14 640	5 526	5 394	10 920
2002	NPK+M	4 710	6 555	11 265	5 273	5 228	10 500
2002	1.5 (NPK+M)	5 190	7 770	12 960	5 196	3 414	8 610
2002	NPK+S	6 075	8 010	14 085	5 448	5 292	10 740
2002	NPK+M+F2	6 135	7 785	13 920	1 986	1 884	3 870
2003	CK	1 488	2 223	3 711	3 067	3 338	6 405
2003	N	1 371	2 073	3 444	2 341	2 279	4 620
2003	NP	6 005	7 799	13 803	5 130	4 275	9 405
2003	NK	2 015	2 948	4 962	3 282	3 303	6 585
2003	PK	2 042	3 012	5 054	3 894	4 611	8 505
2003	NPK	6 636	8 655	15 291	6 817	6 023	12 840
2003	NPK+M	5 804	8 528	14 331	6 195	5 790	11 985
2003	1.5 (NPK+M)	6 276	9 336	15 612	6 112	5 573	11 685
2003	NPK+S	5 318	7 589	12 906	5 992	5 888	11 880
2003	NPK+M+F2	5 907	8 715	14 622	2 413	3 287	5 700

（续）

年份	处理	小麦			玉米		
		籽粒产量/（kg/hm²）	秸秆产量/（kg/hm²）	生物产量/（kg/hm²）	籽粒产量/（kg/hm²）	秸秆产量/（kg/hm²）	生物产量/（kg/hm²）
2004	CK	2 000	1 164	3 164	2 858	3 330	6 188
2004	N	2 425	1 770	4 195	3 600	3 189	6 790
2004	NP	6 740	5 831	12 572	8 535	7 274	15 809
2004	NK	2 675	1 986	4 661	4 609	4 279	8 888
2004	PK	1 450	1 064	2 514	2 333	2 874	5 207
2004	NPK	7 305	6 492	13 797	8 034	7 355	15 388
2004	NPK+M	5 700	4 288	9 989	7 934	7 391	15 325
2004	1.5（NPK+M）	7 350	4 926	12 276	8 375	6 762	15 137
2004	NPK+S	6 998	4 733	11 730	7 767	7 065	14 832
2004	NPK+M+F2	6 975	5 148	12 123			
2005	CK	1 204	1 930	3 133	1 744	2 006	3 750
2005	N	1 565	3 096	4 661	1 778	1 714	3 492
2005	NP	5 214	9 366	14 579	8 138	4 162	12 299
2005	NK	1 880	3 190	5 070	3 216	2 486	5 702
2005	PK	1 231	2 116	3 348	2 517	2 600	5 117
2005	NPK	5 780	10 747	16 527	7 373	3 870	11 242
2005	NPK+M	5 892	10 517	16 408	7 641	5 397	13 038
2005	1.5（NPK+M）	5 713	9 814	15 527	7 127	4 203	11 330
2005	NPK+S	4 776	8 512	13 288	7 628	4 087	11 715
2005	NPK+M+F2	5 774	8 805	14 579	3 579	5 790	9 368
2006	CK	1 631	2 832	4 463	1 675	1 644	3 319
2006	N	1 806	3 187	4 993	2 000	1 495	3 495
2006	NP	6 548	8 420	14 968	4 163	3 213	7 376
2006	NK	2 016	4 030	6 046	2 249	1 669	3 918
2006	PK	2 076	2 453	4 529	2 906	2 602	5 508
2006	NPK	6 978	8 371	15 350	4 830	4 116	8 946
2006	NPK+M	845	11 328	12 172	5 386	4 353	9 739
2006	1.5（NPK+M）	7 644	13 235	20 879	4 966	3 645	8 611
2006	NPK+S	6 929	10 100	17 029	5 286	4 097	9 383
2006	NPK+M+F2	7 148	8 994	16 142	1 543	1 444	2 987
2007	CK	1 750	2 760	4 510	1 731	2 045	3 776
2007	N	1 288	2 329	3 616	2 342	1 682	4 023
2007	NP	8 219	9 744	17 963	8 117	5 709	13 826
2007	NK	1 644	2 755	4 399	3 227	2 975	6 201
2007	PK	1 588	2 448	4 036	2 750	3 169	5 919
2007	NPK	8 044	11 870	19 914	9 117	5 417	14 534
2007	NPK+M	7 800	10 411	18 211	10 055	7 216	17 271

（续）

年份	处理	小麦			玉米		
		籽粒产量/(kg/hm²)	秸秆产量/(kg/hm²)	生物产量/(kg/hm²)	籽粒产量/(kg/hm²)	秸秆产量/(kg/hm²)	生物产量/(kg/hm²)
2007	1.5（NPK+M）	7 944	13 336	21 280	9 747	6 019	15 766
2007	NPK+S	7 931	11 356	19 288	9 002	6 038	15 040
2007	NPK+M+F2	6 600	9 819	16 419	807	2 831	3 638
2008	CK	1 063	1 335	2 398	2 661	3 021	5 682
2008	N	681	876	1 557	3 397	2 300	5 697
2008	NP	5 988	5 122	11 109	10 012	6 566	16 578
2008	NK	963	1 529	2 491	4 347	3 616	7 963
2008	PK	1 463	1 776	3 239	1 470	2 899	4 369
2008	NPK	7 069	5 632	12 701	11 061	7 785	18 846
2008	NPK+M	6 706	6 288	12 995	9 731	6 035	15 765
2008	1.5（NPK+M）	6 688	6 810	13 498	10 247	9 099	19 346
2008	NPK+S	6 413	6 307	12 719	10 267	8 457	18 724
2008	NPK+M+F2	4 831	4 762	9 593	1 638	2 807	4 444
2009	CK	965	1 195	2 161	4 635	3 396	8 032
2009	N	733	1 093	1 826	4 580	3 239	7 819
2009	NP	4 009	4 824	8 833	7 503	4 592	12 094
2009	NK	599	882	1 481	5 334	3 850	9 184
2009	PK	2 081	1 720	3 800	4 664	4 828	9 492
2009	NPK	4 892	5 031	9 923	9 222	5 811	15 033
2009	NPK+M	6 529	6 024	12 553	8 798	7 038	15 836
2009	1.5（NPK+M）	6 512	6 270	12 782	9 472	9 394	18 866
2009	NPK+S	6 658	5 592	12 250	8 840	7 046	15 886
2009	NPK+M+F2	5 085	4 220	9 305	3 060	3 264	6 324
2010	CK	1 765	2 428	4 192	2 063	2 848	4 911
2010	N	1 736	1 693	3 430	3 364	4 046	7 410
2010	NP	6 823	5 532	12 355	8 653	7 861	16 514
2010	NK	1 854	2 005	3 859	3 737	5 650	9 387
2010	PK	1 632	1 742	3 375	2 883	2 947	5 831
2010	NPK	7 446	7 976	15 421	8 987	7 057	16 044
2010	NPK+M	6 092	8 814	14 906	9 202	6 994	16 196
2010	1.5（NPK+M）	7 655	9 360	17 014	9 733	9 424	19 157
2010	NPK+S	6 770	9 438	16 209	9 655	8 906	18 561
2010	NPK+M+F2	4 787	8 776	13 563	2 645	2 775	5 420

表 4-39 浙江杭州水稻土监测站作物产量（1991—2000）

年份	处理	大麦			早稻			晚稻		
		籽粒产量/（kg/hm²）	秸秆产量/（kg/hm²）	生物产量/（kg/hm²）	籽粒产量/（kg/hm²）	秸秆产量/（kg/hm²）	生物产量/（kg/hm²）	籽粒产量/（kg/hm²）	秸秆产量/（kg/hm²）	生物产量/（kg/hm²）
1991	CK	2 475	3 583	6 058	4 050	3 500	7 550	4 725	4 725	9 450
1991	N	3 608	5 285	8 893	5 805	4 489	10 294	5 655	5 808	11 463
1991	NP	3 848	5 887	9 734	5 805	5 225	11 030	5 955	6 150	12 105
1991	NK	3 653	5 507	9 159	5 873	5 285	11 158	6 135	6 645	12 780
1991	M	3 375	5 078	8 453	4 725	4 225	8 950	5 303	5 250	10 553
1991	NPK	3 855	5 898	9 753	5 843	5 849	11 692	5 843	5 979	11 822
1991	NPK+M	4 313	6 641	10 954	6 023	6 065	12 087	6 278	6 630	12 908
1991	1.3NPK+M	4 140	4 589	8 729	6 113	6 027	12 140	6 113	6 260	12 372
1992	CK	2 205	2 999	5 204	4 313	3 354	7 667	2 160	2 324	4 484
1992	N	3 225	4 451	7 676	6 030	5 851	11 881	3 075	3 198	6 273
1992	NP	3 353	4 760	8 113	6 083	5 069	11 151	3 360	3 461	6 821
1992	NK	3 600	5 112	8 712	5 475	4 720	10 195	3 120	3 379	6 499
1992	M	3 645	5 103	8 748	4 365	3 433	7 798	3 105	3 149	6 254
1992	NPK	3 503	5 079	8 582	6 030	5 482	11 512	3 495	3 579	7 074
1992	NPK+M	4 103	6 030	10 133	6 720	6 340	13 060	3 495	3 690	7 185
1992	1.3NPK+M	4 103	6 113	10 215	6 000	5 608	11 608	3 330	3 410	6 740
1993	CK	1 568	2 269	3 836	3 683	3 184	6 866	1 508	2 051	3 558
1993	N	2 670	3 911	6 581	4 058	3 855	7 913	2 318	3 233	5 550
1993	NP	3 203	4 900	8 102	4 193	3 815	8 008	2 445	3 472	5 917
1993	NK	2 940	4 439	7 379	3 975	3 578	7 553	2 198	3 121	5 318
1993	M	3 263	4 862	8 125	3 893	3 363	7 256	1 470	2 058	3 528
1993	NPK	3 330	4 645	7 975	4 260	3 996	8 256	1 995	3 054	5 049
1993	NPK+M	4 043	6 226	10 268	4 215	4 244	8 459	2 400	3 453	5 853
1993	1.3NPK+M	3 263	4 509	7 772	4 253	4 193	8 445	1 980	3 025	5 005
1994	CK	1 620	2 447	4 067	2 295	2 082	4 377	2 348	2 317	4 665
1994	N	2 640	4 013	6 653	3 435	3 427	6 862	3 623	3 767	7 390
1994	NP	2 895	4 266	7 161	3 585	3 576	7 161	3 690	3 801	7 491
1994	NK	2 385	3 602	5 987	3 608	3 409	7 016	3 608	3 901	7 509
1994	M	1 890	2 967	4 857	2 723	2 555	5 278	2 753	2 763	5 516
1994	NPK	3 008	4 692	7 700	3 668	3 612	7 280	3 915	4 016	7 931
1994	NPK+M	3 353	5 398	8 750	4 125	4 361	8 486	4 050	4 277	8 327
1994	1.3NPK+M	3 150	5 040	8 190	4 335	4 488	8 823	4 185	4 286	8 471
1995	CK	2 355	3 413	5 768	3 750	2 704	6 454	3 840	4 174	8 014
1995	N	2 978	4 377	7 355	4 853	4 043	8 896	4 478	5 147	9 624
1995	NP	3 120	4 774	7 894	4 755	3 812	8 567	4 493	5 048	9 540

（续）

年份	处理	大麦			早稻			晚稻		
		籽粒产量/(kg/hm²)	秸秆产量/(kg/hm²)	生物产量/(kg/hm²)	籽粒产量/(kg/hm²)	秸秆产量/(kg/hm²)	生物产量/(kg/hm²)	籽粒产量/(kg/hm²)	秸秆产量/(kg/hm²)	生物产量/(kg/hm²)
1995	NK	3 150	1 607	4 757	4 830	3 840	8 670	4 523	5 384	9 907
1995	M	2 835	1 361	4 196	3 863	2 918	6 780	4 335	4 661	8 996
1995	NPK	3 548	1 903	5 450	4 913	3 908	8 820	4 605	5 060	9 665
1995	NPK+M	3 930	2 120	6 050	5 475	5 065	10 540	4 665	5 298	9 963
1995	1.3NPK+M	3 960	2 057	6 017	5 625	4 978	10 603	4 755	5 113	9 868
1996	CK	2 423	3 792	6 215	3 840	3 318	7 158	3 735	3 825	7 560
1996	N	3 030	3 878	6 908	4 650	4 418	9 068	3 983	4 657	8 639
1996	NP	3 158	4 136	7 294	4 905	4 232	9 137	4 200	4 628	8 828
1996	NK	3 128	3 528	6 656	5 078	4 347	9 425	4 283	4 898	9 180
1996	M	3 000	3 900	6 900	3 998	3 574	7 571	3 983	4 379	8 361
1996	NPK	3 390	4 543	7 933	5 220	4 610	9 830	4 425	4 715	9 140
1996	NPK+M	4 050	5 468	9 518	5 235	5 271	10 506	4 628	4 926	9 554
1996	1.3NPK+M	3 983	5 177	9 160	5 273	5 198	10 471	4 673	4 869	9 542
1997	CK	2 963	4 296	7 259	3 773	3 281	7 053	2 348	2 826	5 174
1997	N	3 278	4 802	8 079	4 770	4 259	9 029	2 850	2 639	5 489
1997	NP	3 450	5 279	8 729	4 898	4 535	9 432	2 933	2 715	5 648
1997	NK	3 458	5 221	8 678	4 793	4 479	9 272	2 843	2 843	5 685
1997	M	3 585	4 562	8 147	4 058	4 140	8 198	2 640	2 468	5 108
1997	NPK	3 083	5 485	8 567	5 123	4 748	9 871	3 233	3 300	6 533
1997	NPK+M	3 848	5 925	9 773	5 460	5 809	11 269	3 518	3 703	7 220
1997	1.3NPK+M	3 803	5 776	9 578	5 273	5 220	10 493	3 533	3 397	6 929
1998	CK	2 480	2 965	5 444	3 620	3 131	6 751	4 545	4 685	9 230
1998	N	3 025	4 430	7 455	4 782	4 543	9 325	3 675	3 910	7 585
1998	NP	3 284	5 024	8 307	4 884	4 445	9 329	4 545	4 835	9 380
1998	NK	3 146	4 750	7 895	4 752	4 277	9 029	4 515	4 855	9 370
1998	M	3 002	4 442	7 443	3 914	3 499	7 412	5 310	5 310	10 620
1998	NPK	3 449	5 276	8 725	4 942	4 636	9 578	4 605	4 566	9 171
1998	NPK+M	3 948	6 080	10 028	5 312	5 349	10 661	4 695	4 649	9 344
1998	1.3NPK+M	3 723	5 659	9 382	5 265	5 192	10 457	4 635	4 829	9 464
1999	CK	2 745	2 085	4 830	3 660	2 820	6 480	4 635	3 420	8 055
1999	N	3 300	2 205	5 505	4 950	3 180	8 130	5 400	3 840	9 240
1999	NP	3 600	2 160	5 760	4 830	3 180	8 010	5 460	3 923	9 383
1999	NK	3 660	2 310	5 970	4 785	3 240	8 025	5 550	3 810	9 360
1999	M	3 345	2 295	5 640	4 350	3 030	7 380	5 250	3 735	8 985
1999	NPK	3 765	2 340	6 105	5 010	2 985	7 995	5 730	3 975	9 705
1999	NPK+M	3 840	2 460	6 300	5 175	3 240	8 415	5 850	3 825	9 675

（续）

年份	处理	大麦			早稻			晚稻		
		籽粒产量/（kg/hm²）	秸秆产量/（kg/hm²）	生物产量/（kg/hm²）	籽粒产量/（kg/hm²）	秸秆产量/（kg/hm²）	生物产量/（kg/hm²）	籽粒产量/（kg/hm²）	秸秆产量/（kg/hm²）	生物产量/（kg/hm²）
1999	1.3NPK+M	3 840	2 370	6 210	4 845	3 165	8 010	5 790	3 975	9 765
2000	CK	3 038	2 438	5 475	4 335	3 555	7 890	4 645	3 728	8 373
2000	N	3 075	2 400	5 475	4 470	3 263	7 733	4 680	3 905	8 585
2000	NP	3 075	2 520	5 595	4 665	3 548	8 213	4 785	4 199	8 984
2000	NK	2 985	2 460	5 445	4 500	3 758	8 258	4 920	4 458	9 378
2000	M	3 150	2 475	5 625	4 815	3 735	8 550	5 138	4 237	9 375
2000	NPK	3 225	2 580	5 805	4 470	3 840	8 310	4 995	4 238	9 233
2000	NPK+M	3 375	2 640	6 015	4 515	3 660	8 175	5 085	4 477	9 562
2000	1.3NPK+M	3 360	2 670	6 030	4 665	3 735	8 400	4 935	4 354	9 289

表 4-40 浙江杭州水稻土监测站作物产量（2001—2010）

年份	处理	大麦			水稻		
		籽粒产量/（kg/hm²）	秸秆产量/（kg/hm²）	生物产量/（kg/hm²）	籽粒产量/（kg/hm²）	秸秆产量/（kg/hm²）	生物产量/（kg/hm²）
2001	CK	3 025	2 451	5 475	4 050	3 500	7 550
2001	N	3 073	2 402	5 475	5 805	4 489	10 294
2001	NP	3 078	2 517	5 595	5 805	5 225	11 030
2001	NK	2 995	2 450	5 445	5 873	5 285	11 158
2001	M	3 144	2 481	5 625	4 725	4 225	8 950
2001	NPK	3 231	2 574	5 805	5 843	5 849	11 692
2001	NPK+M	3 376	2 639	6 015	6 023	6 065	12 087
2001	1.3NPK+M	3 354	2 676	6 030	6 113	6 027	12 140
2002	CK	1 395	1 029	2 424	3 600	2 901	6 501
2002	N	2 625	1 868	4 493	6 180	4 816	10 996
2002	NP	2 625	1 877	4 502	6 240	5 316	11 556
2002	NK	2 640	1 812	4 452	6 330	5 221	11 551
2002	M	2 430	1 715	4 145	7 020	5 744	12 764
2002	NPK	2 715	1 883	4 598	6 450	5 277	11 727
2002	NPK+M	2 775	1 897	4 672	7 800	6 054	13 854
2002	1.3NPK+M	2 865	1 966	4 831	6 900	5 510	12 410
2003	CK	1 260	1 031	2 291	5 475	4 250	9 725
2003	N	2 985	2 261	5 246	5 925	4 580	10 505
2003	NP	2 850	2 177	5 027	6 225	5 389	11 614
2003	NK	3 255	2 621	5 876	6 450	5 629	12 079
2003	M	1 455	1 129	2 584	6 075	4 891	10 966
2003	NPK	3 000	2 576	5 576	6 750	5 282	12 032
2003	NPK+M	3 285	2 666	5 951	6 225	5 260	11 485

（续）

年份	处理	大麦			水稻		
		籽粒产量/（kg/hm²）	秸秆产量/（kg/hm²）	生物产量/（kg/hm²）	籽粒产量/（kg/hm²）	秸秆产量/（kg/hm²）	生物产量/（kg/hm²）
2003	1.3NPK+M	3 315	2 658	5 973	6 375	5 409	11 784
2004	CK	2 775	2 093	4 868	5 761	4 121	9 881
2004	N	3 038	2 377	5 414	7 183	5 159	12 342
2004	NP	2 925	2 016	4 941	7 370	5 037	12 407
2004	NK	2 700	1 785	4 485	7 443	4 739	12 182
2004	M	2 475	1 630	4 105	8 221	6 151	14 372
2004	NPK	2 888	1 885	4 773	8 697	5 774	14 471
2004	NPK+M	3 150	2 057	5 207	8 233	5 154	13 386
2004	1.3NPK+M	2 400	1 717	4 117	8 628	5 424	14 052
2005	CK	2 703	1 779	4 482	6 400	4 578	10 978
2005	N	3 844	2 749	6 593	7 163	5 606	12 769
2005	NP	3 934	2 825	6 759	6 853	5 363	12 216
2005	NK	3 769	2 809	6 577	7 230	6 085	13 315
2005	M	3 198	2 306	5 505	7 217	5 881	13 097
2005	NPK	3 544	2 422	5 966	7 820	6 194	14 014
2005	NPK+M	3 859	2 660	6 518	8 390	6 539	14 929
2005	1.3NPK+M	3 979	2 742	6 721	8 120	6 277	14 397
2006	CK	2 133	2 423	4 556	5 480	4 178	9 657
2006	N	2 550	3 129	5 679	6 850	5 475	12 324
2006	NP	2 867	3 115	5 981	5 600	5 391	10 991
2006	NK	2 733	2 809	5 542	5 943	5 468	11 411
2006	M	2 700	2 767	5 467	5 784	4 546	10 331
2006	NPK	3 383	3 701	7 085	5 981	5 477	11 458
2006	NPK+M	3 717	4 159	7 875	8 108	2 906	11 014
2006	1.3NPK+M	3 467	3 593	7 059	6 517	5 623	12 140
2007	CK	2 167	2 448	4 615	6 033	4 579	10 613
2007	N	2 800	3 266	6 066	9 040	6 193	15 233
2007	NP	2 567	2 647	5 214	9 420	5 272	14 692
2007	NK	2 417	2 423	4 840	6 750	5 589	12 339
2007	M	3 117	3 375	6 492	8 397	6 337	14 734
2007	NPK	3 133	3 345	6 478	9 320	6 230	15 550
2007	NPK+M	3 583	3 770	7 353	9 623	6 373	15 997
2007	1.3NPK+M	3 633	3 839	7 473	8 873	5 895	14 768
2008	CK	1 625	2 031	3 656	5 811	4 418	10 229
2008	N	2 058	2 859	4 917	6 525	4 921	11 446
2008	NP	2 383	2 362	4 745	6 609	5 376	11 985
2008	NK	2 708	2 779	5 487	6 639	5 605	12 244
2008	M	2 643	2 684	5 328	6 279	5 156	11 435
2008	NPK	3 358	3 666	7 024	7 044	5 716	12 760

（续）

年份	处理	大麦			水稻		
		籽粒产量/（kg/hm²）	秸秆产量/（kg/hm²）	生物产量/（kg/hm²）	籽粒产量/（kg/hm²）	秸秆产量/（kg/hm²）	生物产量/（kg/hm²）
2008	NPK+M	3 792	4 377	8 169	8 616	6 102	14 718
2008	1.3NPK+M	4 658	5 356	10 014	7 860	5 760	13 620
2009	CK	1 377	1 477	2 853	6 195	4 719	10 914
2009	N	2 947	3 198	6 145	7 027	5 179	12 206
2009	NP	2 130	2 252	4 382	7 101	5 253	12 354
2009	NK	2 403	2 373	4 776	7 499	6 191	13 690
2009	M	2 190	2 219	4 409	7 665	6 029	13 695
2009	NPK	2 743	2 698	5 441	7 675	6 087	13 762
2009	NPK+M	3 643	3 592	7 235	7 786	5 958	13 744
2009	1.3NPK+M	4 290	4 351	8 641	8 157	6 163	14 320
2010	CK	1 336	7 130	8 465	6 425	5 693	12 118
2010	N	5 941	6 335	12 276	6 651	4 979	11 630
2010	NP	6 461	8 447	14 907	6 689	7 062	13 752
2010	NK	2 490	5 416	7 906	6 749	6 995	13 744
2010	M	5 279	7 753	13 031	6 853	7 377	14 230
2010	NPK	3 869	7 734	11 602	7 146	6 519	13 664
2010	NPK+M	6 498	4 233	10 731	7 315	7 683	14 997
2010	1.3NPK+M	5 949	4 008	9 957	8 078	6 956	15 033

表 4-41 重庆北碚紫色土监测站作物产量

年份	作物	处理	小麦			水稻		
			籽粒产量/（kg/hm²）	秸秆产量/（kg/hm²）	生物产量/（kg/hm²）	籽粒产量/（kg/hm²）	秸秆产量/（kg/hm²）	生物产量/（kg/hm²）
1992	小麦	CK	1 437	2 565	4 002	4 619	3 767	8 385
1992	小麦	N	2 567	4 400	6 966	5 808	5 727	11 535
1992	小麦	NP	2 792	5 288	8 079	6 434	6 182	12 615
1992	小麦	NK	2 600	4 127	6 726	6 392	5 819	12 210
1992	小麦	PK	2 225	4 112	6 336	4 709	3 827	8 535
1992	小麦	NPK	2 784	5 303	8 087	6 992	6 149	13 140
1992	小麦	NPK+M	2 859	4 167	7 026	7 205	6 656	13 860
1992	小麦	1.5NPK+M	3 042	5 561	8 603	6 579	7 401	13 980
1992	小麦	NPK+S	3 183	6 242	9 425	7 371	7 014	14 385
1992	小麦	NPK+M+F2	2 984	4 758	7 742	7 034	6 467	13 500
1992	小麦	（NPK）Cl+M	2 693	4 136	6 828	7 188	6 912	14 100
1992	小麦	M	1 517	2 385	3 902	5 379	4 461	9 840
1993	小麦	CK	1 437	2 444	3 881	2 453	2 424	4 877
1993	小麦	N	2 472	3 912	6 384	2 931	2 697	5 628
1993	小麦	NP	2 823	5 024	7 847	3 738	3 144	6 882

（续）

年份	作物	处理	小麦			水稻		
			籽粒产量/（kg/hm²）	秸秆产量/（kg/hm²）	生物产量/（kg/hm²）	籽粒产量/（kg/hm²）	秸秆产量/（kg/hm²）	生物产量/（kg/hm²）
1993	小麦	NK	2 462	3 810	6 272	4 100	4 064	8 163
1993	小麦	PK	2 210	3 617	5 826	3 411	2 484	5 895
1993	小麦	NPK	2 882	5 201	8 082	4 419	4 656	9 075
1993	小麦	NPK+M	2 973	4 581	7 554	4 707	4 539	9 246
1993	小麦	1.5NPK+M	2 285	4 131	6 416	4 658	4 424	9 081
1993	小麦	NPK+S	3 498	5 870	9 368	5 493	5 082	10 575
1993	小麦	NPK+M+F2	2 951	4 668	7 619	4 709	5 772	10 481
1993	小麦	(NPK) Cl+M	3 309	5 346	8 655	5 015	4 763	9 777
1993	小麦	M	1 502	3 809	5 310	2 847	2 220	5 067
1994	小麦	CK	1 388	2 313	3 701	2 850	2 210	5 060
1994	小麦	N	2 316	3 401	5 717	5 940	4 605	10 545
1994	小麦	NP	2 862	4 802	7 664	8 046	5 124	13 170
1994	小麦	NK	2 409	3 633	6 042	7 587	6 597	14 184
1994	小麦	PK	1 484	2 178	3 662	4 857	3 260	8 117
1994	小麦	NPK	2 766	4 745	7 511	8 132	6 114	14 246
1994	小麦	NPK+M	2 784	4 539	7 323	8 282	6 045	14 327
1994	小麦	1.5NPK+M	2 559	4 575	7 134	8 007	6 207	14 214
1994	小麦	NPK+S	3 059	4 478	7 536	9 218	6 630	
1994	小麦	NPK+M+F2	2 798	4 392	7 190	8 675	6 332	15 006
1994	小麦	(NPK) Cl+M	2 967	5 046	8 013	8 142	5 502	13 644
1994	小麦	M	1 484	2 228	3 711	5 115	3 158	8 273
1995	小麦	CK	1 488	2 208	3 696	4 670	3 840	8 510
1995	小麦	N	2 154	3 714	5 868	5 712	5 100	10 812
1995	小麦	NP	2 855	3 791	6 645	6 108	7 136	13 244
1995	小麦	NK	2 834	4 563	7 397	5 934	5 852	11 786
1995	小麦	PK	1 617	2 271	3 888	5 334	4 079	9 413
1995	小麦	NPK	3 171	4 517	7 688	6 305	7 092	13 397
1995	小麦	NPK+M	3 242	4 760	8 001	6 804	6 818	13 622
1995	小麦	1.5NPK+M	3 392	5 652	9 044	6 026	6 578	12 603
1995	小麦	NPK+S	3 504	4 419	7 923	6 821	7 295	14 115
1995	油菜	NPK+M+F2				6 419	8 084	14 502
1995	小麦	(NPK) Cl+M	3 434	4 214	7 647	6 333	8 088	14 421
1995	小麦	M	1 646	2 258	3 903	5 325	5 501	10 826
1996	小麦	CK	1 451	2 162	3 612	4 607	2 801	7 407
1996	小麦	N	1 821	3 060	4 881	6 687	6 237	12 924
1996	小麦	NP	2 691	3 963	6 654	7 196	5 835	13 031

（续）

年份	作物	处理	小麦			水稻		
			籽粒产量/（kg/hm²）	秸秆产量/（kg/hm²）	生物产量/（kg/hm²）	籽粒产量/（kg/hm²）	秸秆产量/（kg/hm²）	生物产量/（kg/hm²）
1996	小麦	NK	1 854	3 230	5 084	6 720	6 114	12 834
1996	小麦	PK	1 559	2 240	3 798	5 463	3 872	9 335
1996	小麦	NPK	2 625	4 334	6 959	7 346	5 861	13 206
1996	小麦	NPK+M	2 673	4 260	6 933	7 317	5 954	13 271
1996	小麦	1.5NPK+M	2 595	5 118	7 713	7 400	6 942	14 342
1996	小麦	NPK+S	2 979	4 268	7 247	7 554	6 207	13 761
1996	油菜	NPK+M+F2				7 563	8 195	15 758
1996	小麦	（NPK）Cl+M	2 976	4 074	7 050	7 341	5 993	13 334
1996	小麦	M	1 638	2 367	4 005	6 075	4 464	10 539
1997	小麦	CK	1 359	2 219	3 578	4 232	2 771	7 002
1997	小麦	N	1 367	2 867	4 233	5 925	4 376	10 301
1997	小麦	NP	2 175	3 072	5 247	6 617	4 854	11 471
1997	小麦	NK	1 434	3 528	4 962	6 413	5 078	11 490
1997	小麦	PK	1 376	2 348	3 723	4 601	3 636	8 237
1997	小麦	NPK	2 621	3 894	6 515	7 067	5 487	12 554
1997	小麦	NPK+M	2 576	3 902	6 477	7 125	5 633	12 758
1997	小麦	1.5NPK+M	2 513	3 734	6 246	7 775	6 185	13 959
1997	小麦	NPK+S	2 651	3 797	6 447	7 484	5 717	13 200
1997	油菜	NPK+M+F2				7 509	5 697	13 206
1997	小麦	（NPK）Cl+M	2 550	3 846	6 396	7 559	5 505	13 064
1997	小麦	M	1 491	2 297	3 788	4 629	3 164	7 793
1998	小麦	CK	1 466	2 181	3 647	3 326	3 158	6 483
1998	小麦	N	1 517	2 528	4 045	3 872	4 610	8 481
1998	小麦	NP	2 300	3 314	5 614	4 671	4 242	8 913
1998	小麦	NK	1 512	3 024	4 536	4 496	5 226	9 722
1998	小麦	PK	1 523	2 342	3 865	3 588	2 939	6 527
1998	小麦	NPK	2 688	3 994	6 682	5 334	5 292	10 626
1998	小麦	NPK+M	2 841	4 305	7 146	5 213	6 288	11 501
1998	小麦	1.5NPK+M	2 796	4 905	7 701	4 725	5 244	9 969
1998	小麦	NPK+S	3 075	4 462	7 537	5 922	6 093	12 015
1998	油菜	NPK+M+F2				5 271	6 297	11 568
1998	小麦	（NPK）Cl+M	2 871	4 466	7 337	5 001	5 103	10 104
1998	小麦	M	1 635	2 370	4 005	3 638	3 062	6 699
1999	小麦	CK	1 434	1 491	2 925	3 800	1 639	5 439
1999	小麦	N	1 500	2 685	4 185	5 333	5 106	10 439
1999	小麦	NP	2 241	2 818	5 059	6 021	5 687	11 708

（续）

年份	作物	处理	小麦			水稻		
			籽粒产量/（kg/hm²）	秸秆产量/（kg/hm²）	生物产量/（kg/hm²）	籽粒产量/（kg/hm²）	秸秆产量/（kg/hm²）	生物产量/（kg/hm²）
1999	小麦	NK	1 521	2 384	3 905	6 183	6 788	12 971
1999	小麦	PK	1 601	2 277	3 878	5 208	2 846	8 054
1999	小麦	NPK	2 802	3 676	6 478	6 909	4 953	11 862
1999	小麦	NPK+M	2 897	3 591	6 488	6 909	5 170	12 079
1999	小麦	1.5NPK+M	2 370	3 258	5 628	7 013	5 188	12 201
1999	小麦	NPK+S	2 859	2 892	5 751	6 834	5 968	12 802
1999	小麦	NPK+M+F2				6 959	6 385	13 344
1999	小麦	(NPK) Cl+M	2 997	4 636	7 633	7 188	5 928	13 116
1999	小麦	M	1 467	2 223	3 690	3 633	2 948	6 581
2000	小麦	CK	1 358	1 626	2 984	3 712	2 974	6 686
2000	小麦	N	1 450	2 696	4 146	5 058	5 058	10 116
2000	小麦	NP	2 294	2 774	5 068	5 930	4 809	10 739
2000	小麦	NK	1 569	2 271	3 840	5 746	6 760	12 506
2000	小麦	PK	1 522	1 821	3 343	4 341	5 313	9 654
2000	小麦	NPK	2 690	3 684	6 374	6 513	6 280	12 793
2000	小麦	NPK+M	3 231	5 220	8 451	6 522	6 656	13 178
2000	小麦	1.5NPK+M	3 585	5 838	9 423	6 714	7 030	13 744
2000	小麦	NPK+S	2 968	3 523	6 491	6 813	6 525	13 338
2000	油菜	NPK+M+F2				7 268	7 268	14 536
2000	小麦	(NPK) Cl+M	3 460	4 488	7 948	6 789	6 094	12 883
2000	小麦	M	1 626	2 283	3 909	3 699	3 537	7 236
2001	小麦	CK$_0$						0
2001	小麦	CK	1 221	1 554	2 775	3 387	2 211	5 598
2001	小麦	N	1 388	1 600	2 988	5 370	4 150	9 520
2001	小麦	NP	2 254	2 236	4 490	6 195	3 927	10 122
2001	小麦	NK	1 398	1 909	3 307	5 717	4 705	10 422
2001	小麦	PK	1 412	1 401	2 813	4 671	2 914	7 585
2001	小麦	NPK	2 642	3 364	6 006	6 788	4 710	11 498
2001	小麦	NPK+M	3 176	3 630	6 806	6 992	4 805	11 797
2001	小麦	1.5NPK+M1	3 375	4 058	7 433	7 341	5 402	12 743
2001	小麦	NPK+M+F2			0	7 170	4 812	11 982
2001	小麦	(NPK) Cl+M1	3 195	3 296	6 491	6 891	4 915	11 806
2001	小麦	M	1 207	1 351	2 558	3 659	2 484	6 143
2002	小麦	CK$_0$						
2002	小麦	CK	969	1 442	2 411	3 488	2 159	5 646
2002	小麦	N	1 083	2 295	3 378	4 526	3 495	8 021

（续）

年份	作物	处理	小麦			水稻		
			籽粒产量/（kg/hm²）	秸秆产量/（kg/hm²）	生物产量/（kg/hm²）	籽粒产量/（kg/hm²）	秸秆产量/（kg/hm²）	生物产量/（kg/hm²）
2002	小麦	NP	1 751	2 472	4 223	6 392	3 816	10 208
2002	小麦	NK	1 247	2 687	3 933	4 976	4 118	9 093
2002	小麦	PK	1 209	2 316	3 525	4 641	2 679	7 320
2002	小麦	NPK	2 562	3 807	6 369	6 809	4 274	11 082
2002	小麦	NPK+M	2 541	3 851	6 392	6 488	4 067	10 554
2002	小麦	1.5NPK+M	2 417	4 239	6 656	7 163	4 982	12 144
2002	小麦	NPK+M+F2	1 067	0		6 917	4 857	11 774
2002	小麦	（NPK）Cl+M1	2 975	4 074	7 049	6 821	4 659	11 480
2002	小麦	M	989	1 857	2 846	4 104	2 736	6 840
2003	小麦	CK_0						0
2003	小麦	CK	1 563	1 985	3 548	3 432	2 626	6 058
2003	小麦	N	1 863	2 220	4 083	5 991	4 557	10 548
2003	小麦	NP	3 554	3 967	7 520	6 230	4 647	10 876
2003	小麦	NK	1 946	2 291	4 237	6 516	5 058	11 574
2003	小麦	PK	2 180	2 405	4 585	5 051	3 283	8 333
2003	小麦	NPK	4 646	5 067	9 713	7 095	4 866	11 961
2003	小麦	NPK+M	4 398	5 461	9 859	7 671	5 510	13 181
2003	小麦	1.5NPK+M	5 100	5 695	10 795	6 837	5 628	12 465
2003	小麦	NPK+M+F2	1 266	4 537	5 803	8 504	7 107	15 610
2003	小麦	（NPK）Cl+M	4 671	5 278	9 949	7 179	5 686	12 865
2003	小麦	M	1 592	2 136	3 728	4 226	2 864	7 090
2004	小麦	CK_0						
2004	小麦	CK	950	1 892	2 841	3 444	1 730	5 174
2004	小麦	N	1 163	2 843	4 005	6 113	3 713	9 825
2004	小麦	NP	2 796	4 476	7 272	6 779	3 705	10 484
2004	小麦	NK	1 417	2 768	4 185	7 172	4 206	11 378
2004	小麦	PK	1 070	2 306	3 375	4 716	2 381	7 097
2004	小麦	NPK	3 367	4 310	7 677	7 424	4 165	11 589
2004	小麦	NPK+M	3 404	4 218	7 622	7 497	3 648	11 145
2004	小麦	1.5NPK+M	3 942	5 458	9 400	7 713	4 671	12 384
2004	小麦	NPK+M+F2	1 458	3 857	5 316	7 704	4 014	11 718
2004	小麦	（NPK）Cl+M	3 888	4 970	8 857	7 646	4 124	11 770
2004	小麦	M	721	1 373	2 094	4 425	2 023	6 448
2005	小麦	CK_0						
2005	小麦	CK	1 007	1 289	2 296	3 231	2 406	5 637
2005	小麦	N	1 116	1 779	2 895	5 567	4 507	10 073

（续）

年份	作物	处理	小麦			水稻		
			籽粒产量/（kg/hm²）	秸秆产量/（kg/hm²）	生物产量/（kg/hm²）	籽粒产量/（kg/hm²）	秸秆产量/（kg/hm²）	生物产量/（kg/hm²）
2005	小麦	NP	3 104	3 206	6 310	5 715	4 169	9 884
2005	小麦	NK	1 079	1 618	2 697	6 646	5 656	12 301
2005	小麦	PK	1 404	1 569	2 973	5 065	3 762	8 827
2005	小麦	NPK	3 591	3 812	7 403	7 131	5 208	12 338
2005	小麦	NPK+M	3 704	5 876	9 580	7 119	5 721	12 840
2005	小麦	1.5NPK+M	4 146	6 161	10 307	6 241	5 406	11 646
2005	小麦	NPK+M+F2	1 362	1 458	2 820	7 322	5 978	13 300
2005	小麦	（NPK）Cl+M	4 100	6 149	10 248	6 606	5 795	12 401
2005	小麦	M	884	1 352	2 235	5 310	3 628	8 938
2006	小麦	CK_0						
2006	小麦	CK	920	1 325	2 244	3 020	1 947	4 967
2006	小麦	N	984	1 388	2 372	4 442	4 091	8 532
2006	小麦	NP	1 763	1 706	3 468	5 717	3 540	9 257
2006	小麦	NK	933	1 509	2 442	5 634	4 065	9 699
2006	小麦	PK	1 191	1 416	2 607	4 238	2 694	6 932
2006	小麦	NPK	2 834	3 075	5 909	6 176	3 882	10 058
2006	小麦	NPK+M	2 501	2 415	4 916	5 946	4 364	10 310
2006	小麦	1.5NPK+M	2 675	2 873	5 547	6 380	4 500	10 880
2006	小麦	NPK+M+F2	741	2 357	3 098	6 879	4 409	11 288
2006	小麦	（NPK）Cl+M	3 092	3 152	6 243	6 164	4 104	10 268
2006	小麦	M	750	1 101	1 851	3 968	2 408	6 375
2007	小麦	CK_0						
2007	小麦	CK	1 400	1 944	3 344	3 632	1 821	5 453
2007	小麦	N	1 484	1 902	3 386	4 158	2 817	6 975
2007	小麦	NP	2 068	2 976	5 044	4 889	4 036	8 924
2007	小麦	NK	1 454	2 017	3 472	5 023	3 992	9 015
2007	小麦	PK	2 098	2 901	4 999	4 599	3 116	7 715
2007	小麦	NPK	2 737	2 319	5 056	5 385	3 817	9 202
2007	小麦	NPK+M	2 165	2 775	4 940	4 586	3 355	7 941
2007	小麦	1.5NPK+M	2 732	4 072	6 804	4 628	4 897	9 526
2007	小麦	NPK+M+F2	1 900	4 270	6 170	5 120	3 697	8 817
2007	小麦	（NPK）Cl+M	2 955	2 463	5 418	4 099	4 008	8 107
2007	小麦	M	1 211	1 760	2 970	4 389	2 531	6 920
2008	小麦	CK_0						
2008	小麦	CK	1 237	2 043	3 279	4 835	3 461	8 296

（续）

年份	作物	处理	小麦			水稻		
			籽粒产量/(kg/hm²)	秸秆产量/(kg/hm²)	生物产量/(kg/hm²)	籽粒产量/(kg/hm²)	秸秆产量/(kg/hm²)	生物产量/(kg/hm²)
2008	小麦	N	1 099	1 300	2 399	5 940	6 048	11 988
2008	小麦	NP	3 050	2 821	5 871	7 757	3 564	11 320
2008	小麦	NK	1 089	1 552	2 642	8 340	6 145	14 486
2008	小麦	PK	1 904	1 963	3 867	5 944	3 843	9 787
2008	小麦	NPK	3 315	4 032	7 347	8 978	6 930	15 908
2008	小麦	NPK+M	3 327	3 974	7 301	8 907	6 506	15 413
2008	小麦	1.5NPK+M	3 530	4 862	8 391	9 012	6 419	15 431
2008	小麦	(NPK) Cl+M	3 468	3 747	7 215	9 008	6 343	15 351
2008	小麦	M	1 451	1 754	3 205	5 301	3 874	9 175
2008	油菜	NPK+M+F2	2 018	3 005	5 024	9 394	6 628	16 022
2009	小麦	CK_0						
2009	小麦	CK	749	607	1 356	2 262	1 516	3 778
2009	小麦	N	762	843	1 605	4 340	3 362	7 702
2009	小麦	NP	2 719	2 408	5 128	4 898	3 316	8 214
2009	小麦	NK	775	1 029	1 803	4 936	3 829	8 765
2009	小麦	PK	947	1 032	1 979	4 655	2 792	7 447
2009	小麦	NPK	3 317	3 317	6 633	6 342	4 975	11 317
2009	小麦	NPK+M	3 393	3 838	7 230	6 044	5 013	11 058
2009	小麦	1.5NPK+M	3 624	4 646	8 270	5 100	4 871	9 971
2009	油菜	NPK+M+F2	1 702	4 182	5 885	6 850	6 394	13 244
2009	小麦	(NPK) Cl+M	3 532	3 452	6 984	5 625	5 173	10 798
2009	小麦	M	720	660	1 380	3 421	2 386	5 806
2010	小麦	CK_0						
2010	小麦	CK	2 128	2 184	4 313	3 462	2 304	5 766
2010	小麦	N	1 856	1 927	3 783	4 507	3 695	8 203
2010	小麦	NP	3 210	2 385	5 595	5 831	4 263	10 093
2010	小麦	NK	1 335	1 659	2 994	5 787	4 773	10 560
2010	小麦	PK	2 162	2 499	4 661	4 914	3 243	8 158
2010	小麦	NPK	3 477	3 538	7 015	7 145	4 612	11 757
2010	小麦	NPK+M	3 300	4 133	7 433	6 840	4 375	11 215
2010	小麦	1.5NPK+M	3 531	3 977	7 508	7 123	5 306	12 429
2010	小麦	NPK+M+F2	1 992	5 287	7 279	6 981	4 495	11 476
2010	小麦	(NPK) Cl+M	3 667	3 522	7 189	6 980	5 437	12 416
2010	小麦	M	1 746	1 973	3 719	4 425	2 677	7 102

表 4-42　湖南祁阳红壤监测站作物产量

年份	处理	小麦			玉米		
		籽粒产量/(kg/hm²)	秸秆产量/(kg/hm²)	生物产量/(kg/hm²)	籽粒产量/(kg/hm²)	秸秆产量/(kg/hm²)	生物产量/(kg/hm²)
1991	CK	623	1 419	2 042	608	866	1 475
1991	N	1 040	2 283	3 323	1 625	1 753	3 377
1991	NP	1 917	3 681	5 598	3 026	2 154	5 180
1991	NK	1 096	2 025	3 121	3 189	2 606	5 795
1991	PK	1 469	2 875	4 344	598	1 449	2 047
1991	NPK	1 789	3 419	5 207	2 687	3 152	5 839
1991	NPK+M	2 132	4 744	6 876	3 869	3 725	7 593
1991	1.5 (NPK+M)	1 416	4 627	6 043	4 853	3 838	8 690
1991	NPK+S	2 078	3 865	5 943	3 561	3 041	6 602
1991	NPK+M+F2	1 725	4 745	6 470	484	1 366	1 850
1991	1.5M						0
1992	CK	380	1 035	1 415	816	1 071	1 887
1992	N	1 280	3 893	5 173	2 529	3 416	5 945
1992	NP	2 162	4 859	7 021	3 611	4 107	7 718
1992	NK	1 331	3 832	5 163	2 628	2 604	5 232
1992	PK	955	2 592	3 547	917	819	1 736
1992	NPK	2 168	5 134	7 301	3 987	3 969	7 956
1992	NPK+M	2 121	5 065	7 186	2 972	3 770	6 742
1992	1.5 (NPK+M)	2 558	6 430	8 988	5 480	6 144	11 624
1992	NPK+S	2 149	5 827	7 976	4 385	5 037	9 422
1992	NPK+M+F2	1 793	4 709	6 502	1 056	942	1 998
1992	1.5M				3 567	3 402	6 969
1993	CK	525	1 785	2 310	559	1 830	2 389
1993	N	900	3 150	4 050	2 787	2 940	5 727
1993	NP	1 455	5 175	6 630	4 666	4 320	8 986
1993	NK	930	3 150	4 080	3 054	4 410	7 464
1993	PK	750	2 625	3 375	583	1 620	2 203
1993	NPK	1 358	4 350	5 708	2 973	5 250	8 223
1993	NPK+M	1 335	4 125	5 460	5 298	4 980	10 278
1993	1.5 (NPK+M)	2 025	6 938	8 963	5 501	6 000	11 501
1993	NPK+S	1 560	4 500	6 060	5 396	6 870	12 266
1993	NPK+M+F2	1 590	4 500	6 090	1 202	649	1 851
1993	1.5M	1 140	4 200	5 340	3 159	3 930	7 089
1994	CK	522	1 440	1 962	166	1 139	1 305
1994	N	1 055	2 940	3 995	888	1 447	2 335
1994	NP	1 898	5 735	7 632	3 501	2 169	5 670
1994	NK	1 335	3 435	4 770	1 835	1 841	3 675

（续）

年份	处理	小麦			玉米		
		籽粒产量/（kg/hm²）	秸秆产量/（kg/hm²）	生物产量/（kg/hm²）	籽粒产量/（kg/hm²）	秸秆产量/（kg/hm²）	生物产量/（kg/hm²）
1994	PK	785	1 680	2 465	225	1 374	1 599
1994	NPK	2 354	5 745	8 099	3 105	3 601	6 706
1994	NPK+M	2 135	6 873	9 008	3 240	2 900	6 140
1994	1.5（NPK+M）	2 217	7 853	10 070	4 013	3 545	7 558
1994	NPK+S	2 639	7 785	10 424	3 626	3 187	6 812
1994	NPK+M+F2	1 943	3 150	5 093			0
1994	1.5M	1 715	6 390	8 105	3 975	2 544	6 519
1995	CK	411	635	1 046	459	835	1 294
1995	N	864	1 167	2 031	1 400	2 081	3 481
1995	NP	1 565	2 462	4 026	3 115	3 547	6 662
1995	NK	839	1 203	2 042	2 306	2 687	4 992
1995	PK	647	1 308	1 955	310	1 229	1 539
1995	NPK	1 800	2 741	4 541	3 859	4 274	8 132
1995	NPK+M	1 680	2 166	3 846	4 207	5 071	9 278
1995	1.5（NPK+M）	1 841	2 690	4 530	4 961	5 777	10 737
1995	NPK+S	1 629	2 192	3 821	4 138	4 406	8 544
1995	NPK+M+F2	1 499	2 166	3 665			0
1995	1.5M	1 365	2 307	3 672	2 484	3 428	5 912
1996	CK	348	1 069	1 417	180	630	810
1996	N	502	1 540	2 042	540	1 110	1 650
1996	NP	1 383	3 218	4 601	3 675	4 013	7 688
1996	NK	314	1 013	1 326	1 350	1 650	3 000
1996	PK	559	1 598	2 156	270	855	1 125
1996	NPK	1 493	3 780	5 273	5 325	4 388	9 713
1996	NPK+M	1 388	4 530	5 918	4 200	3 975	8 175
1996	1.5（NPK+M）	1 595	4 751	6 346	6 000	5 252	11 252
1996	NPK+S	1 742	4 860	6 602	5 550	4 763	10 313
1996	NPK+M+F2	1 252	4 118	5 369			0
1996	1.5M	834	3 465	4 299	1 800	3 225	5 025
1997	CK	296	704	999	582	1 280	1 862
1997	N	173	564	737	558	1 290	1 848
1997	NP	810	1 410	2 220	2 923	3 812	6 734
1997	NK	254	588	842	389	2 330	2 718
1997	PK	410	822	1 232	404	1 313	1 716
1997	NPK	1 064	1 764	2 828	5 550	3 572	9 122
1997	NPK+M	1 212	2 349	3 561	5 520	6 036	11 556
1997	1.5（NPK+M）	1 311	2 751	4 062	8 490	7 307	15 797

（续）

年份	处理	小麦			玉米		
		籽粒产量/(kg/hm²)	秸秆产量/(kg/hm²)	生物产量/(kg/hm²)	籽粒产量/(kg/hm²)	秸秆产量/(kg/hm²)	生物产量/(kg/hm²)
1997	NPK+S	1 311	1 551	2 862	6 482	6 042	12 524
1997	NPK+M+F2	1 115	1 797	2 912	528	1 140	1 668
1997	1.5M	902	2 115	3 017	5 336	4 872	10 208
1998	CK	350	1 176	1 526	24	729	753
1998	N	332	952	1 283	392	972	1 364
1998	NP	833	2 487	3 320	297	2 835	3 132
1998	NK	326	941	1 267	483	1 377	1 860
1998	PK	466	1 429	1 895	318	972	1 290
1998	NPK	854	2 342	3 195	5 699	3 564	9 263
1998	NPK+M	1 153	4 550	5 702	5 385	4 374	9 759
1998	1.5 (NPK+M)	1 369	4 944	6 313	6 750	7 047	13 797
1998	NPK+S	1 196	3 521	4 717	4 961	3 402	8 363
1998	NPK+M+F2	1 104	3 822	4 926	902	998	1 899
1998	1.5M	628	2 834	3 461	3 672	3 645	7 317
1999	CK	347	183	530	155	1 245	1 400
1999	N	66	149	215	699	1 165	1 864
1999	NP	595	654	1 249	2 185	2 691	4 876
1999	NK	60	152	212	766	1 808	2 573
1999	PK	909	893	1 802	404	2 490	2 894
1999	NPK	946	1 158	2 104	4 124	3 682	7 805
1999	NPK+M	1 551	1 370	2 921	5 901	5 302	11 203
1999	1.5 (NPK+M)	1 484	1 443	2 927	6 670	5 744	12 413
1999	NPK+S	989	1 053	2 042	5 333	4 258	9 591
1999	NPK+M+F2	811	767	1 577	782	1 527	2 309
1999	1.5M	541	542	1 082	5 595	5 213	10 808
2000	CK	382	702	1 084	97	299	396
2000	N	182	545	728	46	140	186
2000	NP	587	884	1 470	386	547	933
2000	NK	162	420	582	452	257	709
2000	PK	728	1 361	2 089	778	484	1 262
2000	NPK	803	1 509	2 312	2 891	1 064	3 954
2000	NPK+M	1 096	2 440	3 536	5 501	2 771	8 272
2000	1.5 (NPK+M)	1 309	2 748	4 057	6 385	3 782	10 167
2000	NPK+S	1 001	1 977	2 978	1 977	1 853	3 829
2000	NPK+M+F2	1 053	1 832	2 884	771	1 285	2 056
2000	1.5M	956	2 090	3 045	3 609	1 794	5 403
2001	CK	333	597	930	162	654	816

（续）

年份	处理	小麦			玉米		
		籽粒产量/（kg/hm²）	秸秆产量/（kg/hm²）	生物产量/（kg/hm²）	籽粒产量/（kg/hm²）	秸秆产量/（kg/hm²）	生物产量/（kg/hm²）
2001	N	101	302	403	195	176	371
2001	NP	828	1 122	1 950	2 003	1 611	3 614
2001	NK	141	431	572	332	693	1 025
2001	PK	1 029	1 473	2 502	587	1 931	2 517
2001	NPK	1 083	1 472	2 555	3 429	2 574	6 003
2001	NPK+M	1 202	2 766	3 968	7 161	6 717	13 878
2001	1.5（NPK+M）	1 127	2 822	3 949	7 616	6 816	14 432
2001	NPK+S	1 151	1 760	2 911	4 706	3 168	7 874
2001	NPK+M+F2	923	2 204	3 127	705	966	1 671
2001	1.5M	1 276	2 636	3 912	4 722	3 678	8 400
2002	CK	225	410	635	321	869	1 190
2002	N	54	108	162	143	165	308
2002	NP	543	596	1 139	1 466	1 319	2 784
2002	NK	132	257	389	389	311	699
2002	PK	828	890	1 718	1 418	1 365	2 783
2002	NPK	764	939	1 703	4 017	1 862	5 879
2002	NPK+M	1 781	2 442	4 223	7 088	3 849	10 937
2002	1.5（NPK+M）	2 123	2 966	5 089	7 010	6 222	13 232
2002	NPK+S	1 191	1 286	2 477	3 780	2 969	6 749
2002	NPK+M+F2	1 871	2 103	3 974	671	1 283	1 953
2002	1.5M	1 553	2 189	3 742	4 962	3 615	8 577
2003	CK	410	569	979	155	581	735
2003	N	51	92	143	110	224	333
2003	NP	677	638	1 315	1 218	1 331	2 549
2003	NK	48	101	149	243	443	686
2003	PK	614	746	1 360	411	1 076	1 487
2003	NPK	1 349	1 416	2 765	3 063	2 861	5 924
2003	NPK+M	1 860	3 072	4 932	5 985	5 294	11 279
2003	1.5（NPK+M）	1 911	3 636	5 547	7 818	6 564	14 382
2003	NPK+S	1 320	1 959	3 279	4 355	3 387	7 742
2003	NPK+M+F2	1 619	2 433	4 052	479	708	1 187
2003	1.5M	2 189	3 372	5 561	4 131	3 735	7 866
2004	CK	350	1 149	1 499	210	598	808
2004	N	32	201	233	37	86	122
2004	NP	861	1 340	2 201	353	414	767
2004	NK	38	245	283	225	255	480
2004	PK	869	1 887	2 756	422	677	1 098

（续）

年份	处理	小麦			玉米		
		籽粒产量/（kg/hm²）	秸秆产量/（kg/hm²）	生物产量/（kg/hm²）	籽粒产量/（kg/hm²）	秸秆产量/（kg/hm²）	生物产量/（kg/hm²）
2004	NPK	1 332	2 645	3 977	1 793	1 967	3 760
2004	NPK+M	2 384	4 713	7 097	5 546	6 014	11 560
2004	1.5（NPK+M）	2 268	4 796	7 064	6 337	6 947	13 284
2004	NPK+S	1 352	2 696	4 048	1 973	2 117	4 089
2004	NPK+M+F2	2 316	4 664	6 980	816	1 448	2 264
2004	1.5M	2 243	3 539	5 782	2 600	3 308	5 907
2005	CK	576	929	1 505	156	890	1 046
2005	N	53	66	119	50	113	162
2005	NP	480	930	1 410	572	927	1 499
2005	NK	38	62	100	72	138	210
2005	PK	1 418	2 208	3 626	380	953	1 332
2005	NPK	882	1 614	2 496	1 310	953	2 262
2005	NPK+M	2 052	5 268	7 320	4 788	5 712	10 500
2005	1.5（NPK+M）	1 554	5 883	7 437	5 520	7 691	13 211
2005	NPK+S	1 431	1 803	3 234	1 464	1 503	2 967
2005	NPK+M+F2	2 049	4 197	6 246	1 203	1 365	2 568
2005	1.5M	2 265	4 638	6 903	2 556	2 931	5 487
2006	CK	367	828	1 195	146	524	670
2006	N						
2006	NP	407	836	1 243	378	619	997
2006	NK						
2006	PK	1 056	1 551	2 607	485	809	1 294
2006	NPK	503	861	1 364	843	1 439	2 281
2006	NPK+M	1 543	3 174	4 717	4 640	3 536	8 176
2006	1.5（NPK+M）	1 241	3 762	5 003	5 328	4 795	10 123
2006	NPK+S	703	1 141	1 844	1 767	1 374	3 141
2006	NPK+M+F2	1 458	3 158	4 616	411	849	1 260
2006	1.5M	1 540	3 383	4 923	2 835	2 697	5 532
2007	CK	289	551	840	168	1 136	1 304
2007	N						
2007	NP	276	565	841	604	874	1 478
2007	NK						
2007	PK	648	1 586	2 234	644	2 148	2 792
2007	NPK	381	809	1 190	952	1 175	2 127
2007	NPK+M	1 333	3 247	4 580	4 445	5 821	10 266
2007	1.5（NPK+M）	1 374	3 394	4 768	5 670	7 193	12 864
2007	NPK+S	569	1 511	2 080	1 257	4 496	5 752

（续）

年份	处理	小麦			玉米		
		籽粒产量/（kg/hm²）	秸秆产量/（kg/hm²）	生物产量/（kg/hm²）	籽粒产量/（kg/hm²）	秸秆产量/（kg/hm²）	生物产量/（kg/hm²）
2007	NPK+M+F2	1 187	3 124	4 311	525	975	1 500
2007	1.5M	1 218	3 384	4 602	3 377	3 996	7 373
2008	CK	264	390	654	362	1 025	1 386
2008	N						
2008	NP	152	489	641	482	525	1 007
2008	NK						
2008	PK	698	1 074	1 772	602	1 049	1 651
2008	NPK	89	230	319	909	824	1 733
2008	NPK+M	1 511	2 553	4 064	5 619	5 769	11 388
2008	1.5（NPK+M）	1 587	3 066	4 653	5 984	6 094	12 078
2008	NPK+S	116	330	446	1 162	1 746	2 908
2008	NPK+M+F2	1 592	2 616	4 208			
2008	1.5M	1 184	2 447	3 631	5 480	4 995	10 475
2009	CK	587	254	841	185	612	797
2009	N						
2009	NP	575	254	829	863	1 214	2 077
2009	NK						
2009	PK	1 560	1 065	2 625	553	1 286	1 839
2009	NPK	1 680	648	2 328	1 351	2 002	3 353
2009	NPK+M	2 963	2 259	5 222	6 303	5 089	11 392
2009	1.5（NPK+M）	3 544	2 201	5 745	6 378	6 848	13 226
2009	NPK+S	1 622	803	2 425	2 461	2 490	4 951
2009	NPK+M+F2	2 932	2 032	4 964			
2009	1.5M	2 547	1 854	4 401	5 853	4 835	10 688
2010	CK	408	993	1 400	108	600	708
2010	N						
2010	NP	330	1 188	1 518	894	870	1 764
2010	NK						
2010	PK	1 243	2 304	3 546	357	1 005	1 362
2010	NPK	442	1 785	2 228	1 885	1 425	3 310
2010	NPK+M	875	4 069	4 944	4 387	5 400	9 787
2010	1.5（NPK+M）	726	3 954	4 680	4 925	6 000	10 925
2010	NPK+S	426	1 560	1 986	2 238	1 650	3 888
2010	NPK+M+F2	1 176	3 159	4 335	126	863	989
2010	1.5M	1 375	3 613	4 988	2 835	3 825	6 660

4.5 作物养分含量

4.5.1 概述

作物养分含量数据集包括 8 个不同土壤类型监测站（吉林公主岭黑土监测站、新疆乌鲁木齐灰漠土监测站、陕西杨凌黄土监测站、北京昌平褐潮土监测站、河南郑州潮土监测站、浙江杭州水稻土监测站、重庆北碚紫色土监测站、湖南祁阳红壤监测站）的玉米、冬小麦、春小麦、水稻等长期定位试验作物籽粒和秸秆的氮（N）、磷（P）、钾（K）含量数据。

4.5.2 数据采集和处理方法

通过各监测站每年上报汇总数据进行数据采集。各监测站数据采集是由田间试验科研负责人在收获时，对各处理小区采集的秸秆、籽粒样品风干处理后，按照植物样品 N、P、K 测定的标准方法进行测定、计算，实时实地如实记录数据并核实，以确保数据真实性。

4.5.3 数据质量控制和评估

数据质量控制原则是按照教科书的科学方法或者标准方法执行样品采集、样品处理、样品分析、计算统一，实时实地如实记录数据并核实，以确保数据真实性。记录方式方法符合科学要求，数据记录无误，为确保试验结果的科学性、正确性提供保障依据。

4.5.4 数据价值

作物养分含量数据体现了田间试验不同施肥处理下，各作物吸收利用养分差异，可以用来确定肥料养分、土壤养分对籽粒产量和秸秆产量的贡献，为研究肥料利用率、回收率、偏生产率、土壤养分平衡等提供宝贵的科学依据，为保障作物高产稳产、优化田间管理措施提供理论依据，为农业科研和农业生产提供宝贵的数据支撑。

4.5.5 作物养分产量数据

表 4－43 至表 4－50 分别为各监测站（吉林公主岭黑土监测站、新疆乌鲁木齐灰漠土监测站、陕西杨凌黄土监测站、北京昌平褐潮土监测站、河南郑州潮土监测站、浙江杭州水稻土监测站、重庆北碚紫色土监测站、湖南祁阳红壤监测站）的玉米、小麦、水稻等作物养分含量数据记录，包括籽粒和秸秆的 N、P、K 含量。

表 4－43　吉林公主岭黑土监测站玉米养分含量

年份	作物	处理	籽粒/（g/kg）			秸秆/（g/kg）		
			N	P	K	N	P	K
2005	玉米	CK	10.00	3.64	2.73	5.22	0.36	6.19
2005	玉米	N	13.51	2.20	1.90	8.66	0.61	8.80
2005	玉米	NP	13.87	2.82	1.89	8.18	0.79	3.82
2005	玉米	NK	13.34	2.43	1.87	7.71	0.50	7.74
2005	玉米	PK	10.27	3.66	1.87	4.61	2.57	10.51
2005	玉米	NPK	14.45	2.16	2.53	7.84	0.55	8.33
2005	玉米	NPK+M1	14.63	2.41	2.54	7.85	1.21	9.50
2005	玉米	1.5（NPK+M1）	16.52	3.80	2.30	8.88	1.06	15.37

（续）

年份	作物	处理	籽粒/（g/kg）			秸秆/（g/kg）		
			N	P	K	N	P	K
2005	玉米	NPK+S	12.19	1.72	2.54	5.71	0.76	7.89
2005	玉米	NPK+M1+F2	14.78	3.64	2.30	6.65	1.30	10.51
2005	玉米	NPK+M2	15.55	3.77	2.30	8.85	1.14	14.77
2007	玉米	CK	7.45	2.08	2.63	3.31	0.57	7.92
2007	玉米	N	11.79	1.53	2.31	7.54	0.62	5.48
2007	玉米	NP	13.80	2.57	2.31	6.85	0.84	6.34
2007	玉米	NK	12.79	1.76	2.31	9.17	0.81	11.96
2007	玉米	PK	7.87	2.91	2.65	2.95	3.05	17.30
2007	玉米	NPK	14.03	2.67	2.65	6.22	0.81	9.31
2007	玉米	NPK+M1	12.71	3.12	2.53	6.50	1.84	13.33
2007	玉米	1.5（NPK+M1）	14.51	3.37	2.61	7.84	1.15	18.69
2007	玉米	NPK+S	10.50	2.77	2.62	4.40	0.84	7.51
2007	玉米	NPK+M1+F2	62.62	7.40	2.66			
2007	玉米	NPK+M2	15.39	3.15	2.65	8.13	0.96	19.48

表 4-44 新疆乌鲁木齐灰漠土监测站作物养分含量

年份	作物	处理	籽粒/（g/kg）			秸秆/（g/kg）		
			N	P	K	N	P	K
1990	玉米	$N_2P_2K_2$+2M	10.30	2.79		6.10	0.53	
1990	玉米	NPK	16.20	1.15		7.10	0.51	
1990	玉米	$N_1P_1K_1$+M	11.30	2.31		3.40	0.61	
1990	玉米	CK	11.50	0.54		5.40	0.17	
1990	玉米	NK	14.90	1.27		2.60	0.18	
1990	玉米	N	15.90	1.76		7.10	0.20	
1990	玉米	NP	15.40	1.09		5.00	0.10	
1990	玉米	PK	11.30	1.00		3.20	0.15	
1990	玉米	$N_3P_3K_3$+S	14.30	1.00		4.90	0.23	
1991	春小麦	$N_2P_2K_2$+2M	24.10	4.19		3.60	0.27	
1991	春小麦	NPK	23.90	2.85		5.10	0.32	
1991	春小麦	$N_1P_1K_1$+M	23.10	2.49		4.50	0.41	
1991	春小麦	CK	19.60	1.76		4.00	0.29	
1991	春小麦	NK	23.30	2.49		4.50	0.29	
1991	春小麦	N	26.00	2.85		5.30	0.32	
1991	春小麦	NP	25.70	2.37		5.10	0.36	
1991	春小麦	PK	25.30	3.88		3.60	0.27	
1991	春小麦	$N_3P_3K_3$+S	25.30	2.37		3.60	0.24	
1992	冬小麦	$N_2P_2K_2$+2M	19.00	2.67		2.80	0.75	

（续）

年份	作物	处理	籽粒/（g/kg）			秸秆/（g/kg）		
			N	P	K	N	P	K
1992	冬小麦	NPK	27.30	3.00		5.30	0.84	
1992	冬小麦	$N_1P_1K_1$+M	22.30	3.58		2.80	0.57	
1992	冬小麦	CK	22.90	2.12		3.40	0.24	
1992	冬小麦	NK	26.30	2.24		4.90	0.18	
1992	冬小麦	N	22.70	2.24		3.80	0.18	
1992	冬小麦	NP	21.00	2.43		4.50	0.26	
1992	冬小麦	PK	19.50	3.16		4.90	0.18	
1992	冬小麦	$N_3P_3K_3$+S	15.00	2.31		4.50	0.25	
1993	玉米	$N_2P_2K_2$+2M	11.00	2.36		7.09	0.94	
1993	玉米	NPK	9.04	2.42		5.93	0.70	
1993	玉米	$N_1P_1K_1$+M	9.04	2.23		4.77	0.80	
1993	玉米	CK	9.44	2.36		3.81	0.47	
1993	玉米	NK	10.20	2.11		5.19	0.60	
1993	玉米	N	6.88	2.05		4.76	0.60	
1993	玉米	NP	7.08	2.00		6.25	0.66	
1993	玉米	PK	7.86	2.22		3.28	0.69	
1993	玉米	$N_3P_3K_3$+S	9.83	2.00		5.90	0.33	
1994	春小麦	$N_2P_2K_2$+2M	19.30	3.84		5.50	0.65	
1994	春小麦	NPK	18.90	3.65		4.88	0.45	
1994	春小麦	$N_1P_1K_1$+M	13.80	4.00		3.77	0.54	
1994	春小麦	CK	18.90	2.91		2.20	0.18	
1994	春小麦	NK	23.20	3.84		5.50	0.33	
1994	春小麦	N	16.50	3.32		1.57	0.21	
1994	春小麦	NP	15.70	3.00		4.56	0.30	
1994	春小麦	PK	11.80	4.27		3.15	0.11	
1994	春小麦	$N_3P_3K_3$+S	16.90	3.00		1.73	0.37	
1995	冬小麦	$N_2P_2K_2$+2M	14.90	3.05		2.83	1.06	
1995	冬小麦	NPK	21.10	3.25		7.39	0.85	
1995	冬小麦	$N_1P_1K_1$+M	16.50	3.33		7.55	1.00	
1995	冬小麦	CK	19.80	2.57		3.46	0.55	
1995	冬小麦	NK	16.00	2.77		3.93	0.70	
1995	冬小麦	N	16.40	2.43		4.25	0.44	
1995	冬小麦	NP	20.10	3.35		4.72	0.70	
1995	冬小麦	PK	9.80	2.39		2.36	1.51	
1995	冬小麦	$N_3P_3K_3$+S	12.70	2.95		3.77	0.49	
1996	玉米	$N_2P_2K_2$+2M	12.60	3.17		8.49	0.81	

（续）

年份	作物	处理	籽粒/（g/kg）			秸秆/（g/kg）		
			N	P	K	N	P	K
1996	玉米	NPK	10.10	1.88		9.12	1.00	
1996	玉米	$N_1P_1K_1$+M	11.30	2.61		8.65	1.15	
1996	玉米	CK	9.80	1.46		4.40	0.41	
1996	玉米	NK	10.40	1.63		6.60	0.52	
1996	玉米	N	10.70	1.53		8.17	0.44	
1996	玉米	NP	13.40	2.28		7.86	0.59	
1996	玉米	PK	8.50	2.10		3.46	1.14	
1996	玉米	$N_3P_3K_3$+S	10.70	2.53		9.12	0.66	
1997	冬小麦	$N_2P_2K_2$+2M	22.10	4.31	1.55	4.59	1.42	9.33
1997	冬小麦	NPK	23.00	3.66	1.52	7.09	0.80	10.10
1997	冬小麦	$N_1P_1K_1$+M	20.90	4.19	1.52	4.17	0.86	9.30
1997	冬小麦	CK	22.10	2.81	1.40	4.17	1.46	5.95
1997	冬小麦	NK	20.90	3.34	1.43	2.92	0.46	6.65
1997	冬小麦	N	18.80	2.50	1.30	5.00	0.82	7.73
1997	冬小麦	NP	22.10	3.69	1.52	3.34	0.78	9.60
1997	冬小麦	PK	17.50	4.31	1.55	6.68	1.43	6.45
1997	冬小麦	$N_3P_3K_3$+S	16.70	5.19	1.23	4.17	0.95	9.93
1998	冬小麦	$N_2P_2K_2$+2M	20.47	3.61	3.25	3.51	0.65	15.50
1998	冬小麦	NPK	22.22	4.38	4.05	2.34	0.41	11.65
1998	冬小麦	$N_1P_1K_1$+M	22.22	3.01	3.40	4.68	0.76	12.10
1998	冬小麦	CK	21.63	2.20	3.40	3.51	0.35	7.65
1998	冬小麦	NK	17.54	1.73	2.70	4.09	0.33	12.35
1998	冬小麦	N	16.37	2.41	9.40	4.68	0.44	9.75
1998	冬小麦	NP	22.22	4.19	3.75	5.85	0.34	10.70
1998	冬小麦	PK	12.86	2.36	3.70	3.51	0.96	7.75
1998	冬小麦	$N_3P_3K_3$+S	19.88	3.64	2.40	2.34	0.26	11.85
2000	玉米	$N_2P_2K_2$+2M	11.75	1.95	3.81	9.27	0.83	32.93
2000	玉米	NPK	10.75	1.33	2.70	7.03	0.82	27.55
2000	玉米	$N_1P_1K_1$+M	11.40	2.06	4.30	8.05	0.74	30.35
2000	玉米	CK	9.03	1.44	3.85	3.54	0.45	24.32
2000	玉米	NK	11.61	1.42	3.67	6.18	0.60	25.41
2000	玉米	N	10.58	1.60	3.67	7.37	0.75	22.91
2000	玉米	NP	10.58	1.87	4.86	5.23	0.76	25.05
2000	玉米	PK	9.77	2.36	4.93	3.37	1.29	30.71
2000	玉米	$N_3P_3K_3$+S	11.35	2.15	4.85	6.31	0.62	28.25
2001	冬小麦	$N_1P_1K_1$+M	19.30	3.15	1.46	5.68	0.93	9.90
2001	冬小麦	NPK	19.20	3.56	1.45	4.87	0.57	10.90
2001	冬小麦	$N_2P_2K_2$+2M	20.80	3.51	1.45	4.84	0.77	8.95

（续）

年份	作物	处理	籽粒/（g/kg）			秸秆/（g/kg）		
			N	P	K	N	P	K
2001	冬小麦	CK	17.70	2.88	1.27	3.25	0.31	4.17
2001	冬小麦	NK	22.60	3.22	1.37	4.05	0.51	5.27
2001	冬小麦	N	17.70	2.60	1.27	4.85	0.48	6.08
2001	冬小麦	NP	16.20	1.82	0.80	4.87	0.23	3.96
2001	冬小麦	PK	14.40	3.83	1.74	3.26	0.77	4.15
2001	冬小麦	$N_3P_3K_3$+S	22.60	3.54	1.66	3.26	0.59	7.98
2002	春小麦	$N_1P_1K_1$+M	23.10	4.45	1.88	7.07	1.25	12.40
2002	春小麦	NPK	21.50	3.72	1.50	5.64	1.04	10.70
2002	春小麦	$N_2P_2K_2$+2M	21.00	4.27	1.59	6.24	1.44	11.50
2002	春小麦	CK	13.60	2.72	1.69	6.09	1.13	10.10
2002	春小麦	NK	21.00	3.00	1.51	4.24	0.67	8.04
2002	春小麦	N	23.90	3.00	1.51	6.68	1.08	7.40
2002	春小麦	NP	21.60	3.48	1.47	7.90	1.65	8.18
2002	春小麦	PK	16.40	4.03	1.65	3.36	1.29	6.30
2002	春小麦	$N_3P_3K_3$+S	22.70	3.57	1.43	5.92	1.27	10.20
2003	玉米	$N_1P_1K_1$+M	14.00	2.88	2.01	4.65	2.08	21.70
2003	玉米	NPK	14.60	2.92	2.17	6.43	1.13	16.60
2003	玉米	$N_2P_2K_2$+2M	14.30	3.38	2.45	5.02	1.77	19.10
2003	玉米	CK	9.02	2.06	2.04	3.45	0.76	11.50
2003	玉米	NK	12.00	1.94	1.99	6.10	1.29	16.70
2003	玉米	N	12.80	2.24	2.25	5.69	1.57	12.50
2003	玉米	NP	13.30	4.11	2.47	6.11	1.58	13.50
2003	玉米	PK	8.95	3.84	2.33	3.11	1.81	17.80
2003	玉米	$N_3P_3K_3$+S	11.50	3.32	2.22	5.53	1.60	15.00
2004	冬小麦	$N_1P_1K_1$+M	18.40	3.92	3.01	4.14	2.39	15.40
2004	冬小麦	NPK	18.30	3.64	3.04	4.51	1.27	16.80
2004	冬小麦	$N_2P_2K_2$+2M	18.70	3.39	3.06	4.60	2.42	14.90
2004	冬小麦	CK	12.30	2.77	2.90	1.07	0.74	5.00
2004	冬小麦	NK	19.80	2.72	3.14	5.95	2.15	15.10
2004	冬小麦	N	20.10	3.17	2.64	5.10	1.65	13.20
2004	冬小麦	NP	16.00	3.26	2.83	4.12	1.96	13.70
2004	冬小麦	PK	14.00	4.25	3.43	2.94	2.16	7.43
2004	冬小麦	$N_3P_3K_3$+S	14.00	2.94	2.61	5.35	2.04	10.50
2005	玉米	$N_1P_1K_1$+M	11.40	3.15	2.15	6.69	0.46	18.90
2005	玉米	NPK	11.80	4.16	2.73	7.03	0.85	17.30
2005	玉米	$N_2P_2K_2$+2M	11.90	5.35	3.03	6.97	1.04	19.20
2005	玉米	CK	10.00	1.90	2.18	5.04	0.29	12.40
2005	玉米	NK	11.90	3.38	2.73	7.00	0.73	14.50

（续）

年份	作物	处理	籽粒/（g/kg）			秸秆/（g/kg）		
			N	P	K	N	P	K
2005	玉米	N	12.00	3.05	2.38	5.88	0.27	12.60
2005	玉米	NP	11.00	1.84	2.04	6.27	0.51	15.10
2005	玉米	PK	9.95	4.62	2.69	4.38	1.29	16.70
2005	玉米	$N_3P_3K_3$+S	10.90	3.64	2.41	5.98	0.57	18.50
2006	春小麦	$N_1P_1K_1$+M	16.40	2.77	5.14	6.03	0.49	16.30
2006	春小麦	NPK	23.00	3.07	4.50	6.73	0.29	14.60
2006	春小麦	$N_2P_2K_2$+2M	23.50	3.23	4.72	6.74	0.59	15.90
2006	春小麦	CK	13.60	2.48	3.73	4.59	0.21	9.52
2006	春小麦	NK	18.60	2.61	3.97	8.05	0.46	19.50
2006	春小麦	N	21.80	2.45	4.39	7.04	0.31	14.60
2006	春小麦	NP	26.50	2.98	4.56	6.41	0.32	14.10
2006	春小麦	PK	18.20	3.59	4.61	2.94	0.89	14.90
2006	春小麦	$N_3P_3K_3$+S	16.50	2.84	3.98	5.53	0.29	14.00
2007	冬小麦	$N_1P_1K_1$+M	16.50	11.70	4.00	4.81	3.36	8.04
2007	冬小麦	NPK	17.40	11.00	3.35	4.60	3.57	7.94
2007	冬小麦	$N_2P_2K_2$+2M	17.20	11.50	3.58	5.28	3.54	7.31
2007	冬小麦	CK	18.50	9.14	3.08	3.68	2.86	4.22
2007	冬小麦	NK	18.80	8.38	3.42	3.80	2.69	7.26
2007	冬小麦	N	20.50	8.71	3.12	3.75	2.72	5.80
2007	冬小麦	NP	12.10	9.91	2.98	4.15	2.90	7.09
2007	冬小麦	PK	14.90	12.30	3.68	2.32	3.17	4.81
2007	冬小麦	$N_3P_3K_3$+S	17.50	10.00	3.36	3.66	2.87	6.69
2008	玉米	$N_1P_1K_1$+M	14.48	3.68	8.84	15.74	2.41	29.49
2008	玉米	NPK	10.99	3.75	8.34	9.00	1.50	13.91
2008	玉米	$N_2P_2K_2$+2M	13.05	3.40	8.09	10.68	2.70	28.56
2008	玉米	CK	10.20	2.77	8.52	5.27	1.47	10.76
2008	玉米	NK	6.74	2.72	8.17	6.63	1.81	17.47
2008	玉米	N	9.57	2.39	8.19	7.47	1.41	18.36
2008	玉米	NP	8.61	3.39	7.62	9.56	1.41	17.10
2008	玉米	PK	8.27	2.94	9.37	3.52	2.11	17.31
2008	玉米	$N_3P_3K_3$+S	11.22	3.54	8.67	7.02	1.60	15.71
2009	棉花	$N_1P_1K_1$+M	25.65	7.39	8.32	9.29	3.05	23.09
2009	棉花	NPK	20.72	7.37	8.75	9.02	2.77	14.70
2009	棉花	$N_2P_2K_2$+2M	27.50	9.08	8.26	11.08	2.69	23.44
2009	棉花	CK	27.50	5.15	8.16	6.92	1.83	14.29
2009	棉花	NK	25.71	6.33	8.05	8.80	1.94	14.65
2009	棉花	N	23.81	5.61	8.32	8.20	1.37	15.08
2009	棉花	NP	27.80	7.39	8.34	9.42	2.32	14.15

（续）

年份	作物	处理	籽粒/（g/kg）			秸秆/（g/kg）		
			N	P	K	N	P	K
2009	棉花	PK	17.74	8.34	8.51	7.12	2.66	17.27
2009	棉花	$N_3P_3K_3$+S	28.73	7.41	8.52	5.80	2.30	16.16
2010	玉米	$N_1P_1K_1$+M	12.49	3.55	9.59	8.35	2.80	21.15
2010	玉米	NPK	9.62	3.34	8.37	6.50	2.10	14.01
2010	玉米	$N_2P_2K_2$+2M	13.60	3.95	8.34	7.24	1.65	22.04
2010	玉米	CK	7.95	2.24	9.82	2.93	1.43	10.80
2010	玉米	NK	8.31	3.41	8.46	5.67	1.33	11.24
2010	玉米	N	8.77	2.64	8.31	3.80	1.93	11.61
2010	玉米	NP	9.05	4.06	9.42	6.52	1.90	12.14
2010	玉米	PK	9.00	3.28	9.71	4.65	1.94	14.98
2010	玉米	$N_3P_3K_3$+S	9.03	2.14	9.88	5.92	1.94	12.99

表 4-45　陕西杨凌黄土监测站作物养分含量

年份	作物	处理	籽粒/（g/kg）			秸秆/（g/kg）		
			N	P	K	N	P	K
1991	冬小麦	CK	23.4	3.8	5.3			
1991	冬小麦	N	30.1	3.2	6.1			
1991	冬小麦	NK	20.5	3.4	5.3			
1991	冬小麦	PK	26.1	5.7	5.7			
1991	冬小麦	NP	21.3	3.8	4.6			
1991	冬小麦	NPK	24.4	3.5	4.7			
1991	冬小麦	NPK+S	33	4.7	5.4			
1991	冬小麦	NPK+M	24.4	3.5				
1991	冬小麦	1.5（NPK+M）	25.8	3.9	4.7			
1991	夏玉米	CK	10.3	2.9	5.2			
1991	夏玉米	N	10.6	1.8	4.7			
1991	夏玉米	NK	12.4	1.7	4.9			
1991	夏玉米	PK	9.9	2.7	4.9			
1991	夏玉米	NP	8.1	2.7	4.8			
1991	夏玉米	NPK	3.1	4.1	5			
1991	夏玉米	NPK+S	13.3	2.9	4.9			
1991	夏玉米	NPK+M	13.3	3	6			
1991	夏玉米	1.5（NPK+M）	13.3	3.7	5.9			
1992	冬小麦	CK	26.1	4.8	4.6			
1992	冬小麦	N	28.8	3.9	4.6			
1992	冬小麦	NK	19.8	3.6	3.9			

（续）

年份	作物	处理	籽粒/（g/kg）			秸秆/（g/kg）		
			N	P	K	N	P	K
1992	冬小麦	PK	27.4	5.5	7.2			
1992	冬小麦	NP	24.3	4.2	3.7			
1992	冬小麦	NPK	23.3	3.6	3.6			
1992	冬小麦	NPK+S	30.9	4.8	5.8			
1992	冬小麦	NPK+M	21.2	4.5	4.2			
1992	冬小麦	1.5（NPK+M）	22.6	4.6	3.9			
1992	夏玉米	CK	12	4.1	6.3			
1992	夏玉米	N	9.3	2.8	4.3			
1992	夏玉米	NK	9.5	2.3	4.3			
1992	夏玉米	PK	6.7	3.8	5.2			
1992	夏玉米	NP	9.1	4.1	5.1			
1992	夏玉米	NPK	12	3.9	6.2			
1992	夏玉米	NPK+S	8.1	3.6	4.3			
1992	夏玉米	NPK+M	9.4	3.7	4.8			
1992	夏玉米	1.5（NPK+M）	13.2	4.7	5.5			
1993	冬小麦	CK	15.9	2.6	4.4			
1993	冬小麦	N	23.1	2.1	3.8			
1993	冬小麦	NK	25	3.2	3.6			
1993	冬小麦	PK	20	4.2	3.6			
1993	冬小麦	NP	23.4	3.5	3.5			
1993	冬小麦	NPK	22.4	3.1	3.7			
1993	冬小麦	NPK+S	22.3	3.1	3.6			
1993	冬小麦	NPK+M	19.5	3.3	3.6			
1993	冬小麦	1.5（NPK+M）	22.5	3.4	3.5			
1993	夏玉米	CK						
1993	夏玉米	N	13.5	1	3.5			
1993	夏玉米	NK	11.7	1.8	2.7			
1993	夏玉米	PK						
1993	夏玉米	NP	10.9	2.9	2.6			
1993	夏玉米	NPK	10.7	3.8	3.5			
1993	夏玉米	NPK+S						
1993	夏玉米	NPK+M	11.9	3.3	3.4			
1993	夏玉米	1.5（NPK+M）	13.6	1.6	3			
1994	冬小麦	CK	14.2	2.3	4.3	2.3	1	15.1
1994	冬小麦	N	18.7	2.9	4.3	4.4	0.7	18.4
1994	冬小麦	NK	25.1	2.4	4.9	2.6	1	25.8

（续）

年份	作物	处理	籽粒/（g/kg）			秸秆/（g/kg）		
			N	P	K	N	P	K
1994	冬小麦	PK	18.8	4.8	3.5	2.8	1.6	11.8
1994	冬小麦	NP	18.5	4.1	4.8	5.3	0.9	16.8
1994	冬小麦	NPK	19.8	4.2	4.2	6.2	1.9	14.6
1994	冬小麦	NPK+S	17.1	3.9	4	6.2	1	21.8
1994	冬小麦	NPK+M	13.4	4.2	4.9	4.7	1.3	22.3
1994	冬小麦	1.5（NPK+M）	25.1	4.2	4	7.5	1.5	21.3
1994	夏玉米	CK	5.3	2	4.2			
1994	夏玉米	N	14.4	1.8	3.4			
1994	夏玉米	NK	13.1	1.5	3.7			
1994	夏玉米	PK	10.6	3.5	8			
1994	夏玉米	NP	15	4	4.7			
1994	夏玉米	NPK	16.4	3.3	4.7			
1994	夏玉米	NPK+S	12.9	5	4.4			
1994	夏玉米	NPK+M	10.8	3.3	4.4			
1994	夏玉米	1.5（NPK+M）	15.1	3.3	12.5			
1995	冬小麦	CK	22	4.7	3.7	3	0.3	15
1995	冬小麦	N	24.9	2.9	3.2	6	0.2	20.3
1995	冬小麦	NK	32.5	4.3	4.9	6.2	0.2	22.3
1995	冬小麦	PK	23	3.8	4.8	2.6	0.6	13.9
1995	冬小麦	NP	20.2	3.5	3.8			
1995	冬小麦	NPK				5.8	0.2	17.2
1995	冬小麦	NPK+S	19.5	3.9	3.9			
1995	冬小麦	NPK+M	15.6	4.1	3.9	3.9	0.5	17.6
1995	冬小麦	1.5（NPK+M）	17.3	3.6	3.5	5.9	0.8	21.9
1995	夏玉米	CK						
1995	夏玉米	N	13.1	2.1	4.1			
1995	夏玉米	NK	11.1	2.1	3.5			
1995	夏玉米	PK	10.8	3.9	4.8			
1995	夏玉米	NP	11.7	3.8	3.9			
1995	夏玉米	NPK						
1995	夏玉米	NPK+S	11.1	3.6	3.7			
1995	夏玉米	NPK+M						
1995	夏玉米	1.5（NPK+M）						
1996	冬小麦	CK	14.8	3.7	4.1			
1996	冬小麦	N	17.9	2.4	4.4	7.7	0.3	16.8
1996	冬小麦	NK	17.6	3.3	4.5	8.9	0.2	17.5

（续）

年份	作物	处理	籽粒/（g/kg）			秸秆/（g/kg）		
			N	P	K	N	P	K
1996	冬小麦	PK	15	5.1	4.6	7.5	0.4	15.7
1996	冬小麦	NP	18.5	4.2	3.5	5.6	0.1	18.7
1996	冬小麦	NPK	18.9	4.3	4.2			
1996	冬小麦	NPK+S	18.6	4.5	5.2	6	0.2	22.1
1996	冬小麦	NPK+M	13.9	3.9	5.4	3.2	0.3	17.8
1996	冬小麦	1.5（NPK+M）	15.5	5	5.3	5.3	0.3	19.1
1996	夏玉米	CK	11.1	2.3	3	6.8	0.2	10.9
1996	夏玉米	N	12.9	2.7	1.9	10.8	0.2	12.7
1996	夏玉米	NK	7.8	2.2	3	12.6	0.2	17.3
1996	夏玉米	PK	9.4	3.9	3.4	7.4	0.3	18.2
1996	夏玉米	NP	12.8	3.3	3	12.3	0.3	15.2
1996	夏玉米	NPK	12.3	3.6	3	9.2	0.9	16.4
1996	夏玉米	NPK+S	12	3.6	3	13	0.3	17.5
1996	夏玉米	NPK+M	10.2	3.3	3	12.8	0.4	15.5
1996	夏玉米	1.5（NPK+M）	11.1	3.8	2.9	9.5	0.3	20.5
1997	冬小麦	CK	12.1	2	2.7			
1997	冬小麦	N	16.7	1.9	2.9			
1997	冬小麦	NK	18.1	2.7	3.2			
1997	冬小麦	PK	10.4	3.3	3			
1997	冬小麦	NP	17.1	3	3.3			
1997	冬小麦	NPK	15.5	2.7	2.9			
1997	冬小麦	NPK+S	20.1	3.4	3.4			
1997	冬小麦	NPK+M	15.9	3.4	3.3			
1997	冬小麦	1.5（NPK+M）	17.1	3.8	3.1			
1997	夏玉米	CK	12.3	2	2.7			
1997	夏玉米	N	15.2	1.8	2.7			
1997	夏玉米	NK	13.8	2.1	2.8			
1997	夏玉米	PK	11.5	3.4	3.4			
1997	夏玉米	NP	14.6	3.6	3.4			
1997	夏玉米	NPK	13.7	3.2	3.2			
1997	夏玉米	NPK+S	13	3.2	3.3			
1997	夏玉米	NPK+M	13.4	3.2	3.3			
1997	夏玉米	1.5（NPK+M）	13.7	3.4	3.4			
1998	冬小麦	CK						
1998	冬小麦	N				8.4	0.6	13.7
1998	冬小麦	NK				7.7	0.4	17.7

（续）

年份	作物	处理	籽粒/（g/kg）			秸秆/（g/kg）		
			N	P	K	N	P	K
1998	冬小麦	PK				4	0.9	14.5
1998	冬小麦	NP				2.9	0.2	10
1998	冬小麦	NPK						
1998	冬小麦	NPK+S				5.7	0.5	18.9
1998	冬小麦	NPK+M				4.7	0.7	21.2
1998	冬小麦	1.5（NPK+M）						
1999	冬小麦	CK				4.5	0.4	15
1999	冬小麦	N				8.1	0.4	16.1
1999	冬小麦	NK				6.7	0.3	21.4
1999	冬小麦	PK				3.9	0.9	11.6
1999	冬小麦	NP				7.7	0.7	19
1999	冬小麦	NPK				5	0.5	14
1999	冬小麦	NPK+S				1	0.9	13
1999	冬小麦	NPK+M				2.8	0.4	10.4
1999	冬小麦	1.5（NPK+M）				3.6	0.9	10.4
2000	冬小麦	CK	25.2	2.9	3.5	4	0.3	15.75
2000	冬小麦	N	25.8	2.6	3.6	4.3	0.3	20.2
2000	冬小麦	NK	27.8	2.8	3.4	3.6	0.3	20.55
2000	冬小麦	PK	19.9	4	3.9	2	0.3	14
2000	冬小麦	NP	24.3	3.4	4.1	4.4	0.3	17.05
2000	冬小麦	NPK	22.9	3	3.6	3.5	0.2	15.55
2000	冬小麦	NPK+S	23.9	3.3	3.7	3.5	0.2	17.7
2000	冬小麦	NPK+M	19.6	3.8	3.9	2.1	0.3	17.95
2000	冬小麦	1.5（NPK+M）	22.3	3.7	4	4.4	0.5	21.7
2000	夏玉米	CK	12.5	2.7	3.8	6.7	0.7	13.53
2000	夏玉米	N	12.7	1.9	4	10.5	0.6	14.87
2000	夏玉米	NK	14.7	1.7	4.3	12.9	0.6	18.05
2000	夏玉米	PK	10.7	2.5	4.4	7.1	2.1	18.89
2000	夏玉米	NP	11.8	1.9	4.1	10.2	0.7	11.2
2000	夏玉米	NPK	15.2	2.4	4.4	10.2	0.9	10.72
2000	夏玉米	NPK+S	12.9	2	3.8	8.9	0.7	18.62
2000	夏玉米	NPK+M	8.3	2.2	4.6	11.5	1	19.86
2000	夏玉米	1.5（NPK+M）	11.8	2.3	4.6	9.4	0.9	23.28
2001	冬小麦	CK	27.36	4.9	5.42	4.52	0.33	14.9
2001	冬小麦	N	28.81	4.09	4.86	7.4	0.32	19.01
2001	冬小麦	NK	29.71	3.92	4.69	7.49	0.31	20.44

（续）

年份	作物	处理	籽粒/（g/kg）			秸秆/（g/kg）		
			N	P	K	N	P	K
2001	冬小麦	PK	24.07	5.91	5.75	4.23	0.92	17.53
2001	冬小麦	NP	24.11	4.15	5.41	5.13	0.24	23.87
2001	冬小麦	NPK	23.27	4.17	4.92	6.33	0.41	24.88
2001	冬小麦	NPK+S	24.76	4.4	5.15	7.22	0.44	27.13
2001	冬小麦	NPK+M	21.15	4.84	4.47	3.62	0.5	20.18
2001	冬小麦	1.5（NPK+M）	25.01	5.49	5.76	4.95	0.79	26.98
2001	夏玉米	CK	11.93	2.43	4.43	7.82	0.89	8.44
2001	夏玉米	N	13.84	2.3	4.44	12.37	1.35	7.67
2001	夏玉米	NK	12.46	2.13	4	13.88	1.37	10.47
2001	夏玉米	PK	11.31	3.66	5.35	9.21	2.39	11.84
2001	夏玉米	NP	13.44	3.41	5.36	10.64	1.26	9.02
2001	夏玉米	NPK	13.45	3.24	5.46	12.62	1.46	12.77
2001	夏玉米	NPK+S	13.47	3.56	5.81	13.52	1.52	13.37
2001	夏玉米	NPK+M	13.44	3.75	5.66	12.48	1.57	11.69
2001	夏玉米	1.5（NPK+M）	10.97	3.65	5.37	12.72	1.49	12.72
2002	冬小麦	CK	18.86	3.05	4.23	3.31	0.24	15.56
2002	冬小麦	N	25.48	2.65	3.86	6.68	0.43	21.59
2002	冬小麦	NK	28.68	2.86	4.12	5.01	0.27	27.73
2002	冬小麦	PK	18.89	4.51	4.47	4.74	1.3	16.23
2002	冬小麦	NP	19.34	3.13	4.49	6.96	0.46	21.69
2002	冬小麦	NPK	17.61	3.09	4.32	5.55	0.41	21.66
2002	冬小麦	NPK+S	17.99	3.31	4.35	5.71	0.47	22.87
2002	冬小麦	NPK+M	16.32	3.82	4.44	5.14	0.97	22.73
2002	冬小麦	1.5（NPK+M）	17.67	3.87	4.59	6.09	1.17	31.03
2002	夏玉米	CK	9.39	1.48	3.24	9.9	0.43	18.49
2002	夏玉米	N	12	0.96	2.99	11.35	0.46	8.15
2002	夏玉米	NK	12.32	1.86	2.9	11.61	0.52	13.87
2002	夏玉米	PK	8.89	2.48	3.57	9.91	0.92	8.19
2002	夏玉米	NP	10.96	1.3	3.11	12.44	0.79	15.31
2002	夏玉米	NPK	12.36	1.93	3.31	9.05	0.49	18.63
2002	夏玉米	NPK+S	11.91	1.91	3.14	9.66	0.59	14.63
2002	夏玉米	NPK+M	10.92	2.15	3.35	9.07	0.58	18.12
2002	夏玉米	1.5（NPK+M）	11.2	2.44	3.33	9.31	0.64	17.73
2003	冬小麦	CK	20.25	3.34	4.12	3.62	0.5	15.88
2003	冬小麦	N	24.13	2.78	4.07	6.61	0.49	19.35
2003	冬小麦	NK	23.88	3.07	4.1	6.13	0.49	22.87

（续）

年份	作物	处理	籽粒/（g/kg）			秸秆/（g/kg）		
			N	P	K	N	P	K
2003	冬小麦	PK	20.22	4.3	4.48	4.41	0.88	15.46
2003	冬小麦	NP	20.39	3.74	4.13	5.03	0.64	18.18
2003	冬小麦	NPK	20.79	3.35	3.98	5.58	0.69	19.41
2003	冬小麦	NPK+S	22.48	3.73	4.37	5.12	0.6	20.55
2003	冬小麦	NPK+M	18.42	3.78	4.26	4.07	0.74	19.98
2003	冬小麦	1.5（NPK+M）	21	4	4.2	5.86	0.91	23.29
2003	夏玉米	CK	14.34	2.23	5.39	12.36	0.8	10.43
2003	夏玉米	N	14.24	1.83	4.98	11.74	0.59	12.36
2003	夏玉米	NK	10	2.48	4.61	16.92	1.01	11.11
2003	夏玉米	PK	14.67	2.56	4.74	15.76	1.29	7.79
2003	夏玉米	NP	13.84	2.37	4.51	11.14	2.01	12.86
2003	夏玉米	NPK	14.31	2.07	4.95	14.86	0.99	10.41
2003	夏玉米	NPK+S	14.3	2.32	4.54	13.94	0.87	15.01
2003	夏玉米	NPK+M	13.84	3.27	5.31	12.86	1.26	15.39
2003	夏玉米	1.5（NPK+M）	13.69	2.84	4.48	14.18	1.22	16.95
2004	冬小麦	CK	26.31	2.27	3.47	3.9	1.02	11.46
2004	冬小麦	N	29.68	2.18	3.58	6.39	1.31	16.28
2004	冬小麦	NK	23.26	1.66	3.2	6.17	1.09	19.46
2004	冬小麦	PK	20.87	1.46	3.04	5.19	1.1	12.89
2004	冬小麦	NP	18.39	3.53	3.95	5.07	1.5	8.14
2004	冬小麦	NPK	22.53	1.89	3.27	5.11	1.07	14.86
2004	冬小麦	NPK+S	23.21	1.87	3.48	5.31	1.07	18.85
2004	冬小麦	NPK+M	22.23	1.93	3.83	5.48	1.58	17.34
2004	冬小麦	1.5（NPK+M）	22.56	2.11	3.42	7.54	1.36	19.94
2004	夏玉米	CK	16.35	1.45	3.48	10.64	1.46	13.21
2004	夏玉米	N	19.57	1.16	3.54	18.23	1.44	14.93
2004	夏玉米	NK	16.46	1.82	4.19	16.77	1.8	12.17
2004	夏玉米	PK	10.84	1.57	3.68	11.03	1.32	13.89
2004	夏玉米	NP	17.32	1.34	3.8	18.96	1.11	17.95
2004	夏玉米	NPK	18.26	2.13	3.85	16.09	1.44	17.28
2004	夏玉米	NPK+S	16.99	1.57	3.39	15.03	1.75	13.29
2004	夏玉米	NPK+M	19.28	2.09	3.68	23.36	1.88	17.03
2004	夏玉米	1.5（NPK+M）	19.26	1.87	3.81	20.42	2.15	16.59
2005	冬小麦	CK	16.61	3.06	3.73	3.43	0.37	8.55
2005	冬小麦	N	19.71	2.44	3.6	6.69	0.41	10.92
2005	冬小麦	NK	18.5	2.76	3.52	7	0.77	15.18

（续）

年份	作物	处理	籽粒/（g/kg）			秸秆/（g/kg）		
			N	P	K	N	P	K
2005	冬小麦	PK	18.18	3.32	4.18	7.08	0.72	12.55
2005	冬小麦	NP	15.35	4.3	4.57	2.2	1.3	11.27
2005	冬小麦	NPK	18.2	3.37	4.41	7.17	0.71	16.93
2005	冬小麦	NPK+S	18.39	3.61	4.54	5.42	0.55	15.37
2005	冬小麦	NPK+M	17.96	4.15	4.97	5.1	0.88	14.44
2005	冬小麦	1.5（NPK+M）	18.63	4.2	4.74	7.51	0.92	15.45
2005	夏玉米	CK	12.64	1.77	3.68	9.67	0.89	14.28
2005	夏玉米	N	13.13	1.64	3.69	12.57	0.75	12
2005	夏玉米	NK	13.71	1.78	3.85	14.59	0.97	16.48
2005	夏玉米	PK	14.28	2.63	4.15	10.3	1.02	8.85
2005	夏玉米	NP	11.53	2.65	3.99	9.41	1.65	15.61
2005	夏玉米	NPK	14.12	2.34	3.8	11.88	1.18	16.77
2005	夏玉米	NPK+S	13.81	2.5	3.96	14.15	1.35	15.28
2005	夏玉米	NPK+M	14.78	2.81	4.01	12.54	1.17	22.5
2005	夏玉米	1.5（NPK+M）	15.56	2.81	3.98	12.87	1.4	19.35
2006	冬小麦	CK	24.09	1.03	3.65	4.04	0.18	9.21
2006	冬小麦	N	28.4	0.88	3.6	5.85	0.13	15.44
2006	冬小麦	NK	26.93	0.99	3.87	5.73	0.17	18.54
2006	冬小麦	PK	15.32	1.12	3.33	5.33	0.34	8.23
2006	冬小麦	NP	23.07	0.88	3.66	5.93	0.18	9.66
2006	冬小麦	NPK	21.32	0.99	3.79	4.4	0.15	12.49
2006	冬小麦	NPK+S	22.06	0.98	3.72	5.19	0.17	15.84
2006	冬小麦	NPK+M	19.69	1.15	4.2	5.47	0.21	16.13
2006	冬小麦	1.5（NPK+M）	20.65	1.08	3.89	7.6	0.25	14.78
2006	夏玉米	CK	10.75	0.78	5.35	8.23	0.25	12.75
2006	夏玉米	N	12.46	0.68	5.29	12.16	0.29	14.79
2006	夏玉米	NK	11.72	0.73	5.32	13.31	0.25	20.79
2006	夏玉米	PK	10.96	1.11	5.76	8.17	0.58	18.03
2006	夏玉米	NP	12.16	0.85	5.32	11.67	0.27	14.55
2006	夏玉米	NPK	11.86	0.89	6.17	7.89	0.14	20.08
2006	夏玉米	NPK+S	11.8	1	6.28	9.23	0.19	18.22
2006	夏玉米	NPK+M	13.11	1.17	6.25	8.78	0.18	20.36
2006	夏玉米	1.5（NPK+M）	13.23	1.18	6.32	8.79	0.22	19.53
2007	冬小麦	CK	17.45	3.15	3.63	5.37	0.5	6.84
2007	冬小麦	N	27.14	2.49	3.64	7.96	0.4	10.15

（续）

年份	作物	处理	籽粒/（g/kg）			秸秆/（g/kg）		
			N	P	K	N	P	K
2007	冬小麦	NK	26	2.97	3.64	8.36	0.5	11.48
2007	冬小麦	PK	15.97	3.85	4.32	3.62	0.98	9.35
2007	冬小麦	NP	20.41	2.67	3.96	6.14	0.43	8.98
2007	冬小麦	NPK	19.41	2.95	4.15	4.71	0.41	10.14
2007	冬小麦	NPK+S	19.85	3.13	3.98	6.19	0.56	13.28
2007	冬小麦	NPK+M	16.65	3.72	4.14	4.02	0.57	12.3
2007	冬小麦	1.5（NPK+M）	18.57	3.74	4.39	4.95	0.81	13.86
2007	夏玉米	CK	10.27	2.18	3.89	5.95	0.47	16.38
2007	夏玉米	N	12.14	1.89	3.56	10.09	0.47	15.61
2007	夏玉米	NK	12.09	1.84	3.47	12.25	0.62	14.78
2007	夏玉米	PK	9.41	2.78	3.38	7.29	1.87	15.19
2007	夏玉米	NP	12.49	2.74	3.55	9.75	2.45	14.59
2007	夏玉米	NPK	12.42	2.76	3.81	11.1	1.03	17.7
2007	夏玉米	NPK+S	12.16	3.15	4.13	9.36	0.78	19.64
2007	夏玉米	NPK+M	12.88	3.14	3.98	9.9	1.2	20.41
2007	夏玉米	1.5（NPK+M）	12.52	3.32	4.24	10.96	1.46	21.81
2008	冬小麦	CK	22.57	2.89	2.84	3.62	0.26	10.76
2008	冬小麦	N	27.64	2.37	3.32	9.69	0.35	13.7
2008	冬小麦	NK	29.61	2.96	3.28	5.41	0.26	16.84
2008	冬小麦	PK	18.3	4.45	3.73	3.31	0.85	11.92
2008	冬小麦	NP	24.09	2.71	3.04	5.09	0.31	14.35
2008	冬小麦	NPK	24.65	3	3.18	3.27	0.25	14.05
2008	冬小麦	NPK+S	22.77	3.17	3.71	6.26	0.49	19.29
2008	冬小麦	NPK+M	18.55	4.14	3.76	4.46	0.82	16.11
2008	冬小麦	1.5（NPK+M）	21.38	3.89	3.52	5.54	0.74	20.52
2008	夏玉米	CK	12.32	1.89	3.11	8	0.61	16.31
2008	夏玉米	N	13.65	1.89	3.29	12.19	0.57	16.5
2008	夏玉米	NK	12.1	1.78	3.33	12.35	0.62	17.16
2008	夏玉米	PK	10.35	2.62	3.48	6.77	1.77	16.63
2008	夏玉米	NP	14.14	2.93	3.77	11.79	1.16	15.88
2008	夏玉米	NPK	13.86	2.75	3.48	10.37	0.76	19.83
2008	夏玉米	NPK+S	11.84	2.56	2.96	11.94	1.05	14.4
2008	夏玉米	NPK+M	13.09	3.34	3.85	12.39	1.2	25.46
2008	夏玉米	1.5（NPK+M）	13.6	3.13	3.88	10.7	0.72	18.2
2009	冬小麦	CK	19.26	2.75	3.79	4.78	1.19	14.56

（续）

年份	作物	处理	籽粒/（g/kg）			秸秆/（g/kg）		
			N	P	K	N	P	K
2009	冬小麦	N	25.71	2.3	3.25	10.49	1.12	19.07
2009	冬小麦	NK	25	2.88	3.87	7.54	0.93	24.22
2009	冬小麦	PK	17.4	4.25	4.17	4.46	1.7	14.15
2009	冬小麦	NP	21.88	3.8	3.33	7.83	1.18	17.69
2009	冬小麦	NPK	21.37	4.78	5.18	6.11	1.33	18.5
2009	冬小麦	NPK+S	21.83	4.23	3.64	7.07	1.11	21.85
2009	冬小麦	NPK+M	18.73	5.21	3.71	3.82	1.35	17.91
2009	冬小麦	1.5（NPK+M）	19.39	5.36	3.95	10.19	1.49	23.02
2009	夏玉米	CK	10.19	2.03	2.82	7.76	0.64	13.1
2009	夏玉米	N	11.86	1.79	2.83	12.8	0.6	11.71
2009	夏玉米	NK	12.29	2	2.36	12.15	0.79	14.69
2009	夏玉米	PK	9.91	3.36	3.84	5.84	1.02	15.46
2009	夏玉米	NP	12.55	2.98	4.15	10.34	0.69	12.49
2009	夏玉米	NPK	11.92	2.62	3.45	12.29	0.97	17.28
2009	夏玉米	NPK+S	13.21	3.27	4.23	12.3	1.19	17.25
2009	夏玉米	NPK+M	12.94	3.31	4.31	10.8	0.74	19.26
2009	夏玉米	1.5（NPK+M）	12.81		4.47	10.97	0.9	19.5
2010	冬小麦	CK	23.12	2.16	4.81	5.67	0.41	20.01
2010	冬小麦	N	23.83	2.35	5.11	9.05	0.52	22.48
2010	冬小麦	NK	24.4	2.42	5.01	7.32	0.56	27.8
2010	冬小麦	PK	17.1	3.95	5.02	3.33	0.97	12.17
2010	冬小麦	NP	20.92	2.79	4.76	4.95	0.42	20.61
2010	冬小麦	NPK	20.69	2.69	4.28	6.36	0.64	22.06
2010	冬小麦	NPK+S	20.03	2.92	4.43	6.25	0.54	26.04
2010	冬小麦	NPK+M	21.73	3.52	4.62	7.8	0.82	23.28
2010	冬小麦	1.5（NPK+M）	21.59	3.17	4.53	8.36	0.83	23.94
2010	夏玉米	CK	9.65	1.67	3.8	10.34	5.85	20.12
2010	夏玉米	N	10.35	1.51	3.85	13.56	7.61	21.5
2010	夏玉米	NK	11.26	1.73	4.27	13.33	7.42	22.64
2010	夏玉米	PK	8.99	2.61	4.53	8.77	13.81	20.5
2010	夏玉米	NP	11.91	2.21	4.24	11.58	9.93	17.25
2010	夏玉米	NPK	11.92	2.79	4.72	16.21	14.54	21.85
2010	夏玉米	NPK+S	11.73	2.83	4.68	12.27	5.25	20.41
2010	夏玉米	NPK+M	11.99	3.02	4.62	12.75	6.34	24.71
2010	夏玉米	1.5（NPK+M）	12.15	3.23	4.81	12.08	6.93	30.73

表4-46 北京昌平褐潮土监测站作物养分含量

年份	作物	处理	籽粒/（g/kg）			秸秆/（g/kg）		
			N	P	K	N	P	K
1991	冬小麦	CK				3.08	0.34	9.98
1991	冬小麦	N				5.00	0.41	10.30
1991	冬小麦	NP				4.33	0.32	10.30
1991	冬小麦	NK				5.17	0.38	11.00
1991	冬小麦	PK				2.67	0.37	8.82
1991	冬小麦	NPK				4.83	0.32	11.10
1991	冬小麦	NPK+M				3.75	0.27	11.00
1991	冬小麦	NPK+1.5M				3.67	0.32	11.00
1991	冬小麦	NPK+S				4.00	0.29	11.00
1991	冬小麦	NPK+水				3.75	0.37	10.50
1991	冬小麦	1.5N+PK				3.50	0.47	9.75
1991	玉米	CK	11.80	2.27	2.81	6.17	0.80	9.90
1991	玉米	N	13.70	1.92	2.75	6.92	0.53	7.95
1991	玉米	NP	14.20	2.62	3.21	7.17	0.89	10.50
1991	玉米	NK	14.70	2.10	2.66	8.33	0.63	11.20
1991	玉米	PK	12.00	3.06	3.48	4.58	2.46	10.30
1991	玉米	NPK	13.40	2.36	2.89	6.09	0.67	10.10
1991	玉米	NPK+M	12.80	2.57	2.99	6.34	0.78	12.90
1991	玉米	NPK+1.5M	12.80	2.53	2.84	4.08	1.49	14.00
1991	玉米	NPK+S	12.90	2.79	3.10	5.67	0.69	12.20
1991	玉米	NPK+水	12.20	2.53	2.86	5.34	0.75	10.60
1991	玉米	1.5N+PK	11.40	2.77	3.20	5.34	1.36	9.45
1992	冬小麦	CK	21.90	4.54	4.52	3.17	0.50	10.80
1992	冬小麦	N	26.60	3.74	3.82	7.50	0.32	9.75
1992	冬小麦	NP	24.80	3.95	4.52	4.75	0.24	10.50
1992	冬小麦	NK	25.90	4.02	3.63	5.34	0.25	12.80
1992	冬小麦	PK	19.40	3.84	4.81	4.00	1.28	12.20
1992	冬小麦	NPK	22.80	3.93	4.30	3.50	0.22	13.00
1992	冬小麦	NPK+M	22.70	3.93	4.31	4.92	0.40	13.70
1992	冬小麦	NPK+1.5M	24.50		4.23	4.00	0.29	14.10
1992	冬小麦	NPK+S	24.30		4.14	4.42	0.34	13.00
1992	冬小麦	NPK+水	23.50		3.99	4.25	0.32	13.30
1992	冬小麦	1.5N+PK	21.60		4.45	3.67	0.80	8.85
1992	玉米	CK	11.30	2.10	3.42	7.33	0.63	5.70
1992	玉米	N	15.10	2.27	3.84	9.92	0.96	5.10
1992	玉米	NP	14.30	2.53	3.62	10.70	0.94	3.90

（续）

年份	作物	处理	籽粒/（g/kg）			秸秆/（g/kg）		
			N	P	K	N	P	K
1992	玉米	NK	14.20	2.03	3.50	9.00	0.87	7.35
1992	玉米	PK	11.30	2.97	3.72	5.25	2.53	8.86
1992	玉米	NPK	13.70	2.03	3.12	9.17	0.80	5.32
1992	玉米	NPK+M	13.20	2.53	2.90	10.40	1.01	7.23
1992	玉米	NPK+1.5M	13.20	2.29	3.24	10.00	1.09	9.30
1992	玉米	NPK+S	13.10	2.10	3.31	9.17	0.84	6.00
1992	玉米	NPK+水	12.50	2.27	3.31	10.00	0.94	4.95
1992	玉米	1.5N+PK	11.20	1.96	3.12	6.75	1.10	5.36
1994	玉米	CK	11.50	2.31	3.99	1.33	1.08	11.50
1994	玉米	N	13.50	1.98	3.77	9.00	0.81	9.92
1994	玉米	NP	12.20	2.52	3.94	7.34	1.39	11.80
1994	玉米	NK	13.30	2.32	3.94	7.50	0.62	11.20
1994	玉米	PK	11.50	3.07	4.19	1.60	3.13	13.10
1994	玉米	NPK	12.30	2.72	4.00	7.50	1.98	11.70
1994	玉米	NPK+M	12.50	2.83	3.90	8.17	1.99	10.80
1994	玉米	NPK+1.5M	12.60	2.92	3.94	8.34	1.14	16.20
1994	玉米	NPK+S	12.20	3.01	4.21	7.50	1.17	14.70
1994	玉米	NPK+水						
1994	玉米	1.5N+PK	12.80	2.48	4.20	9.34	0.96	14.30
1995	冬小麦	CK	21.06	3.33	3.24	4.21	0.29	3.89
1995	冬小麦	N	26.28	3.17	3.54	4.93	0.44	4.97
1995	冬小麦	NP	23.56	3.72	3.46	6.14	0.45	2.89
1995	冬小麦	NK	28.13	3.26	3.89	5.57	0.33	7.77
1995	冬小麦	PK	15.99	4.39	3.89	2.79	0.49	5.10
1995	冬小麦	NPK	22.49	3.90	3.07	5.28	0.36	3.89
1995	冬小麦	NPK+M	17.28	4.04	3.02	4.64	0.55	5.83
1995	冬小麦	NPK+1.5M	23.28	4.40	3.46	5.21	0.52	6.05
1995	冬小麦	NPK+S	23.13	4.12	2.68	6.00	0.46	6.70
1995	冬小麦	NPK+水	22.85	4.17	3.15	5.07	0.46	6.05
1995	冬小麦	1.5N+PK	23.35	3.74	2.59	4.43	0.36	4.23
1995	玉米	CK	12.71	2.10	3.02	7.78	0.68	3.67
1995	玉米	N	14.14	2.11	3.37	9.78	0.65	3.67
1995	玉米	NP	12.78	2.98	3.02	10.07	0.76	5.18
1995	玉米	NK	13.71	2.24	3.02	10.55	0.64	8.64
1995	玉米	PK	11.08	2.67	3.02	7.17	1.36	8.21
1995	玉米	NPK	12.85	2.90	3.24	9.21	1.14	9.07
1995	玉米	NPK+M	13.42	2.84	2.81	11.35	1.11	9.07

（续）

年份	作物	处理	籽粒/（g/kg）			秸秆/（g/kg）		
			N	P	K	N	P	K
1995	玉米	NPK+1.5M	12.64	3.14	2.59	10.50	1.37	14.69
1995	玉米	NPK+S	13.35	2.62	2.38	10.21	1.04	9.07
1995	玉米	NPK+水	12.78	2.79	2.59	11.14	1.24	7.99
1995	玉米	1.5N+PK	13.07	2.70	2.59	10.92	1.05	5.62
1996	冬小麦	CK				3.49	0.34	15.00
1996	冬小麦	N				4.63	0.28	12.50
1996	冬小麦	NP				4.23	0.35	15.00
1996	冬小麦	NK				4.69	0.53	15.50
1996	冬小麦	PK				2.80	0.68	12.00
1996	冬小麦	NPK				3.92	0.29	14.50
1996	冬小麦	NPK+M				3.79	0.30	18.00
1996	冬小麦	NPK+1.5M				2.77	0.32	13.50
1996	冬小麦	NPK+S				3.33	0.45	12.00
1996	冬小麦	NPK+水				3.17	0.43	11.00
1996	冬小麦	1.5N+PK				2.80	0.40	10.50
1997	春小麦	CK	28.00	3.80	4.32	5.22	0.31	13.17
1997	春小麦	N	28.55	3.48	3.89	7.64	0.46	11.66
1997	春小麦	NP	26.50	5.01	4.75	4.86	0.57	13.82
1997	春小麦	NK	31.17	4.32	4.97	6.57	0.36	14.69
1997	春小麦	PK	22.36	5.81	4.10	3.72	0.99	13.17
1997	春小麦	NPK	26.03	4.46	4.10	4.47	0.53	12.96
1997	春小麦	NPK+M	26.29	4.84	3.89	3.46	0.65	15.98
1997	春小麦	NPK+1.5M	23.72	5.32	4.10	4.96	0.64	17.28
1997	春小麦	NPK+S	27.15	5.15	4.32	4.60	0.47	14.90
1997	春小麦	NPK+水	26.00	4.33	3.67	3.69	0.51	13.17
1997	春小麦	1.5N+PK	27.97	4.09	3.67	4.22	0.44	12.09
1997	玉米	CK	17.43	2.78	3.89	7.07	0.85	11.01
1997	玉米	N	16.72	2.74	3.89	6.86	0.56	13.17
1997	玉米	NP	15.57	3.04	3.89	5.07	0.88	13.39
1997	玉米	NK	18.00	2.78	4.32	8.07	0.63	13.17
1997	玉米	PK	15.22	3.55	3.67	6.64	1.88	15.98
1997	玉米	NPK	17.07	2.82	4.54	7.57	0.55	11.23
1997	玉米	NPK+M	16.79	3.74	3.67	5.43	0.96	24.84
1997	玉米	NPK+1.5M	17.29	3.04	3.67	5.22	1.41	19.22
1997	玉米	NPK+S	17.72	3.50	3.89	5.93	0.65	18.57
1997	玉米	NPK+水	17.14	3.62	3.67	5.36	0.51	17.71
1997	玉米	1.5N+PK	15.86	3.53	4.32	6.72	0.80	14.69

（续）

年份	作物	处理	籽粒/（g/kg）			秸秆/（g/kg）		
			N	P	K	N	P	K
1998	冬小麦	N	22.43	2.22	4.10	8.46	0.33	7.99
1998	冬小麦	NP	17.29	2.76	3.67	5.72	0.42	7.13
1998	冬小麦	NK	21.72	2.16	3.67	8.93	0.56	12.74
1998	冬小麦	PK	16.57	4.31	3.67	3.74	0.84	9.29
1998	冬小麦	NPK	20.57	3.32	3.67	5.17	0.58	12.31
1998	冬小麦	NPK+M	19.43	3.69	3.67	4.43	0.54	14.04
1998	冬小麦	NPK+1.5M	20.86	3.44	3.67	6.57	0.56	12.09
1998	冬小麦	NPK+S	20.29	3.11	3.46	5.07	0.38	9.72
1998	冬小麦	NPK+水	21.29	3.75	3.67	5.07	0.52	11.23
1998	冬小麦	1.5N+PK	21.39	3.54	3.67	6.00	0.52	12.96
1998	玉米	CK	12.74	2.06	3.46	8.36	1.04	5.18
1998	玉米	N	14.87	1.91	3.46	11.43	0.71	5.40
1998	玉米	NP	12.79	1.96	2.59	7.36	0.52	5.18
1998	玉米	NK	13.92	1.82	2.81	11.50	0.73	8.42
1998	玉米	PK	13.60	3.07	3.02	7.22	1.41	4.75
1998	玉米	NPK	13.93	2.60	2.59	6.72	0.83	6.05
1998	玉米	NPK+M	13.82	2.73	2.81	9.07	1.09	6.48
1998	玉米	NPK+1.5M	14.00	2.76	3.24	7.57	0.85	5.62
1998	玉米	NPK+S	14.07	2.54	2.59	8.46	0.97	8.85
1998	玉米	NPK+水	14.57	2.81	3.02	7.72	1.02	9.93
1998	玉米	1.5N+PK	13.87	2.72	2.59	7.57	0.71	10.37
1999	冬小麦	CK	16.97	2.70	3.73	4.24	0.22	10.30
1999	冬小麦	N	25.45	2.70	3.79	9.76	0.48	8.22
1999	冬小麦	NP	20.22	3.29	4.00	4.96	0.42	10.50
1999	冬小麦	NK	21.63	3.06	3.99	5.80	0.38	15.30
1999	冬小麦	PK	17.11	3.93	3.99	3.25	0.74	12.50
1999	冬小麦	NPK	21.49	3.58	4.02	6.08	0.54	13.20
1999	冬小麦	NPK+M	19.09	3.53	4.06	6.36	0.71	15.40
1999	冬小麦	NPK+1.5M	20.50	3.48	4.09	4.60	0.63	17.90
1999	冬小麦	NPK+S	19.09	2.91	3.79	5.09	0.33	15.10
1999	冬小麦	NPK+水	19.37	3.50	3.94	5.23	0.69	14.70
1999	冬小麦	1.5N+PK	18.52	3.70	3.96	5.09	0.55	13.60
1999	玉米	CK	11.74	1.64	3.59	7.35	0.47	2.74
1999	玉米	N	14.56	1.94	3.64	13.43	0.80	2.72
1999	玉米	NP	13.15	2.46	3.99	11.45	1.12	2.49
1999	玉米	NK	14.56	1.66	3.89	13.22	0.68	8.62
1999	玉米	PK	9.19	2.75	3.96	5.30	2.33	10.50

（续）

年份	作物	处理	籽粒/（g/kg）			秸秆/（g/kg）		
			N	P	K	N	P	K
1999	玉米	NPK	13.86	2.48	3.86	10.61	0.88	4.58
1999	玉米	NPK+M	12.59	2.51	3.61	10.89	1.06	6.98
1999	玉米	NPK+1.5M	13.57	2.67	3.44	10.04	0.90	7.73
1999	玉米	NPK+S	13.01	2.31	3.21	12.02	0.90	3.99
1999	玉米	NPK+水	10.61	2.69	3.44	7.35	1.06	8.72
1999	玉米	1.5N+PK	13.43	2.36	3.14	10.75	1.17	3.59
2000	春小麦	CK	22.53	2.58	3.60	5.28	0.22	12.30
2000	春小麦	N	23.31	2.91	4.20	9.79	0.27	12.90
2000	春小麦	NP	23.31	3.60	4.40	5.44	0.45	9.30
2000	春小麦	NK	27.12	2.49	3.50	6.84	0.34	15.90
2000	春小麦	PK	22.07	3.38	3.90	2.70	0.57	12.90
2000	春小麦	NPK	23.93	3.28	3.70	4.97	0.53	13.80
2000	春小麦	NPK+M	24.32	3.38	3.40	5.72	0.41	16.80
2000	春小麦	NPK+1.5M	27.66	3.17	4.00	6.84	0.39	18.30
2000	春小麦	NPK+S	26.11	3.25	4.20	4.72	0.29	14.40
2000	春小麦	NPK+水	21.76	3.22	4.10	4.20	0.21	13.50
2000	春小麦	1.5N+PK	24.71	3.11	3.30	4.66	0.45	13.80
2000	玉米	CK	12.00	1.36	2.90	5.42	0.36	3.90
2000	玉米	N	13.52	1.52	2.80	8.28	0.47	3.00
2000	玉米	NP	15.23	2.03	2.90	7.77	0.58	3.00
2000	玉米	NK	12.68	1.33	2.90	9.32	0.49	6.80
2000	玉米	PK	9.23	2.42	3.10	5.13	0.63	8.70
2000	玉米	NPK	14.00	1.81	3.10	8.78	0.62	2.20
2000	玉米	NPK+M	14.69	2.10	3.20	8.08	0.59	5.00
2000	玉米	NPK+1.5M	14.45	1.85	2.90	8.86	0.58	4.20
2000	玉米	NPK+S	15.54	1.91	2.60	7.46	0.42	5.30
2000	玉米	NPK+水	13.04	1.73	2.80	9.45	0.66	6.00
2000	玉米	1.5N+PK	13.52	1.83	3.00	9.42	0.83	5.80
2001	冬小麦	CK	23.70	2.64	3.10	5.54	0.43	3.10
2001	冬小麦	N	24.56	2.84	3.20	6.32	0.53	2.60
2001	冬小麦	NP	20.79	3.13	3.00	5.49	0.48	3.80
2001	冬小麦	NK	27.58	2.89	3.00	6.51	0.29	5.90
2001	冬小麦	PK	22.07	5.29	3.30	3.47	0.76	5.10
2001	冬小麦	NPK	20.65	3.43	3.00	3.05	0.51	7.00
2001	冬小麦	NPK+F2	23.29	3.39	3.00	5.13	0.46	5.20
2001	冬小麦	NPK+M	21.90	3.28	3.10	5.13	0.56	9.00
2001	冬小麦	NPK+1.5M	22.73	3.63	3.20	7.73	0.77	8.00

（续）

年份	作物	处理	籽粒/（g/kg）			秸秆/（g/kg）		
			N	P	K	N	P	K
2001	冬小麦	NPK+S	23.01	3.44	2.90	5.13	0.58	5.70
2001	冬小麦	NPK+水	22.32	3.31	2.90	4.99	0.49	6.40
2001	冬小麦	1.5N+PK	21.76	3.30	3.00	4.85	0.42	6.20
2001	玉米	CK	11.85	1.88	3.00	7.78	0.53	3.00
2001	玉米	N	13.88	1.91	3.00	10.21	0.57	4.00
2001	玉米	NP	12.08	2.59	3.00	8.16	0.89	2.00
2001	玉米	NK	14.55	1.76	4.00	9.42	0.50	10.00
2001	玉米	PK	9.18	3.01	4.00	4.28	1.92	9.00
2001	玉米	NPK	12.17	2.70	4.00	9.60	0.84	5.00
2001	玉米	NPK+F2	12.56	2.81	3.00	9.64	0.85	7.00
2001	玉米	NPK+M	12.57	3.01	3.00	9.54	0.99	8.00
2001	玉米	NPK+1.5M	12.82	2.90	3.00	8.62	0.92	9.00
2001	玉米	NPK+S	12.30	2.81	3.00	9.28	0.84	5.00
2001	玉米	NPK+水	12.70	2.62	3.00	8.36	0.78	5.00
2001	玉米	1.5N+PK	12.97	2.79	3.00	8.57	0.80	6.00
2002	冬小麦	CK	26.00	3.36	4.00	5.41	0.39	13.00
2002	冬小麦	N	26.09	3.27	4.00	7.48	0.44	13.00
2002	冬小麦	NP	21.70	3.68	3.50	4.29	0.37	6.00
2002	冬小麦	NK	26.15	3.26	3.00	7.62	0.47	19.00
2002	冬小麦	PK	19.62	4.96	3.00	2.97	0.97	14.00
2002	冬小麦	NPK	22.29	3.38	3.00	5.24	0.40	13.00
2002	冬小麦	NPK+F2	21.62	3.37	3.50	4.40	0.33	11.00
2002	冬小麦	NPK+M	22.44	3.47	3.00	5.70	0.57	17.00
2002	冬小麦	NPK+1.5M	19.92	3.84	4.00	5.89	0.48	19.00
2002	冬小麦	NPK+S	22.07	3.78	3.50	4.64	0.38	15.00
2002	冬小麦	NPK+水	21.89	3.53	3.00	3.52	0.28	12.00
2002	冬小麦	1.5N+PK	21.92	3.41	3.00	5.21	0.46	12.00
2002	玉米	CK	16.14	1.96	5.00	7.92	0.48	5.00
2002	玉米	N	15.58	2.05	4.00	12.72	0.60	5.00
2002	玉米	NP	13.58	2.49	4.00	11.39	0.99	4.00
2002	玉米	NK	17.72	1.82	6.00	12.05	0.48	11.00
2002	玉米	PK	10.92	3.03	4.00	5.23	1.31	9.00
2002	玉米	NPK	13.28	2.44	3.00	10.06	0.93	8.00
2002	玉米	NPK+F2				11.65		4.00
2002	玉米	NPK+M	13.21	2.71	3.00	11.50	1.09	9.00
2002	玉米	NPK+1.5M	13.88	2.58	3.00	11.23	1.24	9.00
2002	玉米	NPK+S	13.31	2.30	3.00	10.50	0.73	5.00

（续）

年份	作物	处理	籽粒/（g/kg）			秸秆/（g/kg）		
			N	P	K	N	P	K
2002	玉米	NPK+水	12.85	2.54	3.00	9.26	0.73	4.00
2002	玉米	1.5N+PK	13.07	2.50	4.00	11.33	0.73	4.00
2003	冬小麦	CK	25.12	2.99	5.00	4.59	0.20	17.00
2003	冬小麦	N	26.32	2.61	5.00	5.94	0.20	19.00
2003	冬小麦	NP	22.84	3.64	5.00	5.29	0.33	11.00
2003	冬小麦	NK	26.84	3.09	5.00	5.36	0.18	25.00
2003	冬小麦	PK	17.03	4.15	5.00	2.77	0.46	12.00
2003	冬小麦	NPK	23.55	3.67	5.00	5.45	0.31	16.00
2003	冬小麦	NPK+F2	22.90	3.83	5.00	4.56	0.27	17.00
2003	冬小麦	NPK+M	23.60	4.06	6.00	4.48	0.31	15.00
2003	冬小麦	NPK+1.5M	24.22	4.02	5.00	6.25	0.49	21.00
2003	冬小麦	NPK+S	24.13	3.78	5.00	5.44	0.32	19.00
2003	冬小麦	NPK+水	23.67	3.59	5.00	5.48	0.37	18.00
2003	冬小麦	1.5N+PK	23.88	3.77	5.00	5.13	0.25	18.00
2003	玉米	CK	12.21	1.60	3.00	9.91	0.48	6.00
2003	玉米	N	13.80	1.80	4.00	12.21	0.47	4.00
2003	玉米	NP	13.99	2.85	4.00	10.50	0.88	3.00
2003	玉米	NK	13.27	1.71	4.00	12.06	0.47	14.00
2003	玉米	PK	7.89	2.57	3.00	5.89	1.47	10.00
2003	玉米	NPK	11.72	2.43	3.00	10.16	0.68	6.00
2003	玉米	NPK+F2	11.79	2.50	3.00	10.15	0.76	8.00
2003	玉米	NPK+M	12.21	2.64	3.00	10.84	0.73	9.00
2003	玉米	NPK+1.5M	12.24	2.86	3.00	10.63	0.89	15.00
2003	玉米	NPK+S	11.68	2.45	3.00	10.30	0.66	6.00
2003	玉米	NPK+水	11.77	2.39	3.00	8.74	0.55	7.00
2003	玉米	1.5N+PK	11.62	2.44	3.00	9.64	0.58	6.00
2004	冬小麦	CK	22.05	3.14	5.00	3.08	0.26	18.00
2004	冬小麦	N	22.29	2.37	4.00	3.86	0.25	17.00
2004	冬小麦	NP	19.40	3.59	4.00	2.49	0.29	12.00
2004	冬小麦	NK	22.82	2.71	4.00	4.05	0.30	26.00
2004	冬小麦	PK	18.03	4.64	5.00	1.89	0.97	20.00
2004	冬小麦	NPK	20.27	3.55	4.00	2.27	0.28	19.00
2004	冬小麦	NPK+F2	20.81	3.69	4.00	2.45	0.28	19.00
2004	冬小麦	NPK+M	21.15	3.83	4.50	3.36	0.31	28.00
2004	冬小麦	NPK+1.5M	21.59	4.19	5.00	3.73	0.34	31.00
2004	冬小麦	NPK+S	20.24	3.56	4.00	2.66	0.29	20.00
2004	冬小麦	NPK+水	20.84	3.88	4.00	2.26	0.24	19.00

（续）

年份	作物	处理	籽粒/（g/kg）			秸秆/（g/kg）		
			N	P	K	N	P	K
2004	冬小麦	1.5N+PK	20.57	3.75	4.00	2.56	0.24	19.00
2004	玉米	CK	12.18	1.49	3.00	8.34	0.46	6.00
2004	玉米	N	14.35	1.56	4.00	10.35	0.47	5.50
2004	玉米	NP	12.16	2.54	4.00	10.16	0.79	4.00
2004	玉米	NK	15.23	1.59	4.00	10.68	0.45	17.00
2004	玉米	PK	11.16	2.83	4.00	5.47	1.86	12.00
2004	玉米	NPK	13.33	2.91	4.00	8.62	0.72	6.00
2004	玉米	NPK+F2	64.04	5.84	16.00	11.86	1.08	9.00
2004	玉米	NPK+M	14.12	2.98	3.00	10.19	1.25	12.50
2004	玉米	NPK+1.5M	14.27	2.86	3.00	11.45	1.44	15.00
2004	玉米	NPK+S	13.15	2.68	3.00	8.98	0.70	8.00
2004	玉米	NPK+水	12.69	2.62	4.00	9.98	0.76	6.50
2004	玉米	1.5N+PK	13.14	2.49	3.50	10.13	0.71	7.00
2005	冬小麦	CK	26.04	2.94	4.50	6.04	0.34	14.00
2005	冬小麦	N	28.66	2.90	4.50	7.68	0.39	13.00
2005	冬小麦	NP	24.37	3.98	4.50	5.87	0.49	8.00
2005	冬小麦	NK	29.96	3.03	4.00	6.90	0.42	18.00
2005	冬小麦	PK	19.54	4.73	5.00	3.98	1.89	13.50
2005	冬小麦	NPK	26.00	4.02	4.00	5.12	0.35	13.00
2005	冬小麦	NPK+F2	24.23	3.67	4.00	5.42	0.41	13.00
2005	冬小麦	NPK+M	24.96	4.11	4.50	8.82	0.79	14.50
2005	冬小麦	NPK+1.5M	25.09	4.28	5.00	9.51	1.08	19.50
2005	冬小麦	NPK+S	24.66	3.90	4.50	5.74	0.41	13.50
2005	冬小麦	NPK+水	25.30	3.86	4.00	5.08	0.42	12.50
2005	冬小麦	1.5N+PK	24.86	3.67	4.50	5.90	0.44	12.00
2005	玉米	CK	12.02	1.45	3.00	8.53	0.46	5.50
2005	玉米	N	14.48	1.59	4.00	9.84	0.43	5.00
2005	玉米	NP	12.53	2.55	4.00	9.99	0.80	4.00
2005	玉米	NK	14.65	1.43	4.00	9.96	0.45	16.00
2005	玉米	PK	11.02	2.92	4.00	5.13	1.76	11.00
2005	玉米	NPK	12.99	2.52	3.00	8.70	0.66	6.00
2005	玉米	NPK+F2	12.22	2.65	3.00	11.56	0.79	8.00
2005	玉米	NPK+M	13.49	2.76	3.00	10.57	1.07	12.00
2005	玉米	NPK+1.5M	13.65	2.70	3.00	10.98	1.16	15.00
2005	玉米	NPK+S	13.00	2.59	3.00	8.54	0.70	7.00
2005	玉米	NPK+水	12.25	2.60	3.00	8.66	0.72	6.00
2005	玉米	1.5N+PK	13.00	2.45	3.00	10.23	0.79	6.50

（续）

年份	作物	处理	籽粒/（g/kg）			秸秆/（g/kg）		
			N	P	K	N	P	K
2006	玉米	CK	21.05	3.93	5.30	9.11	2.27	5.30
2006	玉米	N	19.59	3.77	5.58	10.12	1.94	3.66
2006	玉米	NP	13.48	4.04	14.32	9.43	2.83	2.83
2006	玉米	NK	18.60	3.24	3.09	11.08	1.77	7.22
2006	玉米	PK	12.34	4.92	4.19	5.97	2.80	8.30
2006	玉米	NPK	13.79	4.09	3.66	9.79	2.90	6.67
2006	玉米	NPK+F2	13.34	4.37	3.65			
2006	玉米	NPK+M	14.79	4.48	3.37	10.12	2.84	14.09
2006	玉米	NPK+1.5M	14.17	4.33	3.38	9.41	2.63	12.46
2006	玉米	NPK+S	13.76	3.78	10.24	8.52	2.68	6.38
2006	玉米	NPK+水				8.87	2.25	5.85
2006	玉米	1.5N+PK	14.25	4.57	3.66	7.80	2.13	3.65
2007	冬小麦	CK	30.10	5.17	5.82	20.55	2.65	10.80
2007	冬小麦	N	30.80	5.12	5.58	18.26	2.55	10.24
2007	冬小麦	NP	27.07	5.24	5.57	8.18	1.79	7.23
2007	冬小麦	NK	30.26	6.60	5.82	10.68	2.75	17.88
2007	冬小麦	PK	25.27	7.10	6.37	4.87	2.50	12.64
2007	冬小麦	NPK	28.25	4.81	5.58	5.02	1.46	11.88
2007	冬小麦	NPK+F2	27.86	5.59	6.11	5.25	1.46	11.32
2007	冬小麦	NPK+M	30.92	5.66	6.12	8.32	1.94	13.78
2007	冬小麦	NPK+1.5M	28.22	4.72	5.58	9.51	2.44	16.22
2007	冬小麦	NPK+S	26.16	4.75	5.30	5.10	1.43	11.31
2007	冬小麦	NPK+水	25.66	5.31	5.02	6.19	1.53	10.76
2007	冬小麦	1.5N+PK	28.03	5.52	5.30	7.46	1.65	10.49
2007	玉米	CK	15.56	3.55	4.75	9.35	2.00	5.84
2007	玉米	N	19.68	3.15	4.48	14.28	1.76	4.20
2007	玉米	NP	16.56	4.45	4.20	10.25	2.43	2.55
2007	玉米	NK	14.54	3.38	3.93	12.46	1.92	8.05
2007	玉米	PK	10.74	3.83	3.65	6.17	3.12	7.48
2007	玉米	NPK	12.71	3.92	12.41	13.05	2.71	4.47
2007	玉米	NPK+F2	12.78	3.58	3.38	13.72	1.91	3.10
2007	玉米	NPK+M	13.78	4.54	3.10	11.80	2.53	10.50
2007	玉米	NPK+1.5M	13.17	4.32	3.10	12.49	3.46	15.14
2007	玉米	NPK+S	12.72	3.96	3.10	10.28	2.27	3.92
2007	玉米	NPK+水	12.94	3.51	3.38	9.65	2.29	3.38
2007	玉米	1.5N+PK	13.09	3.45	3.39	10.92	2.30	3.65
2008	冬小麦	CK	32.75	3.56	1.50	7.35	3.33	5.48

（续）

年份	作物	处理	籽粒/（g/kg）			秸秆/（g/kg）		
			N	P	K	N	P	K
2008	冬小麦	N	32.93	3.78	1.84	10.83	0.40	4.48
2008	冬小麦	NP	25.27	4.28	1.84	5.20	0.78	3.82
2008	冬小麦	NK	30.44	3.57	1.84	6.60	0.47	8.09
2008	冬小麦	PK	23.98	5.30	2.51	4.44	0.29	6.12
2008	冬小麦	NPK	25.22	4.76	2.18	4.74	0.36	5.11
2008	冬小麦	NPK+F2	23.62	3.98	1.84	2.99	0.29	4.78
2008	冬小麦	NPK+M	28.44	5.35	2.17	6.46	0.92	9.09
2008	冬小麦	NPK+1.5M	30.63	5.60	2.18	6.06	0.82	11.13
2008	冬小麦	NPK+S	25.92	4.59	1.84	4.25	0.27	6.49
2008	冬小麦	NPK+水	24.27	6.15	1.84	4.60	0.05	4.78
2008	冬小麦	1.5N+PK	24.58	4.03	1.84	5.31	0.12	4.15
2008	玉米	CK	12.82	2.10	3.19	10.59	0.78	7.13
2008	玉米	N	12.70	2.29	2.85	11.42	0.48	6.88
2008	玉米	NP	13.27	2.85	2.51	13.78	1.09	3.57
2008	玉米	NK	12.97	1.79	3.19	10.87	0.39	11.63
2008	玉米	PK	12.68	3.09	2.17	11.96	0.58	5.28
2008	玉米	NPK	12.24	2.43	2.17	10.00	0.96	7.05
2008	玉米	NPK+F2						
2008	玉米	NPK+M	15.03	3.02	2.18	11.61	1.94	12.76
2008	玉米	NPK+1.5M	12.42	3.20	2.52	11.34	1.73	16.34
2008	玉米	NPK+S	12.84	3.09	2.85	10.49	0.58	7.23
2008	玉米	NPK+水	11.40	2.50	2.51	10.14	1.51	10.09
2008	玉米	1.5N+PK	11.14	2.56	2.52	10.31	1.03	5.58
2009	冬小麦	CK	22.84	2.52	4.20	5.27	0.06	6.21
2009	冬小麦	N	24.08	1.92	4.55	7.09	0.04	5.88
2009	冬小麦	NP	21.09	3.66	4.02	5.36	0.17	6.07
2009	冬小麦	NK	25.27	2.17	4.10	6.15	0.06	17.45
2009	冬小麦	PK	19.80	4.09	4.14	3.65	0.27	12.45
2009	冬小麦	NPK	20.62	3.09	3.52	4.88	0.19	9.43
2009	冬小麦	NPK+F2	22.27	3.49	3.94	5.46	0.17	10.62
2009	冬小麦	NPK+M	22.22	3.59	3.80	5.84	0.41	19.32
2009	冬小麦	NPK+1.5M	23.24	3.92	4.09	6.89	0.54	21.40
2009	冬小麦	NPK+S	22.23	3.38	3.91	4.87	0.07	10.94
2009	冬小麦	NPK+水	22.66	3.62	4.31	5.27	0.16	9.96
2009	冬小麦	1.5N+PK	23.17	3.69	4.42	5.97	0.19	11.97
2009	玉米	CK	11.74	1.33	4.30	10.64	0.40	6.93
2009	玉米	N	12.57	1.13	3.34	12.88	0.46	8.21

（续）

年份	作物	处理	籽粒/（g/kg）			秸秆/（g/kg）		
			N	P	K	N	P	K
2009	玉米	NP	13.29	2.46	3.76	10.65	0.93	2.97
2009	玉米	NK	11.50	1.10	3.23	10.59	0.42	15.61
2009	玉米	PK	9.38	2.43	3.69	5.29	1.11	11.28
2009	玉米	NPK	12.44	2.02	3.56	11.22	0.60	7.56
2009	玉米	NPK+F2	13.11	2.36	3.25	9.05	0.56	6.73
2009	玉米	NPK+M	13.35	2.35	3.49	8.13	0.43	14.35
2009	玉米	NPK+1.5M	13.28	2.34	3.38	11.21	0.58	19.36
2009	玉米	NPK+S	12.15	2.02	3.45	11.29	0.75	4.89
2009	玉米	NPK+水	12.17	2.16	3.34	9.15	0.78	4.44
2009	玉米	1.5N+PK	11.79	2.09	3.61	10.52	0.59	7.35
2010	冬小麦	CK	24.43	3.64	4.60	8.93	0.51	9.74
2010	冬小麦	N	26.04	3.28	4.90	10.91	0.54	
2010	冬小麦	NP	23.78	4.55	4.46	7.06	0.42	8.66
2010	冬小麦	NK	25.99	2.85	4.94	11.44	0.56	13.88
2010	冬小麦	PK	22.66	5.42	4.85	5.36	0.83	13.63
2010	冬小麦	NPK	24.51	4.45	4.45	6.58	0.48	12.21
2010	冬小麦	NPK+F2	24.35	4.50	4.61	6.82	0.52	12.68
2010	冬小麦	NPK+M	25.54	5.19	5.44	7.75	0.90	22.59
2010	冬小麦	NPK+1.5M	25.97	5.40	5.25	8.37	0.88	24.66
2010	冬小麦	NPK+S	25.90	4.42	4.98	7.66	0.45	14.97
2010	冬小麦	NPK+水	25.11	4.34	4.65	6.90	0.47	11.31
2010	冬小麦	1.5N+PK	25.09	4.24	4.43	7.30	0.41	14.91

表4-47 河南郑州潮土监测站作物养分含量

年份	作物	处理	籽粒/（g/kg）			秸秆/（g/kg）		
			N	P	K	N	P	K
1991	小麦	CK	15.10	4.00	3.30	2.50	0.66	7.50
1991	小麦	N	19.00	2.40	2.90	4.10	0.29	11.40
1991	小麦	NP	16.00	3.20	3.20	4.20	0.34	9.40
1991	小麦	NK	16.50	3.00	3.20	3.30	0.29	13.50
1991	小麦	PK	13.30	4.00	3.50	2.30	0.92	7.50
1991	小麦	NPK	19.80	3.00	3.10	2.60	0.36	14.00
1991	小麦	NPK+M	13.50	3.60	3.10	3.00	0.72	9.80
1991	小麦	1.5（NPK+M）	13.60	3.60	3.20	2.30	0.48	10.40
1991	小麦	NPK+S	20.00	3.40	3.20	3.60	0.77	16.60
1991	小麦	NPK+M+F2	13.30	4.00	3.70	2.90	0.52	14.30
1991	玉米	CK	9.40	3.10	2.90	2.50	1.80	8.10

（续）

年份	作物	处理	籽粒/（g/kg）			秸秆/（g/kg）		
			N	P	K	N	P	K
1991	玉米	N	10.60	2.30	2.40	4.10	0.51	8.80
1991	玉米	NP	13.40	2.80	2.80	4.20	0.94	10.50
1991	玉米	NK	13.30	2.80	2.70	3.30	0.52	13.30
1991	玉米	PK	9.20	3.30	3.00	2.30	2.60	11.50
1991	玉米	NPK	13.10	3.00	2.90	2.60	0.91	12.80
1991	玉米	NPK+M	12.80	2.70	2.40	3.30	1.00	14.10
1991	玉米	1.5（NPK+M）	14.40	2.90	2.70	2.30	0.85	13.00
1991	玉米	NPK+S	11.40	2.90	2.80	3.60	0.65	15.60
1991	玉米	NPK+M+F2	64.80	5.70	14.30	2.40	0.63	6.50
1992	小麦	CK	13.90	3.50	3.40	2.00	1.10	8.40
1992	小麦	N	18.60	1.90	2.90	4.10	0.00	11.20
1992	小麦	NP	20.70	3.00	3.10	4.30	0.31	10.20
1992	小麦	NK	17.40	2.50	2.90	3.50	0.20	13.10
1992	小麦	PK	12.90	3.40	3.70	2.60	0.58	9.60
1992	小麦	NPK	17.80	3.00	3.30	3.80	0.44	13.10
1992	小麦	NPK+M	16.30	2.90	3.00	2.40	0.35	12.30
1992	小麦	1.5（NPK+M）	16.00	3.20	3.30	3.60	0.33	15.80
1992	小麦	NPK+S	18.10	2.60	2.80	2.50	0.22	16.70
1992	小麦	NPK+M+F2	14.50	3.20	3.10	0.00	0.09	6.90
1992	玉米	CK	12.20	3.40	3.00	5.20	2.00	7.70
1992	玉米	N	12.90	2.00	2.50	6.00	0.50	5.80
1992	玉米	NP	12.70	2.70	2.80	6.60	0.70	7.70
1992	玉米	NK	11.30	2.00	2.60	7.20	0.50	13.10
1992	玉米	PK	7.90	2.90	2.50	4.10	2.10	10.20
1992	玉米	NPK	11.10	2.90	2.40	5.40	0.67	10.40
1992	玉米	NPK+M	13.40	3.20	2.50	8.70	0.76	11.50
1992	玉米	1.5（NPK+M）	14.80	2.90	2.40	8.40	0.94	10.50
1992	玉米	NPK+S	12.00	2.60	2.50	9.00	0.59	14.60
1992	玉米	NPK+M+F2	65.40	5.70	12.80	9.40	0.65	5.80
1993	小麦	CK	13.10	6.15	5.30	4.30	0.43	7.00
1993	小麦	N	15.60	3.84	5.00	7.70	0.31	9.00
1993	小麦	NP	17.20	5.74	5.30	9.80	0.64	6.70
1993	小麦	NK	17.50	3.20	5.20	6.70	0.35	13.00
1993	小麦	PK	12.40	6.55	5.30	4.20	0.65	13.00
1993	小麦	NPK	17.40	4.90	5.30	5.90	0.75	11.00
1993	小麦	NPK+M	13.40	5.93	5.20	4.50	0.51	10.30
1993	小麦	1.5（NPK+M）	16.00	5.95	5.00	9.40	0.79	12.00

（续）

年份	作物	处理	籽粒/（g/kg）			秸秆/（g/kg）		
			N	P	K	N	P	K
1993	小麦	NPK+S	15.10	5.76	5.00	4.50	0.69	11.20
1993	小麦	NPK+M+F2	14.70	6.22	4.70	3.80	0.51	12.00
1993	玉米	CK	11.80	2.73	3.40	2.80	0.87	5.90
1993	玉米	N	13.40	1.79	3.40	4.60	0.58	5.90
1993	玉米	NP	12.50	2.63	3.40	6.10	0.72	4.50
1993	玉米	NK	14.70	1.63	6.90	2.90	0.61	9.40
1993	玉米	PK	10.20	2.63	5.50	2.40	1.78	8.70
1993	玉米	NPK	14.20	2.73	5.50	4.80	0.71	10.10
1993	玉米	NPK+M	15.50	3.01	5.50	4.20	0.90	12.80
1993	玉米	1.5（NPK+M）	15.40	3.25	6.90	7.70	0.84	13.60
1993	玉米	NPK+S	14.70	2.71	3.40	4.40	0.70	10.40
1993	玉米	NPK+M+F2	63.70	8.74	10.10	4.00	0.74	9.70
1994	小麦	CK	18.10	3.90	3.10	6.70	0.15	8.60
1994	小麦	N	26.90	3.20	3.10	6.50	0.36	11.50
1994	小麦	NP	23.70	3.40	2.80	5.30	0.34	8.40
1994	小麦	NK	25.80	2.80	2.70	8.00	0.13	18.30
1994	小麦	PK	16.70	4.40	3.40	5.70	0.34	8.70
1994	小麦	NPK	24.40	3.80	2.80	7.40	0.27	13.00
1994	小麦	NPK+M	22.70	3.40	2.80	6.50	0.28	14.60
1994	小麦	1.5（NPK+M）	26.00	3.40	2.80	5.40	0.31	17.70
1994	小麦	NPK+S	24.40	3.80	2.70	6.40	0.34	20.50
1994	小麦	NPK+M+F2	19.00	4.50	3.40	7.90	0.26	14.90
1994	玉米	CK	11.30	3.62	3.50	2.80	2.46	12.00
1994	玉米	N	11.30	2.04	3.00	3.60	0.51	9.80
1994	玉米	NP	11.40	2.94	2.80	5.10	0.69	6.30
1994	玉米	NK	11.50	2.04	2.40	3.70	0.62	14.20
1994	玉米	PK	11.30	3.62	2.80	2.60	0.40	14.20
1994	玉米	NPK	12.20	2.74	2.50	4.40	0.84	13.30
1994	玉米	NPK+M	11.40	3.12	2.50	3.00	0.97	15.00
1994	玉米	1.5（NPK+M）	11.80	3.41	3.20	4.10	0.93	16.80
1994	玉米	NPK+S	11.80	3.18	2.60	4.60	0.84	15.80
1994	玉米	NPK+M+F2	60.80	5.67	16.80	2.50	0.49	12.30
1995	小麦	CK	15.40	3.97	1.80	2.70	0.25	5.40
1995	小麦	N	23.70	5.89	1.10	4.40	0.13	9.90
1995	小麦	NP	19.40	3.10	1.50	5.00	0.29	8.00
1995	小麦	NK	21.50	2.23	1.20	6.00	0.20	12.50
1995	小麦	PK	14.60	3.88	1.80	2.70	0.43	5.70

（续）

年份	作物	处理	籽粒/（g/kg）			秸秆/（g/kg）		
			N	P	K	N	P	K
1995	小麦	NPK	21.50	3.36	1.50	4.60	0.75	11.20
1995	小麦	NPK+M	19.90	3.78	1.20	3.50	0.59	6.40
1995	小麦	1.5（NPK+M）	21.20	3.58	1.20	5.10	0.62	12.50
1995	小麦	NPK+S	20.70	3.84	1.30	3.00	0.59	14.80
1995	小麦	NPK+M+F2	17.40	4.06	1.20	10.20	0.46	10.20
1995	玉米	CK	9.80	3.00	1.70	2.10	0.31	5.40
1995	玉米	N	13.70	1.70	1.60	3.20	0.45	9.90
1995	玉米	NP	13.90	2.76	1.70	4.10	0.55	8.00
1995	玉米	NK	13.30	1.67	1.40	4.00	0.48	12.50
1995	玉米	PK	10.00	3.34	1.70	1.80	0.34	5.70
1995	玉米	NPK	12.40	2.96	1.70	4.50	0.54	11.20
1995	玉米	NPK+M	12.20	3.05	1.90	3.50	1.13	6.40
1995	玉米	1.5（NPK+M）	14.70	3.46	2.20	2.10	0.90	12.50
1995	玉米	NPK+S	11.80	2.72	1.70	3.40	0.91	14.80
1995	玉米	NPK+M+F2	65.70	6.67	12.40	2.20	1.65	10.20
1996	小麦	CK	15.20	3.27	5.50	2.10	0.49	8.80
1996	小麦	N	22.80	2.12	5.70	3.20	0.39	9.70
1996	小麦	NP	20.00	3.20	5.40	4.10	0.54	9.00
1996	小麦	NK	22.70	2.26	5.70	4.00	0.39	9.40
1996	小麦	PK	15.10	4.61	5.50	1.80	0.66	8.90
1996	小麦	NPK	20.00	3.40	5.50	4.50	0.74	11.50
1996	小麦	NPK+M	21.30	3.62	5.80	3.50	0.74	12.00
1996	小麦	1.5（NPK+M）	20.30	4.88	5.30	2.10	0.66	11.10
1996	小麦	NPK+S	19.20	4.16	5.30	3.40	0.69	11.70
1996	小麦	NPK+M+F2	19.30	4.54	5.40	2.20	0.71	12.40
1996	玉米	CK	11.50	2.71	3.60	4.60	0.65	6.00
1996	玉米	N	16.40	2.03	3.50	6.90	0.44	6.00
1996	玉米	NP	14.50	2.99	3.50	6.00	0.81	4.80
1996	玉米	NK	15.70	1.96	3.50	7.80	0.47	15.20
1996	玉米	PK	10.20	3.38	3.60	4.00	1.92	14.60
1996	玉米	NPK	14.20	3.24	3.70	6.50	0.93	8.70
1996	玉米	NPK+M	14.50	3.25	3.50	7.20	0.80	14.40
1996	玉米	1.5（NPK+M）	15.40	3.34	3.70	5.50	0.94	17.00
1996	玉米	NPK+S	14.10	2.74	3.50	6.00	0.78	15.40
1996	玉米	NPK+M+F2	60.70	6.70	15.40	6.10	0.65	9.50
1997	小麦	CK	15.20	2.98	3.30	5.40	0.25	5.20
1997	小麦	N	21.30	2.32	3.00	9.70	0.31	6.30

（续）

年份	作物	处理	籽粒/（g/kg）			秸秆/（g/kg）		
			N	P	K	N	P	K
1997	小麦	NP	18.20	3.58	3.30	3.90	0.50	6.20
1997	小麦	NK	21.20	2.05	3.00	10.90	0.25	13.40
1997	小麦	PK	16.80	3.92	3.40	7.00	0.47	5.40
1997	小麦	NPK	18.00	3.37	2.80	8.00	0.34	8.50
1997	小麦	NPK+M	15.40	4.04	3.10	10.10	0.41	9.90
1997	小麦	1.5（NPK+M）	21.10	3.85	3.30	9.10	0.78	17.40
1997	小麦	NPK+S	14.80	4.02	3.00	10.70	0.46	13.10
1997	小麦	NPK+M+F2	16.30	3.93	3.00	6.40	0.42	11.90
1997	玉米	CK	10.80	2.80	3.00	5.40	0.55	5.90
1997	玉米	N	14.60	1.50	3.10	9.70	0.54	8.30
1997	玉米	NP	14.90	3.00	3.00	3.90	0.43	4.00
1997	玉米	NK	15.20	2.85	3.00	10.90	0.54	14.80
1997	玉米	PK	10.60	2.70	3.10	7.00	1.80	14.80
1997	玉米	NPK	13.90	1.18	3.10	8.00	0.60	13.90
1997	玉米	NPK+M	8.50	2.60	3.10	10.10	0.90	15.80
1997	玉米	1.5（NPK+M）	14.50	2.40	3.10	9.10	0.77	17.60
1997	玉米	NPK+S	14.50	5.95	3.10	10.70	0.73	16.00
1997	玉米	NPK+M+F2	58.50	5.50	15.80	6.40	0.39	11.40
1998	小麦	CK	18.00	3.33	3.00	3.20	0.28	8.00
1998	小麦	N	27.60	2.59	2.60	6.60	0.29	14.80
1998	小麦	NP	24.90	3.18	2.80	8.40	0.41	10.60
1998	小麦	NK	26.60	2.37	2.50	8.50	0.31	19.10
1998	小麦	PK	16.70	3.87	3.10	5.30	0.59	9.50
1998	小麦	NPK	24.90	3.45	2.80	8.00	0.45	17.80
1998	小麦	NPK+M	22.30	3.72	2.80	7.40	0.64	19.80
1998	小麦	1.5（NPK+M）	22.70	3.95	3.10	7.80	0.68	23.80
1998	小麦	NPK+S	24.50	3.37	2.80	8.60	0.52	21.50
1998	小麦	NPK+M+F2	19.80	3.90	3.00	5.60	0.45	16.10
1998	玉米	CK	11.00	3.63	1.70	5.20	0.49	9.90
1998	玉米	N	13.30	1.97	1.70	3.50	0.29	8.80
1998	玉米	NP	13.00	3.68	1.70	5.20	0.51	6.10
1998	玉米	NK	12.60	2.58	1.70	4.20	0.29	15.20
1998	玉米	PK	12.40	3.89	1.80	2.60	2.74	15.90
1998	玉米	NPK	12.40	3.52	1.80	4.80	730.00	12.40
1998	玉米	NPK+M	13.30	3.79	1.80	4.60	0.66	13.20
1998	玉米	1.5（NPK+M）	13.80	3.56	1.80	4.40	0.62	11.60
1998	玉米	NPK+S	14.10	3.71	14.80	4.90	0.58	13.80

（续）

年份	作物	处理	籽粒/（g/kg）			秸秆/（g/kg）		
			N	P	K	N	P	K
1998	玉米	NPK+M+F2	58.50	7.72	14.40	4.20	0.52	7.80
1999	小麦	CK	15.80	3.37	2.30	5.20	0.08	15.10
1999	小麦	N	26.10	2.47	2.10	3.50	0.10	9.80
1999	小麦	NP	22.00	3.78	2.30	5.20	0.26	11.50
1999	小麦	NK	26.10	2.29	2.10	4.20	0.09	19.40
1999	小麦	PK	15.00	4.19	2.50	2.60	0.26	11.80
1999	小麦	NPK	21.80	3.51	2.30	4.80	0.28	17.60
1999	小麦	NPK+M	17.70	4.04	2.30	4.60	0.39	16.00
1999	小麦	1.5（NPK+M）	20.90	4.16	2.30	4.40	0.43	20.10
1999	小麦	NPK+S	18.40	3.77	2.20	4.90	0.28	16.80
1999	小麦	NPK+M+F2	17.10	3.67	2.30	4.20	0.27	15.30
1999	玉米	CK	11.20	4.20	2.00	4.90	1.13	10.50
1999	玉米	N	15.60	2.50	2.10	8.00	0.52	8.50
1999	玉米	NP	14.50	4.00	2.10	7.20	0.86	7.10
1999	玉米	NK	13.80	2.60	2.50	9.20	0.51	18.50
1999	玉米	PK	13.20	5.60	2.40	4.20	5.09	17.10
1999	玉米	NPK	13.60	4.40	2.50	5.30	1.77	15.80
1999	玉米	NPK+M	14.30	5.10	2.40	7.30	1.68	18.60
1999	玉米	1.5（NPK+M）	14.70	5.10	2.40	8.50	0.99	21.10
1999	玉米	NPK+S	14.60	5.00	2.40	8.00	0.86	17.30
1999	玉米	NPK+M+F2	57.50	9.50	14.60	8.30	1.16	10.50
2000	小麦	CK	20.30	3.14	3.10	3.40	0.11	5.60
2000	小麦	N	19.80	2.46	3.10	3.70	0.11	9.40
2000	小麦	NP	20.90	3.60	2.90	5.90	0.27	8.40
2000	小麦	NK	20.50	2.26	3.00	4.60	0.11	10.10
2000	小麦	PK	14.30	3.84	3.80	2.90	0.34	5.80
2000	小麦	NPK	20.20	3.42	3.10	3.40	0.30	13.80
2000	小麦	NPK+M	15.60	3.89	3.00	3.40	0.39	11.40
2000	小麦	1.5（NPK+M）	16.50	3.88	3.60	2.50	0.36	15.80
2000	小麦	NPK+S	18.90	3.83	2.80	3.90	0.33	13.80
2000	小麦	NPK+M+F2	16.20	3.44	2.80	3.30	0.32	12.80
2000	玉米	CK	11.20	3.65	3.50	4.70	1.97	13.10
2000	玉米	N	14.10	1.98	3.60	7.30	0.44	14.20
2000	玉米	NP	14.20	2.90	3.50	7.20	0.93	12.00
2000	玉米	NK	12.30	1.82	3.30	7.40	0.52	20.60
2000	玉米	PK	12.10	3.88	3.70	4.60	1.70	22.90
2000	玉米	NPK	13.20	3.83	3.70	7.90	1.04	17.60

（续）

年份	作物	处理	籽粒/（g/kg）			秸秆/（g/kg）		
			N	P	K	N	P	K
2000	玉米	NPK+M	13.50	3.83	3.60	10.50	1.84	19.90
2000	玉米	1.5（NPK+M）	14.70	4.05	3.60	6.70	1.78	21.70
2000	玉米	NPK+S	14.40	3.35	3.10	7.10	1.03	14.20
2000	玉米	NPK+M+F2	56.00	5.33	18.70	8.20	1.74	13.40
2001	小麦	CK	5.20	3.90	2.70	2.60	0.70	14.20
2001	小麦	N	20.90	3.70	2.50	3.10	0.70	25.70
2001	小麦	NP	20.00	3.70	2.80	3.60	0.70	15.20
2001	小麦	NK	21.20	4.10	2.70	2.60	0.70	23.70
2001	小麦	PK	13.50	3.90	3.20	2.20	0.80	15.00
2001	小麦	NPK	17.90	4.00	2.90	3.10	0.70	23.70
2001	小麦	NPK+M	17.90	3.90	2.90	4.00	0.70	24.20
2001	小麦	1.5（NPK+M）	18.20	3.90	2.90	4.20	0.80	24.70
2001	小麦	NPK+S	17.20	3.90	2.80	3.30	0.70	23.70
2001	小麦	NPK+M+F2	18.30	4.00	2.80	3.50	0.80	24.70
2001	玉米	CK	11.00	1.93	2.10	4.20	0.94	11.60
2001	玉米	N	13.60	1.13	1.80	5.30	0.53	7.60
2001	玉米	NP	11.90	2.21	2.10	5.70	0.78	4.90
2001	玉米	NK	12.50	1.36	1.70	4.70	0.56	14.80
2001	玉米	PK	11.00	2.85	2.50	4.40	2.21	18.70
2001	玉米	NPK	14.50	2.41	2.30	5.30	1.40	16.60
2001	玉米	NPK+M	12.10	2.61	2.30	4.80	1.01	22.20
2001	玉米	1.5（NPK+M）	15.80	2.40	2.20	5.30	1.08	20.00
2001	玉米	NPK+S	12.30	2.58	2.00	6.30	0.82	20.00
2001	大豆	NPK+M+F2	56.90	7.80	2.00	6.60	0.66	14.20
2002	小麦	CK	15.20	3.30	3.50	3.90	0.30	11.60
2002	小麦	N	23.10	2.70	2.70	4.40	0.40	11.50
2002	小麦	NP	20.10	3.90	3.10	5.70	0.40	13.80
2002	小麦	NK	22.80	2.80	3.30	5.20	0.30	11.40
2002	小麦	PK	14.40	4.40	3.00	2.40	0.40	16.20
2002	小麦	NPK	16.50	4.10	3.00	4.60	0.50	14.80
2002	小麦	NPK+M	14.90	4.40	2.90	3.10	0.50	15.70
2002	小麦	1.5（NPK+M）	19.30	4.70	3.30	5.70	0.60	21.20
2002	小麦	NPK+S	17.80	4.50	3.00	3.70	0.50	19.60
2002	小麦	NPK+M+F2	16.70	4.40	3.00	3.20	0.40	18.10
2002	玉米	CK	11.70	3.09	2.40	4.80	1.06	11.10
2002	玉米	N	13.50	2.13	2.40	6.80	1.00	9.10
2002	玉米	NP	13.00	3.35	2.40	6.30	1.46	6.80

（续）

年份	作物	处理	籽粒/（g/kg）			秸秆/（g/kg）		
			N	P	K	N	P	K
2002	玉米	NK	13.70	2.09	2.30	7.40	1.17	15.80
2002	玉米	PK	11.10	3.35	2.40	4.40	2.39	18.80
2002	玉米	NPK	13.30	3.30	2.40	7.00	1.28	17.40
2002	玉米	NPK+M	15.10	3.63	2.40	7.20	1.55	20.80
2002	玉米	1.5（NPK+M）	14.90	3.73	2.30	8.00	1.32	22.80
2002	玉米	NPK+S	13.60	3.51	2.30	6.80	2.28	20.80
2002	大豆	NPK+M+F2	59.00	7.25	16.10	7.50	2.20	14.40
2003	小麦	CK	15.40	3.40	2.90	2.20	0.90	14.90
2003	小麦	N	22.70	3.10	2.50	3.10	0.70	19.20
2003	小麦	NP	21.10	3.20	2.70	4.90	1.20	15.20
2003	小麦	NK	23.00	2.70	2.50	3.70	1.10	19.90
2003	小麦	PK	13.30	3.90	2.50	2.00	1.50	14.50
2003	小麦	NPK	19.80	4.10	2.50	4.80	1.10	20.20
2003	小麦	NPK+M	16.10	4.30	2.50	4.60	1.30	21.20
2003	小麦	1.5（NPK+M）	21.10	4.20	2.50	5.10	1.70	20.50
2003	小麦	NPK+S	16.90	4.00	2.70	3.30	1.50	21.50
2003	小麦	NPK+M+F2	18.00	4.40	2.70	3.60	1.70	20.90
2003	玉米	CK	10.60	2.49	2.40	4.20	1.61	8.80
2003	玉米	N	13.40	2.08	2.40	5.50	1.43	7.40
2003	玉米	NP	12.50	3.10	2.40	6.20	1.47	5.60
2003	玉米	NK	12.30	2.18	2.30	7.20	1.47	23.40
2003	玉米	PK	9.80	3.59	2.60	4.40	2.61	16.40
2003	玉米	NPK	14.10	3.49	2.40	6.80	1.33	18.40
2003	玉米	NPK+M	14.10	4.04	2.80	5.70	1.60	23.60
2003	玉米	1.5（NPK+M）	16.70	3.59	2.40	6.30	1.72	26.20
2003	玉米	NPK+S	13.60	3.79	2.50	7.00	1.96	22.60
2003	大豆	NPK+M+F2	59.40	8.13	15.10	8.80	2.96	12.20
2004	小麦	CK	15.00	3.80	2.70	4.20	1.10	6.10
2004	小麦	N	22.90	2.10	2.60	4.80	0.70	11.30
2004	小麦	NP	20.40	3.60	2.60	5.90	1.00	10.90
2004	小麦	NK	23.10	2.20	2.50	6.40	0.70	14.80
2004	小麦	PK	14.70	3.80	2.50	4.20	1.70	15.40
2004	小麦	NPK	17.40	3.50	2.50	6.10	1.00	17.80
2004	小麦	NPK+M	19.40	3.60	2.50	6.80	1.50	18.50
2004	小麦	1.5（NPK+M）	21.10	3.80	2.60	8.10	1.50	21.50
2004	小麦	NPK+S	18.70	3.70	2.70	4.80	0.90	23.50
2004	小麦	NPK+M+F2	18.30	3.60	2.70	6.40	1.30	21.50

（续）

年份	作物	处理	籽粒/（g/kg）			秸秆/（g/kg）		
			N	P	K	N	P	K
2004	玉米	CK	11.20	2.32	2.30	4.60	0.92	8.30
2004	玉米	N	13.80	2.03	2.30	6.60	1.27	7.00
2004	玉米	NP	13.00	3.09	2.30	6.60	1.49	4.60
2004	玉米	NK	13.30	2.17	2.20	7.20	1.47	13.30
2004	玉米	PK	9.50	3.35	2.60	5.90	2.74	16.00
2004	玉米	NPK	13.90	3.27	2.30	7.20	1.24	16.30
2004	玉米	NPK+M	15.00	3.37	2.30	7.40	2.01	22.00
2004	玉米	1.5（NPK+M）	15.60	3.35	2.80	6.40	1.76	22.30
2004	玉米	NPK+S	14.70	3.61	2.30	6.80	2.01	23.60
2005	小麦	CK	16.10	3.10	2.40	3.00	1.00	4.50
2005	小麦	N	26.40	2.60	2.30	4.60	1.00	10.50
2005	小麦	NP	21.20	3.40	2.00	6.00	1.00	11.50
2005	小麦	NK	24.10	2.50	2.20	5.20	0.70	14.80
2005	小麦	PK	13.80	3.90	2.10	3.00	1.60	10.90
2005	小麦	NPK	19.30	3.50	2.20	6.40	1.00	18.70
2005	小麦	NPK+M	16.80	3.60	2.20	5.30	1.40	19.50
2005	小麦	1.5（NPK+M）	22.10	4.00	2.20	8.20	1.50	22.10
2005	小麦	NPK+S	17.40	3.80	2.60	5.50	0.90	21.50
2005	小麦	NPK+M+F2	17.90	3.90	2.30	4.40	1.20	21.30
2005	玉米	CK	11.10	2.25	2.40	3.70	0.95	6.30
2005	玉米	N	13.80	1.91	2.40	7.60	1.07	7.00
2005	玉米	NP	13.60	2.94	2.40	7.20	1.41	4.00
2005	玉米	NK	13.40	1.95	2.30	6.50	1.24	16.90
2005	玉米	PK	10.30	3.28	2.70	4.40	2.75	15.70
2005	玉米	NPK	16.10	3.30	2.50	7.80	1.64	16.90
2005	玉米	NPK+M	15.00	3.40	2.60	8.00	1.58	19.30
2005	玉米	1.5（NPK+M）	16.10	3.36	2.60	6.90	1.73	23.40
2005	玉米	NPK+S	14.30	3.28	2.60	6.50	1.74	26.50
2006	小麦	CK	16.10	3.08	2.40	3.00	0.98	4.50
2006	小麦	N	26.40	2.64	2.30	4.60	0.98	10.50
2006	小麦	NP	21.20	3.35	2.00	6.00	1.01	11.50
2006	小麦	NK	24.10	2.49	2.20	5.20	0.74	14.80
2006	小麦	PK	13.80	3.92	2.10	3.00	1.61	10.90
2006	小麦	NPK	19.30	3.46	2.20	6.40	1.03	18.70
2006	小麦	NPK+M	16.80	3.64	2.20	5.30	1.40	19.50
2006	小麦	1.5（NPK+M）	22.10	4.00	2.20	8.20	1.54	22.10
2006	小麦	NPK+S	17.40	3.81	2.60	5.50	0.93	21.50

（续）

年份	作物	处理	籽粒/（g/kg）			秸秆/（g/kg）		
			N	P	K	N	P	K
2006	小麦	NPK+M+F2	17.90	3.94	2.30	4.40	1.24	21.30
2006	玉米	CK	13.62	2.74	2.61	4.80	1.23	8.94
2006	玉米	N	17.54	3.38	2.61	6.50	1.06	11.61
2006	玉米	NP	18.24	3.70	2.61	8.90	1.74	9.61
2006	玉米	NK	17.70	2.30	2.01	8.70	1.08	21.90
2006	玉米	PK	15.00	3.36	2.27	5.70	2.57	13.61
2006	玉米	NPK	15.93	3.26	2.54	9.50	1.67	14.27
2006	玉米	NPK+M	13.85	3.43	2.61	8.90	1.85	20.94
2006	玉米	1.5（NPK+M）	16.85	3.68	2.67	8.30	1.81	18.94
2006	玉米	NPK+S	13.73	3.24	2.94	7.20	2.34	22.27
2006	大豆	NPK+M+F2	55.40	7.24	14.27	6.50	1.42	15.61
2007	小麦	CK	12.60	2.90	2.10	0.20	0.74	15.50
2007	小麦	N	24.20	3.00	2.10	6.70	0.91	11.30
2007	小麦	NP	23.70	4.20	2.10	4.90	1.03	15.50
2007	小麦	NK	19.10	2.90	2.10	5.10	1.21	24.70
2007	小麦	PK	13.00	4.80	3.00	0.50	1.28	15.50
2007	小麦	NPK	18.20	4.40	3.00	3.60	1.28	25.60
2007	小麦	NPK+M	15.80	4.30	2.10	3.50	1.23	22.20
2007	小麦	1.5（NPK+M）	20.70	4.60	3.00	5.40	1.50	27.20
2007	小麦	NPK+S	19.10	4.20	2.10	4.70	1.23	23.10
2007	小麦	NPK+M+F2	17.30	4.80	3.00	5.10	1.18	24.70
2007	玉米	CK	8.07	2.10	2.13	5.74	0.88	8.83
2007	玉米	N	12.96	1.68	2.13	9.93	1.43	11.34
2007	玉米	NP	12.02	3.65	2.13	9.70	1.59	6.31
2007	玉米	NK	11.44	1.68	2.13	9.93	1.22	15.52
2007	玉米	PK	11.09	2.97	2.13	5.74	2.67	11.34
2007	玉米	NPK	12.96	2.67	2.96	9.81	1.34	19.71
2007	玉米	NPK+M	15.40	3.11	2.96	10.86	1.56	25.57
2007	玉米	1.5（NPK+M）	15.05	2.87	2.13	8.77	1.32	28.08
2007	玉米	NPK+S	14.35	2.91	2.96	9.70	1.35	22.22
2007	大豆	NPK+M+F2	62.06	7.10	15.52	10.28	1.56	8.83
2008	小麦	CK	18.70	3.10	3.20	1.30	0.90	16.60
2008	小麦	N	19.70	2.50	2.30	6.60	1.40	14.80
2008	小麦	NP	24.90	3.90	2.30	5.20	1.40	8.50
2008	小麦	NK	22.20	3.00	2.30	7.80	1.10	20.10
2008	小麦	PK	14.50	4.30	3.20	1.00	1.50	13.90
2008	小麦	NPK	24.30	3.90	2.30	4.30	1.20	18.30

（续）

年份	作物	处理	籽粒/（g/kg）			秸秆/（g/kg）		
			N	P	K	N	P	K
2008	小麦	NPK+M	19.40	4.50	2.30	3.50	1.50	22.80
2008	小麦	1.5（NPK+M）	20.90	4.00	2.30	7.30	0.00	28.10
2008	小麦	NPK+S	19.30	4.20	2.30	3.60	1.20	23.70
2008	小麦	NPK+M+F2	19.40	4.10	2.30	4.70	1.40	21.00
2008	玉米	CK	12.35	2.13	1.73	3.97	1.41	6.20
2008	玉米	N	12.52	2.13	1.28	8.61	1.38	7.99
2008	玉米	NP	12.13	2.13	2.62	6.01	1.65	3.52
2008	玉米	NK	22.78	2.13	0.83	8.27	1.22	15.15
2008	玉米	PK	12.81	2.13	2.62	4.42	2.83	10.67
2008	玉米	NPK	14.62	2.96	2.62	8.50	1.60	12.46
2008	玉米	NPK+M	13.77	2.96	1.73	16.09	1.78	15.15
2008	玉米	1.5（NPK+M）	15.30	2.13	1.73	9.52	1.79	16.94
2008	玉米	NPK+S	14.45	2.96	2.17	8.27	1.70	16.04
2008	大豆	NPK+M+F2	66.18	15.52	18.28	7.25	1.46	11.57
2009	小麦	CK	11.50	3.70	2.70	4.00	2.00	9.50
2009	小麦	N	0.00	0.00	0.00	11.70	2.70	11.10
2009	小麦	NP	15.50	4.00	3.30	5.60	2.50	6.10
2009	小麦	NK	19.80	3.30	2.70	9.70	2.00	15.40
2009	小麦	PK	13.20	4.10	3.00	2.00	1.80	9.50
2009	小麦	NPK	20.80	3.60	3.30	5.60	2.40	12.90
2009	小麦	NPK+M	18.70	4.00	2.70	4.60	2.80	16.30
2009	小麦	1.5（NPK+M）	21.00	4.00	3.00	7.30	3.20	19.70
2009	小麦	NPK+S	18.00	4.00	2.70	5.60	2.20	16.90
2009	小麦	NPK+M+F2	17.70	4.00	3.00	5.00	2.70	15.10
2009	玉米	CK	9.26	2.28	1.88	4.65	1.66	8.61
2009	玉米	N	11.94	2.11	2.08	7.56	1.70	8.16
2009	玉米	NP	11.60	3.13	2.49	7.10	2.01	6.33
2009	玉米	NK	11.60	2.35	1.68	8.99	2.13	14.89
2009	玉米	PK	10.46	3.46	2.08	4.46	3.00	13.42
2009	玉米	NPK	11.37	3.09	2.79	8.46	2.02	14.69
2009	玉米	NPK+M	12.65	3.25	2.59	9.18	1.89	20.25
2009	玉米	1.5（NPK+M）	11.69	3.06	2.49	8.99	2.32	18.69
2009	玉米	NPK+S	11.35	3.04	2.39	7.56	1.96	16.86
2009	大豆	NPK+M+F2	62.37	7.19	15.60	7.33	2.26	13.37
2010	小麦	CK	17.90	3.30	2.30	12.90	1.20	6.50
2010	小麦	N	22.90	2.90	2.10	5.10	0.90	12.10
2010	小麦	NP	21.50	4.00	2.40	4.20	1.00	11.10

（续）

年份	作物	处理	籽粒/（g/kg）			秸秆/（g/kg）		
			N	P	K	N	P	K
2010	小麦	NK	20.50	3.20	2.10	5.80	1.00	15.50
2010	小麦	PK	16.40	4.80	2.50	2.40	1.50	8.40
2010	小麦	NPK	19.60	3.80	2.10	4.20	1.20	13.10
2010	小麦	NPK+M	21.20	4.70	2.40	2.70	1.70	11.10
2010	小麦	1.5（NPK+M）	20.20	4.70	2.20	4.70	1.60	18.30
2010	小麦	NPK+S	20.40	4.70	2.10	4.50	1.30	13.00
2010	小麦	NPK+M+F2	17.40	5.10	2.40	2.60	1.40	11.40
2010	玉米	CK	9.82	2.56	2.01	5.14	1.18	6.07
2010	玉米	N	14.65	1.92	1.77	10.01	1.37	6.80
2010	玉米	NP	11.23	3.02	2.07	9.63	2.03	5.10
2010	玉米	NK	14.73	2.08	1.77	9.40	1.19	12.69
2010	玉米	PK	10.81	3.25	2.25	4.65	3.41	10.74
2010	玉米	NPK	13.17	3.02	2.01	7.35	2.12	10.38
2010	玉米	NPK+M	12.86	3.42	2.07	8.19	2.33	12.93
2010	玉米	1.5（NPK+M）	13.24	3.54	2.19	9.02	2.07	14.38
2010	玉米	NPK+S	11.91	3.34	2.13	7.61	2.21	12.69
2010	大豆	NPK+M+F2	62.42	8.11	12.69	5.98	2.24	12.32

表 4-48 浙江杭州水稻土监测站作物养分含量

年份	作物	处理	籽粒/（g/kg）			秸秆/（g/kg）		
			N	P	K	N	P	K
1991	大麦	CK	13.00	3.68	6.73	4.44	0.74	16.70
1991	大麦	N	16.20	3.44	6.05	5.30	0.52	11.70
1991	大麦	NP	16.70	3.94	5.51	5.60	0.48	10.90
1991	大麦	NK	17.60	3.61	5.88	6.04	0.42	18.80
1991	大麦	M	18.20	4.20	6.32	5.50	0.76	18.70
1991	大麦	NPK	15.70	3.31	7.59	5.70	0.42	16.60
1991	大麦	NPK+M	15.80	3.70	5.56	5.04	0.48	21.20
1991	大麦	1.3NPK+M	15.80	4.10	7.20	5.00	0.98	21.80
1991	早稻	CK	15.00	3.21	2.82	11.00	1.31	23.90
1991	早稻	N	18.30	3.67	3.39	14.70	1.59	19.70
1991	早稻	NP	19.00	3.49	3.17	15.70	1.56	32.40
1991	早稻	NK	18.70	3.47	3.24	14.10	1.40	23.90
1991	早稻	M	19.00	3.61	3.82	18.00	1.43	15.30
1991	早稻	NPK	19.10	4.05	3.75	15.70	1.52	22.10
1991	早稻	NPK+M	22.00	4.02	4.09	17.40	2.00	32.80
1991	早稻	1.3NPK+M	22.00	3.64	3.73	18.70	1.93	27.10

（续）

年份	作物	处理	籽粒/（g/kg）			秸秆/（g/kg）		
			N	P	K	N	P	K
1991	晚稻	CK	15.00	3.21	2.82	11.00	1.31	23.90
1991	晚稻	N	18.30	3.67	3.39	14.70	1.59	19.70
1991	晚稻	NP	19.00	3.49	3.17	15.70	1.56	32.40
1991	晚稻	NK	18.70	3.47	3.24	14.10	1.40	23.90
1991	晚稻	M	19.00	3.61	3.82	18.00	1.43	15.30
1991	晚稻	NPK	19.10	4.05	3.75	15.70	1.52	22.10
1991	晚稻	NPK+M	22.00	4.02	4.09	17.40	2.00	32.80
1991	晚稻	1.3NPK+M	22.00	3.64	3.73	18.70	1.93	27.10
1992	大麦	CK	15.50	4.13	5.99	4.52	0.72	12.30
1992	大麦	N	18.50	3.54	5.64	4.52	0.48	13.50
1992	大麦	NP	17.50	3.90	5.56	4.52	0.51	11.20
1992	大麦	NK	19.20	3.86	5.98	6.66	0.49	17.60
1992	大麦	M	17.70	4.48	5.98	4.52	0.80	15.60
1992	大麦	NPK	17.20	3.75	6.81	5.55	0.49	13.80
1992	大麦	NPK+M	18.80	3.95	5.58	5.74	0.56	14.30
1992	大麦	1.3NPK+M	17.70	4.33	6.91	5.85	1.00	20.30
1992	早稻	CK	17.00	3.66	3.09	11.50	1.83	17.40
1992	早稻	N	19.50	3.97	3.54	12.20	1.55	18.80
1992	早稻	NP	19.50	3.77	3.38	15.20	2.03	23.10
1992	早稻	NK	19.20	3.58	3.58	13.10	1.85	25.60
1992	早稻	M	17.40	3.76	3.55	14.80	1.97	16.90
1992	早稻	NPK	18.80	3.88	4.00	13.30	1.73	23.40
1992	早稻	NPK+M	20.50	3.83	3.82	12.70	1.83	22.00
1992	早稻	1.3NPK+M	20.80	3.73	3.79	16.50	1.90	21.30
1992	晚稻	CK	17.00	3.66	3.09	11.50	1.83	17.40
1992	晚稻	N	19.50	3.97	3.54	12.20	1.55	18.80
1992	晚稻	NP	19.50	3.77	3.38	15.20	2.03	23.10
1992	晚稻	NK	19.20	3.58	3.58	13.10	1.85	25.60
1992	晚稻	M	17.40	3.76	3.55	14.80	1.97	16.90
1992	晚稻	NPK	18.80	3.88	4.00	13.30	1.73	23.40
1992	晚稻	NPK+M	20.50	3.83	3.82	12.70	1.83	22.00
1992	晚稻	1.3NPK+M	20.80	3.73	3.79	16.50	1.90	21.30
1993	大麦	CK	18.00	4.95	5.34	4.63	0.72	10.60
1993	大麦	N	21.10	3.65	5.37	5.72	0.45	11.50
1993	大麦	NP	18.30	3.85	5.66	5.36	0.55	8.40
1993	大麦	NK	20.90	4.10	6.24	7.28	0.54	16.90
1993	大麦	M	17.20	4.76	5.79	4.47	0.85	13.90

（续）

年份	作物	处理	籽粒/（g/kg）			秸秆/（g/kg）		
			N	P	K	N	P	K
1993	大麦	NPK	18.70	4.20	6.33	5.42	0.52	11.60
1993	大麦	NPK+M	20.60	4.19	5.59	6.44	0.69	11.90
1993	大麦	1.3NPK+M	19.90	4.54	6.57	7.22	1.07	21.50
1993	早稻	CK	20.10	4.22	3.28	15.60	2.35	22.30
1993	早稻	N	20.10	4.31	3.71	11.40	1.79	22.60
1993	早稻	NP	20.50	4.01	3.54	15.40	3.10	23.90
1993	早稻	NK	19.70	4.33	3.84	12.10	2.34	26.50
1993	早稻	M	15.60	4.03	3.33	14.50	2.69	24.90
1993	早稻	NPK	18.30	4.04	4.20	12.10	2.20	31.30
1993	早稻	NPK+M	19.90	3.81	3.41	11.70	2.03	23.50
1993	早稻	1.3NPK+M	20.00	4.63	3.74	14.50	2.23	24.00
1993	晚稻	CK	20.10	4.22	3.28	15.60	2.35	22.30
1993	晚稻	N	20.10	4.31	3.71	11.40	1.79	22.60
1993	晚稻	NP	20.50	4.01	3.54	15.40	3.10	23.90
1993	晚稻	NK	19.70	4.33	3.84	12.10	2.34	26.50
1993	晚稻	M	15.60	4.03	3.33	14.50	2.69	24.90
1993	晚稻	NPK	18.30	4.04	4.20	12.10	2.20	31.30
1993	晚稻	NPK+M	19.90	3.81	3.41	11.70	2.03	23.50
1993	晚稻	1.3NPK+M	20.00	4.63	3.74	14.50	2.23	24.00
1994	大麦	CK	14.60	2.12	2.51	4.00	1.24	16.90
1994	大麦	N	18.50	2.56	2.41	7.10	0.66	16.30
1994	大麦	NP	20.40	2.70	2.44	7.80	0.86	16.80
1994	大麦	NK	18.00	2.48	2.67	6.60	0.57	21.30
1994	大麦	M	17.20	2.46	2.44	7.40	1.19	19.60
1994	大麦	NPK	20.10	2.54	2.62	7.80	1.22	23.10
1994	大麦	NPK+M	21.00	2.72	2.87	8.00	1.78	24.60
1994	大麦	1.3NPK+M	22.00	2.68	2.81	13.50	1.55	26.40
1994	早稻	CK	15.00	2.97	2.76	6.90	1.23	13.30
1994	早稻	N	16.30	2.85	2.83	8.20	1.52	13.10
1994	早稻	NP	17.00	2.98	2.92	8.10	2.18	12.10
1994	早稻	NK	16.70	2.88	3.10	9.00	1.60	17.10
1994	早稻	M	16.90	2.96	3.01	7.50	1.68	15.90
1994	早稻	NPK	17.10	3.10	3.22	9.50	1.68	17.30
1994	早稻	NPK+M	17.00	3.20	3.84	9.70	1.78	17.60
1994	早稻	1.3NPK+M	17.80	3.30	4.09	9.70	1.94	18.10
1994	晚稻	CK	15.30	2.28	2.39	6.00	1.31	11.90
1994	晚稻	N	14.60	2.33	3.27	7.40	1.24	13.90

（续）

年份	作物	处理	籽粒/（g/kg）			秸秆/（g/kg）		
			N	P	K	N	P	K
1994	晚稻	NP	16.80	2.42	3.34	7.40	1.82	13.00
1994	晚稻	NK	15.50	2.31	3.54	7.60	1.60	20.00
1994	晚稻	M	15.70	2.27	2.62	7.00	1.58	17.60
1994	晚稻	NPK	15.80	2.48	3.64	7.90	1.61	25.10
1994	晚稻	NPK+M	15.80	2.52	3.39	8.20	1.58	26.80
1994	晚稻	1.3NPK+M	17.10	2.62	3.61	8.60	1.80	25.20
1995	大麦	CK	13.60	2.40	1.60	4.50	0.70	13.00
1995	大麦	N	17.20	2.80	1.93	5.10	0.53	16.90
1995	大麦	NP	17.60	2.74	1.76	5.70	0.56	8.00
1995	大麦	NK	17.60	2.93	2.10	5.60	0.56	13.40
1995	大麦	M	16.20	2.80	2.02	5.10	0.98	15.60
1995	大麦	NPK	16.80	2.90	2.18	5.60	0.94	19.70
1995	大麦	NPK+M	17.80	2.64	2.09	6.10	1.18	19.60
1995	大麦	1.3NPK+M	18.50	3.01	2.36	9.10	1.13	20.70
1995	早稻	CK	13.40	2.49	2.42	5.20	1.10	16.30
1995	早稻	N	15.10	2.75	2.26	7.80	1.60	13.40
1995	早稻	NP	15.60	2.66	2.33	8.00	2.33	14.00
1995	早稻	NK	16.40	2.86	2.94	6.60	1.61	19.30
1995	早稻	M	14.70	2.75	2.58	5.90	1.48	17.60
1995	早稻	NPK	16.80	2.77	2.64	7.70	1.91	21.80
1995	早稻	NPK+M	15.30	2.33	1.46	6.80	1.77	21.30
1995	早稻	1.3NPK+M	15.90	2.95	4.76	6.90	2.41	18.50
1995	晚稻	CK	15.50	2.31	2.60	6.90	1.44	13.10
1995	晚稻	N	15.80	2.53	2.71	8.10	1.52	12.50
1995	晚稻	NP	17.10	2.56	2.64	8.20	1.69	13.60
1995	晚稻	NK	15.60	2.46	3.01	8.90	1.42	18.80
1995	晚稻	M	15.80	2.50	2.78	7.50	1.54	16.10
1995	晚稻	NPK	15.90	2.78	2.92	9.10	1.68	20.90
1995	晚稻	NPK+M	16.40	2.74	3.04	9.20	1.71	23.60
1995	晚稻	1.3NPK+M	17.40	2.86	3.19	9.40	1.74	26.00
1996	大麦	CK	16.40	2.50	1.73	4.50	0.44	15.10
1996	大麦	N	17.70	3.06	1.78	4.80	0.45	17.10
1996	大麦	NP	19.40	3.16	1.84	5.60	0.77	14.70
1996	大麦	NK	18.20	2.88	2.43	4.50	0.44	22.20
1996	大麦	M	17.00	3.18	2.19	4.70	0.89	19.50
1996	大麦	NPK	18.80	3.20	2.45	5.50	0.50	25.10
1996	大麦	NPK+M	18.40	3.25	2.74	5.90	0.80	27.80

（续）

年份	作物	处理	籽粒/（g/kg）			秸秆/（g/kg）		
			N	P	K	N	P	K
1996	大麦	1.3NPK+M	19.80	3.38	2.59	8.50	1.30	30.10
1996	早稻	CK	13.80	2.25	2.16	6.70	1.56	16.80
1996	早稻	N	16.40	3.00	2.42	7.00	1.66	16.70
1996	早稻	NP	17.20	3.10	2.39	7.60	2.14	17.10
1996	早稻	NK	16.60	2.80	2.76	6.90	1.56	20.30
1996	早稻	M	16.80	3.18	2.50	7.60	1.74	20.60
1996	早稻	NPK	18.00	3.38	2.87	7.30	1.52	21.10
1996	早稻	NPK+M	18.20	3.35	3.53	7.30	1.66	21.60
1996	早稻	1.3NPK+M	18.20	3.30	3.92	7.40	1.79	21.40
1996	晚稻	CK	15.00	2.24	2.25	7.00	1.36	17.40
1996	晚稻	N	15.60	2.20	2.22	7.60	1.41	19.00
1996	晚稻	NP	16.00	2.48	2.39	7.70	1.73	19.00
1996	晚稻	NK	15.00	2.72	2.38	7.80	1.58	21.90
1996	晚稻	M	15.60	2.44	2.37	7.90	1.45	21.30
1996	晚稻	NPK	17.00	2.26	2.51	8.00	1.71	23.50
1996	晚稻	NPK+M	17.70	2.88	2.53	8.00	1.68	25.20
1996	晚稻	1.3NPK+M	19.20	2.94	2.71	8.90	1.82	27.90
1997	大麦	CK	14.00	2.80	2.37	4.70	0.68	7.90
1997	大麦	N	17.50	2.92	2.28	5.00	0.32	8.00
1997	大麦	NP	18.80	3.12	2.21	5.30	0.40	12.50
1997	大麦	NK	16.60	2.90	2.52	6.50	0.43	15.50
1997	大麦	M	17.80	3.10	2.68	4.90	0.43	12.70
1997	大麦	NPK	16.80	3.10	2.62	5.10	0.65	13.40
1997	大麦	NPK+M	20.40	3.15	2.89	5.70	0.92	18.10
1997	大麦	1.3NPK+M	20.20	3.23	3.35	8.70	2.12	17.90
1997	早稻	CK	16.40	2.72	3.15	6.70	1.37	19.60
1997	早稻	N	16.90	2.90	3.53	8.70	1.61	19.10
1997	早稻	NP	18.00	3.03	3.49	8.60	1.83	19.40
1997	早稻	NK	17.20	2.87	3.45	9.60	1.52	20.80
1997	早稻	M	18.20	2.92	3.36	8.00	1.58	23.50
1997	早稻	NPK	18.40	3.00	3.24	9.90	1.23	21.70
1997	早稻	NPK+M	18.60	3.10	3.53	8.80	1.79	21.70
1997	早稻	1.3NPK+M	19.20	3.10	3.58	8.70	1.85	23.70
1997	晚稻	CK	14.60	2.18	3.01	7.90	1.17	14.80
1997	晚稻	N	14.50	2.63	3.01	7.50	1.21	11.50
1997	晚稻	NP	16.20	2.66	3.28	7.90	1.51	18.20
1997	晚稻	NK	14.70	2.57	3.37	7.70	1.61	19.20

（续）

年份	作物	处理	籽粒/（g/kg）			秸秆/（g/kg）		
			N	P	K	N	P	K
1997	晚稻	M	15.00	2.40	3.22	8.30	1.35	22.20
1997	晚稻	NPK	13.60	2.61	3.45	7.70	1.08	22.30
1997	晚稻	NPK+M	15.10	2.50	3.62	9.10	1.48	24.50
1997	晚稻	1.3NPK+M	17.00	2.81	3.87	8.70	1.22	24.70
1998	大麦	CK	15.10	2.62	1.87	4.40	0.56	11.00
1998	大麦	N	18.10	2.82	1.69	5.50	0.40	7.60
1998	大麦	NP	18.60	3.10	1.64	6.20	0.60	6.40
1998	大麦	NK	17.80	2.84	2.35	5.90	0.44	10.80
1998	大麦	M	16.90	3.35	1.81	5.70	0.78	12.50
1998	大麦	NPK	18.40	3.40	2.35	6.10	0.58	14.20
1998	大麦	NPK+M	18.20	3.49	2.27	6.60	0.86	15.40
1998	大麦	1.3NPK+M	20.10	3.55	2.59	10.20	1.12	22.90
1998	早稻	CK	13.80	2.74	1.60	7.80	1.76	19.40
1998	早稻	N	17.00	2.80	1.83	7.40	1.71	17.60
1998	早稻	NP	16.10	3.09	1.69	7.30	2.45	19.00
1998	早稻	NK	16.40	2.85	1.87	7.10	1.60	20.70
1998	早稻	M	18.00	3.45	1.62	9.30	1.90	22.90
1998	早稻	NPK	16.80	3.60	1.59	7.50	1.80	20.90
1998	早稻	NPK+M	16.50	3.49	1.62	6.70	1.53	23.50
1998	早稻	1.3NPK+M	18.10	3.45	1.79	1.01	1.73	24.70
1998	晚稻	CK	16.70	2.53	1.51	5.60	1.56	22.80
1998	晚稻	N	17.30	2.48	1.49	7.60	1.60	22.00
1998	晚稻	NP	17.50	2.46	1.53	7.00	1.94	20.80
1998	晚稻	NK	17.60	2.29	1.39	7.40	1.59	24.70
1998	晚稻	M	16.70	2.57	1.51	7.20	1.76	24.50
1998	晚稻	NPK	17.20	2.64	1.53	6.50	1.46	21.40
1998	晚稻	NPK+M	14.60	2.87	1.44	6.70	1.30	22.70
1998	晚稻	1.3NPK+M	19.10	2.91	1.54	9.20	1.44	24.80
1999	大麦	CK	16.50	2.84	1.98	9.60	0.62	13.90
1999	大麦	N	19.10	2.80	1.99	10.10	0.45	15.90
1999	大麦	NP	19.60	3.24	2.03	11.80	0.68	16.00
1999	大麦	NK	19.20	2.92	2.42	12.00	0.52	18.70
1999	大麦	M	15.90	3.20	2.20	11.20	0.82	16.40
1999	大麦	NPK	19.80	3.44	2.40	11.20	0.64	18.70
1999	大麦	NPK+M	20.20	3.52	2.51	11.80	0.92	20.30
1999	大麦	1.3NPK+M	21.20	3.55	2.77	18.00	1.10	17.30
1999	早稻	CK	18.00	3.40	1.58	12.70	1.74	18.90

（续）

年份	作物	处理	籽粒/（g/kg）			秸秆/（g/kg）		
			N	P	K	N	P	K
1999	早稻	N	17.10	2.75	1.79	14.80	1.72	17.30
1999	早稻	NP	13.80	2.78	1.64	13.50	2.43	18.60
1999	早稻	NK	18.10	3.03	1.81	14.80	1.65	20.10
1999	早稻	M	16.80	3.55	1.64	17.60	1.88	22.60
1999	早稻	NPK	16.40	2.85	1.63	13.80	1.75	21.20
1999	早稻	NPK+M	16.50	3.38	1.66	13.40	1.57	23.70
1999	早稻	1.3NPK+M	16.10	3.35	1.84	14.60	1.75	24.50
1999	晚稻	CK	17.10	2.53	1.48	13.40	1.52	23.40
1999	晚稻	N	16.70	2.83	2.33	15.20	1.62	21.20
1999	晚稻	NP	17.80	2.48	1.49	13.30	1.90	20.30
1999	晚稻	NK	17.40	2.46	1.53	14.10	1.56	23.70
1999	晚稻	M	16.60	2.64	1.54	14.50	1.70	24.20
1999	晚稻	NPK	17.00	2.29	1.39	13.90	1.50	21.60
1999	晚稻	NPK+M	16.00	2.57	1.51	11.30	1.36	22.40
1999	晚稻	1.3NPK+M	17.80	2.87	1.44	13.90	1.48	25.20
2000	大麦	CK	15.70	2.73	2.02	4.60	0.72	19.80
2000	大麦	N	16.30	2.70	1.99	5.10	0.52	13.80
2000	大麦	NP	16.50	2.66	2.04	5.20	0.48	16.60
2000	大麦	NK	16.60	2.50	1.88	4.80	0.42	20.80
2000	大麦	M	15.70	2.77	1.98	5.20	0.74	21.20
2000	大麦	NPK	16.20	2.84	2.04	5.10	0.69	22.20
2000	大麦	NPK+M	14.60	2.97	1.94	5.04	0.68	24.40
2000	大麦	1.3NPK+M	15.60	3.50	2.28	5.00	0.76	25.50
2000	早稻	CK	12.70	3.59	3.53	14.10	2.35	24.70
2000	早稻	N	11.50	3.11	3.23	14.70	2.38	23.00
2000	早稻	NP	17.30	3.24	3.33	16.40	2.93	26.70
2000	早稻	NK	16.10	3.08	3.33	12.40	2.46	31.30
2000	早稻	M	16.80	3.30	3.44	13.90	2.50	32.20
2000	早稻	NPK	17.10	3.10	3.21	12.30	2.68	33.50
2000	早稻	NPK+M	16.30	3.87	3.30	12.50	2.48	27.90
2000	早稻	1.3NPK+M	16.90	4.27	3.44	14.80	3.08	35.10
2000	晚稻	CK	15.80	3.30	3.50	15.70	2.21	22.80
2000	晚稻	N	16.10	3.69	3.59	13.80	2.78	19.80
2000	晚稻	NP	16.70	3.48	4.10	15.10	2.21	21.40
2000	晚稻	NK	15.80	3.57	3.98	12.90	2.77	23.20
2000	晚稻	M	16.30	3.62	4.60	15.00	2.78	19.60
2000	晚稻	NPK	17.20	3.85	3.85	13.80	2.76	19.80

（续）

年份	作物	处理	籽粒/（g/kg）			秸秆/（g/kg）		
			N	P	K	N	P	K
2000	晚稻	NPK+M	16.80	3.73	4.30	15.60	2.70	20.00
2000	晚稻	1.3NPK+M	16.50	3.68	4.37	13.70	2.96	22.80
2001	大麦	CK	15.80	3.30	3.50	15.70	2.21	22.80
2001	大麦	N	16.10	3.69	3.59	13.80	2.78	19.80
2001	大麦	NP	16.70	3.48	4.10	15.10	2.21	21.40
2001	大麦	NK	15.80	3.57	3.98	12.90	2.77	23.20
2001	大麦	M	16.30	3.62	4.60	15.00	2.78	19.60
2001	大麦	NPK	17.20	3.85	3.85	13.80	2.76	19.80
2001	大麦	NPK+M	16.80	3.73	4.30	15.60	2.70	20.00
2001	大麦	1.3NPK+M	16.50	3.68	4.37	13.70	2.96	22.80
2001	水稻	CK	14.20	3.30	4.70	7.40	2.90	15.80
2001	水稻	N	14.60	3.50	5.30	8.60	3.10	16.30
2001	水稻	NP	15.00	3.30	5.30	9.60	3.40	18.30
2001	水稻	NK	14.80	3.50	5.40	9.40	4.10	17.40
2001	水稻	M	13.90	3.20	5.10	8.40	3.30	18.50
2001	水稻	NPK	16.60	3.10	6.00	11.00	3.80	20.30
2001	水稻	NPK+M	16.80	4.10	5.60	12.00	4.10	19.90
2001	水稻	1.3NPK+M	16.30	3.40	5.60	10.00	3.80	22.40
2003	大麦	CK	12.80	3.10	6.60	3.00	2.80	16.80
2003	大麦	N	16.10	5.10	7.90	3.30	3.40	20.20
2003	大麦	NP	15.40	5.10	6.70	3.90	3.30	16.70
2003	大麦	NK	15.40	4.90	7.30	3.60	3.20	25.10
2003	大麦	M	18.20	3.90	7.50	3.90	3.20	19.20
2003	大麦	NPK	18.10	4.20	7.50	4.30	3.20	23.70
2003	大麦	NPK+M	18.30	3.90	7.50	4.10	2.80	23.20
2003	大麦	1.3NPK+M	18.20	4.00	7.50	4.00	2.80	23.50
2003	水稻	CK	13.60	3.40	4.30	7.20	2.90	15.90
2003	水稻	N	14.50	3.50	4.90	9.10	3.20	16.80
2003	水稻	NP	14.80	3.40	4.90	9.60	3.50	18.60
2003	水稻	NK	14.60	3.50	5.20	9.20	3.20	18.30
2003	水稻	M	14.70	3.10	4.90	9.90	3.20	19.10
2003	水稻	NPK	16.30	3.20	5.20	11.00	3.20	19.10
2003	水稻	NPK+M	16.20	3.50	5.60	11.40	3.20	22.10
2003	水稻	1.3NPK+M	16.40	3.50	5.60	10.50	3.40	21.90
2005	大麦	CK	13.90	3.37	6.49	3.32	2.98	16.93
2005	大麦	N	15.70	5.17	7.53	2.89	3.23	28.46
2005	大麦	NP	10.50	5.92	6.37	3.70	3.60	32.70

（续）

年份	作物	处理	籽粒/（g/kg）			秸秆/（g/kg）		
			N	P	K	N	P	K
2005	大麦	NK	15.60	5.45	6.96	3.49	3.16	28.30
2005	大麦	M	18.10	3.60	7.54	3.05	2.98	18.09
2005	大麦	NPK	18.20	4.66	7.04	4.52	3.49	31.78
2005	大麦	NPK+M	18.20	3.77	7.53	4.19	2.44	17.84
2005	大麦	1.3NPK+M	18.20	3.97	7.50	4.03	2.07	28.38
2005	水稻	CK	14.40	3.37	13.11	7.35	3.18	15.93
2005	水稻	N	13.70	3.49	4.77	7.98	3.08	16.51
2005	水稻	NP	15.10	3.16	5.44	10.00	3.42	18.67
2005	水稻	NK	14.50	3.46	5.54	9.48	3.84	17.26
2005	水稻	M	13.30	2.91	4.88	7.65	3.25	18.67
2005	水稻	NPK	16.50	3.13	5.93	11.20	3.70	20.17
2005	水稻	NPK+M	16.90	4.08	5.53	11.80	4.28	19.00
2005	水稻	1.3NPK+M	16.10	3.22	5.59	9.97	3.49	22.32
2006	大麦	CK				3.48	2.43	27.55
2006	大麦	N				3.15	1.27	23.24
2006	大麦	NP				3.29	1.30	23.07
2006	大麦	NK				4.09	1.73	23.57
2006	大麦	M				3.48	1.43	21.66
2006	大麦	NPK				3.76	1.85	24.81
2006	大麦	NPK+M				3.58	1.64	23.49
2006	大麦	1.3NPK+M				4.89	1.79	26.72
2006	水稻	CK	13.90	2.91	4.80	7.52		
2006	水稻	N	12.90	2.40	4.51	7.24	1.16	26.14
2006	水稻	NP	13.70	2.67	4.41	9.69	1.58	27.14
2006	水稻	NK	12.70	2.74	4.45	8.28	1.24	22.41
2006	水稻	M	14.40	3.04	4.97	8.28	1.19	24.23
2006	水稻	NPK	14.50	2.55	4.62	8.47	1.34	23.73
2006	水稻	NPK+M	14.50	2.52	4.30	8.84	1.16	24.07
2006	水稻	1.3NPK+M	16.10	2.88	5.37	8.18	1.30	27.72
2007	大麦	CK				3.76	1.85	24.81
2007	大麦	N				3.15	1.27	23.24
2007	大麦	NP				3.29	1.30	23.07
2007	大麦	NK				4.09	1.73	23.57
2007	大麦	M				3.48	1.43	21.66
2007	大麦	NPK				3.48	2.43	27.55
2007	大麦	NPK+M				3.58	1.64	23.49
2007	大麦	1.3NPK+M				4.89	1.79	26.72

（续）

年份	作物	处理	籽粒/（g/kg）			秸秆/（g/kg）		
			N	P	K	N	P	K
2007	水稻	CK	12.70	2.74	4.45	8.28	1.24	22.41
2007	水稻	N	14.40	3.04	4.64	8.28	1.19	24.23
2007	水稻	NP	14.50	2.52	4.30	8.84	1.16	24.07
2007	水稻	NK	16.10	2.88	5.37	8.18	1.30	27.72
2007	水稻	M	12.90	2.40	4.51			
2007	水稻	NPK	13.90	2.91	4.80	7.24	1.16	26.14
2007	水稻	NPK+M	13.70	2.67	4.41	9.69	1.58	27.14
2007	水稻	1.3NPK+M	14.50	2.55	4.62	8.47	1.34	23.73
2008	大麦	CK	15.10	4.13	6.36	4.39	1.10	9.13
2008	大麦	N	20.10	3.96	6.25	4.14	0.57	8.30
2008	大麦	NP	18.80	4.03	6.41	5.27	0.76	6.60
2008	大麦	NK	16.90	4.06	5.95	4.14	0.80	9.46
2008	大麦	M	17.90	3.89	6.23	4.70	0.90	14.27
2008	大麦	NPK	16.60	3.96	6.56	4.33	1.10	13.03
2008	大麦	NPK+M	19.90	4.26	6.61	7.53	2.03	16.93
2008	大麦	1.3NPK+M	21.50	4.67	6.57	4.89	1.60	13.28
2008	水稻	CK	21.90	5.00	3.30	8.42	3.28	12.17
2008	水稻	N	19.50	5.20	3.00	8.36	1.66	9.30
2008	水稻	NP	20.50	4.20	3.00	8.67	2.67	8.53
2008	水稻	NK	19.30	4.00	3.20	9.16	2.59	11.37
2008	水稻	M	19.80	4.30	3.20	6.17	1.77	11.43
2008	水稻	NPK	19.80	4.40	3.20	6.79	2.44	7.90
2008	水稻	NPK+M	22.70	4.70	3.00	9.41	3.33	18.47
2008	水稻	1.3NPK+M	23.80	4.70	3.00	8.60	2.67	17.33
2009	大麦	CK	15.10	4.13	6.36	4.39	1.10	9.13
2009	大麦	N	20.10	3.96	6.25	4.14	0.57	8.30
2009	大麦	NP	18.80	4.03	6.41	5.27	0.76	6.60
2009	大麦	NK	16.90	4.06	5.95	4.14	0.80	9.46
2009	大麦	M	17.90	3.89	6.23	4.70	0.90	14.27
2009	大麦	NPK	16.60	3.96	6.56	4.33	1.10	13.03
2009	大麦	NPK+M	19.90	4.26	6.61	7.53	2.03	16.93
2009	大麦	1.3NPK+M	21.50	4.67	6.57	4.89	1.60	13.28
2009	水稻	CK	10.83	5.33	4.99	10.57	2.22	16.75
2009	水稻	N	15.71	3.48	5.49	10.55	3.48	12.72
2009	水稻	NP	13.69	3.19	4.99	10.42	2.89	12.99
2009	水稻	NK	16.70	3.41	5.99	9.51	3.41	16.98
2009	水稻	M	11.80	4.07	5.24	7.21	3.63	16.74

（续）

年份	作物	处理	籽粒/（g/kg）			秸秆/（g/kg）		
			N	P	K	N	P	K
2009	水稻	NPK	12.16	3.63	4.49	7.62	4.15	14.48
2009	水稻	NPK+M	12.37	3.48	5.49	10.55	3.71	16.72
2009	水稻	1.3NPK+M	12.15	3.78	5.49	7.72	3.63	18.72
2010	大麦	CK	15.51	3.09	4.40	3.66	1.47	12.87
2010	大麦	N	12.24	2.61	4.40	2.82	0.59	10.93
2010	大麦	NP	15.18	3.02	4.73	3.70	1.24	13.87
2010	大麦	NK	12.69	2.78	4.73	2.34	0.87	14.39
2010	大麦	M	15.24	3.04	4.60	4.17	1.48	16.80
2010	大麦	NPK	13.38	2.78	4.66	2.67	0.85	12.53
2010	大麦	NPK+M	14.56	2.98	4.80	3.18	1.20	18.20
2010	大麦	1.3NPK+M	14.23	2.94	4.20	2.67	1.01	14.73
2010	水稻	CK	10.68	3.57	4.07	7.32	1.35	9.00
2010	水稻	N	13.33	3.57	5.33	8.51	1.54	10.33
2010	水稻	NP	14.78	3.67	4.93	9.30	2.22	6.50
2010	水稻	NK	14.45	3.95	5.07	7.13	1.80	12.00
2010	水稻	M	11.13	2.61	3.93	6.50	1.73	9.50
2010	水稻	NPK	14.75	3.82	4.73	10.90	1.88	11.67
2010	水稻	NPK+M	15.76	3.39	5.53	9.67	1.99	11.67
2010	水稻	1.3NPK+M	15.01	4.00	5.07	10.49	1.31	11.17
2010	水稻	RICE-GREEN	16.73	3.88	5.47	12.47	3.58	6.83
2010	水稻	RICE-BARLEY-RICE-BARLEY	13.85	3.07	4.40	10.27	2.05	11.50
2010	水稻	RICE-BARLEY-RICE-WHEAT	12.62	2.74	3.53	11.57	2.44	10.17

表 4-49 重庆北碚紫色土监测站作物养分含量

年份	作物	处理	籽粒/（g/kg）			秸秆/（g/kg）		
			N	P	K	N	P	K
1991	小麦	CK	15.44	4.68	2.76	6.78	1.02	16.40
1991	小麦	N	16.03	4.59	2.36	7.66	1.15	15.60
1991	小麦	NP	15.53	4.48	2.41	8.95	1.59	16.70
1991	小麦	NK	15.86	4.86	2.56	8.19	1.27	18.20
1991	小麦	PK	14.86	4.61	2.61	8.31	1.32	16.80
1991	小麦	NPK	16.08	5.88	2.76	8.25	0.91	15.10
1991	小麦	NPK+M	16.63	5.49	3.29	9.11	1.15	15.40
1991	小麦	1.5NPK+M	16.31	5.12	2.81	7.51	1.22	16.70
1991	小麦	NPK+S	15.89	5.19	2.83	8.18	1.72	17.90

（续）

年份	作物	处理	籽粒/（g/kg）			秸秆/（g/kg）		
			N	P	K	N	P	K
1991	小麦	NPK+M+F2	15.67	5.24	2.66	7.81	1.11	14.60
1991	小麦	（NPK）Cl+M	15.68	4.81	2.59	7.39	1.14	16.50
1991	小麦	M	15.38	4.77	2.57	7.79	1.18	18.10
1992	小麦	CK	20.50	4.58	2.75	3.12	0.47	8.60
1992	小麦	N	28.94	2.69	2.48	4.36	0.16	10.50
1992	小麦	NP	27.85	3.19	2.44	5.18	0.12	10.90
1992	小麦	NK	27.35	3.04	2.49	5.44	0.17	11.60
1992	小麦	PK	20.44	4.70	2.97	3.74	0.45	9.20
1992	小麦	NPK	26.83	3.87	2.61	4.04	0.27	10.30
1992	小麦	NPK+M	25.87	0.50	2.66	6.38	0.42	11.20
1992	小麦	1.5NPK+M	20.65	4.12	2.64	8.96	0.25	14.20
1992	小麦	NPK+S	23.81	3.63	2.64	4.86	0.15	11.60
1992	小麦	NPK+M+F2	24.88	3.98	2.73	4.82	0.16	11.00
1992	小麦	（NPK）Cl+M	28.88	3.95	2.67	5.78	0.37	14.30
1992	小麦	M	20.04	3.67	2.59	3.88	0.37	9.70
1992	水稻	CK	14.24	3.88	3.04	6.47	0.86	18.30
1992	水稻	N	17.24	2.50	2.18	8.43	0.49	18.90
1992	水稻	NP	16.14	3.83	3.13	7.30	0.60	18.10
1992	水稻	NK	17.24	3.61	2.79	7.89	0.58	20.70
1992	水稻	PK	13.31	3.62	3.08	7.52	0.90	17.60
1992	水稻	NPK	16.32	3.96	2.55	6.95	0.66	18.70
1992	水稻	NPK+M	16.86	3.83	2.81	6.90	0.70	18.60
1992	水稻	1.5NPK+M	21.46	4.26	3.12	8.91	0.58	20.10
1992	水稻	NPK+S	18.29	4.09	3.08	7.85	0.66	19.20
1992	水稻	NPK+M+F2	18.64	4.15	2.76	8.29	0.87	20.40
1992	水稻	（NPK）Cl+M	17.23	3.82	2.80	9.28	0.94	19.40
1992	水稻	M	13.58	3.85	3.16	7.25	0.99	19.00
1993	小麦	CK	15.72	3.39	4.98	3.22	0.35	11.07
1993	小麦	N	25.37	2.38	4.10	7.43	0.28	17.10
1993	小麦	NP	27.17	3.29	5.03	9.98	0.61	18.10
1993	小麦	NK	26.20	2.75	4.86	8.93	0.78	15.30
1993	小麦	PK	16.82	3.54	5.13	3.63	1.22	11.31
1993	小麦	NPK	28.78	4.14	5.41	8.12	1.34	16.12
1993	小麦	NPK+M	23.39	3.42	4.68	6.93	0.38	15.50
1993	小麦	1.5NPK+M	26.82	3.76	5.12	11.92	0.65	22.09
1993	小麦	NPK+S	22.87	3.19	4.99	4.11	0.58	15.95
1993	小麦	NPK+M+F2	25.07	3.23	4.65	8.53	0.33	15.87

（续）

年份	作物	处理	籽粒/（g/kg）			秸秆/（g/kg）		
			N	P	K	N	P	K
1993	小麦	（NPK）Cl+M	27.62	3.68	4.99	8.89	0.37	22.12
1993	小麦	M	16.10	3.41	5.02	3.49	0.61	10.78
1993	水稻	CK	15.60	1.19	2.29	5.01	0.37	21.30
1993	水稻	N	18.11	0.86	1.88	7.70	0.37	19.49
1993	水稻	NP	18.79	1.31	2.30	8.71	0.66	21.30
1993	水稻	NK	18.89	1.11	1.88	9.81	0.37	20.19
1993	水稻	PK	16.09	1.41	2.48	6.36	0.33	21.56
1993	水稻	NPK	18.25	1.11	1.88	8.33	0.37	20.93
1993	水稻	NPK+M	18.51	1.41	1.89	8.76	0.49	20.38
1993	水稻	1.5NPK+M	18.98	1.68	2.55	9.84	0.66	22.34
1993	水稻	NPK+S	19.02	1.41	2.47	8.47	0.37	22.65
1993	水稻	NPK+M+F2	15.93	1.15	1.87	8.06	0.37	21.94
1993	水稻	（NPK）Cl+M	18.18	1.37	2.36	9.30	0.50	29.78
1993	水稻	M	16.28	0.97	2.25	5.27	0.25	20.81
1994	小麦	CK	19.51	4.23	4.65	4.05	0.29	15.37
1994	小麦	N	29.32	2.49	4.97	6.59	0.17	13.21
1994	小麦	NP	26.25	3.64	4.96	4.92	0.31	11.74
1994	小麦	NK	27.72	2.60	5.46	6.61	0.25	14.29
1994	小麦	PK	18.95	4.56	5.47	4.34	0.74	11.38
1994	小麦	NPK	26.56	4.43	5.80	7.23	0.45	13.34
1994	小麦	NPK+M	27.53	4.31	5.80	7.20	0.70	13.38
1994	小麦	1.5NPK+M	29.04	3.56	4.96	6.30	0.25	13.67
1994	小麦	NPK+S	24.45	4.31	4.97	5.32	0.46	11.73
1994	小麦	NPK+M+F2	26.74	4.51	5.46	6.98	0.58	12.83
1994	小麦	（NPK）Cl+M	24.07	4.69	5.98	6.22	0.42	15.99
1994	小麦	M	19.68	4.01	5.30	3.83	0.17	10.42
1994	水稻	CK	15.43	2.16	2.32	7.88	0.37	19.25
1994	水稻	N	17.10	2.15	2.31	6.70	0.08	20.62
1994	水稻	NP	18.86	3.34	2.80	8.52	0.17	19.00
1994	水稻	NK	17.49	2.80	2.47	7.11	0.25	22.02
1994	水稻	PK	15.12	3.35	2.97	8.95	0.58	20.63
1994	水稻	NPK	16.81	3.02	2.65	8.88	0.17	19.16
1994	水稻	NPK+M	16.71	3.30	2.64	8.33	0.54	18.46
1994	水稻	1.5NPK+M	17.81	3.39	2.98	9.11	0.50	20.27
1994	水稻	NPK+S	16.94	3.19	2.98	7.81	0.37	21.46
1994	水稻	NPK+M+F2	17.00	3.40	2.99	6.88	0.08	19.12
1994	水稻	（NPK）Cl+M	16.57	3.27	2.98	8.20	0.17	21.42

（续）

年份	作物	处理	籽粒/（g/kg）			秸秆/（g/kg）		
			N	P	K	N	P	K
1994	水稻	M	13.82	2.97	2.64	6.71	0.08	20.78
1995	小麦	CK	16.52	3.74	5.75	4.29	0.25	12.75
1995	小麦	N	25.22	1.89	4.93	5.47	0.08	18.52
1995	小麦	NP	20.24	3.26	5.36	4.74	0.12	14.03
1995	小麦	NK	23.23	2.44	4.95	5.62	0.17	18.55
1995	小麦	PK	15.96	3.79	5.77	3.73	0.99	16.90
1995	小麦	NPK	20.39	3.58	5.76	4.24	0.25	16.84
1995	小麦	NPK+M	20.97	3.79	5.76	5.93	0.62	18.59
1995	小麦	1.5NPK+M	25.72	3.77	5.33	9.19	0.82	20.15
1995	小麦	NPK+S	20.67	3.51	5.78	5.48	0.39	18.53
1995	油菜	NPK+M+F2						
1995	小麦	(NPK) Cl+M	21.23	3.83	5.36	6.02	0.17	20.24
1995	小麦	M	15.84	3.97	5.73	3.11	0.28	13.80
1995	水稻	CK	15.12	2.48	3.31	4.89	0.29	17.66
1995	水稻	N	15.98	2.10	3.15	6.27	0.06	19.10
1995	水稻	NP	14.26	3.10	3.76	9.54	0.62	14.84
1995	水稻	NK	14.95	3.06	3.45	9.57	0.06	17.39
1995	水稻	PK	14.25	3.71	4.55	6.38	0.37	22.17
1995	水稻	NPK	16.80	3.35	3.45	7.94	0.62	17.59
1995	水稻	NPK+M	17.92	3.14	3.75	6.31	0.33	18.67
1995	水稻	1.5NPK+M	15.09	3.44	3.91	10.53	0.74	19.57
1995	水稻	NPK+S	15.73	3.55	4.06	8.78	0.62	19.02
1995	水稻	NPK+M+F2						
1995	水稻	(NPK) Cl+M	16.04	3.42	4.22	9.50	0.58	20.51
1995	水稻	M	14.14	3.46	4.22	4.75	0.08	19.71
1996	小麦	CK	19.47	3.18	4.00	7.45	0.08	9.75
1996	小麦	N	24.92	1.92	3.53	10.39	0.08	10.20
1996	小麦	NP	23.74	3.44	4.41	8.04	0.08	10.22
1996	小麦	NK	22.48	2.08	4.00	9.76	0.08	12.51
1996	小麦	PK	19.56	3.97	4.52	5.39	1.03	9.93
1996	小麦	NPK	26.25	3.95	4.56	8.57	0.52	12.89
1996	小麦	NPK+M	26.65	3.95	4.61	8.33	0.66	12.96
1996	小麦	1.5NPK+M	21.61	3.83	4.50	11.76	0.47	14.18
1996	小麦	NPK+S	24.14	3.85	4.26	6.16	0.32	12.65
1996	油菜	NPK+M+F2						
1996	小麦	(NPK) Cl+M	25.08	3.97	4.17	7.75	0.41	15.87
1996	小麦	M	19.82	3.42	4.11	6.03	0.08	9.71

（续）

年份	作物	处理	籽粒/（g/kg）			秸秆/（g/kg）		
			N	P	K	N	P	K
1996	水稻	CK	13.02	2.76	2.54	4.90	0.33	20.97
1996	水稻	N	14.97	1.44	1.78	5.64	0.08	21.46
1996	水稻	NP	14.31	2.58	2.55	6.74	0.17	19.69
1996	水稻	NK	15.71	2.40	2.07	6.45	0.08	24.01
1996	水稻	PK	11.61	2.88	2.57	5.55	0.17	25.39
1996	水稻	NPK	14.80	3.16	2.93	5.36	0.08	22.09
1996	水稻	NPK+M	15.65	2.72	2.64	6.06	0.17	22.92
1996	水稻	1.5NPK+M	18.17	2.71	2.43	5.35	0.25	22.14
1996	水稻	NPK+S	14.26	3.08	2.43	6.02	0.08	21.46
1996	水稻	NPK+M+F2	23.79	3.57	2.79	6.38	0.41	26.06
1996	水稻	（NPK）Cl+M	16.02	2.69	2.62	7.66	0.49	22.61
1996	水稻	M	14.51	3.09	2.54	5.20	0.08	21.63
1997	小麦	CK	16.35	2.83	4.91	3.23	0.40	9.40
1997	小麦	N	26.77	1.86	4.06	5.56	0.25	12.64
1997	小麦	NP	19.68	3.54	4.97	4.98	0.98	13.05
1997	小麦	NK	23.60	2.04	4.93	5.40	0.65	13.46
1997	小麦	PK	17.28	3.68	4.98	3.84	1.51	14.41
1997	小麦	NPK	19.28	3.51	5.28	4.98	0.88	13.45
1997	小麦	NPK+M	19.71	3.44	5.41	4.95	1.73	14.86
1997	小麦	1.5NPK+M	21.35	3.46	5.14	5.43	1.81	17.85
1997	小麦	NPK+S	21.72	3.63	5.00	3.59	1.22	12.43
1997	油菜	NPK+M+F2						
1997	小麦	（NPK）Cl+M	19.83	3.52	4.96	6.41	1.53	23.41
1997	小麦	M	17.35	3.50	5.12	4.97	1.18	9.86
1997	水稻	CK	16.21	2.07	2.48	5.45	0.54	29.14
1997	水稻	N	18.52	1.68	2.29	5.36	0.62	27.81
1997	水稻	NP	17.69	2.95	2.95	7.29	0.99	21.73
1997	水稻	NK	17.92	2.06	2.87	5.40	0.64	27.27
1997	水稻	PK	15.46	2.81	2.94	7.55	1.09	26.79
1997	水稻	NPK	17.48	2.71	2.70	6.43	0.77	26.84
1997	水稻	NPK+M	15.72	3.05	2.72	5.87	0.70	27.86
1997	水稻	1.5NPK+M	17.70	2.89	2.93	7.80	1.19	25.81
1997	水稻	NPK+S	17.20	2.90	2.98	6.93	1.06	25.95
1997	水稻	NPK+M+F2	15.47	2.82	2.78	6.64	1.01	29.24
1997	水稻	（NPK）Cl+M	16.38	2.95	2.95	6.61	0.89	27.71
1997	水稻	M	14.61	2.59	2.79	5.25	0.67	26.78
1998	小麦	CK	15.81	2.99	5.81	3.64	0.52	9.96

（续）

年份	作物	处理	籽粒/（g/kg）			秸秆/（g/kg）		
			N	P	K	N	P	K
1998	小麦	N	27.73	1.99	4.74	5.75	0.25	15.14
1998	小麦	NP	20.56	3.78	5.23	5.21	1.14	14.17
1998	小麦	NK	23.44	2.41	6.01	5.77	0.72	13.89
1998	小麦	PK	18.06	3.82	6.06	4.09	1.49	13.44
1998	小麦	NPK	19.31	3.53	5.97	4.81	1.02	14.16
1998	小麦	NPK+M	20.49	3.66	6.74	5.49	1.75	15.97
1998	小麦	1.5NPK+M	20.45	3.49	6.31	5.75	1.87	18.95
1998	小麦	NPK+S	22.63	3.72	6.07	3.58	1.25	13.24
1998	油菜	NPK+M+F2						
1998	小麦	(NPK) Cl+M	21.06	3.44	5.73	6.73	1.57	24.46
1998	小麦	M	18.46	3.66	6.21	5.36	1.21	10.14
1998	水稻	CK	13.76	2.66	1.94	4.76	0.51	28.92
1998	水稻	N	15.51	2.74	1.90	6.34	0.79	26.16
1998	水稻	NP	17.16	3.43	2.02	7.71	1.61	25.98
1998	水稻	NK	16.79	2.73	1.60	7.71	1.10	27.56
1998	水稻	PK	13.49	2.92	1.98	6.80	1.08	25.46
1998	水稻	NPK	15.57	3.76	2.29	6.48	1.07	26.29
1998	水稻	NPK+M	17.05	2.94	1.98	8.90	1.30	30.30
1998	水稻	1.5NPK+M	16.27	3.11	2.03	8.86	1.42	28.47
1998	水稻	NPK+S	14.81	3.46	2.06	8.36	1.50	26.14
1998	水稻	NPK+M+F2	16.15	3.28	2.35	7.45	1.13	30.21
1998	水稻	(NPK) Cl+M	16.96	3.40	2.16	6.92	1.28	27.74
1998	水稻	M	13.26	2.98	2.97	5.02	0.61	28.94
1999	小麦	CK	16.10	2.91	2.62	3.33	0.47	16.30
1999	小麦	N	27.04	1.89	2.90	5.65	0.27	13.80
1999	小麦	NP	20.18	3.66	2.48	5.01	1.01	12.40
1999	小麦	NK	23.52	2.20	3.53	5.62	0.69	18.80
1999	小麦	PK	17.80	3.71	3.50	4.01	1.50	18.70
1999	小麦	NPK	19.30	3.50	3.48	4.88	1.01	18.40
1999	小麦	NPK+M	20.18	3.54	4.09	5.29	1.72	18.80
1999	小麦	1.5NPK+M	20.96	3.47	3.83	5.62	1.82	19.80
1999	小麦	NPK+S	22.02	3.69	3.93	3.62	1.27	19.50
1999	小麦	NPK+M+F2						
1999	小麦	(NPK) Cl+M	20.81	3.49	4.05	6.61	1.56	18.60
1999	小麦	M	17.86	3.59	3.35	5.17	1.19	16.80
1999	水稻	CK	14.01	2.50	2.10	5.31	0.52	20.50
1999	水稻	N	22.10	2.25	1.40	5.43	0.71	19.80

（续）

年份	作物	处理	籽粒/（g/kg）			秸秆/（g/kg）		
			N	P	K	N	P	K
1999	水稻	NP	16.22	2.92	2.20	5.75	1.10	18.70
1999	水稻	NK	17.25	2.30	3.10	5.86	0.72	21.50
1999	水稻	PK	16.81	2.84	3.30	4.49	1.09	23.40
1999	水稻	NPK	19.29	3.21	3.70	6.25	0.98	24.20
1999	水稻	NPK+M	19.94	3.01	3.90	7.25	1.10	23.50
1999	水稻	1.5NPK+M	20.32	3.20	3.80	8.39	1.38	24.00
1999	水稻	NPK+S	18.92	3.25	3.60	7.26	1.21	23.80
1999	水稻	NPK+M+F2	19.26	3.12	3.80	7.33	1.09	24.00
1999	水稻	（NPK）Cl+M	20.22	3.19	4.20	7.64	1.04	25.10
1999	水稻	M	14.41	2.92	2.58	4.39	0.63	20.20
2000	小麦	CK	19.91	3.02	3.63	2.40	0.44	11.33
2000	小麦	N	29.77	2.07	3.73	7.46	0.50	11.97
2000	小麦	NP	22.51	4.13	3.81	3.01	1.01	12.32
2000	小麦	NK	26.66	2.15	3.52	4.72	0.45	16.31
2000	小麦	PK	20.11	4.49	4.36	3.19	1.45	14.29
2000	小麦	NPK	21.79	4.40	3.73	4.14	1.29	15.11
2000	小麦	NPK+M	28.39	4.45	4.06	5.79	0.87	15.41
2000	小麦	1.5NPK+M	25.88	4.42	3.85	10.06	0.84	20.33
2000	小麦	NPK+S	23.55	4.29	4.11	2.10	0.62	10.75
2000	油菜	NPK+M+F2						
2000	小麦	（NPK）Cl+M	26.40	4.82	4.16	3.51	0.82	21.38
2000	小麦	M	18.81	3.32	3.71	3.11	0.57	11.25
2000	水稻	CK	16.10	2.24	1.66	5.31	0.52	27.28
2000	水稻	N	21.10	2.93	1.35	5.43	0.65	26.32
2000	水稻	NP	16.22	3.16	1.99	5.75	0.97	25.70
2000	水稻	NK	20.23	2.69	1.56	6.30	0.67	25.16
2000	水稻	PK	16.81	3.20	1.90	4.49	0.91	28.36
2000	水稻	NPK	18.29	3.37	1.86	4.99	0.81	25.32
2000	水稻	NPK+M	17.94	3.34	1.86	7.25	1.04	24.72
2000	水稻	1.5NPK+M	20.32	3.08	1.86	8.36	1.24	26.22
2000	水稻	NPK+S	18.92	3.24	1.81	7.26	1.21	25.48
2000	水稻	NPK+M+F2	20.26	3.46	1.97	6.33	0.95	25.04
2000	水稻	（NPK）Cl+M	20.22	3.22	1.93	7.64	1.26	23.84
2000	水稻	M	12.41	3.09	1.66	4.39	0.72	25.32
2001	小麦	CK_0						
2001	小麦	CK	21.00	3.05	4.36	3.24	0.05	8.96
2001	小麦	N	32.20	1.72	3.99	5.43	0.69	12.70

（续）

年份	作物	处理	籽粒/（g/kg）			秸秆/（g/kg）		
			N	P	K	N	P	K
2001	小麦	NP	22.40	3.39	4.89	5.60	0.22	9.45
2001	小麦	NK	29.00	1.89	4.03	5.21	0.05	14.60
2001	小麦	PK	22.90	3.89	4.77	5.35	1.04	11.70
2001	小麦	NPK	28.30	3.88	4.67	6.05	0.27	13.70
2001	小麦	NPK+M	26.30	3.60	4.51	6.59	0.47	12.20
2001	小麦	1.5NPK+M	25.90	3.80	4.98	5.67	0.34	12.70
2001	小麦	NPK+M+F2						
2001	小麦	（NPK）Cl+M	29.50	3.60	4.54	5.27	0.25	18.50
2001	小麦	M	21.70	2.96	4.19	4.21	0.05	8.57
2001	水稻	CK_0						
2001	水稻	CK	16.10	2.10	2.22	7.80	0.35	26.40
2001	水稻	N	20.90	1.24	1.52	7.19	0.15	26.10
2001	水稻	NP	20.90	2.66	2.11	8.57	0.42	19.60
2001	水稻	NK	20.20	2.00	2.61	9.51	0.40	29.20
2001	水稻	PK	16.10	2.89	2.58	9.35	0.95	27.90
2001	水稻	NPK	18.40	2.28	2.25	7.62	0.27	25.80
2001	水稻	NPK+M	20.60	2.88	2.79	9.96	0.40	28.10
2001	水稻	1.5NPK+M	19.00	1.89	1.97	11.45	0.55	29.40
2001	水稻	NPK+M+F2	20.80	2.08	2.21	8.60	0.49	25.20
2001	水稻	（NPK）Cl+M	21.80	2.67	2.44	9.61	0.67	25.90
2001	水稻	M	15.30	2.75	2.66	5.87	0.50	25.70
2002	小麦	CK_0						
2002	小麦	CK	16.60	1.99	3.87	3.60		9.90
2002	小麦	N	29.00	1.53	3.79	6.30	0.05	14.60
2002	小麦	NP	18.50	3.87	4.76	4.90	0.55	9.62
2002	小麦	NK	25.70	1.69	3.82	6.10		14.10
2002	小麦	PK	14.70	3.62	4.50	5.40	1.48	11.60
2002	小麦	NPK	19.90	3.94	4.58	5.50	0.80	11.20
2002	小麦	NPK+M	16.30	3.68	4.55	5.20	0.65	9.97
2002	小麦	1.5NPK+M	21.00	3.83	4.53	7.90	0.77	15.00
2002	小麦	NPK+M+F2	39.10	8.55	7.74	4.10	1.18	24.10
2002	小麦	（NPK）Cl+M	22.60	3.78	4.43	6.30	0.50	19.40
2002	小麦	M	16.70	3.41	4.47	2.90	0.05	12.70
2002	水稻	CK_0						
2002	水稻	CK	14.40	1.53	1.63	6.60	0.30	26.60
2002	水稻	N	17.50	1.58	1.29	8.60	1.19	26.10
2002	水稻	NP	16.90	2.33	1.94	7.70	1.11	16.60

（续）

年份	作物	处理	籽粒/（g/kg）			秸秆/（g/kg）		
			N	P	K	N	P	K
2002	水稻	NK	15.40	1.79	2.16	7.40	0.37	28.20
2002	水稻	PK	13.40	2.27	1.99	6.40	0.70	27.20
2002	水稻	NPK	15.40	1.77	2.19	6.60	0.57	23.20
2002	水稻	NPK+M	16.20	2.81	1.18	6.00	0.67	25.60
2002	水稻	1.5NPK+M	17.30	2.83	2.31	7.90	1.24	27.30
2002	水稻	NPK+M+F2	16.20	2.90	2.23	8.90	1.32	26.00
2002	水稻	（NPK）Cl+M	18.20	2.42	1.89	9.10	1.21	25.10
2002	水稻	M	13.00	1.69	1.29	4.90	0.37	27.50
2003	小麦	CK_0						
2003	小麦	CK	17.00	2.18	3.25	3.42	0.85	13.40
2003	小麦	N	27.00	1.59	3.32	6.12	0.12	20.30
2003	小麦	NP	19.60	3.81	4.63	5.06	0.57	12.40
2003	小麦	NK	24.70	1.86	4.04	6.14	0.10	21.50
2003	小麦	PK	16.30	3.47	3.93	3.90	1.02	13.10
2003	小麦	NPK	20.30	3.69	4.04	6.21	0.45	19.80
2003	小麦	NPK+M	21.60	3.96	4.34	7.17	0.62	20.90
2003	小麦	1.5NPK+M	22.60	3.18	3.97	8.61	0.77	22.50
2003	小麦	NPK+M+F2	46.90	8.67	8.10	8.80	0.99	20.50
2003	小麦	（NPK）Cl+M	21.00	3.27	3.99	4.33	0.40	29.90
2003	小麦	M	13.80	2.96	3.73	4.04	0.20	11.50
2003	水稻	CK_0						
2003	水稻	CK	17.50	1.53	2.73	7.03	0.32	29.90
2003	水稻	N	18.50	0.91	1.99	7.50	0.20	22.20
2003	水稻	NP	18.40	1.73	2.68	7.36	0.42	19.80
2003	水稻	NK	15.40	1.51	2.45	7.38	0.32	27.00
2003	水稻	PK	16.80	1.47	2.61	5.59	0.32	28.50
2003	水稻	NPK	17.30	1.31	2.22	7.30	0.30	29.90
2003	水稻	NPK+M	18.10	1.31	2.22	5.85	0.40	24.80
2003	水稻	1.5NPK+M	16.70	1.79	2.77	9.54	0.62	29.80
2003	水稻	NPK+M+F2	17.40	1.43	2.55	7.57	0.57	27.10
2003	水稻	（NPK）Cl+M	19.20	1.57	2.65	7.72	0.54	27.20
2003	水稻	M	14.90	1.64	2.62	6.81	0.50	29.70
2004	小麦	CK_0						
2004	小麦	CK	16.40	2.69	3.91	2.69	0.17	9.88
2004	小麦	N	23.90	1.54	3.90	4.92	0.10	13.70
2004	小麦	NP	17.80	3.90	4.82	3.16	0.60	10.80
2004	小麦	NK	23.60	1.60	3.93	4.51	0.12	15.70

（续）

年份	作物	处理	籽粒/（g/kg）			秸秆/（g/kg）		
			N	P	K	N	P	K
2004	小麦	PK	14.10	3.92	4.48	3.53	1.17	12.40
2004	小麦	NPK	18.80	3.83	4.67	3.23	0.32	14.80
2004	小麦	NPK+M	20.80	3.99	4.61	3.58	0.71	15.70
2004	小麦	1.5NPK+M	21.60	4.13	4.82	4.45	0.66	17.70
2004	小麦	NPK+M+F2	45.20	8.75	8.59	14.70	2.80	22.40
2004	小麦	(NPK) Cl+M	20.30	4.06	4.55	4.45	0.87	19.90
2004	小麦	M	15.70	2.86	4.14	2.95	0.10	11.20
2004	水稻	CK_0						
2004	水稻	CK	13.20	1.77	1.87	5.10	0.27	27.70
2004	水稻	N	15.30	1.37	1.29	4.83	0.12	21.90
2004	水稻	NP	14.30	3.05	2.48	5.23	0.49	15.20
2004	水稻	NK	14.10	1.81	1.47	5.16	0.10	18.60
2004	水稻	PK	13.00	4.05	2.65	7.58	0.91	30.00
2004	水稻	NPK	13.60	2.65	2.16	5.03	0.20	21.90
2004	水稻	NPK+M	13.20	3.14	2.47	6.34	0.44	23.70
2004	水稻	1.5NPK+M	13.40	2.97	1.88	9.13	1.66	24.80
2004	水稻	NPK+M+F2	14.70	2.76	2.29	6.44	0.39	22.70
2004	水稻	(NPK) Cl+M	14.10	3.42	2.38	7.47	0.66	26.30
2004	水稻	M	11.50	2.59	2.84	4.22	0.35	29.90
2005	小麦	CK_0						
2005	小麦	CK	15.00	2.97	2.67	2.92	0.53	9.05
2005	小麦	N	26.90	1.90	2.47	3.33	0.89	12.00
2005	小麦	NP	18.90	3.87	2.78	4.48	1.03	11.60
2005	小麦	NK	26.60	1.96	3.80	5.45	0.73	18.70
2005	小麦	PK	15.00	4.05	2.88	2.98	0.97	10.80
2005	小麦	NPK	18.10	4.12	3.08	4.72	0.83	13.30
2005	小麦	NPK+M	17.30	3.96	3.39	5.18	1.16	13.30
2005	小麦	1.5NPK+M	20.10	4.44	3.59	3.97	1.07	14.00
2005	小麦	NPK+M+F2	39.40	10.00	7.05	7.07	2.61	24.00
2005	小麦	(NPK) Cl+M	21.50	4.33	3.28	5.79	0.74	22.70
2005	小麦	M	15.00	2.98	2.49	2.76	0.66	9.96
2005	水稻	CK_0						
2005	水稻	CK	13.50	2.62	2.10	5.08	1.27	25.00
2005	水稻	N	18.20	2.47	2.00	6.87	1.87	25.50
2005	水稻	NP	15.30	3.95	2.70	8.70	1.47	23.50
2005	水稻	NK	17.70	2.42	2.20	6.35	1.26	27.00
2005	水稻	PK	12.90	3.86	2.69	7.09	1.85	27.50

（续）

年份	作物	处理	籽粒/（g/kg）			秸秆/（g/kg）		
			N	P	K	N	P	K
2005	水稻	NPK	13.50	3.48	2.60	7.00	1.45	26.30
2005	水稻	NPK+M	13.30	3.15	2.50	6.09	1.45	24.00
2005	水稻	1.5NPK+M	16.20	3.36	2.50	8.66	1.47	28.90
2005	水稻	NPK+M+F2	17.20	3.97	2.89	8.72	1.60	30.00
2005	水稻	（NPK）Cl+M	16.30	3.44	2.59	9.01	1.72	29.90
2005	水稻	M	13.30	3.17	2.50	5.42	1.15	31.90
2006	小麦	CK_0						
2006	小麦	CK	16.90	2.62	2.87	3.08	0.37	7.04
2006	小麦	N	41.50	2.56	2.78	5.62	0.50	12.80
2006	小麦	NP	23.40	3.18	2.37	3.15	0.47	9.48
2006	小麦	NK	21.50	1.10	2.20	3.84	0.41	14.10
2006	小麦	PK	23.80	4.02	3.18	4.36	1.16	10.40
2006	小麦	NPK	18.30	4.04	3.37	7.15	0.50	11.50
2006	小麦	NPK+M	22.30	3.13	3.35	8.20	0.95	11.50
2006	小麦	1.5NPK+M	18.70	4.20	3.38	3.80	0.99	10.70
2006	小麦	NPK+M+F2	59.30	8.13	6.68	7.24	1.24	14.00
2006	小麦	（NPK）Cl+M	34.80	3.66	3.37	5.26	0.74	18.20
2006	小麦	M	17.30	3.62	3.00	3.61	0.52	8.66
2006	水稻	CK_0						
2006	水稻	CK	14.00	2.77	2.40	5.26	0.41	29.80
2006	水稻	N	16.70	2.17	2.05	8.63	0.42	23.40
2006	水稻	NP	16.60	3.04	2.08	8.34	1.09	19.80
2006	水稻	NK	16.90	1.81	1.27	7.30	0.39	29.70
2006	水稻	PK	13.10	3.12	2.40	5.60	0.68	28.40
2006	水稻	NPK	15.30	2.99	2.17	5.92	0.70	26.50
2006	水稻	NPK+M	14.50	3.71	2.85	6.30	0.62	28.80
2006	水稻	1.5NPK+M	17.30	3.77	2.68	9.86	1.17	31.10
2006	水稻	NPK+M+F2	15.50	3.43	2.37	6.23	0.64	31.00
2006	水稻	（NPK）Cl+M	16.30	3.68	2.81	8.58	1.06	27.70
2006	水稻	M	11.90	3.37	2.95	4.41	0.43	28.90
2007	小麦	CK_0						
2007	小麦	CK	18.00	2.86	3.76	2.31	0.30	13.20
2007	小麦	N	27.20	2.27	3.86	5.95	0.28	20.10
2007	小麦	NP	21.90	4.47	5.45	8.01	1.25	13.60
2007	小麦	NK	26.80	2.14	3.85	6.11	0.32	21.50
2007	小麦	PK	17.90	4.15	4.36	3.10	1.32	14.10
2007	小麦	NPK	22.00	3.87	4.55	8.16	1.03	16.50

（续）

年份	作物	处理	籽粒/（g/kg）			秸秆/（g/kg）		
			N	P	K	N	P	K
2007	小麦	NPK+M	23.30	4.16	4.76	9.35	1.13	17.00
2007	小麦	1.5NPK+M	24.00	4.23	4.56	8.70	0.92	23.60
2007	小麦	NPK+M+F2	42.30	8.37	5.96	6.91	0.86	22.30
2007	小麦	(NPK) Cl+M	25.20	4.17	4.55	7.53	0.86	24.80
2007	小麦	M	18.90	3.06	4.06	4.57	0.42	11.50
2007	水稻	CK_0						
2007	水稻	CK	12.70	1.72	1.99	5.00	0.62	29.10
2007	水稻	N	15.10	1.47	1.59	6.92	0.67	24.90
2007	水稻	NP	14.70	2.87	2.60	9.61	1.85	15.00
2007	水稻	NK	14.40	1.82	1.80	8.74	0.79	23.70
2007	水稻	PK	11.40	2.69	2.59	5.83	1.27	27.50
2007	水稻	NPK	13.80	2.71	2.69	6.81	1.20	25.30
2007	水稻	NPK+M	13.00	2.79	2.49	6.71	0.98	25.00
2007	水稻	1.5NPK+M	15.20	2.74	2.49	8.93	1.64	26.20
2007	水稻	NPK+M+F2	14.50	2.82	2.60	7.30	1.21	27.10
2007	水稻	(NPK) Cl+M	16.40	3.02	2.79	10.58	1.99	24.90
2007	水稻	M	11.50	2.37	2.40	4.55	0.60	29.00
2008	小麦	CK_0						
2008	小麦	CK	19.90	2.42	3.76	5.24	0.51	15.10
2008	小麦	N	26.20	2.31	3.94	6.45	0.52	19.40
2008	小麦	NP	23.80	4.41	4.37	6.90	0.93	13.80
2008	小麦	NK	26.00	2.29	3.99	7.24	0.47	22.10
2008	小麦	PK	18.00	4.55	4.15	3.74	1.59	16.50
2008	小麦	NPK	24.90	4.57	4.74	7.08	1.16	18.00
2008	小麦	NPK+M	25.50	4.22	4.45	7.48	0.95	20.00
2008	小麦	1.5NPK+M	27.00	4.50	4.16	9.18	0.94	23.40
2008	小麦	NPK+M+F2	43.20	8.12	6.31	7.21	1.19	20.60
2008	小麦	(NPK) Cl+M	26.60	4.14	4.14	7.72	0.82	27.60
2008	油菜	M	21.70	3.21	3.99	3.98	0.49	16.40
2008	水稻	CK_0						
2008	水稻	CK	12.10	0.19	1.38	5.01	0.04	22.20
2008	水稻	N	14.00	0.15	1.19	6.05	0.03	18.20
2008	水稻	NP	13.60	0.29	2.08	6.39	0.08	12.40
2008	水稻	NK	14.00	0.19	1.28	6.85	0.06	20.60
2008	水稻	PK	11.20	0.30	2.17	7.60	0.12	22.20
2008	水稻	NPK	12.40	0.33	2.58	6.86	0.10	25.60
2008	水稻	NPK+M	12.20	0.38	2.38	6.33	0.08	20.60

（续）

年份	作物	处理	籽粒/（g/kg）			秸秆/（g/kg）		
			N	P	K	N	P	K
2008	水稻	1.5NPK+M	14.20	0.30	2.17	7.45	0.08	20.30
2008	水稻	NPK+M+F2	13.10	0.33	10.22	5.83	0.09	21.50
2008	水稻	（NPK）Cl+M	15.10	0.31	2.08	7.78	0.10	21.10
2008	水稻	M	11.90	0.24	1.69	5.44	0.05	23.20
2009	小麦	CK_0						
2009	小麦	CK	16.70	2.39	3.89	3.27	0.42	16.70
2009	小麦	N	25.30	1.67	3.80	5.82	0.21	25.30
2009	小麦	NP	17.80	3.89	4.29	3.02	0.62	17.80
2009	小麦	NK	27.00	1.98	3.77	6.04	0.50	27.00
2009	小麦	PK	14.60	4.18	3.90	3.48	1.29	14.60
2009	小麦	NPK	17.40	4.17	4.59	3.48	0.89	17.40
2009	小麦	NPK+M	19.20	3.69	4.18	4.27	0.66	19.20
2009	小麦	1.5NPK+M	21.70	3.98	4.27	5.24	0.95	21.70
2009	油菜	NPK+M+F2	37.00	7.90	6.55	3.91	1.33	37.00
2009	小麦	（NPK）Cl+M	20.90	4.12	4.07	4.94	1.12	20.90
2009	小麦	M	16.80	3.22	3.57	3.42	0.54	16.80
2009	水稻	CK_0						
2009	水稻	CK	13.60	3.17	2.19	5.70	0.56	27.40
2009	水稻	N	16.80	1.37	0.80	6.56	0.29	22.50
2009	水稻	NP	15.50	3.29	2.00	8.20	1.31	16.60
2009	水稻	NK	15.80	2.51	1.39	7.45	0.75	24.90
2009	水稻	PK	13.70	3.57	2.29	5.53	1.42	28.30
2009	水稻	NPK	14.50	3.62	1.79	8.92	1.54	24.30
2009	水稻	NPK+M	13.80	2.86	1.69	6.35	1.07	23.90
2009	水稻	1.5NPK+M	16.60	3.99	2.58	9.27	1.48	26.60
2009	水稻	NPK+M+F2	14.30	3.13	1.89	6.02	1.50	25.40
2009	水稻	（NPK）Cl+M	16.90	3.96	2.59	8.75	1.65	25.90
2009	水稻	M	14.70	3.24	2.09	5.69	1.10	25.70
2010	小麦	CK_0						
2010	小麦	CK	20.40	2.04	4.65	3.65	0.61	13.00
2010	小麦	N	24.70	1.54	4.39	5.11	0.51	14.60
2010	小麦	NP	24.80	3.73	4.90	6.33	1.20	13.40
2010	小麦	NK	26.00	1.54	4.41	7.20	0.60	21.50
2010	小麦	PK	17.60	3.62	4.52	2.38	1.82	14.30
2010	小麦	NPK	25.90	3.78	5.32	7.76	1.25	17.90
2010	小麦	NPK+M	25.60	3.76	5.50	6.54	1.29	17.30
2010	小麦	1.5NPK+M	26.40	3.88	5.62	7.88	1.22	23.70

（续）

年份	作物	处理	籽粒/（g/kg）			秸秆/（g/kg）		
			N	P	K	N	P	K
2010	小麦	NPK+M+F2	42.60	7.79	7.17	7.63	1.93	24.00
2010	小麦	（NPK）Cl+M	24.10	3.96	5.20	4.87	1.29	22.30
2010	小麦	M	19.70	2.19	4.69	3.19	0.60	14.30
2010	水稻	CK_0						
2010	水稻	CK	12.30	1.64	1.86	4.44	0.23	29.90
2010	水稻	N	14.00	0.74	1.23	6.08	0.25	24.50
2010	水稻	NP	14.10	1.84	1.55	8.32	1.16	13.60
2010	水稻	NK	14.20	1.43	1.67	6.79	0.50	30.40
2010	水稻	PK	12.10	2.98	2.81	4.67	0.69	33.00
2010	水稻	NPK	13.70	1.98	1.96	6.79	0.60	27.60
2010	水稻	NPK+M	13.10	2.74	2.54	6.52	0.60	28.00
2010	水稻	1.5NPK+M	15.30	2.42	2.22	7.90	0.91	32.00
2010	水稻	NPK+M+F2	14.00	2.34	2.27	7.36	0.75	29.20
2010	水稻	（NPK）Cl+M	16.00	2.67	2.38	10.00	1.00	28.50
2010	水稻	M	12.40	2.24	2.23	4.27	0.37	31.80

表 4－50　湖南祁阳红壤监测站作物养分含量

年份	作物	处理	籽粒/（g/kg）			秸秆/（g/kg）		
			N	P	K	N	P	K
1994	小麦	CK						
1994	小麦	N	22.20	3.40	6.10			
1994	小麦	NP	22.00	3.30	4.90			
1994	小麦	NK	26.60	3.40	7.40			
1994	小麦	PK	26.70	3.30	5.70			
1994	小麦	NPK	23.80	3.50	6.30			
1994	小麦	NPK+M	24.40	3.10	4.30			
1994	小麦	1.5（NPK+M）	28.70	4.10	6.10			
1994	小麦	NPK+S	31.60	5.90	7.60			
1994	小麦	NPK+M+F2	32.40	4.50	7.00			
1994	小麦	1.5M	25.20	5.10	5.20			
1994	玉米	CK	11.40	2.90	4.70			
1994	玉米	N	15.10	3.10	5.20			
1994	玉米	NP	14.40	2.60	3.50			
1994	玉米	NK	12.10	2.10	3.80			
1994	玉米	PK	13.40	2.90	5.50			
1994	玉米	NPK	14.70	2.80	3.90			
1994	玉米	NPK+M	14.70	4.10	4.90			

（续）

年份	作物	处理	籽粒/（g/kg）			秸秆/（g/kg）		
			N	P	K	N	P	K
1994	玉米	1.5（NPK+M）	13.20	3.20	3.80			
1994	玉米	NPK+S	14.20	3.30	5.60			
1994	玉米	NPK+M+F2						
1994	玉米	1.5M						
1997	小麦	CK				2.30	0.45	19.40
1997	小麦	N				2.70	0.42	14.70
1997	小麦	NP				3.10	0.53	14.90
1997	小麦	NK				2.90	0.41	18.30
1997	小麦	PK				1.70	0.54	19.60
1997	小麦	NPK				3.40	0.46	21.30
1997	小麦	NPK+M				3.60	1.30	22.50
1997	小麦	1.5（NPK+M）				3.50	1.51	23.40
1997	小麦	NPK+S				3.30	0.66	17.40
1997	小麦	NPK+M+F2				3.40	0.78	22.40
1997	小麦	1.5M				2.30	0.83	15.40
1997	玉米	CK				3.40	0.69	9.80
1997	玉米	N				12.40	0.34	8.60
1997	玉米	NP				10.10	1.10	13.40
1997	玉米	NK				13.40	0.58	16.80
1997	玉米	PK				5.40	0.73	15.40
1997	玉米	NPK				10.90	1.28	14.40
1997	玉米	NPK+M				14.40	1.48	17.80
1997	玉米	1.5（NPK+M）				13.70	1.89	18.20
1997	玉米	NPK+S				11.80	1.44	15.60
1997	玉米	NPK+M+F2						
1997	玉米	1.5M				8.30	0.74	9.60
1998	小麦	CK	16.60	5.10	6.60	4.10	0.46	11.20
1998	小麦	N	24.10	3.40	2.40	6.40	0.38	13.40
1998	小麦	NP	18.00	4.10	2.60	8.10	0.40	11.80
1998	小麦	NK	20.90	3.00	3.10	7.30	0.44	19.00
1998	小麦	PK	18.30	4.90	3.40	4.90	0.82	16.80
1998	小麦	NPK	18.20	3.50	3.00	4.80	0.35	16.70
1998	小麦	NPK+M	20.90	5.40	3.60	4.50	1.55	22.50
1998	小麦	1.5（NPK+M）	23.00	5.60	3.40	4.10	1.24	26.40
1998	小麦	NPK+S	17.50	4.10	3.40	3.90	0.39	17.10

（续）

年份	作物	处理	籽粒/（g/kg）			秸秆/（g/kg）		
			N	P	K	N	P	K
1998	小麦	NPK+M+F2	18.20	5.60	3.70	3.40	1.54	15.80
1998	小麦	1.5M	18.20	5.30	4.30	5.20	1.48	22.70
1998	玉米	CK	9.10	2.60	3.20	5.70	1.40	13.40
1998	玉米	N	12.40	2.00	2.50	9.60	0.88	9.50
1998	玉米	NP	13.00	2.80	2.20	9.50	0.74	8.00
1998	玉米	NK	13.90	2.10	2.70	9.80	0.95	21.60
1998	玉米	PK	14.40	3.00	3.60	6.70	2.53	21.90
1998	玉米	NPK	13.10	2.60	2.80	8.40	0.81	19.90
1998	玉米	NPK+M	12.30	3.10	2.70	6.40	2.06	16.10
1998	玉米	1.5（NPK+M）	12.00	3.00	3.00	9.30	2.35	21.20
1998	玉米	NPK+S	11.00	2.80	3.10	7.50	0.61	18.50
1998	玉米	NPK+M+F2						
1998	玉米	1.5M	16.60	3.10	3.60	7.10	2.40	18.80
1999	小麦	CK	15.40	4.60	3.60	12.50	0.27	19.90
1999	小麦	N	18.20	3.50	3.80	9.20	0.28	
1999	小麦	NP	18.80	4.10	3.30	9.80	0.62	13.90
1999	小麦	NK	19.10	4.60	4.10	14.70	0.35	19.60
1999	小麦	PK	21.30	4.70	4.20	6.00	0.67	14.70
1999	小麦	NPK	19.20	4.10	4.10	8.40	0.30	24.40
1999	小麦	NPK+M	21.30	5.50	4.40	9.10	0.98	23.70
1999	小麦	1.5（NPK+M）	17.60	5.20	4.90	10.50	1.43	31.30
1999	小麦	NPK+S	21.40	4.30	4.30	13.60	0.51	33.50
1999	小麦	NPK+M+F2	22.20	4.90	4.40	12.40	1.27	32.50
1999	小麦	1.5M	21.20	5.00	4.50	9.30	1.29	21.80
1999	玉米	CK	11.60	3.40	4.40	6.30	0.96	5.10
1999	玉米	N	12.80	3.50	4.20	12.60	0.69	4.10
1999	玉米	NP	12.00	3.80	4.30	12.00	0.93	4.00
1999	玉米	NK	11.90	3.40	4.80	13.50	0.89	8.80
1999	玉米	PK	11.10	3.60	4.40	6.40	2.67	13.60
1999	玉米	NPK	11.20	3.50	4.10	10.80	0.46	11.50
1999	玉米	NPK+M	11.60	3.30	4.00	9.80	2.04	21.30
1999	玉米	1.5（NPK+M）	12.80	3.40	4.60	14.80	1.45	23.40
1999	玉米	NPK+S	11.40	3.90	3.90	8.60	0.52	18.40
1999	玉米	NPK+M+F2						
1999	玉米	1.5M	11.50	4.00	4.10	9.00	2.79	18.50

（续）

年份	作物	处理	籽粒/（g/kg）			秸秆/（g/kg）		
			N	P	K	N	P	K
2000	小麦	CK	10.40	3.70	8.40	11.30	0.85	13.40
2000	小麦	N	22.00	3.00	6.20	8.90	0.46	10.15
2000	小麦	NP	18.50	3.00	5.90	3.40	0.58	5.50
2000	小麦	NK	21.60	2.60	5.90	13.70	0.83	18.80
2000	小麦	PK	18.10	4.10	6.70	4.80	0.49	19.80
2000	小麦	NPK	18.60	3.00	6.30	6.20	0.89	18.80
2000	小麦	NPK+M	18.90	4.00	6.70	8.40	1.13	25.30
2000	小麦	1.5（NPK+M）	20.70	4.50	7.30	9.80	0.53	26.30
2000	小麦	NPK+S	18.60	3.40	6.40	10.00	0.58	20.10
2000	小麦	NPK+M+F2	17.70	4.58	6.35			
2000	小麦	1.5M	17.20	3.52	6.50	9.80	1.56	2.10
2000	玉米	CK	9.00	2.80	6.00	6.50	3.00	5.10
2000	玉米	N	10.30	2.80	6.00	11.70	1.60	2.60
2000	玉米	NP	13.10	2.60	5.80	10.90	1.30	1.60
2000	玉米	NK	11.50	2.10	5.50	13.40	1.10	3.60
2000	玉米	PK	8.90	2.60	5.90	6.50	2.70	9.80
2000	玉米	NPK	11.10	2.90	5.60	10.20	0.90	5.23
2000	玉米	NPK+M	10.90	2.90	6.30	10.70	1.50	13.50
2000	玉米	1.5（NPK+M）	14.40	3.10	6.30	14.90	2.30	8.40
2000	玉米	NPK+S	11.00	2.00	5.30	8.20	1.60	11.60
2000	玉米	NPK+M+F2						
2000	玉米	1.5M	10.90	1.62	13.60	9.40	2.40	3.70
2001	小麦	CK				5.20	0.45	11.70
2001	小麦	N	22.20	3.40	6.10	9.00	0.41	10.60
2001	小麦	NP	22.00	3.30	4.90	6.00	0.40	10.20
2001	小麦	NK	26.60	3.40	7.40	11.10	0.49	18.30
2001	小麦	PK	26.70	3.30	5.70	5.80	0.80	21.40
2001	小麦	NPK	23.80	3.50	6.30	9.10	0.49	17.70
2001	小麦	NPK+M	24.40	3.10	4.30	7.40	1.19	17.90
2001	小麦	1.5（NPK+M）	28.70	4.10	6.10	11.20	1.37	20.80
2001	小麦	NPK+S	31.60	5.90	7.60	7.40	0.54	19.50
2001	小麦	NPK+M+F2	32.40	4.50	7.00	10.60	1.54	17.90
2001	小麦	1.5M	25.20	5.10	5.20	6.90	1.24	15.00
2001	玉米	CK	11.40	2.90	4.70	5.10	1.68	10.80
2001	玉米	N	15.10	3.10	5.20	12.80	0.97	5.70

（续）

年份	作物	处理	籽粒/（g/kg）			秸秆/（g/kg）		
			N	P	K	N	P	K
2001	玉米	NP	14.40	2.60	3.50	11.70	1.30	5.30
2001	玉米	NK	12.10	2.10	3.80	8.40	1.00	13.40
2001	玉米	PK	13.40	2.90	5.50	3.97	3.00	18.00
2001	玉米	NPK	14.70	2.80	3.90	8.03	0.72	16.20
2001	玉米	NPK+M	14.70	4.10	4.90	8.97	1.60	20.40
2001	玉米	1.5（NPK+M）	13.20	3.20	3.80	107.00	1.10	21.90
2001	玉米	NPK+S	14.20	3.30	5.60	11.40	0.70	16.60
2001	玉米	NPK+M+F2				10.40	1.90	14.80
2001	玉米	1.5M				6.16	3.30	15.20
2002	小麦	CK						
2002	小麦	N						
2002	小麦	NP						
2002	小麦	NK						
2002	小麦	PK						
2002	小麦	NPK						
2002	小麦	NPK+M						
2002	小麦	1.5（NPK+M）						
2002	小麦	NPK+S						
2002	小麦	NPK+M+F2						
2002	小麦	1.5M						
2002	玉米	CK						
2002	玉米	N						
2002	玉米	NP						
2002	玉米	NK						
2002	玉米	PK						
2002	玉米	NPK						
2002	玉米	NPK+M						
2002	玉米	1.5（NPK+M）						
2002	玉米	NPK+S						
2002	玉米	NPK+M+F2						
2002	玉米	1.5M						
2003	小麦	CK	18.60	4.46		2.50	0.76	6.87
2003	小麦	N	24.70	3.42	1.94	7.11	0.75	5.90
2003	小麦	NP	22.10	3.25	1.91	5.11	0.68	4.38
2003	小麦	NK	28.30	3.11	2.13	6.79	0.86	10.50

（续）

年份	作物	处理	籽粒/（g/kg）			秸秆/（g/kg）		
			N	P	K	N	P	K
2003	小麦	PK	20.40	4.79	2.49	2.28	1.02	8.34
2003	小麦	NPK	22.60	4.88	2.84	4.32	0.77	11.20
2003	小麦	NPK+M	24.30	3.83	2.07	2.92	1.56	12.10
2003	小麦	1.5（NPK+M）	23.00	3.83	2.32	2.96	1.39	13.70
2003	小麦	NPK+S	22.60	3.25	2.43	3.14	0.67	12.40
2003	小麦	NPK+M+F2	21.80	5.34	2.47	2.17	1.62	10.20
2003	小麦	1.5M	19.40	5.04	2.76	2.71	1.70	9.14
2003	玉米	CK	8.29	2.98	3.53	3.69	1.40	7.54
2003	玉米	N	11.00	2.11	2.57	10.39	1.60	4.34
2003	玉米	NP	10.60	3.12	3.28	7.94	1.32	2.03
2003	玉米	NK	11.10	2.23	2.98	10.40	1.03	8.80
2003	玉米	PK	9.30	2.77	3.24	4.81	3.21	11.70
2003	玉米	NPK	9.91	2.71	3.21	8.22	0.91	11.00
2003	玉米	NPK+M	8.11	2.97	3.01	5.11	2.50	10.40
2003	玉米	1.5（NPK+M）	11.10	3.60	3.67	6.34	1.93	13.40
2003	玉米	NPK+S	7.72	2.60	3.12	7.95	0.82	10.80
2003	玉米	NPK+M+F2	74.60	6.87	11.30	10.50	2.78	9.75
2003	玉米	1.5M	7.68	3.52	3.69	3.35	3.10	10.30
2004	小麦	CK	21.90	4.58	4.87	2.54	0.33	11.30
2004	小麦	N	27.10	3.50	4.62	8.01	0.59	12.40
2004	小麦	NP	26.10	3.35	4.47	4.70	0.58	7.52
2004	小麦	NK	28.30	3.63	4.58	8.13	0.71	19.90
2004	小麦	PK	23.00	4.89	4.96	3.14	0.79	13.50
2004	小麦	NPK	27.30	3.55	4.31	5.07	0.49	15.80
2004	小麦	NPK+M	25.50	5.05	4.60	4.14	1.79	23.00
2004	小麦	1.5（NPK+M）	27.70	5.24	5.18	5.86	1.34	22.20
2004	小麦	NPK+S	27.80	3.59	4.64	4.43	0.43	19.60
2004	小麦	NPK+M+F2	25.30	4.87	4.50	4.24	1.15	18.40
2004	小麦	1.5M	21.90	5.80	4.68	3.26	1.71	14.80
2004	玉米	CK	9.68	2.60	6.07			
2004	玉米	N	12.70	2.36	6.07			
2004	玉米	NP	12.00	2.62	5.24			
2004	玉米	NK	10.80	1.86	4.68			
2004	玉米	PK	11.00	3.48	7.38			
2004	玉米	NPK	10.30	2.42	5.22			

（续）

年份	作物	处理	籽粒/（g/kg）			秸秆/（g/kg）		
			N	P	K	N	P	K
2004	玉米	NPK+M	10.40	2.82	5.27			
2004	玉米	1.5（NPK+M）	10.60	2.59	4.75			
2004	玉米	NPK+S	11.30	2.29	4.72			
2004	玉米	NPK+M+F2	59.10	6.56	20.20			
2004	玉米	1.5M	10.50	2.82	5.33			
2005	小麦	CK	17.60	2.18	5.08	2.44	0.42	10.90
2005	小麦	N	12.70	3.35	4.44	5.87	0.54	13.00
2005	小麦	NP	12.00	3.22	4.43	1.42	0.57	6.96
2005	小麦	NK	10.80	3.06	4.03	6.70	0.80	15.90
2005	小麦	PK	11.00	3.20	4.66	1.98	0.47	14.50
2005	小麦	NPK	10.30	3.44	3.98	3.38	0.42	15.20
2005	小麦	NPK+M	10.40	5.78	5.43	4.19	1.53	21.30
2005	小麦	1.5（NPK+M）	10.60	5.58	5.86	4.41	1.36	22.40
2005	小麦	NPK+S	11.30	5.34	4.92	3.93	0.32	18.50
2005	小麦	NPK+M+F2	59.10	2.62	3.84	4.68	1.01	20.90
2005	小麦	1.5M	10.50	5.42	4.32	8.32	1.36	19.40
2005	玉米	CK	9.48	2.98	3.08	8.81	2.08	7.15
2005	玉米	N	9.46	2.68	2.83	12.30	1.67	3.26
2005	玉米	NP	10.10	2.94	3.05	10.50	1.86	2.37
2005	玉米	NK	10.20	2.84	2.94	13.60	1.50	9.85
2005	玉米	PK	9.48	2.89	3.26	7.47	3.96	9.29
2005	玉米	NPK	9.53	2.64	3.06	7.71	1.62	8.15
2005	玉米	NPK+M	8.78	3.37	3.18	4.84	2.29	12.40
2005	玉米	1.5（NPK+M）	9.85	3.39	3.30	8.03	2.81	15.00
2005	玉米	NPK+S	9.51	2.59	3.08	7.70	1.63	8.20
2005	玉米	NPK+M+F2	54.30	6.92	11.60	21.10	4.32	15.20
2005	玉米	1.5M	9.09	3.34	3.05	6.14	5.19	10.10
2006	小麦	CK	19.20	3.48	2.32	2.21	0.72	6.23
2006	小麦	N	26.90	3.16	2.37	7.70	1.02	5.95
2006	小麦	NP	25.10	3.47	2.42	5.29	0.98	3.68
2006	小麦	NK	26.10	3.21	2.44	9.87	0.92	7.78
2006	小麦	PK	21.10	4.78	2.40	2.66	0.93	8.59
2006	小麦	NPK	23.70	2.76	2.23	4.75	0.87	12.00
2006	小麦	NPK+M	26.40	5.06	2.71	5.47	1.53	14.10
2006	小麦	1.5（NPK+M）	27.80	5.13	2.78	4.87	1.47	13.20

（续）

年份	作物	处理	籽粒/（g/kg）			秸秆/（g/kg）		
			N	P	K	N	P	K
2006	小麦	NPK+S	24.30	2.87	2.01	3.80	0.75	10.90
2006	小麦	NPK+M+F2	26.70	5.30	2.55	5.09	1.50	10.90
2006	小麦	1.5M	25.40	5.38	2.32	2.91	1.60	8.27
2006	玉米	CK	9.47	3.50	3.18	5.72	1.12	5.66
2006	玉米	N						
2006	玉米	NP	11.30	2.80	3.26	9.29	1.25	1.00
2006	玉米	NK						
2006	玉米	PK	8.91	3.05	3.62	3.71	1.53	14.90
2006	玉米	NPK	10.30	2.89	3.18	8.23	1.31	11.70
2006	玉米	NPK+M	10.70	3.50	3.69	7.66	1.45	10.30
2006	玉米	1.5（NPK+M）	10.50	3.45	2.19	13.80	1.46	10.00
2006	玉米	NPK+S	9.94	2.79	2.58	6.46	0.99	17.90
2006	玉米	NPK+M+F2				22.60	3.14	8.74
2006	玉米	1.5M	10.30	3.81	3.65	7.48	2.01	9.55
2008	小麦	CK	14.70	3.16	6.02	4.86	0.82	12.70
2008	小麦	N						
2008	小麦	NP	21.50	3.26	5.42	6.81	1.02	8.18
2008	小麦	NK						
2008	小麦	PK	20.30	3.30	5.20	4.13	0.97	15.50
2008	小麦	NPK	20.30	2.36	5.99	6.82	0.93	17.10
2008	小麦	NPK+M	21.40	3.92	6.14	6.15	1.34	27.60
2008	小麦	1.5（NPK+M）	22.70	3.97	5.69	8.75	1.80	37.70
2008	小麦	NPK+S	24.20	3.58	4.48	5.15	0.59	22.40
2008	小麦	NPK+M+F2	20.10	3.05	5.07	6.01	1.71	30.10
2008	小麦	1.5M	26.00	3.95	5.96	6.92	1.68	23.50
2008	玉米	CK	9.82	2.62	5.41	3.98	0.60	3.46
2008	玉米	N						
2008	玉米	NP	11.70	2.03	4.87	13.50	1.38	2.52
2008	玉米	NK						
2008	玉米	PK	10.30	2.57	4.92	4.70	0.99	17.60
2008	玉米	NPK	12.00	2.69	5.17	13.70	0.79	17.80
2008	玉米	NPK+M	11.80	2.98	4.58	15.60	1.15	24.80
2008	玉米	1.5（NPK+M）	12.70	3.79	5.95	10.20	1.40	26.70
2008	玉米	NPK+S	12.60	2.37	5.11	12.30	0.83	22.50
2008	玉米	NPK+M+F2（黄豆）	67.70	5.51	19.60	21.60	2.88	19.50
2008	玉米	1.5M	11.00	2.84	4.98	7.70	1.90	19.80

（续）

年份	作物	处理	籽粒/（g/kg）			秸秆/（g/kg）		
			N	P	K	N	P	K
2009	小麦	CK	22.10	1.70	4.87	3.33	0.31	12.90
2009	小麦	N						
2009	小麦	NP	27.10	1.69	4.82	8.31	0.76	11.20
2009	小麦	NK						
2009	小麦	PK	21.60	2.19	5.36	3.11	0.44	21.70
2009	小麦	NPK	27.20	1.70	4.85	8.30	0.61	23.70
2009	小麦	NPK+M	26.70	2.53	5.54	4.95	0.80	24.30
2009	小麦	1.5（NPK+M）	27.00	2.61	5.99	6.30	1.41	29.90
2009	小麦	NPK+S	32.10	1.71	4.85	7.81	0.61	21.30
2009	小麦	NPK+M+F2	25.30	2.32	5.32	4.06	1.06	21.40
2009	小麦	1.5M	25.30	2.47	5.22	3.98	0.81	22.30
2009	玉米	CK	10.50	2.94	4.70	4.45	0.31	8.11
2009	玉米	N						
2009	玉米	NP	14.10	2.47	3.36	16.00	0.79	4.36
2009	玉米	NK						
2009	玉米	PK	10.40	2.91	3.66	5.74	0.95	15.60
2009	玉米	NPK	13.00	2.64	2.97	15.50	0.71	19.30
2009	玉米	NPK+M	13.30	3.04	2.83	9.75	0.41	19.50
2009	玉米	1.5（NPK+M）	12.90	3.03	3.30	10.60	0.56	18.60
2009	玉米	NPK+S	13.20	3.54	4.78	14.30	0.84	22.50
2009	玉米	NPK+M+F2（黄豆）	69.10	6.96	17.80	33.40	2.70	14.50
2009	玉米	1.5M	13.10	3.12	3.21	10.90	0.72	19.50
2010	小麦	CK	23.40	2.64	2.69	4.64	0.34	11.00
2010	小麦	NP	29.70	2.77	3.42	10.40	0.80	11.30
2010	小麦	PK	23.10	3.23	3.44	5.47	0.80	14.20
2010	小麦	NPK	28.90	2.33	3.10	10.10	0.90	20.80
2010	小麦	NPK+M	27.10	4.78	5.09	10.40	1.75	21.30
2010	小麦	1.5（NPK+M）	31.10	4.89	5.27	10.00	1.93	24.00
2010	小麦	NPK+S	29.80	2.88	3.57	10.10	0.98	20.20
2010	小麦	NPK+M+F2	33.90	4.97	5.19	8.40	1.27	20.20
2010	小麦	1.5M	29.40	4.12	4.62	10.30	1.57	17.10
2010	玉米	CK	10.90	2.46	4.39	4.77	0.79	9.13
2010	玉米	NP	14.00	2.48	4.32	11.60	2.65	5.90
2010	玉米	PK	10.20	2.47	3.81	4.74	2.43	16.90
2010	玉米	NPK	12.10	2.46	4.17	8.83	1.34	22.20
2010	玉米	NPK+M	13.30	2.97	4.24	9.82	1.30	22.40

（续）

年份	作物	处理	籽粒/（g/kg）			秸秆/（g/kg）		
			N	P	K	N	P	K
2010	玉米	1.5（NPK+M）	13.40	2.74	3.88	11.20	1.51	20.50
2010	玉米	NPK+S	11.30	2.13	3.77	9.16	0.79	22.70
2010	玉米	NPK+M+F2（黄豆）	64.40	6.29	11.80	27.20	3.26	17.90
2010	玉米	1.5M	13.30	2.86	4.47	12.70	2.17	23.30

4.6 土壤剖面理化性质和试验表层土壤养分

4.6.1 概述

土壤剖面理化性质数据和试验表层土壤养分数据包括8个不同土壤类型监测站（吉林公主岭黑土监测站、新疆乌鲁木齐灰漠土监测站、陕西杨凌黄土监测站、北京昌平褐潮土监测站、河南郑州潮土监测站、浙江杭州水稻土监测站、重庆北碚紫色土监测站、湖南祁阳红壤监测站）的试验地土壤剖面理化性质数据，包括：土壤类型、取样深度、pH、有机质、全氮、全磷、全钾、碱解氮、速效磷、速效钾、缓效钾、碳酸钙、阳离子代换量、比重、容重、孔隙度、微量元素、重金属含量等；以及不同土壤类型不同施肥处理土壤pH、有机质、全氮、全磷、全钾、速效氮、速效磷、速效钾等。

4.6.2 数据采集和处理方法

通过各站上报汇总数据进行数据采集。土壤剖面理化性状数据是在确定试验小区、完成平整匀地、开始正式试验后采集土壤样品分析测定获得的。表层土壤pH、有机质、全氮、全磷、全钾、速效氮、速效磷、速效钾等是在每季作物收获后采集土壤样品再分析取得的。土壤样品采集、样品处理、各项指标分析都按照《土壤农业化学常规分析法》（1984年版）教科书方法实施。实时实地如实记录数据并核实，以确保数据真实性。

4.6.3 数据质量控制和评估

数据质量控制原则是样品采集、样品处理、样品分析、计算统一按照教科书的科学方法执行，实时实地如实记录数据并核实，以确保数据真实性。记录方式方法符合科学要求，数据记录无误，为确保试验结果的科学性、正确性提供保障依据。

4.6.4 数据价值

土壤剖面监测和试验表层土壤养分数据体现了我国不同气候带、不同土壤类型、不同田间试验土壤基本性质背景值，为研究我国土壤肥力演变、产量动态变化等提供基本数据资料。

表层土壤全量养分含量和速效养分含量数据体现了不同施肥处理对土壤肥力提升的贡献，为研究土壤肥力培育、土壤肥力演变规律提供了宝贵的研究数据。

4.6.5 土壤剖面理化性质数据和试验表层土壤养分数据

表4-51至表4-53分别为吉林公主岭黑土监测站、新疆乌鲁木齐灰漠土监测站、陕西杨凌黄土监测站、北京昌平褐潮土监测站、河南郑州潮土监测站、浙江杭州水稻土监测站、重庆北碚紫色土监测站、湖南祁阳红壤监测站的土壤剖面理化性质数据以及微量元素和重金属含量。

表4-54至表4-62分别为8个试验站在不同试验处理下的土壤肥力8项指标数据。

表4-51　各监测站土壤剖面化学性质

土壤名称	层次	取样深度/cm	有机质/(g/kg)	全N/(g/kg)	全P/(g/kg)	全K/(g/kg)	碱解N/(mg/kg)	速效P/(mg/kg)	速效K/(mg/kg)	缓效K/(mg/kg)	pH (H_2O)	$CaCO_3$/(g/kg)	阳离子代换量/(mmol/kg)
黑土（吉林省公主岭市）	Aa	0～20	20.000	1.340	0.546	16.355	153	10	119	741	8.65	14.2	28.32
	A	20～40	14.400	1.020	0.436	14.944	120	3	100	643	8.15	1.4	26.18
	AB	40～64	6.320	0.578	0.445	15.940	77		105	682	8.24	2.1	24.99
	B	64～89	4.900	0.533	0.380	16.272	70	5	108	756	8.30	1.4	22.85
	BC	89～120	5.220	0.523	0.467	16.438	64	7	98	684	8.36	3.5	22.61
灰漠土（新疆维吾尔自治区乌鲁木齐市）		0～2	17.400	1.030	0.361	18.098	88	11	495	2 061	7.87	65.5	12.85
		2～16	16.700	0.995	0.348	18.181	80	9	505	1 748	8.03	64.2	17.16
		16～31	17.000	1.030	0.353	17.849	86	7	383	1 811	8.13	99.4	15.75
		31～43	12.300	0.767	0.300	18.347	69	1	335	1 685	7.92	93.0	15.90
		43～68	9.330	0.553	0.279	18.430	57	2	243	1 560	8.07	77.6	15.90
		68～90	6.900	0.349	0.162	17.932	60	1	73	932	8.22	27.6	12.35
		90～110	6.460	0.358	0.253	17.185	50	1	73	869	8.39	62.2	12.25
黄土（陕西省咸阳市杨陵区）	耕层	0～20	10.800	0.897	0.637	15.110	71	2	125	1 029	8.93	86.5	20.35
	犁底层	20～27	9.380	0.778	0.659	15.608	66	1	110	1 016	9.13	85.0	19.87
	老耕层	27～45	7.800	0.738	0.624	15.276	59	0	100	1 064	9.22	58.1	22.25
	古耕层	45～70	5.690	0.789	0.489	15.774	41	0	96	1 063	9.21	28.3	19.93
	黏化层	70～125	6.220	0.678	0.423	15.691	41	1	96	1 054	8.95	4.3	23.09
	过渡层	125～163	5.690	0.658	0.572	16.936	39	1	95	966	8.94	7.1	20.71
	淀积层	163～183	5.430	0.586	0.598	15.774	31	1	76	918	9.21	112.0	22.97
	母质层	200～220	4.210	0.459	0.602	13.615	30	3	70	913	9.19	152.0	21.78

（续）

土壤名称	层次	取样深度/cm	有机质/(g/kg)	全N/(g/kg)	全P/(g/kg)	全K/(g/kg)	碱解N/(mg/kg)	速效P/(mg/kg)	速效K/(mg/kg)	缓效K/(mg/kg)	pH(H_2O)	$CaCO_3$/(g/kg)	阳离子代换量/(mmol/kg)
褐潮土（北京市昌平区）	剖面1	0～30	11.710	0.649	0.694	14.362	50	5	69	388	8.80	29.7	15.92
		30～60	12.550	0.658	0.589	12.453	40	3	66	325	8.78	42.9	21.41
		60～90	15.770	0.699	0.572	12.453	43	4	62	253	8.74	6.6	26.24
		90以下	5.530	0.318	0.432	13.532	30	3	73	281	8.63	4.9	23.17
	剖面2	0～27	11.370	0.691	0.707	14.113	49	5	52	330	8.65	34.6	13.84
		27～55	10.770	0.567	0.607	14.362	38	3	62	295	8.88	39.3	19.32
		55～80	14.270	0.691	0.598	14.445	38	3	64	244	9.06	23.5	23.17
		80以下	4.300	0.277	0.484	15.774	24	3	61	271	8.80	6.8	21.08
潮土（河南省郑州市）	A	0～28	11.260	0.699	0.733	12.868	57	3	73	491	9.32	54.3	13.07
	AB	28～52	3.610	0.277	0.554	12.453	37	2	55	394	9.90	51.7	9.11
	B	52～87	3.580	0.294	0.537	12.868	29	2	54	419	9.70	50.2	10.21
	C	87～120	3.250	0.277	0.546	18.680	39	2	56	508	9.83	37.9	10.10
水稻土（浙江省杭州市）	耕层A	0～20	27.400	1.720	1.078	13.200	174	65	52	346	6.02	2.8	11.60
	犁底层AP	20～30	15.800	0.941	0.895	13.781	111	89	45	345	6.91	1.4	10.71
	青堝层P	30～50	6.740	0.419	0.310	13.698	32	17	58	387	7.09	0.7	9.28
	潴育层C	50～100	5.690	0.642	0.458	16.272	32	5	103	696	7.32	2.1	12.61
紫色土（重庆市北碚区） 水旱轮作	A	0～20	16.570	0.757	0.546	13.283	72	9	105	352	8.45	6.0	26.68
	B	20～46	16.740	1.010	0.546	13.117	69	6	97	426	8.66	7.3	25.91
	P_{b1}	46～66	12.980	0.815	0.532	14.362	52	6	102	375	8.73	9.8	25.25
	P_{g1}	66～100	18.230	1.080	0.463	14.778	67	3	102	371	8.31	3.9	24.27
旱地	A	0～22	12.270	0.856	0.598	14.944	64	16	140	417	7.52	3.8	26.90
	B	22～48	9.160	0.625	0.502	16.853	50	7	103	345	7.55	3.8	26.68
	P	48～100	10.150	0.997	0.423	17.849	54	3	102	354	7.40	3.5	27.56

表 4-52 各监测站土壤剖面物理性质

土壤名称	层次	取样深度/cm	比重	容重/(g/cm³)	孔隙度/%	田间持水量/%	苏联制质地分类			国际制质地分类			
							<0.01 mm 物理性黏粒含量/%	>0.01 mm 物理性砂粒含量/%	质地名称	<0.002 mm /%	0.002~0.02 mm /%	>0.02 mm /%	质地名称
黑土（吉林省公主岭市）	Aa	0~20	—	1.19	53.39	35.83	—	—	—	31.05	29.87	39.08	壤黏土
	A	20~40	—	1.27	51.23	38.47	—	—	—	27.15	37.18	35.67	壤黏土
	AB	40~64	—	1.33	49.83	42.08	—	—	—	13.00	45.32	41.68	粉砂壤土
	B	64~89	—	1.35	46.53	34.04	—	—	—	14.68	44.18	41.14	黏壤土
	BC	89~120	—	1.39	45.02	39.30	—	—	—	14.45	44.21	41.34	黏壤土
塿土（陕西省咸阳市杨陵区）	耕层	0~17	2.68	1.35	49.62	21.12	—	—		16.8	51.6	31.6	粉砂质黏壤土
	犁底层	17~38	2.67	1.56	41.57	20.97	—	—		16.1	57.3	26.6	粉砂质黏壤土
	老耕层	38~57	2.73	1.48	45.79	20.89	—	—		17.4	56.6	26.0	粉砂质黏壤土
	古耕层	57~77	2.72	1.43	47.43	21.08	—	—		16.3	57.7	26.0	粉砂质黏壤土
	黏化层	77~155	2.73	1.36	50.18	21.04	—	—		19.4	48.2	32.4	粉砂质黏壤土
	过渡层	155~218	2.71	1.31	51.66	21.83	—	—		18.4	46.4	35.2	粉砂质黏壤土
	淀积层	218 以下	2.7	1.23	54.44	23.11	—	—		18.1	50.7	31.2	粉砂质黏壤土
褐潮土（北京市昌平区）		0~20	2.65	1.58	40.37	24.75	35.10	64.90	中壤	—	—	—	—
		20~52	—	—	—	—	36.50	63.50	中壤	—	—	—	—
		52~80	—	—	—	—	51.10	48.90	重壤	—	—	—	—
		80 以下	—	—	—	—	41.00	59.00	重壤	—	—	—	—

（续）

土壤名称	层次	取样深度/cm	比重	容重/(g/cm³)	孔隙度/%	田间持水量/%	苏联制质地分类			国际制质地分类			
							<0.01 mm 物理性黏粒含量/%	>0.01 mm 物理性砂粒含量/%	质地名称	<0.002 mm /%	0.002～0.02 mm /%	>0.02 mm /%	质地名称
潮土（河南省郑州市）	A	0～28	2.65	1.55	42.10	—	26.09	73.91	轻壤	—	—	—	—
	AB	28～52	2.65	1.68	41.70	—	25.03	74.97	轻壤	—	—	—	—
	B	52～87	—	—		—	31.16	68.84	中壤	—	—	—	—
	C	87～120	—	—		—	31.19	68.81	中壤	—	—	—	—
水稻土（浙江省杭州市）	耕层 A	0～20	—	0.67	—	—	—	—	—	20	38	42	黏壤土
	犁底层 AP	20～30	—	0.71	—	—	—	—	—	18	35	47	黏壤土
	青塥层 P	30～50	—	0.83	—	—	—	—	—	21	39	40	黏壤土
	潴育层 C	50～100		—						18	33	49	黏壤土
紫色水稻土（重庆市北碚区）	A	0～23		1.21	—	—	52.85	47.15	重壤	—	—	—	—
	Ap	23～46		1.36	—	—	52.59	47.41	重壤	—	—	—	—
	W	46～67		1.51	—	—	58.70	41.30	重壤				
	P	67～100								—	—	—	—
红壤（湖南省祁阳市）	0～15	2.65	1.27	52.10	25.00	—	—	—	61.4	34.9	3.7	黏土	
	16～27	2.65	1.30	50.90	23.70	—	—	—	70.2	26.2	3.6	重黏土	
	28～65	2.65	1.35	49.10	25.60	—	—	—	68.7	25.5	5.8	重黏土	
	66～110	2.65	1.32	50.20	26.20	—	—	—	67.8	30.0	2.2	重黏土	

表 4-53 各监测站土壤剖面微量元素和重金属含量

土壤名称	层次	取样深度/cm	有效 Fe/(mg/kg)	有效 Mn/(mg/kg)	有效 Cu/(mg/kg)	有效 Zn/(mg/kg)	有效 Mo/(mg/kg)	全 Fe/(g/kg)	全 Mn/(mg/kg)	全 Cu/(mg/kg)	全 Zn/(mg/kg)	全 Mo/(mg/kg)	全 Pb/(mg/kg)	全 Cr/(mg/kg)	全 Cd/(mg/kg)
黑土（吉林省公主岭市）	Aa	0~20	8.55	19.60	1.12	0.53	0.027	31.5	1 120	16.4	57.8	0.669	29.4	1.06	26.40
	A	20~40	9.08	16.70	1.02	0.31	0.012	31.8	885	16.6	58.4	0.611	26.8	1.18	26.40
	AB	40~64	6.66	9.94	0.64	0.27	0.010	32.8	685	16.6	60.6	0.528	26.0	1.06	27.30
	B	64~89	6.54	10.20	0.66	0.35	0.021	32.2	590	15.8	61.0	0.619	24.6	1.18	27.90
	BC	89~120	6.70	8.00	0.86	0.18	0.011	31.8	555	16.2	59.4	0.512	24.0	1.10	21.90
灰漠土（新疆维吾尔自治区乌鲁木齐市）		0~2	5.30	15.10	1.35	0.82	0.320	25.0	691	27.0	75.0		23.0	7.60	1.76
		2~16	4.45	12.10	1.29	0.63	0.310	26.3	683	27.0	73.0		22.0	9.60	1.78
		16~31	4.38	11.00	1.28	0.61	0.340	26.4	679	27.0	72.0		21.0	8.10	1.78
		31~43	5.67	10.20	1.67	0.39	0.390	29.1	802	31.0	80.0		23.0	9.70	1.92
		43~68	5.36	7.51	1.53	0.32	0.520	27.6	691	32.0	72.0		22.0	10.00	2.02
		68~90	6.94	7.12	1.02	0.23	0.340	24.4	606	27.0	60.0		17.0	8.10	1.80
		90~110	7.07	5.01	1.00	0.20	0.380	26.6	777	30.0	67.0		22.0	7.50	1.78
黄土（陕西省咸阳市杨陵区）	耕层	0~20	6.38	15.10	1.22	0.29	0.067	32.8	715	19.0	69.6	0.794	29.0	1.46	30.00
	犁底层	20~27	6.14	11.00	1.14	0.21	0.047	33.9	715	18.6	67.8	0.763	30.2	1.24	36.60
	老耕层	27~45	5.80	10.10	1.06	0.08	0.011	33.6	740	18.0	67.6	0.891	27.8	1.22	36.60
	古耕层	45~70	5.80	10.10	1.16	0.13	0.022	33.6	730	17.2	62.7	0.679	28.2	1.14	29.10
	黏化层	70~125	6.52	10.90	1.42	0.11	0.013	36.2	785	20.6	62.8	0.784	26.2	1.26	33.60
	过渡层	125~163	6.12	6.96	0.94	0.10	0.012	38.6	765	20.0	68.0	0.867	27.0	1.24	27.60
	淀积层	163~183	5.56	5.90	0.90	0.08	0.012	32.6	725	16.6	58.0	0.665	26.2	1.54	24.60
	母质层	200~220	5.42	4.18	0.80	0.08	0.010	30.7	655	15.2	57.4	0.636	26.4	1.80	34.50

（续）

土壤名称	层次	取样深度/cm	有效 Fe/(mg/kg)	有效 Mn/(mg/kg)	有效 Cu/(mg/kg)	有效 Zn/(mg/kg)	有效 Mo/(mg/kg)	全 Fe/(g/kg)	全 Mn/(mg/kg)	全 Cu/(mg/kg)	全 Zn/(mg/kg)	全 Mo/(mg/kg)	全 Pb/(mg/kg)	全 Cr/(mg/kg)	全 Cd/(mg/kg)
褐潮土（北京市昌平区）	剖面 1	0～30	7.74	15.10	1.21	0.42		23.4	420	17.9	50.0		18.1	0.71	34.20
		30～60	8.96	7.88	1.33	0.10		27.4	382	19.5	52.1		19.7	0.75	39.00
		60～90	7.18	9.05	1.37	0.15		34.4	392	21.8	52.0		21.5	0.78	45.00
		90 以下	4.50	6.53	0.49	0.13		36.4	413	20.4	62.7		22.8	0.53	40.40
	剖面 2	0～27	6.64	14.30	0.98	0.32		20.7	379	15.3	43.7		17.9	0.62	34.20
		27～55	7.96	8.32	1.11	0.16		28.3	417	19.5	51.9		21.1	0.76	40.80
		55～80	6.77	5.97	1.27	0.18		29.8	320	20.4	51.9		19.7	0.63	43.20
		80 以下	3.94	4.19	0.39	0.20		36.2	358	22.4	66.8		22.5	0.39	38.60
潮土（河南省郑州市）	A	0～28	9.16	14.30	1.17	0.74		19.6	386	14.7	42.5		15.4	0.49	36.60
	AB	28～52	6.54	9.84	0.80	0.48		19.0	364	13.1	40.8		12.1	0.35	33.20
	B	52～87	8.06	9.26	0.78	0.50		21.8	418	14.7	42.0		14.3	0.78	32.40
	C	87～120	7.36	8.84	0.70	0.32		21.4	395	14.6	41.2		12.7	0.52	30.80
水稻土（浙江省杭州市）	耕层 A	0～20	149.00	50.50	6.14	2.36	0.028	25.5	315	28.8	93.6	0.479	106.0	1.00	22.80
	犁底层 AP	20～30	47.40	23.00	4.38	0.96	0.015	28.8	515	28.4	85.4	0.589	107.0	0.80	23.70
	青塥层 P	30～50	4.72	7.88	0.74	0.20	0.640	30.8	350	13.0	56.2	0.546	28.8	1.20	28.50
	潴育层 C	50～100	6.10	14.30	0.44	0.16	0.028	49.0	870	16.0	68.2	0.747	29.2	1.02	28.50
紫色水稻土（重庆市北碚区）	A	0～23	27.40	27.30	1.07	0.61		34.7	638	13.5	69.1		23.3	0.74	32.40
	Ap	23～46	31.90	26.30	1.14	0.67		33.6	618	13.4	68.5		23.2	0.87	32.00
	W	46～67	32.70	28.20	1.19	0.37		32.4	510	12.6	62.1		21.5	0.98	31.00
	P	67～100	23.70	48.50	1.49	0.35		32.8	454	12.2	61.5		20.4	0.66	31.00
水旱轮作旱地	A	0～22	28.90	58.70	0.90	0.83		34.8	648	11.6	74.7		22.9	0.64	28.80
	B	22～48	22.80	42.10	0.90	0.73		33.4	592	11.7	68.5		22.3	0.69	27.00
	P	48～100	24.90	35.60	2.07	0.64		33.1	578	15.2	66.0		22.3	0.90	27.60

表 4-54 吉林公主岭黑土监测站表层土壤养分含量(0～20 cm)

年份	处理	有机质/(g/kg)	全N/(g/kg)	全P/(g/kg)	全K/(g/kg)	碱解N/(mg/kg)	速效P/(mg/kg)	速效K/(mg/kg)	pH(H_2O)
1990	CK_0	21.100	1.480	0.572	21.325	119.4	8.6	101.5	8.10
1990	CK	21.540	1.320	0.659	20.292	123.2	10.7	127.8	7.40
1990	N	20.250	1.440	0.646	20.258	119.5	10.7	129.3	7.00
1990	NP	20.920	1.440	0.607	20.492	132.7	11.4	126.8	6.70
1990	NK	23.600	1.440	0.755	21.050	150.8	10.5	137.1	6.30
1990	PK	22.770	1.470	0.651	23.025	148.0	8.4	131.9	6.60
1990	NPK	20.080	1.400	0.694	19.425	121.1	10.7	126.3	6.70
1990	NPK+M1	23.480	1.430	0.677	20.183	132.3	10.9	142.3	7.30
1990	1.5(NPK+M)	24.830	1.430	0.734	20.683	145.4	10.7	174.3	7.60
1990	NPK+S	22.470	1.450	0.672	20.042	122.6	9.6	136.5	8.00
1990	NPK+M1+F2	24.650	1.570	0.668	20.192	133.9	10.1	173.6	8.00
1990	NPK+M2	24.240	1.490	0.686	20.883	128.3	11.1	142.0	8.10
1991	CK_0	21.290	1.370	0.699	17.742	114.1	7.5	118.8	7.80
1991	CK	21.420	1.340	0.672	18.183	123.0	9.6	128.8	7.40
1991	N	22.060	1.660	0.694	18.383	128.8	10.5	137.3	7.30
1991	NP	22.600	1.580	0.782	18.825	143.4	12.0	110.7	6.50
1991	NK	23.410	1.560	0.760	21.175	166.1	12.0	132.3	6.40
1991	PK	23.190	1.370	0.847	20.992	133.2	9.2	139.6	6.90
1991	NPK	23.260	1.430	0.729	19.383	151.1	10.9	118.9	6.30
1991	NPK+M1	23.600	1.450	0.934	20.633	148.7	10.7	182.1	7.50
1991	1.5(NPK+M)	25.100	1.590	1.127	20.667	162.2	11.0	179.7	7.60
1991	NPK+S	22.560	1.470	0.738	18.633	121.6	9.9	135.6	8.00
1991	NPK+M1+F2	24.800	1.770	0.865	21.567	150.4	10.5	152.6	8.00
1991	NPK+M2	24.530	1.630	0.830	20.442	126.6	11.3	181.2	7.90
1992	CK_0	23.350	1.400	0.581	24.608	121.8	11.2	182.3	8.00
1992	CK	22.120	1.340	0.598	25.975	118.0	11.9	163.4	7.80
1992	N	22.850	1.430	0.485	24.933	124.2	9.8	172.9	7.40

（续）

年份	处理	有机质/(g/kg)	全N/(g/kg)	全P/(g/kg)	全K/(g/kg)	碱解N/(mg/kg)	速效P/(mg/kg)	速效K/(mg/kg)	pH (H_2O)
1992	NP	23.580	1.420	0.603	24.283	155.7	21.7	153.8	7.00
1992	NK	23.640	1.400	0.555	25.258	130.4	11.2	182.8	7.00
1992	PK	24.230	1.470	0.590	25.350	135.1	21.4	173.4	7.00
1992	NPK	22.990	1.530	0.585	26.525	134.0	27.5	163.4	7.00
1992	NPK+M1	26.340	1.580	0.620	24.892	141.8	28.3	168.0	7.60
1992	1.5(NPK+M)	29.500	1.920	0.751	24.767	159.0	69.7	192.1	7.80
1992	NPK+S	22.890	1.450	0.638	25.417	127.7	21.9	177.4	8.20
1992	NPK+M1+F2	25.710	1.600	0.629	25.150	130.3	28.8	196.9	8.10
1992	NPK+M2	26.200	1.810	0.694	25.533	142.0	38.6	191.9	8.10
1993	CK_0	22.470	1.098	0.573			12.0		7.78
1993	CK	21.410	1.141	0.568			6.8		7.70
1993	N	21.230	1.065	0.527			6.8		7.78
1993	NP	22.200	1.117	0.544			13.6		7.85
1993	NK	23.020	1.258	0.510			8.4		7.80
1993	PK	22.980	1.301	0.591			15.7		7.85
1993	NPK	22.430	1.299	0.534			11.5		7.78
1993	NPK+M1	22.540	1.231	0.545			12.5		7.75
1993	1.5(NPK+M)	27.890	1.486	0.687			14.4		7.70
1993	NPK+S	22.460	1.218	0.587			6.3		7.80
1993	NPK+M1+F2	23.580	1.349	0.610			13.6		7.75
1993	NPK+M2	27.200	1.523	0.746			14.0		7.75
1994	CK_0	23.400	1.440	0.607	15.200	115.0	12.0	130.0	7.60
1994	CK	21.400	1.110	0.568	14.067	110.0	6.8	126.7	7.60
1994	N	21.200	1.110	0.528	14.533	112.0	6.9	127.3	7.60
1994	NP	22.200	1.220	0.546	14.333	113.0	13.6	126.7	7.60
1994	NK	23.000	1.260	0.511	15.000	112.0	8.3	129.3	7.60
1994	PK	22.900	1.300	0.590	15.267	112.0	15.7	130.0	7.70
1994	NPK	22.400	1.300	0.576	15.200	113.0	11.5	126.7	7.70

（续）

年份	处理	有机质/(g/kg)	全N/(g/kg)	全P/(g/kg)	全K/(g/kg)	碱解N/(mg/kg)	速效P/(mg/kg)	速效K/(mg/kg)	pH (H_2O)
1994	NPK+M1	23.800	1.290	0.590	15.333	115.0	12.5	127.3	7.60
1994	1.5(NPK+M)	25.800	1.490	0.686	15.667	120.0	14.4	130.0	7.60
1994	NPK+S	23.600	1.350	0.616	15.600	110.0	13.6	129.3	7.60
1994	NPK+M1+F2								
1994	NPK+M2	25.200	1.520	0.747	15.800	121.0	14.0	130.7	7.60
1995	CK_0	24.400	1.380	0.541	19.000	107.2	6.3	157.3	7.90
1995	CK	22.800	1.160	0.480	17.583	106.3	5.2	128.1	7.60
1995	N	23.300	1.090	0.507	18.167	108.8	5.2	118.3	7.00
1995	NP	22.500	1.290	0.502	17.917	113.0	20.6	130.9	7.20
1995	NK	23.200	1.260	0.437	18.750	130.5	6.2	130.6	6.70
1995	PK	25.200	1.240	0.672	19.083	119.1	5.5	159.8	6.80
1995	NPK	23.300	1.220	0.480	19.000	123.8	13.6	131.3	6.70
1995	NPK+M1	28.400	1.510	0.620	19.167	121.3	23.3	144.3	7.50
1995	1.5(NPK+M)	28.400	1.250	0.716	19.583	126.0	24.7	156.3	7.90
1995	NPK+S	22.400	1.200	0.498	19.500	113.1	19.7	144.1	7.90
1995	NPK+M1+F2								
1995	NPK+M2	26.900	1.490	0.581	19.750	119.0	21.8	131.2	7.90
1996	CK_0	23.800	1.280	0.847	18.750	99.3	12.4	157.1	7.10
1996	CK	22.000	1.240	0.520	17.500	101.8	6.6	130.8	7.40
1996	N	22.300	1.180	0.476	17.833	108.5	6.7	131.0	7.00
1996	NP	22.800	1.150	0.585	17.667	114.4	13.4	131.1	6.00
1996	NK	24.400	1.180	0.520	19.000	118.2	11.5	131.0	6.50
1996	PK	25.100	1.210	0.555	19.000	118.5	16.2	144.1	6.50
1996	NPK	23.000	1.190	0.598	19.083	114.0	17.8	131.3	6.30
1996	NPK+M1	28.000	1.570	0.690	19.333	128.4	18.2	157.7	7.50
1996	1.5(NPK+M)	28.700	1.570	0.821	19.500	129.5	19.7	156.6	7.50

（续）

年份	处理	有机质/(g/kg)	全 N/(g/kg)	全 P/(g/kg)	全 K/(g/kg)	碱解 N/(mg/kg)	速效 P/(mg/kg)	速效 K/(mg/kg)	pH (H_2O)
1996	NPK+S	23.200	1.310	0.642	19.750	100.3	19.5	130.5	7.90
1996	NPK+M1+F2								
1996	NPK+M2	27.700	1.590	0.830	19.417	119.3	20.5	159.9	7.90
1997	CK_0	29.000	1.650	0.681	18.583	108.2	13.0	218.1	7.80
1997	CK	21.200	1.200	0.515	17.583	85.4	10.7	130.9	7.80
1997	N	21.900	1.210	0.502	17.917	91.0	10.7	123.3	7.20
1997	NP	22.700	1.310	0.528	17.500	97.5	13.1	126.1	6.70
1997	NK	23.900	0.980	0.476	19.333	104.3	11.4	141.5	6.60
1997	PK	25.000	1.180	0.563	19.500	110.5	15.7	143.8	6.70
1997	NPK	23.000	1.160	0.428	19.000	103.6	23.8	140.9	6.20
1997	NPK+M1	26.500	1.210	0.576	19.583	105.6	22.6	162.1	7.50
1997	1.5(NPK+M)	27.100	1.470	0.707	19.667	106.8	23.0	168.1	7.70
1997	NPK+S	23.200	1.460	0.956	19.583	91.2	20.9	154.0	7.90
1997	NPK+M1+F2								
1997	NPK+M2	29.100	1.820	0.847	19.250	124.0	21.3	218.5	7.70
1998	CK_0	22.300	1.320	0.515	7.000	130.9	11.4	162.0	7.70
1998	CK	24.100	1.400	0.498	6.000	145.9	6.1	87.3	7.90
1998	N	23.100	1.360	0.445	10.333	131.2	6.5	74.3	7.40
1998	NP	23.400	1.410	0.546	11.167	131.1	16.6	56.8	6.90
1998	NK	24.000	1.320	0.441	12.167	130.4	13.3	74.8	6.80
1998	PK	24.300	1.310	0.537	12.917	121.3	12.6	63.3	6.60
1998	NPK	23.400	1.390	0.472	9.750	145.7	23.0	74.2	6.40
1998	NPK+M1	25.100	1.500	0.537	11.167	138.5	22.0	87.3	7.40
1998	1.5(NPK+M)	39.800	2.250	0.550	13.000	203.9	23.8	100.3	7.50
1998	NPK+S	24.400	1.480	0.520	12.583	145.8	20.3	96.0	7.80
1998	NPK+M1+F2								
1998	NPK+M2	26.300	1.620	0.738	9.417	121.7	21.9	107.4	7.40

（续）

年份	处理	有机质/(g/kg)	全 N/(g/kg)	全 P/(g/kg)	全 K/(g/kg)	碱解 N/(mg/kg)	速效 P/(mg/kg)	速效 K/(mg/kg)	pH (H_2O)
1999	CK_0	25.900	1.520	0.563	12.833	142.6	15.9	115.6	7.60
1999	CK	22.400	1.350	0.419	11.917	128.0	12.9	110.4	7.50
1999	N	22.600	1.270	0.380	12.667	120.8	13.2	105.2	7.40
1999	NP	22.900	1.290	0.463	13.417	131.6	18.8	116.1	6.80
1999	NK	24.700	1.350	0.445	12.250	131.6	11.3	89.3	6.70
1999	PK	24.100	1.300	0.541	12.833	124.1	28.8	73.5	6.60
1999	NPK	22.900	1.370	0.528	12.500	127.9	49.1	78.8	6.50
1999	NPK+M1	26.000	1.440	0.603	9.417	135.4	41.0	100.0	7.40
1999	1.5(NPK+M)	31.500	1.730	0.812	10.000	131.6	49.5	105.1	7.60
1999	NPK+S	23.700	1.400	0.555	9.417	138.6	42.4	110.1	7.60
1999	NPK+M1+F2								
1999	NPK+M2	26.700	1.640	0.747	9.750	116.8	54.1	125.9	7.70
2000	CK_0	27.039	1.436	0.491		133.4	5.5		7.65
2000	CK	24.396	1.268	0.528		120.3	3.3	132.8	7.35
2000	N	24.232	1.282	0.479		133.2	4.0	121.1	6.78
2000	NP	26.982	1.449	0.531		133.2	23.1	126.8	6.15
2000	NK	28.048	1.193	0.490		148.4	5.3	126.8	7.05
2000	PK	28.073	1.421	0.588		137.0	31.7	144.0	6.45
2000	NPK	28.462	1.533	0.540		148.1	21.6	144.3	6.03
2000	NPK+M1	32.800	1.810	0.780		155.9	72.3	155.7	7.10
2000	1.5(NPK+M)	35.619	1.698	0.816		158.3	100.0	178.9	7.40
2000	NPK+S	26.852	1.218	0.603		126.9	34.0	132.7	7.00
2000	NPK+M1+F2	31.395	1.544	0.713		152.3	39.6	150.2	7.58
2000	NPK+M2	29.696	1.722	0.783		145.3	57.3	178.8	7.53

注：土壤类型为黑土，土壤母质为第四纪黄土状沉积物。

表 4-55 吉林公主岭黑土监测站表层土壤养分含量（20～40 cm）

年份	处理	有机质/(g/kg)	全 N/(g/kg)	全 P/(g/kg)	全 K/(g/kg)	碱解 N/(mg/kg)	速效 P/(mg/kg)	速效 K/(mg/kg)	pH (H_2O)
2003	CK_0	17.316	0.970	0.498	21.277	88.835	5.421	100.798	
2003	CK	12.625	0.789	0.445	21.423	64.933	3.797	95.626	
2003	N	14.849	0.860	0.439	21.951	66.813	3.970	93.308	
2003	NP	18.660	0.972	0.466	21.416	100.549	10.623	100.894	
2003	NK	19.770	0.924	0.421	21.935	95.716	4.192	106.798	
2003	PK	15.622	0.822	0.443	20.910	81.882	9.309	101.077	
2003	NPK	12.291	0.701	0.422	21.674	68.561	6.353	106.343	
2003	NPK+M1	13.895	0.703	0.480	19.591	76.462	24.451	104.280	
2003	1.5 (NPK+M1)	16.542	0.991	0.537	21.645	106.731	67.363	105.045	
2003	NPK+S	13.307	0.783	0.479	20.959	76.465	4.454	111.073	
2003	NPK+M1	19.458	1.040	0.775	21.200	103.480	39.439	121.118	
2003	NPK+M2	18.169	1.040	0.780	20.177	99.410	39.443	126.301	
2005	CK_0	20.656	1.124	0.439	20.875	76.130	2.550	116.370	7.55
2005	CK	16.439	0.885	0.430	20.216	79.070	2.230	111.500	7.65
2005	N	17.021	0.999	0.403	20.000	109.840	2.140	105.090	7.23
2005	NP	19.734	1.103	0.453	18.731	114.020	11.030	109.530	6.37
2005	NK	19.855	1.097	0.387	18.969	96.590	2.280	108.640	6.90
2005	PK	19.512	1.067	0.431	19.450	89.710	9.230	121.670	6.90
2005	NPK	13.845	0.766	0.386	19.072	67.190	6.860	106.070	6.70
2005	NPK+M1	21.890	1.197	0.666	19.049	102.350	40.660	127.000	7.55
2005	1.5 (NPK+M1)	29.894	1.731	0.917	17.968	106.880	97.640	158.900	7.32
2005	NPK+S	22.762	1.245	0.523	18.849	81.610	3.970	115.060	7.78
2005	NPK+M1+F2	24.683	1.443	0.726	18.830	108.280	48.860	130.750	7.62
2005	NPK+M2	28.587	1.659	0.893	19.892	110.899 0	75.560	156.470	7.60
2006	CK_0	19.728	1.073	0.645	20.706	100.587	2.053	147.725	8.05
2006	CK	16.936	0.972	0.612	20.697	83.718	1.462	134.338	7.80
2006	N	17.216	0.964	0.579	20.702	99.755	1.697	149.559	7.50
2006	NP	20.205	1.024	0.599	20.091	99.265	10.071	152.927	6.40
2006	NK	16.361	0.820	0.494	19.643	76.852	1.464	144.702	6.85
2006	PK	11.055	0.663	0.504	20.086	69.859	3.938	154.859	7.10
2006	NPK	12.030	0.680	0.504	20.704	60.067	2.877	134.492	6.85
2006	NPK+M1	11.992	0.768	0.604	18.658	55.972	8.781	130.648	7.80
2006	1.5 (NPK+M1)	20.678	1.149	0.749	19.087	94.525	30.279	150.116	7.75
2006	NPK+S	15.911	0.896	0.673	19.020	71.859	2.873	134.299	8.05
2006	NPK+M1+F2	19.947	0.981	1.161	18.615	96.212	14.159	146.428	7.75

（续）

年份	处理	有机质/(g/kg)	全N/(g/kg)	全P/(g/kg)	全K/(g/kg)	碱解N/(mg/kg)	速效P/(mg/kg)	速效K/(mg/kg)	pH (H_2O)
2006	NPK+M2	18.638	0.916	0.857	19.252	87.980	22.424	144.619	7.87
2007	CK_0	19.029	1.077	0.558	21.699	108.280	3.530	158.950	7.40
2007	CK	18.681	0.988	0.517	20.669	105.470	3.140	155.120	7.55
2007	N	19.124	1.082	0.479	20.493	111.790	3.490	148.370	6.92
2007	NP	19.230	1.077	0.510	21.018	122.480	10.800	154.710	6.67
2007	NK	21.680	1.302	0.495	21.282	133.950	4.750	157.140	6.46
2007	PK	20.697	1.236	0.536	21.621	119.030	11.790	175.990	6.58
2007	NPK	18.830	1.098	0.527	21.065	109.810	19.800	167.070	6.46
2007	NPK+M1	23.805	1.428	0.789	21.193	130.060	56.470	179.580	7.46
2007	1.5 (NPK+M1)	26.195	1.634	0.988	21.868	147.020	90.230	209.970	7.47
2007	NPK+S	16.940	1.057	0.529	20.383	108.320	3.540	139.340	7.58
2007	NPK+M1	25.005	1.514	0.852	20.119	147.340	65.340	205.410	7.61
2007	NPK+M2	23.865	1.421	0.821	20.736	135.850	47.600	188.020	7.66
2008	CK_0	8.970	1.985			98.270	3.880	119.240	
2008	CK	6.880	1.198			76.890	3.080	134.120	
2008	N	7.760	1.069			96.940	3.910	116.260	
2008	NP	8.450	1.096			106.290	12.660	128.170	
2008	NK	8.390	1.181			117.830	4.800	130.480	
2008	PK	7.320	1.223			108.600	8.720	122.540	
2008	NPK	6.120	1.060			82.120	6.800	111.960	
2008	NPK+M1	10.600	0.958			113.940	107.600	124.530	
2008	1.5 (NPK+M1)	12.700	1.333			137.630	40.220	168.520	
2008	NPK+S	8.170	1.611			91.110	6.550	124.530	
2008	NPK+M1+F2	10.300	1.212			96.450	57.760	146.690	
2008	NPK+M2	9.710	1.479			113.330	45.920	131.810	
2009	CK_0	10.600						116.910	
2009	NPK+M1	14.300						148.320	
2009	NPK+M2	12.800						144.020	
2009	1.5 (NPK+M1)	16.500						170.140	
2009	NPK+M1+F2	12.600						133.440	
2009	NPK+S	10.600						116.250	
2010	CK_0	10.600						117.900	
2010	CK	9.280						110.630	
2010	N	7.610						99.390	
2010	NP	10.400						101.700	

（续）

年份	处理	有机质/(g/kg)	全N/(g/kg)	全P/(g/kg)	全K/(g/kg)	碱解N/(mg/kg)	速效P/(mg/kg)	速效K/(mg/kg)	pH(H_2O)
2010	NK	9.780						114.600	
2010	PK	10.500						125.840	
2010	NPK	11.900						114.930	
2010	NPK+M1	15.900						151.620	
2010	NPK+M2	18.000						139.390	
2010	1.5（NPK+M1）	20.500						185.670	
2010	NPK+M1+F2	17.100						174.100	
2010	NPK+S	11.300						117.240	

表 4-56　新疆乌鲁木齐灰漠土监测站表层土壤养分含量

年份	处理	层级/cm	有机质/(g/kg)	全N/(g/kg)	全P/(g/kg)	全K/(g/kg)	碱解N/(mg/kg)	速效P/(mg/kg)	速效K/(mg/kg)	pH(H_2O)
1990	$N_2P_2K_2$+2M	0～20	17.20	1.020	0.843		64.8	24.4		
1990	NPK	0～20	16.00	0.876	0.765		52.8	14.8		
1990	$N_1P_1K_1$+M	0～20	16.60	0.996	0.794		61.8	13.2		
1990	CK	0～20	15.20	0.868	0.662		55.9	2.4		
1990	NK	0～20	16.20	0.863	0.756		48.8	4.3		
1990	N	0～20	18.00	0.984	0.708		55.5	4.8		
1990	NP	0～20	16.60	0.900	0.775		54.8	10.9		
1990	PK	0～20	16.50	0.858	0.660		60.4	9.3		
1990	$N_3P_3K_3$+S	0～20	14.90	0.746	0.679		57.5	8.0		
1991	$N_2P_2K_2$+2M	0～20	19.10	0.975	0.823		54.3	12.4		
1991	NPK	0～20	16.00	0.887	0.775		43.3	6.4		
1991	$N_1P_1K_1$+M	0～20	16.90	0.941	0.746		52.5	6.4		
1991	CK	0～20	15.70	0.780	0.641		45.9	2.4		
1991	NK	0～20	15.20	0.780	0.775		42.5	3.3		
1991	N	0～20	16.60	0.843	0.699		47.6	3.3		
1991	NP	0～20	15.10	0.798	0.631		49.3	5.5		
1991	PK	0～20	16.80	0.875	0.699		46.4	6.9		
1991	$N_3P_3K_3$+S	0～20	13.40	0.737	0.641		46.8	3.3		
1992	$N_2P_2K_2$+2M	0～20	21.20	1.180	0.845		94.5	20.5		
1992	NPK	0～20	15.60	0.930	0.832		84.5	9.4		
1992	$N_1P_1K_1$+M	0～20	17.90	0.945	0.723		83.0	7.5		
1992	CK	0～20	14.40	0.845	0.869		57.1	4.9		
1992	NK	0～20	14.50	0.845	0.881		65.5	3.7		
1992	N	0～20	15.50	0.866	0.832		71.9	4.9		

（续）

年份	处理	层级/cm	有机质/(g/kg)	全N/(g/kg)	全P/(g/kg)	全K/(g/kg)	碱解N/(mg/kg)	速效P/(mg/kg)	速效K/(mg/kg)	pH (H_2O)
1992	NP	0～20	15.60	0.993	0.784		76.1	10.1		
1992	PK	0～20	15.00	0.951	0.808		84.5	15.3		
1992	$N_3P_3K_3$+S	0～20	14.80	0.972	0.760		80.3	6.0		
1993	$N_2P_2K_2$+2M	0～20	20.40	0.933	0.758		79.3	20.0		
1993	NPK	0～20	14.70	0.926	0.780		63.6	6.0		
1993	$N_1P_1K_1$+M	0～20	16.90	1.090	0.707		67.8	6.8		
1993	CK	0～20	13.70	0.913	0.591		55.3	1.2		
1993	NK	0～20	13.70	0.892	0.688		75.1	3.3		
1993	N	0～20	14.20	0.939	0.630		66.2	2.4		
1993	NP	0～20	14.00	0.913	0.610		60.5	5.0		
1993	PK	0～20	14.10	0.892	0.585		81.4	3.3		
1993	$N_3P_3K_3$+S	0～20	13.90	0.913	0.488		59.4	3.3		
1994	$N_2P_2K_2$+2M	0～20	24.20	1.560	1.240		93.2	29.9		
1994	NPK	0～20	16.90	0.890	1.020		56.6	11.9		
1994	$N_1P_1K_1$+M	0～20	24.00	1.460	0.946		88.5	21.3		
1994	CK	0～20	15.30	1.080	0.728		57.8	3.0		
1994	NK	0～20	16.60	1.130	0.961		60.7	3.1		
1994	N	0～20	16.70	1.130	0.710		53.7	6.3		
1994	NP	0～20	15.60	1.080	0.971		61.3	10.0		
1994	PK	0～20	15.20	1.040	0.847		53.7	15.1		
1994	$N_3P_3K_3$+S	0～20	15.80	1.040	0.971		67.2	6.7		
1995	$N_2P_2K_2$+2M	0～20	22.10	1.430	0.758		102.7	27.5		
1995	NPK	0～20	15.00	1.100	1.112		99.1	15.1		
1995	$N_1P_1K_1$+M	0～20	19.50	1.370	0.720		76.1	13.2		
1995	CK	0～20	14.60	1.080	0.423		58.9	1.1		
1995	NK	0～20	14.40	1.030	0.668		52.2	2.6		
1995	N	0～20	14.90	1.140	0.617		61.5	1.7		
1995	NP	0～20	14.80	1.200	0.720		66.8	9.7		
1995	PK	0～20	14.20	1.100	0.655		66.8	10.5		
1995	$N_3P_3K_3$+S	0～20	14.80	1.050	0.810		65.2	8.7		
1996	$N_2P_2K_2$+2M	0～20	24.80	1.510	0.870		75.8	51.7		
1996	NPK	0～20	18.00	1.130	0.820		42.8	10.8		
1996	$N_1P_1K_1$+M	0～20	19.60	1.260	0.800		58.5	16.1		
1996	CK	0～20	14.40	1.100	0.630		33.3	3.6		
1996	NK	0～20	15.40	1.070	0.712		38.0	4.4		
1996	N	0～20	15.80	1.130	0.680		40.4	3.9		

（续）

年份	处理	层级/cm	有机质/(g/kg)	全N/(g/kg)	全P/(g/kg)	全K/(g/kg)	碱解N/(mg/kg)	速效P/(mg/kg)	速效K/(mg/kg)	pH(H_2O)
1996	NP	0～20	16.90	1.130	0.790		48.3	11.2		
1996	PK	0～20	14.70	0.980	0.700		41.9	13.3		
1996	$N_3P_3K_3$+S	0～20	16.30	1.190	0.660		47.5	11.9		
1997	$N_2P_2K_2$+2M	0～20	22.00	1.500	1.020		80.5	51.5		
1997	NPK	0～20	16.80	0.920	1.075		53.0	10.3		
1997	$N_1P_1K_1$+M	0～20	19.00	1.340	0.835		80.5	16.8		
1997	CK	0～20	13.80	1.000	0.675		54.9	2.8		
1997	NK	0～20	15.50	0.830	0.795		58.5	4.1		
1997	N	0～20	14.80	0.920	0.765		54.9	4.0		
1997	NP	0～20	15.80	0.830	0.825		60.4	10.2		
1997	PK	0～20	13.30	1.170	0.825		54.9	14.3		
1997	$N_3P_3K_3$+S	0～20	15.80	0.920	0.710		69.5	9.8		
1998	$N_2P_2K_2$+2M	0～20	24.45	1.650	0.881		100.4	33.7		
1998	NPK	0～20	13.14	0.736	0.765		59.8	7.7		
1998	$N_1P_1K_1$+M	0～20	19.79	1.122	0.765		79.1	14.1		
1998	CK	0～20	12.84	0.772	0.750		57.2	2.9		
1998	NK	0～20	13.14	0.824	0.705		57.2	2.8		
1998	N	0～20	13.98	0.912	0.735		59.8	2.6		
1998	NP	0～20	14.60	0.912	0.741		62.0	7.6		
1998	PK	0～20	13.19	0.982	0.740		59.8	12.2		
1998	$N_3P_3K_3$+S	0～20	14.07	0.824	0.690		61.9	7.3		
1999	$N_2P_2K_2$+2M	0～20	27.00	1.624	0.860		96.1	57.6	641.7	
1999	NPK	0～20	15.30	0.897	0.680		64.1	21.4	302.2	
1999	$N_1P_1K_1$+M	0～20	21.00	1.110	0.570		72.6	28.6	447.6	
1999	CK	0～20	13.80	0.684	0.560		47.0	6.2	216.3	
1999	NK	0～20	15.00	0.855	0.530		57.7	7.5	302.2	
1999	N	0～20	15.00	0.855	0.560		54.5	6.9	212.6	
1999	NP	0～20	17.40	0.940	0.800		42.7	16.2	205.2	
1999	PK	0～20	14.70	0.812	0.600		64.1	29.7	234.9	
1999	$N_3P_3K_3$+S	0～20	14.70	0.812	0.500		49.1	16.0	227.5	
2000	$N_2P_2K_2$+2M	0～20	28.50	1.334	0.669		93.0	42.5	364.5	
2000	NPK	0～20	14.58	0.841	0.647		66.7	9.5	208.2	
2000	$N_1P_1K_1$+M	0～20	22.94	1.053	0.435		70.2	23.3	356.2	
2000	CK	0～20	13.51	0.531	0.444		52.7	2.9	109.4	
2000	NK	0～20	13.72	0.772	0.589		52.7	2.1	208.2	

（续）

年份	处理	层级/cm	有机质/(g/kg)	全 N/(g/kg)	全 P/(g/kg)	全 K/(g/kg)	碱解 N/(mg/kg)	速效 P/(mg/kg)	速效 K/(mg/kg)	pH (H_2O)
2000	N	0～20	14.58	0.842	0.453		59.7	2.7	142.4	
2000	NP	0～20	14.79	0.491	0.457		63.2	8.7	101.2	
2000	PK	0～20	14.36	0.842	0.616		68.4	26.6	158.8	
2000	$N_3P_3K_3$+S	0～20	14.58	0.772	0.408		56.2	7.2	150.6	
2001	$N_2P_2K_2$+2M	0～20	25.70	1.303	0.828	—	89.2	31.8	496.4	
2001	NPK	0～20	14.43	0.977	0.806	—	64.9	11.2	286.8	
2001	$N_1P_1K_1$+M	0～20	19.96	1.303	0.625	—	66.5	16.3	360.0	
2001	CK	0～20	12.63	0.652	0.590	—	42.2	3.9	182.6	
2001	CK_0	0～20	13.98	1.099	0.533	—	51.9	7.8	371.7	
2001	NK	0～20	13.72	0.717	0.568	—	50.3	3.7	201.9	
2001	N	0～20	15.27	0.782	0.683	—	55.2	4.8	213.5	
2001	NP	0～20	15.53	0.586	0.718	—	81.1	8.1	178.8	
2001	PK	0～20	14.96	0.749	0.577		51.9	23.7	205.8	
2001	$N_3P_3K_3$+S	0～20	15.27	0.782	0.691		56.8	8.8	213.5	
2001	$N_2P_2K_2$+2M	20～40	20.21	1.075	0.621		74.6	11.5	496.4	
2001	NPK	20～40	10.70	0.912	0.757		48.7	5.5	236.6	
2001	$N_1P_1K_1$+M	20～40	12.75	0.977	0.744		48.7	7.3	298.4	
2001	CK	20～40	11.39	0.521	0.480		32.5	2.0	201.9	
2001	CK_0	20～40	12.43	0.880	0.480		56.8	6.8	225.1	
2001	NK	20～40	11.39	0.651	0.700		66.5	3.4	271.4	
2001	N	20～40	12.43	0.684	0.643		48.7	4.1	205.8	
2001	NP	20～40	15.53	0.619	0.775		63.3	11.9	201.9	
2001	PK	20～40	13.72	0.651	0.757		51.9	9.9	182.6	
2001	$N_3P_3K_3$+S	20～40	12.55	0.651	0.617		71.4	5.7	182.6	
2002	$N_2P_2K_2$+2M	0～20	28.33	1.760	0.788		98.2	53.6	303.6	
2002	NPK	0～20	13.94	0.988	0.638		50.0	19.1	227.8	
2002	$N_1P_1K_1$+M	0～20	24.99	1.476	0.585		78.4	36.9	267.2	
2002	CK	0～20	13.82	0.761	0.481		42.6	3.7	158.8	
2002	CK_0	0～20	12.85	0.715	0.405		51.8	10.5	334.3	
2002	NK	0～20	14.28	0.818	0.564		50.0	3.1	235.6	
2002	N	0～20	14.40	0.772	0.548		44.3	4.0	192.2	
2002	NP	0～20	13.82	0.852	0.627		50.0	13.1	170.5	
2002	PK	0～20	13.48	0.863	0.636		47.7	27.7	172.5	
2002	$N_3P_3K_3$+S	0～20	13.25	0.761	0.560		51.4	11.4	204.1	
2002	$N_2P_2K_2$+2M	20～40	12.67	0.931	0.525		47.4	24.3	271.2	

（续）

年份	处理	层级/cm	有机质/(g/kg)	全N/(g/kg)	全P/(g/kg)	全K/(g/kg)	碱解N/(mg/kg)	速效P/(mg/kg)	速效K/(mg/kg)	pH (H_2O)
2002	NPK	20～40	9.65	0.545	0.483		32.4	13.4	186.3	
2002	$N_1P_1K_1$+M	20～40	11.96	0.795	0.502		40.9	13.7	185.6	
2002	CK	20～40	8.98	0.613	0.511		26.1	2.3	110.6	
2002	CK_0	20～40	9.21	0.568	0.398		27.3	9.3	124.5	
2002	NK	20～40	9.74	0.625	0.574		32.9	8.7	173.8	
2002	N	20～40	9.68	0.693	0.564		40.6	8.4	130.4	
2002	NP	20～40	9.56	0.534	0.486		35.8	9.2	98.8	
2002	PK	20～40	8.41	0.613	0.550		35.8	8.8	110.6	
2002	$N_3P_3K_3$+S	20～40	9.68	0.625	0.398		40.9	7.4	118.5	
2003	$N_2P_2K_2$+2M	0～20	33.62	1.491	0.877		106.2	85.0	542.3	
2003	NPK	0～20	14.51	0.953	0.694		61.1	16.0	289.7	
2003	$N_1P_1K_1$+M	0～20	27.65	1.440	0.791		85.9	37.4	440.1	
2003	CK	0～20	13.03	0.725	0.497		46.6	3.7	204.8	
2003	CK_0	0～20	14.81	0.718	0.447		58.6	11.0	518.8	
2003	NK	0～20	14.83	0.817	0.553		57.6	5.3	297.8	
2003	N	0～20	15.60	0.856	0.575		64.4	3.9	217.0	
2003	NP	0～20	15.88	0.900	0.674		75.6	14.8	168.5	
2003	PK	0～20	15.42	0.718	0.820		52.1	31.7	212.9	
2003	$N_3P_3K_3$+S	0～20	16.92	0.720	0.678		70.1	21.7	257.4	
2003	$N_2P_2K_2$+2M	20～40	16.83	0.858	0.773		76.6	35.1	440.1	
2003	NPK	20～40	10.68	0.631	0.674		49.6	5.3	221.0	
2003	$N_1P_1K_1$+M	20～40	14.30	0.898	0.693		63.1	14.2	195.7	
2003	CK	20～40	8.57	0.452	0.564		47.3	3.3	132.1	
2003	CK_0	20～40	11.05	0.590	0.508		54.1	8.2	241.2	
2003	NK	20～40	9.64	0.627	0.622		47.3	3.5	269.5	
2003	N	20～40	10.86	0.585	0.643		60.8	5.0	188.7	
2003	NP	20～40	9.83	0.442	0.627		56.3	6.4	132.1	
2003	PK	20～40	10.76	0.585	0.571		43.1	10.6	160.4	
2003	$N_3P_3K_3$+S	20～40	11.66	0.719	0.503		56.6	6.2	176.5	
2004	$N_2P_2K_2$+2M	0～20	30.95	1.529	0.971		113.9	89.1	660.3	
2004	NPK	0～20	14.32	0.811	0.732		63.1	18.0	301.9	
2004	$N_1P_1K_1$+M	0～20	25.00	1.362	0.778		80.4	41.0	579.5	
2004	CK	0～20	12.92	0.630	0.537		44.1	4.8	208.9	
2004	CK_0	0～20	14.55	0.761	0.530		58.6	17.9	502.9	
2004	NK	0～20	14.35	0.634	0.620		51.8	5.7	305.9	

（续）

年份	处理	层级/cm	有机质/(g/kg)	全 N/(g/kg)	全 P/(g/kg)	全 K/(g/kg)	碱解 N/(mg/kg)	速效 P/(mg/kg)	速效 K/(mg/kg)	pH (H_2O)
2004	N	0～20	14.33	0.862	0.643		63.1	4.4	229.1	
2004	NP	0～20	14.41	0.813	0.777		70.4	15.9	188.7	
2004	PK	0～20	13.60	0.813	0.800		58.6	30.0	214.9	
2004	$N_3P_3K_3$+S	0～20	15.00	0.817	0.690		67.6	15.7	245.3	
2004	$N_2P_2K_2$+2M	20～40	16.27	0.990	0.791		74.4	40.1	619.9	
2004	NPK	20～40	10.19	0.672	0.703		42.8	7.5	237.2	
2004	$N_1P_1K_1$+M	20～40	14.32	0.862	0.751		59.6	12.8	438.0	
2004	CK	20～40	8.74	0.448	0.672		31.5	2.6	152.3	
2004	CK_0	20～40	13.29	0.762	0.465		54.1	13.5	265.5	
2004	NK	20～40	9.82	0.626	0.526		33.8	5.9	269.5	
2004	N	20～40	13.49	0.852	0.645		47.3	7.7	200.8	
2004	NP	20～40	9.88	0.631	0.510		36.1	8.0	148.2	
2004	PK	20～40	10.05	0.633	0.418		38.3	12.4	172.5	
2004	$N_3P_3K_3$+S	20～40	9.00	0.538	0.447		40.6	9.1	166.4	
2005	$N_1P_1K_1$+M	0～20	34.57	1.749	1.689		131.3	76.0	329.4	
2005	NPK	0～20	14.23	0.968	1.390		60.7	13.5	161.0	
2005	$N_2P_2K_2$+2M	0～20	21.67	1.465	1.284		109.3	32.1	258.5	
2005	CK	0～20	14.45	0.788	0.798		53.9	3.6	100.1	
2005	CK_0	0～20	14.57	0.859	0.849		66.8	12.2	370.8	
2005	M	0～20	17.07	0.875	1.043		63.8	22.7	208.2	
2005	NK	0～20	14.89	0.849	1.015		60.7	3.4	155.0	
2005	N	0～20	15.21	0.877	1.002		58.5	2.3	116.6	
2005	NP	0～20	16.42	0.880	1.109		69.8	11.1	93.0	
2005	PK	0～20	15.01	0.788	1.134		60.7	26.2	110.7	
2005	$N_3P_3K_3$+S	0～20	13.47	0.709	1.076		66.8	11.1	122.5	
2005	S	0～20	14.88	0.906	0.931		53.1	9.3	110.7	
2005	$N_1P_1K_1$+2M	20～40	19.47	1.299	1.170		85.0	21.7	293.9	
2005	NPK	20～40	11.27	0.755	1.208		45.5	11.8	116.6	
2005	$N_2P_2K_2$+2M	20～40	19.04	1.001	1.172		78.2	10.2	246.7	
2005	CK	20～40	11.05	0.725	0.719		39.5	2.8	81.2	
2005	CK_0	20～40	13.58	0.737	0.761		59.2	8.2	169.8	
2005	M	20～40	12.92	0.818	1.014		49.3	9.1	134.4	
2005	NK	20～40	11.06	0.786	1.045		54.7	2.8	145.0	
2005	N	20～40	13.79	0.906	0.895		66.0	2.1	98.9	
2005	NP	20～40	11.82	0.774	0.823		53.1	4.1	69.4	

（续）

年份	处理	层级/cm	有机质/(g/kg)	全N/(g/kg)	全P/(g/kg)	全K/(g/kg)	碱解N/(mg/kg)	速效P/(mg/kg)	速效K/(mg/kg)	pH (H_2O)
2005	PK	20~40	11.16	0.557	0.850		45.5	9.8	95.9	
2005	$N_3P_3K_3$+S	20~40	12.05	0.829	0.924		47.1	5.4	104.8	
2005	S	20~40	9.85	0.758	0.902		50.9	6.5	81.2	
2006	$N_1P_1K_1$+M	0~20	32.64	1.932	1.155		142.5	91.4	374.4	
2006	NPK	0~20	16.28	0.931	0.938		62.5	10.8	141.6	
2006	$N_2P_2K_2$+2M	0~20	24.28	1.506	0.790		104.2	33.9	230.5	
2006	CK	0~20	14.88	0.748	0.663		51.1	3.5	104.9	
2006	CK_0	0~20	16.85	0.929	0.783		64.5	10.3	362.2	
2006	NK	0~20	14.43	1.303	0.753		66.5	16.4	166.2	
2006	N	0~20	16.66	1.102	0.732		65.2	4.2	135.5	
2006	NP	0~20	16.58	1.018	0.860		89.4	3.6	114.1	
2006	PK	0~20	15.45	1.040	0.830		77.3	8.2	89.6	
2006	$N_3P_3K_3$+S	0~20	15.73	0.869	0.741		51.7	21.2	111.0	
2006	$N_1P_1K_1$+M	20~40	18.58	1.164	0.890		94.1	22.2	383.6	
2006	NPK	20~40	10.87	0.774	0.751		80.0	8.7	144.7	
2006	$N_2P_2K_2$+2M	20~40	12.77	0.643	0.752		52.4	14.1	209.0	
2006	CK	20~40	9.98	0.734	0.604		30.9	2.0	101.8	
2006	CK_0	20~40	12.46	0.748	0.594		63.2	4.8	184.5	
2006	NK	20~40	10.11	0.805	0.743		41.7	7.1	123.3	
2006	N	20~40	12.76	0.683	0.663		63.2	2.8	157.0	
2006	NP	20~40	11.43	0.849	0.614		59.8	2.4	126.3	
2006	PK	20~40	11.55	0.843	0.623		55.8	3.0	89.6	
2006	$N_3P_3K_3$+S	20~40	12.06	0.756	0.476		34.3	7.5	92.6	
2007	$N_1P_1K_1$+M	0~20	34.64	1.565	1.272	20.61	130.8	98.7	810.4	8.28
2007	NPK	0~20	14.21	0.770	1.098	20.93	64.7	15.5	345.5	8.34
2007	$N_2P_2K_2$+2M	0~20	26.35	1.176	1.011	20.91	99.4	39.1	671.5	8.33
2007	CK	0~20	10.50	0.610	0.730	20.17	54.0	2.9	117.0	8.50
2007	CK_0	0~20	14.83	0.794	0.768	22.25	67.7	13.7	1 046.1	8.48
2007	NK	0~20	12.09	0.723	0.793	20.65	55.8	2.9	132.1	8.43
2007	N	0~20	12.08	0.703	0.791	20.30	63.7	3.1	97.4	8.42
2007	NP	0~20	13.24	0.765	0.878	21.01	72.6	12.0	83.9	8.41
2007	PK	0~20	11.20	0.640	0.955	21.11	54.7	25.8	89.5	8.46
2007	$N_3P_3K_3$+S	0~20	14.50	0.705	0.820	20.57	99.6	10.5	114.0	8.40

注：土壤类型为灰漠土，土壤母质为黄土状洪积-冲积物。

表 4-57 陕西杨凌黄土监测站表层土壤养分含量（0～20 cm）

年份	处理	有机质/(g/kg)	全 N/(g/kg)	全 P/(g/kg)	全 K/(g/kg)	碱解 N/(mg/kg)	速效 P/(mg/kg)	速效 K/(mg/kg)	缓效 K/(mg/kg)	pH (H_2O)
1991	CK	10.66	0.84	0.61	22.70	60.3	9.7	200.0	1 282.0	8.62
1991	N	11.91	0.90	0.63	24.40	62.7	14.2	192.0	1 087.0	8.62
1991	NK	11.13	0.85	0.61	23.40	65.0	11.8	192.0	1 399.0	8.62
1991	PK	10.19	0.79	0.62	23.20	66.7	9.0	181.0	1 323.0	8.62
1991	NP	11.09	0.83	0.58	21.40	58.9	8.8	186.0	1 445.0	8.62
1991	NPK	11.14	0.83	0.62	23.40	63.0	10.6	192.0	1 548.0	8.62
1991	NPK+S	11.30	0.82	0.59	22.20	57.3	9.0	187.0	1 492.0	8.62
1991	NPK+M	10.49	0.85	0.61	22.70	61.3	7.8	192.0	1 430.0	8.62
1991	1.5 (NPK+M)	11.48	0.84	0.60	23.20	66.4	8.7	196.0	1 490.0	8.62
1992	CK		0.98							
1992	N		1.10							
1992	NK		1.08							
1992	PK		1.44							
1992	NP		1.04							
1992	NPK		0.88							
1992	NPK+S		0.95							
1992	NPK+M		1.04							
1992	1.5 (NPK+M)		1.15							
1993	CK	11.41								
1993	N	12.99								
1993	NK	13.08								
1993	PK	11.89								
1993	NP	13.46								
1993	NPK	12.81								
1993	NPK+S	13.11								
1993	NPK+M	18.28								
1993	1.5 (NPK+M)	19.59								
1994	CK	11.16	0.84	0.54		57.8	7.1	152.0		
1994	N	12.41	0.93	0.55		52.4	5.7	165.0		
1994	NK	11.62	0.87	0.55		56.3	5.6	211.0		
1994	PK	10.65	0.89	0.52		57.0	15.0	200.0		
1994	NP	11.82	0.89	0.52		64.0	11.1	163.0		
1994	NPK	11.93	0.90	0.64		61.5	11.1	189.0		
1994	NPK+S	14.06	1.05	0.53		54.8	17.5	192.0		
1994	NPK+M	16.32	1.22	0.53		69.7	19.5	219.0		
1994	1.5 (NPK+M)	20.47	1.53	0.54		88.2	21.5	232.0		

（续）

年份	处理	有机质/(g/kg)	全 N/(g/kg)	全 P/(g/kg)	全 K/(g/kg)	碱解 N/(mg/kg)	速效 P/(mg/kg)	速效 K/(mg/kg)	缓效 K/(mg/kg)	pH (H_2O)
1995	CK	10.80		0.65		80.0	1.0	154.0		
1995	N	11.60		0.66		87.6	1.4	170.0		
1995	NK	12.20		0.71		95.3	1.8	235.0		
1995	PK	10.90		0.85		74.3	25.4	243.0		
1995	NP	12.40		0.84		71.5	14.4	146.0		
1995	NPK	11.60		0.77		86.2	18.6	219.0		
1995	NPK+S	13.50		0.84		85.7	20.8	227.0		
1995	NPK+M	18.30		1.06		106.2	106.0	268.0		
1995	1.5（NPK+M）	19.60		1.17		128.6	121.0	324.0		
1996	CK	11.10	0.79							
1996	N	12.80	0.91							
1996	NK	10.90	0.87							
1996	PK	10.20	0.71							
1996	NP	12.90	0.92							
1996	NPK	12.80	0.92							
1996	NPK+S	13.40	0.92							
1996	NPK+M	17.50	1.32							
1996	1.5（NPK+M）	22.70	1.52							
1998	CK	13.42	0.89							
1998	N	10.26	0.71							
1998	NK	13.99	1.01							
1998	PK	13.38	0.89							
1998	NP	16.00	1.10							
1998	NPK	16.02	1.11							
1998	NPK+S	17.11	1.17							
1998	NPK+M	23.61	1.52							
1998	1.5（NPK+M）	31.84	1.98							
2000	CK	12.53	0.97	0.59	25.21	60.4	4.6	149.0	1 125.0	8.40
2000	N	13.04	1.09	0.59	27.97	71.8	6.1	176.0	1 108.0	8.15
2000	NK	13.62	1.10	0.63	27.58	82.0	5.1	355.0	1 551.0	8.32
2000	PK	13.31	0.98	0.94	27.97	48.0	36.8	141.0	1 420.0	8.52
2000	NP	16.60	1.20	0.88	27.70	80.1	19.1	181.0	1 151.0	8.25
2000	NPK	15.13	1.18	0.85	27.57	73.2	18.5	248.0	1 264.0	8.38
2000	NPK+S	16.67	1.31	0.83	26.87	81.5	19.0	252.0	1 368.0	8.36
2000	NPK+M	23.86	1.75	1.16	27.20	103.3	125.8	384.0	1 403.0	8.22
2000	1.5（NPK+M）	28.79	2.01	1.58	28.03	130.5	187.9	499.0	1 577.0	8.13
2001-06	CK	10.91	0.82				1.9	177.7		8.40

（续）

年份	处理	有机质/(g/kg)	全N/(g/kg)	全P/(g/kg)	全K/(g/kg)	碱解N/(mg/kg)	速效P/(mg/kg)	速效K/(mg/kg)	缓效K/(mg/kg)	pH(H_2O)
2001-06	N	11.47	0.95				1.6	177.2		8.17
2001-06	NK	10.79	1.02				2.8	304.3		8.10
2001-06	PK	13.57	0.87				36.2	315.3		8.25
2001-06	NP	13.59	1.12				34.3	207.4		8.17
2001-06	NPK	13.42	1.07				24.8	261.6		8.15
2001-06	NPK+S	17.61	1.20				29.7	325.6		8.15
2001-06	NPK+M	19.00	0.97				126.8	376.8		8.13
2001-06	1.5 (NPK+M)	24.85	0.97				203.0	548.8		8.03
2001-06	CK_{00}	13.46	0.86				3.2	176.7		8.30
2001-06	CK_0	15.41	0.97				3.3	217.3		8.23
2001-10	CK	12.79	0.80				2.4	136.2		8.41
2001-10	N	10.07	0.89				2.5	154.1		8.36
2001-10	NK	11.07	0.96				4.2	271.8		8.31
2001-10	PK	10.67	0.88				41.8	298.7		8.31
2001-10	NP	13.61	1.03				26.8	143.9		8.18
2001-10	NPK	12.87	1.07				27.3	227.1		8.32
2001-10	NPK+S	13.62	1.33				32.7	261.6		8.22
2001-10	NPK+M	20.43	1.51				144.5	359.4		8.08
2001-10	1.5 (NPK+M)	28.25	1.77				215.8	482.3		8.02
2001-10	CK_{00}	13.08	0.89				3.6	161.8		8.39
2001-10	CK_0	14.68	1.17				5.0	220.7		8.26
2002-06	CK	12.90	0.70				2.3	156.7		8.53
2002-06	N	13.16	0.95				2.2	179.7		8.38
2002-06	NK	13.33	1.00				2.5	360.1		8.25
2002-06	PK	13.54	0.86				45.3	346.0		8.35
2002-06	NP	15.10	1.07				26.6	159.3		8.30
2002-06	NPK	15.60	1.15				28.1	288.5		8.28
2002-06	NPK+S	16.20	1.15				25.1	315.3		8.23
2002-06	NPK+M	23.00	1.46				155.8	450.0		8.13
2002-06	1.5 (NPK+M)	26.50	1.65				222.2	564.1		8.03
2002-06	CK_{00}	12.84	0.84				2.7	199.7		8.38
2002-06	CK_0	14.68	0.95				3.3	241.1		8.23
2005-10	CK	15.85	1.01	0.84	10.54		2.6	98.4	997.0	8.03
2005-10	N	16.88	1.09	0.83	10.80		3.4	168.7	849.7	8.00
2005-10	NK	16.79	1.13	0.85	12.65	83.5	3.1	309.5	908.4	8.08
2005-10	PK	16.02	1.04	1.32	10.33	64.6	32.4	295.4	979.4	8.26
2005-10	NP	21.20	1.31	1.18	10.77	109.6	29.1	122.0	924.9	8.00

（续）

年份	处理	有机质/(g/kg)	全N/(g/kg)	全P/(g/kg)	全K/(g/kg)	碱解N/(mg/kg)	速效P/(mg/kg)	速效K/(mg/kg)	缓效K/(mg/kg)	pH(H_2O)
2005-10	NPK	19.77	1.28	1.15	11.57	81.6	26.9	270.1	882.2	8.15
2005-10	NPK+S	23.49	1.44	1.26	10.84	103.6	24.3	326.4	920.0	8.22
2005-10	NPK+M	25.93	1.64	1.57	10.33	133.8	122.8	340.5	1 062.6	8.15
2005-10	1.5（NPK+M）	31.75	2.03	2.08	10.08	158.6	162.6	455.9	1 075.3	8.09
2005-10	CK_{00}		1.07	1.31	9.83	74.6	2.9	129.3	1 017.3	8.20
2005-10	CK_0		1.27	1.31	12.65	88.2	2.0	146.2	986.2	8.07
2006-10	CK	12.45	1.03			56.7	2.2	153.8	961.1	8.59
2006-10	N	14.05	1.07			65.4	2.2	168.6	1 034.6	8.48
2006-10	NK	15.44	1.15			66.8	3.7	362.3	1 105.5	8.44
2006-10	NP	17.92	1.20			85.3	25.2	164.2	1 021.4	8.44
2006-10	PK	13.90	1.01			63.8	37.4	347.5	1 085.0	8.58
2006-10	NPK	15.48	1.10			67.7	20.5	235.1	1 109.1	8.45
2006-10	NPK+S	19.16	1.28			81.3	28.2	332.7	1 099.8	8.42
2006-10	NPK+M	23.40	1.64			110.7	154.0	387.4	1 150.9	8.34
2006-10	1.5（NPK+M）	25.60	1.79			117.4	209.1	434.7	1 156.5	8.27
2007-10	CK		0.87	0.68	16.70	57.9	1.8	190.8	966.0	8.16
2007-10	N		0.94	0.72	16.28	62.9	1.9	179.9	976.9	8.16
2007-10	NK		0.92	0.71	17.48	57.4	2.1	365.2	1 036.4	8.14
2007-10	NP		1.11	1.03	17.29	77.2	24.0	190.8	1 053.4	8.06
2007-10	PK		0.81	0.97	17.56	52.9	32.7	327.0	1 109.5	8.13
2007-10	NPK		1.06	1.00	17.41	77.7	23.9	272.5	1 094.1	8.06
2007-10	NPK+S		1.30	1.07	16.84	89.1	32.5	403.3	1 085.7	7.95
2007-10	NPK+M		1.43	1.34	16.46	105.3	114.0	343.4	1 110.7	7.89
2007-10	1.5（NPK+M）		1.71	1.55	16.79	120.5	160.9	438.7	1 120.2	7.83
2007-10	CK_{00}		0.93	0.70	18.00	69.2	2.0	209.9	1 069.3	8.10
2007-10	CK_0		1.09	0.68	17.90	77.0	1.7	288.9	1 025.3	8.00
2008-06	CK	14.03	0.84	0.59		89.2	1.9	140.6		8.21
2008-06	N	15.23	1.02	0.65		109.5	2.6	156.9		7.95
2008-06	NP	17.72	1.08	0.85		86.8	2.5	317.0		7.89
2008-06	NK	14.93	1.00	0.69		50.4	44.9	343.6		7.99
2008-06	PK	16.62	1.03	1.17		92.5	18.3	145.4		7.98
2008-06	NPK	17.60	1.17	0.88		115.7	17.4	215.4		8.00
2008-06	NPK+S	19.84	1.27	0.97		114.3	25.8	310.0		7.97
2008-06	NPK+M	25.31	1.44	1.34		153.5	96.7	322.5		7.98
2008-06	1.5（NPK+M）	31.02	1.79	1.79		142.5	173.3	455.9		7.85
2008-06	CK_{00}	15.95	1.03	0.65		63.6	2.9	187.1		8.27
2008-10	CK		0.89	631.80			2.3	161.1		8.24

（续）

年份	处理	有机质/(g/kg)	全N/(g/kg)	全P/(g/kg)	全K/(g/kg)	碱解N/(mg/kg)	速效P/(mg/kg)	速效K/(mg/kg)	缓效K/(mg/kg)	pH (H_2O)
2008-10	N	16.20	1.07	671.20			3.0	178.7		8.14
2008-10	NK	18.20	1.11	693.80			2.7	364.5		8.09
2008-10	PK	15.60	1.06	1 102.30			42.4	362.4		7.93
2008-10	NP	15.75	1.16	946.90			25.2	158.2		8.03
2008-10	NPK	18.19	1.17	1 017.80			33.3	276.5		7.85
2008-10	NPK+S	21.89	1.35	1 048.00			25.2	338.1		7.86
2008-10	NPK+M	31.22	1.60	1 555.60			175.6	432.3		8.20
2008-10	1.5 (NPK+M)	27.83	1.92	1 922.70			120.1	329.7		8.26
2008-10	CK_{00}	16.00	1.00	640.30			2.5	193.1		8.27
2008-10	CK_0	16.04	1.13	599.90			2.2	262.2		8.02
2009-06	CK	12.76	9.80	0.56	16.54	65.9	2.9	158.3		8.19
2009-06	N	13.88	10.70	0.63	16.20	71.7	3.4	154.5		8.02
2009-06	NK	13.68	11.20	0.63	16.68	77.4	3.2	336.9		7.98
2009-06	PK	14.20	10.10	1.02	16.75	66.6	37.4	294.7		8.03
2009-06	NP	17.19	12.70	0.96	15.99	92.2	30.4	162.2		7.93
2009-06	NPK	16.42	12.40	0.90	16.44	84.6	23.6	219.8		8.02
2009-06	NPK+S	20.06	14.90	1.07	16.46	110.9	36.8	346.5		7.97
2009-06	NPK+M	26.28	17.40	1.57	15.94	135.4	152.0	361.9		7.89
2009-06	1.5 (NPK+M)	31.75	22.90	2.00	15.71	160.3	207.0	417.5		7.76
2009-06	CK_{00}	14.34	11.00	0.61	15.86	152.0	3.0	189.1		8.02
2009-06	CK_0	18.11	12.80	0.62	15.98	93.3	3.6	267.8		8.05
2009-10	CK	13.67	9.70	0.60	15.53	63.4	3.0	158.3		8.16
2009-10	N	13.30	10.90	0.65	15.83	77.5	3.1	169.9		7.99
2009-10	NK	13.57	11.60	0.64	15.93	130.0	3.8	333.1		8.08
2009-10	PK	13.30	10.30	1.05	15.81	67.0	39.8	319.6		8.10
2009-10	NP	15.87	12.80	1.00	15.65	126.5	25.8	148.7		8.02
2009-10	NPK	16.03	11.80	1.00	16.16	88.3	29.8	271.6		7.94
2009-10	NPK+S	19.41	15.00	1.09	16.16	104.1	38.2	367.6		7.95
2009-10	NPK+M	26.54	18.60	1.69	15.76	147.3	157.5	365.7		7.86
2009-10	1.5 (NPK+M)	28.08	19.50	1.91	16.19	153.1	185.0	429.1		7.84
2009-10	CK_{00}	14.15	11.00	0.64	16.44	80.3	4.3	200.6		8.16
2009-10	CK_0	18.10	13.60	0.64	16.09	121.4	3.1	308.1		8.08
2010-06	CK	14.66	0.90	0.54	9.27		1.8	88.8		
2010-06	N	14.27	0.96	0.57	9.58		2.7	103.6		
2010-06	NK	16.32	1.10	0.66	9.96		4.0	260.7		
2010-06	PK	15.81	0.97	1.00	9.67		35.6	249.6		
2010-06	NP	17.78	1.11	0.93	9.65		34.8	94.3		

（续）

年份	处理	有机质/(g/kg)	全N/(g/kg)	全P/(g/kg)	全K/(g/kg)	碱解N/(mg/kg)	速效P/(mg/kg)	速效K/(mg/kg)	缓效K/(mg/kg)	pH (H_2O)
2010-06	NPK	16.55	1.10	0.93	9.98		24.7	159.0		
2010-06	NPK+S	20.61	1.27	1.03	9.72		29.4	136.8		
2010-06	NPK+M	30.14	1.62	1.50	9.60		116.7	370.2		
2010-06	1.5（NPK+M）	32.59	1.69	1.73	9.72		120.4	493.7		
2010-06	CK_{00}		0.97	0.48	9.66			140.5		
2010-06	CK_0		1.26	0.67	9.72			231.1		

注：土壤类型为褐土类黄土亚类，土壤母质为黄土。

表 4-58　北京昌平褐潮土监测站表层土壤养分含量

年份	处理	层级	有机质/(g/kg)	全N/(g/kg)	全P/(g/kg)	全K/(g/kg)	碱解N/(mg/kg)	速效P/(mg/kg)	速效K/(mg/kg)	缓效K/(mg/kg)	pH (H_2O)
1991	CK	0～20	12.625	0.833			86.20	2.10	62.5	467.3	8.26
1991	N	0～20	13.400	0.897			95.70	2.10	60.8	421.8	8.24
1991	NP	0～20	12.700	0.887			110.70	1.70	62.8	439.2	8.26
1991	NK	0～20	12.725	0.813			87.70	8.90	67.3	469.3	8.29
1991	PK	0～20	12.875	0.838			102.70	5.80	60.2	447.8	8.23
1991	NPK	0～20	13.150	0.839			90.80	6.30	62.8	445.0	8.24
1991	NPK+M	0～20	13.125	0.893			92.40	6.40	65.5	475.8	8.12
1991	NPK+1.5M	0～20	13.275	0.907			100.00	4.80	67.6	477.3	8.22
1991	NPK+S	0～20	13.125	0.926			134.00	5.10	62.0	486.3	8.26
1991	NPK+水	0～20	13.300	0.879			126.70	8.00	61.7	465.5	8.27
1991	1.5N+PK	0～20	12.650	0.829			91.20	3.80	62.3	451.5	8.24
1992	CK	0～20	12.525	0.814			68.30	1.90	75.4	490.5	8.10
1992	N	0～20	13.250	0.771			74.80	2.10	77.1	485.0	8.14
1992	NP	0～20	12.900	0.853			85.40	6.90	75.1	481.5	8.14
1992	NK	0～20	12.400	0.729			78.20	3.60	82.2	482.8	8.10
1992	PK	0～20	13.150	0.719			74.10	12.20	83.6	507.8	8.17
1992	NPK	0～20	12.375	0.804			68.90	6.10	80.0	505.5	8.15
1992	NPK+M	0～20	13.250	0.813			78.40	9.30	82.7	512.8	8.08
1992	NPK+1.5M	0～20	13.475	0.784			81.50	9.60	86.5	534.3	8.00
1992	NPK+S	0～20	13.550	0.814			81.20	8.30	85.0	533.3	8.07
1992	NPK+水	0～20	12.925	0.745			84.60	9.20	81.8	516.5	8.08
1992	1.5N+PK	0～20	12.750	0.777			73.90	3.20	75.3	502.5	8.11
1993	CK	0～20	11.800	0.698			66.80	2.10	76.0		8.24
1993	N	0～20	13.800	0.776			65.90	2.20	76.0		8.18
1993	NP	0～20	13.300	0.765			68.30	9.40	75.0		8.17
1993	NK	0～20	12.700	0.738			64.70	3.80	88.0		8.20

（续）

年份	处理	层级	有机质/(g/kg)	全N/(g/kg)	全P/(g/kg)	全K/(g/kg)	碱解N/(mg/kg)	速效P/(mg/kg)	速效K/(mg/kg)	缓效K/(mg/kg)	pH(H_2O)
1993	PK	0～20	13.400	0.765			65.00	23.80	88.0		8.17
1993	NPK	0～20	13.600	0.805			65.30	7.20	87.0		8.17
1993	NPK+M	0～20	13.500	0.817			75.30	12.40	95.0		8.15
1993	NPK+1.5M	0～20	13.000	0.801			71.50	14.50	129.0		8.29
1993	NPK+S	0～20	14.300	0.837			74.50	9.20	100.0		8.19
1993	NPK+水	0～20	14.000	0.817			70.60	10.80	92.0		8.15
1993	1.5N+PK	0～20	13.100	0.718			67.70	6.20	88.0		8.20
1994	CK	0～20	12.525	0.766	0.64		57.70	1.70	73.0	371.3	8.20
1994	N	0～20	13.250	0.857	0.65		59.30	1.60	71.8	389.0	8.22
1994	NP	0～20	13.175	0.834	0.69		60.30	7.20	71.4	375.5	8.18
1994	NK	0～20	13.025	0.843	0.68		60.60	3.60	73.0	386.8	8.19
1994	PK	0～20	12.700	0.833	0.72		55.30	13.50	74.5	415.8	8.17
1994	NPK	0～20	12.325	0.835	0.69		59.90	7.30	71.9	407.5	8.16
1994	NPK+M	0～20	14.100	0.895	0.74		66.20	17.70	82.5	397.8	8.16
1994	NPK+1.5M	0～20	14.600	0.942	0.77		70.20	19.40	87.4	416.8	8.14
1994	NPK+S	0～20	13.175	0.904	0.72		66.20	8.00	85.9	404.3	8.10
1994	1.5N+PK	0～20	13.375	0.887	0.67		62.50	4.80	76.4	411.5	8.19
1995	CK	0～20	14.098	0.607				2.10	70.5		8.01
1995	N	0～20	14.653	0.771				1.60	62.1		8.19
1995	NP	0～20	14.487	0.793				10.40	61.9		8.21
1995	NK	0～20	14.154	0.643				2.60	72.2		8.13
1995	PK	0～20	14.598	0.693				21.80	73.7		8.20
1995	NPK	0～20	14.820	0.800				8.30	66.8		8.22
1995	NPK+M	0～20	16.096	0.872				18.10	73.6		8.14
1995	NPK+1.5M	0～20	16.818	0.929				24.50	75.4		7.93
1995	NPK+S	0～20	15.375	0.929				9.00	69.2		8.11
1995	NPK+水	0～20	15.264	0.679				7.80	69.5		8.14
1995	1.5N+PK	0～20	14.820	0.607				7.80	68.7		8.24
1996	CK	0～20	14.764	0.657			60.60	4.20	81.6		7.96
1996	N	0～20	14.598	0.657			55.90	3.00	79.1		7.93
1996	NP	0～20	15.042	0.750			59.10	6.10	77.9		7.93
1996	NK	0～20	13.932	0.771			61.80	2.80	80.9		8.02
1996	PK	0～20	14.487	0.414			61.40	9.10	76.6		7.97
1996	NPK	0～20	14.598	0.450			62.20	5.10	78.1		7.92
1996	NPK+M	0～20	14.487	0.536			55.20	8.70	82.8		7.94
1996	NPK+1.5M	0～20	17.040	0.864			73.00	16.30	89.0		7.87

（续）

年份	处理	层级	有机质/(g/kg)	全N/(g/kg)	全P/(g/kg)	全K/(g/kg)	碱解N/(mg/kg)	速效P/(mg/kg)	速效K/(mg/kg)	缓效K/(mg/kg)	pH (H_2O)
1996	NPK+S	0～20	16.152	0.929			62.20	8.20	80.4		7.95
1996	NPK+水	0～20	14.542	0.714			59.80	7.20	75.4		8.03
1996	1.5N+PK	0～20	14.709	0.536			56.70	6.10	79.1		7.94
1997	CK	0～20	14.709	0.393			57.50	1.20	65.0		8.04
1997	N	0～20	14.376	0.786			57.10	2.00	67.0		8.21
1997	NP	0～20	14.820	0.507			60.20	4.20	63.0		8.04
1997	NK	0～20	13.654	0.536			57.50	2.10	70.0		7.94
1997	PK	0～20	14.487	0.464			53.60	7.20	71.7		8.05
1997	NPK	0～20	15.319	0.986			59.80	5.90	65.5		8.03
1997	NPK+M	0～20	15.819	0.822			67.60	10.40	69.5		8.00
1997	NPK+1.5M	0～20	16.873	0.636			49.70	6.40	72.9		8.09
1997	NPK+S	0～20	16.041	0.536			65.70	7.10	70.5		7.88
1997	NPK+水	0～20	15.486	0.464			64.90	6.00	66.8		7.98
1997	1.5N+PK	0～20	15.597	0.536			61.40	4.00	67.3		7.94
1998	CK	0～20	14.154	0.714			43.50	2.90	69.0		8.01
1998	N	0～20	13.876	0.679			44.70	3.40	69.7		7.95
1998	NP	0～20	15.097	0.786			46.20	18.30	70.5		7.96
1998	NK	0～20	15.153	0.629			50.90	0.80	84.1		8.01
1998	PK	0～20	13.932	0.629			49.70	11.80	88.0		7.96
1998	NPK	0～20	14.487	0.643			52.10	8.80	76.6		8.00
1998	NPK+M	0～20	14.265	0.643			49.00	11.00	74.2		7.99
1998	NPK+1.5M	0～20	17.373	0.714			58.70	18.90	80.4		7.91
1998	NPK+S	0～20	16.485	0.686			53.60	10.80	80.4		7.80
1998	NPK+水	0～20	14.820	0.593			54.40	15.90	93.3		7.89
1998	1.5N+PK	0～20	14.376	0.507			55.20	11.80	100.1		7.96
1999	CK	0～20	18.210	0.813	0.48		43.90	3.50	86.0	447.0	7.92
1999	N	0～20	17.913	0.707	0.53		52.40	2.50	86.0	422.0	7.55
1999	NP	0～20	19.638	0.778	0.59		59.10	10.50	84.0	408.0	7.50
1999	NK	0～20	19.103	0.707	0.48		60.60	2.70	136.0	581.0	7.65
1999	PK	0～20	19.519	0.778	0.68		43.90	22.60	138.0	596.0	7.97
1999	NPK	0～20	18.210	0.778	0.69		55.20	13.70	98.0	462.0	8.00
1999	NPK+M	0～20	19.043	1.202	0.81		58.70	30.40	112.0	477.0	7.73
1999	NPK+1.5M	0～20	19.698	1.061	0.82		64.50	34.60	125.0	477.0	7.85
1999	NPK+S	0～20	19.757	0.919	0.69		62.90	11.10	126.0	496.0	7.75
1999	NPK+水	0～20	20.591	0.954	0.73		61.80	21.30	129.0	512.0	7.48
1999	1.5N+PK	0～20	20.234	0.919	0.77		63.70	17.30	111.0	512.0	8.04

（续）

年份	处理	层级	有机质/(g/kg)	全N/(g/kg)	全P/(g/kg)	全K/(g/kg)	碱解N/(mg/kg)	速效P/(mg/kg)	速效K/(mg/kg)	缓效K/(mg/kg)	pH(H_2O)
2000	CK	0～20	14.286	1.041	0.59		40.60	2.70	70.0	330.0	8.34
2000	N	0～20	14.665	1.064	0.66		48.00	3.10	70.0	330.0	8.22
2000	NP	0～20	16.183	1.235	0.78		50.10	15.90	60.0	440.0	8.20
2000	NK	0～20	15.045	1.064	0.58		52.20	3.50	100.0	500.0	8.13
2000	PK	0～20	15.045	1.026	0.74		44.10	29.10	100.0	450.0	8.06
2000	NPK	0～20	15.740	1.080	0.78		58.10	21.50	90.0	460.0	7.92
2000	NPK+M	0～20	16.916	1.243	0.91		56.40	47.90	100.0	450.0	7.96
2000	NPK+1.5M	0～20	17.042	1.204	0.92		64.40	56.60	100.0	550.0	7.98
2000	NPK+S	0～20	15.930	1.142	0.74		54.30	14.10	90.0	410.0	8.01
2000	NPK+水	0～20	15.930	0.987	0.75		52.20	17.30	90.0	400.0	8.00
2000	1.5N+PK	0～20	16.435	1.103	0.77		54.60	18.40	80.0	470.0	7.94
2001	CK_0	0～20	14.600	0.832	0.55		105.32	3.29	110.0		8.21
2001	NPK	0～20	13.253	0.609	0.69		96.09	18.46	90.0		8.41
2001	NPK+M	0～20	16.453	0.807	0.88		100.17	51.50	90.0		8.20
2001	NPK+1.5M	0～20	17.796	0.957	0.98		87.56	65.00	90.0		8.05
2001	NPK+S	0～20	15.406	0.767	0.72		75.31	12.01	90.0		8.24
2001	CK	0～20	13.730	0.658	0.59		90.15	2.10	80.0		8.17
2001	N	0～20	14.089	0.783	0.61		84.61	2.56	80.0		8.00
2001	PK	0～20	13.389	0.625	0.67		77.17	18.16	100.0		8.12
2001	NPK+水	0～20	14.269	0.712	0.48		85.70	16.24	90.0		8.20
2001	1.5N+PK	0～20	15.179	0.744	0.46		86.44	15.99	80.0		8.07
2001	NPK+F2	0～20	15.907	0.775	0.45		91.27	11.70	90.0		8.22
2001	NK	0～20	13.557	0.633	0.58		81.99	2.06	90.0		8.06
2001	NP	0～20	14.113	0.852	0.69		79.25	12.01	80.0		7.95
2001	CK_0	20～40	8.389	0.492	0.48		63.55	2.63	70.0		8.31
2001	NPK	20～40	9.970	0.435	0.58		53.05	2.59	80.0		8.45
2001	NPK+M	20～40	10.266	0.435	0.58		69.01	2.36	80.0		8.34
2001	NPK+1.5M	20～40	10.138	0.467	0.58		56.02	3.48	80.0		8.22
2001	NPK+S	20～40	9.490	0.506	0.53		50.09	0.88	80.0		8.24
2001	CK	20～40	10.089	0.485	0.56		54.26	2.04	80.0		8.25
2001	N	20～40	10.005	0.603	0.53		56.05	1.14	90.0		8.10
2001	PK	20～40	9.785	0.293	0.52		55.28	1.86	80.0		8.06
2001	NPK+水	20～40	10.741	0.490	0.27		50.46	1.26	80.0		8.26
2001	1.5N+PK	20～40	10.969	0.467	0.29		60.10	2.01	80.0		8.14
2001	NPK+F2	20～40	10.059	0.498	0.37		53.05	1.51	90.0		8.27
2001	NK	20～40	9.675	0.514	0.55		48.97	1.70	80.0		8.08

（续）

年份	处理	层级	有机质/(g/kg)	全N/(g/kg)	全P/(g/kg)	全K/(g/kg)	碱解N/(mg/kg)	速效P/(mg/kg)	速效K/(mg/kg)	缓效K/(mg/kg)	pH (H_2O)
2001	NP	20～40	9.073	0.589	0.56		61.05	1.46	80.0		8.06
2001	CK_0	40～60	8.980	0.547	0.43		47.12	1.85	80.0		8.14
2001	NPK	40～60	15.020	0.475	0.49		43.04	1.74	110.0		8.27
2001	NPK+M	40～60	16.338	0.649	0.52		67.15	2.00	110.0		8.24
2001	NPK+1.5M	40～60	14.098	0.728	0.56		63.81	3.21	100.0		8.15
2001	NPK+S	40～60	14.155	0.728	0.51		51.94	0.91	90.0		8.19
2001	CK	40～60	12.895	0.561	0.50		49.27	1.33	100.0		8.19
2001	N	40～60	16.178	0.596	0.47		57.12	1.15	100.0		8.06
2001	PK	40～60	14.384	0.253	0.46		63.44	1.15	110.0		8.03
2001	NPK+水	40～60	15.179	0.712	0.23		54.17	0.80	90.0		8.18
2001	1.5N+PK	40～60	14.724	0.672	0.23		53.42	0.98	100.0		8.13
2001	NPK+F2	40～60	15.861	0.751	0.39		63.44	1.01	100.0		8.16
2001	NK	40～60	14.368	0.601	0.52		56.02	1.45	100.0		8.02
2001	NP	40～60	11.089	0.347	0.55		57.12	0.88	90.0		8.07
2001	CK_0	60～80	9.710	0.277	0.42		47.12	1.73	100.0		8.10
2001	NPK	60～80	14.805	0.411	0.48		59.73	1.18	100.0		8.20
2001	NPK+M	60～80	14.368	0.411	0.41		44.52	1.09	100.0		8.17
2001	NPK+1.5M	60～80	15.520	0.712	0.44		59.36	1.51	100.0		8.01
2001	NPK+S	60～80	15.975	0.704	0.47		52.31	1.19	90.0		8.17
2001	CK	60～80	14.507	0.735	0.44		39.98	1.11	80.0		8.14
2001	N	60～80	15.163	0.672	0.38		52.12	1.05	90.0		7.94
2001	PK	60～80	8.079	0.269	0.38		38.58	1.33	90.0		8.01
2001	NPK+水	60～80	10.115	0.506	0.11		38.96	0.59	80.0		8.15
2001	1.5N+PK	60～80	10.115	0.380	0.15		39.33	0.99	90.0		8.10
2001	NPK+F2	60～80	14.610	0.530	0.33		63.44	1.00	90.0		8.16
2001	NK	60～80	11.066	0.435	0.43		39.33	1.30	80.0		8.12
2001	NP	60～80	13.788	0.610	0.50		47.84	0.99	90.0		8.01
2001	CK_0	80～100	8.192	0.450	0.42		36.77	1.73	110.0		8.09
2001	NPK	80～100	8.179	0.269	0.54		50.46	2.60	100.0		8.21
2001	NPK+M	80～100	6.663	0.253	0.44		23.00	0.93	110.0		8.12
2001	NPK+1.5M	80～100	7.328	0.427	0.45		34.13	0.66	110.0		7.97
2001	NPK+S	80～100	7.669	0.530	0.47		31.91	0.79	100.0		8.09
2001	CK	80～100	5.516	0.499	0.45		27.13	1.28	80.0		8.19
2001	N	80～100	7.223	0.430	0.43		51.77	1.11	80.0		8.07
2001	PK	80～100	5.357	0.134	0.42		31.91	2.08	110.0		7.95
2001	NPK+水	80～100	6.213	0.301	0.23		21.15	1.19	90.0		8.03

（续）

年份	处理	层级	有机质/(g/kg)	全 N/(g/kg)	全 P/(g/kg)	全 K/(g/kg)	碱解 N/(mg/kg)	速效 P/(mg/kg)	速效 K/(mg/kg)	缓效 K/(mg/kg)	pH (H_2O)
2001	1.5N+PK	80～100	5.166	0.150	0.21		29.31	0.94	70.0		8.04
2001	NPK+F2	80～100	7.783	0.372	0.30		50.09	0.98	100.0		8.10
2001	NK	80～100	6.720	0.221	0.42		30.05	1.79	80.0		8.12
2001	NP	80～100	10.104	0.513	0.45		36.41	1.40	100.0		7.95
2001	CK_0	100～120	4.867	0.256	0.48		28.56	2.53	100.0		8.01
2001	NPK	100～120	6.304	0.190	0.67		28.20	8.83	80.0		8.20
2001	NPK+M	100～120	4.345	0.182	0.57		19.29	1.95	90.0		8.21
2001	NPK+1.5M	100～120	5.109	0.237	0.55		23.74	1.33	100.0		8.04
2001	NPK+S	100～120	5.166	0.316	0.53		25.60	1.14	100.0		8.05
2001	CK	100～120	4.656	0.333	0.48		16.78	1.53	110.0		8.12
2001	N	100～120	3.594	0.291	0.62		24.63	2.74	70.0		8.12
2001	PK	100～120	4.381	0.198	0.50		23.00	3.51	100.0		7.92
2001	NPK+水	100～120	4.426	0.301	0.45		21.52	2.18	90.0		7.95
2001	1.5N+PK	100～120	4.483	0.214	0.36		28.20	4.03	110.0		7.93
2001	NPK+F2	100～120	5.564	0.229	0.30		40.07	2.23	100.0		8.02
2001	NK	100～120	3.731	0.229	0.49		15.21	2.53	70.0		8.10
2001	NP	100～120	6.315	0.277	0.55		29.27	5.15	110.0		7.80
2001	CK_0	120～140	2.897	0.381	0.60		18.56	4.14	80.0		8.12
2001	NPK	120～140	2.292	0.150	0.67		20.78	15.81	60.0		8.33
2001	NPK+M	120～140	2.433	0.174	0.61		23.37	3.70	50.0		8.28
2001	NPK+1.5M	120～140	2.947	0.229	0.59		13.73	4.15	60.0		8.18
2001	NPK+S	120～140	3.049	0.293	0.59		17.44	4.23	60.0		8.17
2001	CK	120～140	2.627	0.312	0.60		14.99	3.66	70.0		8.14
2001	N	120～140	2.030	0.208	0.57		22.49	3.29	60.0		8.09
2001	PK	120～140	2.152	0.119	0.63		14.47	9.11	60.0		8.07
2001	NPK+水	120～140	2.492	0.182	0.47		17.44	4.99	60.0		8.11
2001	1.5N+PK	120～140	3.175	0.158	0.42		43.78	8.69	70.0		8.10
2001	NPK+F2	120～140	2.549	0.150	0.40		26.71	7.04	80.0		8.10
2001	NK	120～140	2.410	0.198	0.72		28.57	13.29	70.0		7.93
2001	NP	120～140	3.940	0.222	0.80		35.34	16.78	110.0		7.53
2001	CK_0	140～160	2.341	0.589	0.55		23.92	3.86	60.0		8.11
2001	NPK	140～160	2.149	0.095	0.73		19.29	11.09	60.0		8.27
2001	NPK+M	140～160	2.630	0.150	0.56		17.07	4.81	70.0		8.24
2001	NPK+1.5M	140～160	3.175	0.174	0.55		13.36	3.96	60.0		8.26
2001	NPK+S	140～160	2.890	0.182	0.35		24.49	5.53	60.0		8.23
2001	CK	140～160	2.233	0.277	0.59		10.00	4.54	60.0		8.17

（续）

年份	处理	层级	有机质/(g/kg)	全N/(g/kg)	全P/(g/kg)	全K/(g/kg)	碱解N/(mg/kg)	速效P/(mg/kg)	速效K/(mg/kg)	缓效K/(mg/kg)	pH(H_2O)
2001	N	140～160	2.507	0.416	0.52		21.42	3.35	60.0		7.92
2001	PK	140～160	2.608	0.047	0.61		23.00	9.18	70.0		8.06
2001	NPK+水	140～160	2.719	0.174	0.45		13.36	11.15	60.0		8.07
2001	1.5N+PK	140～160	2.776	0.119	0.44		40.81	12.95	70.0		7.99
2001	NPK+F2	140～160	2.776	0.158	0.41		38.58	14.29	70.0		8.02
2001	NK	140～160	2.758	0.095	0.69		34.50	13.55	70.0		7.88
2001	NP	140～160	2.375	0.263	0.80		36.41	19.80	80.0		7.72
2001	CK_0	160～180	1.970	0.166	0.58		22.13	4.09	60.0		8.13
2001	NPK	160～180	1.194	0.095	0.73		12.61	8.16	30.0		8.33
2001	NPK+M	160～180	1.506	0.237	0.67		15.95	7.00	40.0		8.31
2001	NPK+1.5M	160～180	2.492	0.214	0.57		13.36	4.75	60.0		8.23
2001	NPK+S	160～180	2.264	0.237	0.40		40.44	4.69	60.0		8.25
2001	CK	160～180	2.269	0.367	0.57		11.42	5.35	70.0		8.15
2001	N	160～180	2.686	0.277	0.59		21.42	2.88	70.0		8.02
2001	PK	160～180	2.911	0.047	0.56		26.34	5.35	80.0		7.99
2001	NPK+水	160～180	2.549	0.063	0.52		13.73	7.13	80.0		8.21
2001	1.5N+PK	160～180	3.175	0.150	0.35		38.21	8.73	80.0		8.10
2001	NPK+F2	160～180	2.833	0.127	0.29		20.41	8.39	80.0		7.95
2001	NK	160～180	3.152	0.095	0.58		31.16	7.84	70.0		7.99
2001	NP	160～180	3.071	0.243	0.81		20.71	22.20	80.0		7.70
2001	CK_0	180～200	1.390	0.208	0.64		24.63	5.99	50.0		8.22
2001	NPK	180～200	1.254	0.111	0.69		17.07	4.53	40.0		8.43
2001	NPK+M	180～200	2.433	0.190	0.63		23.00	3.95	50.0		8.23
2001	NPK+1.5M	180～200	1.866	0.142	0.59		12.24	5.78	50.0		8.25
2001	NPK+S	180～200	1.809	0.198	0.47		27.45	4.66	40.0		8.21
2001	CK	180～200	1.910	0.360	0.66		12.85	5.55	40.0		8.15
2001	N	180～200	2.030	0.312	0.59		23.21	2.74	50.0		8.02
2001	PK	180～200	2.200	0.095	0.51		38.58	4.56	60.0		8.15
2001	NPK+水	180～200	4.062	0.119	0.46		14.84	6.24	70.0		8.20
2001	1.5N+PK	180～200	2.719	0.142	0.33		42.29	6.84	70.0		8.12
2001	NPK+F2	180～200	3.345	0.174	0.33		24.12	7.75	80.0		8.11
2001	NK	180～200	3.476	0.150	0.67		42.29	6.35	80.0		7.82
2001	NP	180～200	3.534	0.277	0.71		26.78	13.59	100.0		7.89
2002	CK_0	0～20	18.921	0.909	0.64		76.43	3.05	90.0		8.07
2002	NPK	0～20	14.559	0.612	0.72		69.01	15.80	60.0		8.08
2002	NPK+M	0～20	16.679	0.612	1.06		81.62	89.10	60.0		8.05

（续）

年份	处理	层级	有机质/(g/kg)	全 N/(g/kg)	全 P/(g/kg)	全 K/(g/kg)	碱解 N/(mg/kg)	速效 P/(mg/kg)	速效 K/(mg/kg)	缓效 K/(mg/kg)	pH (H_2O)
2002	NPK+1.5M	0~20	17.248	0.649	1.10		89.04	107.30	70.0		8.04
2002	NPK+S	0~20	15.552	0.686	0.77		78.28	17.28	60.0		8.03
2002	CK	0~20	14.459	0.876	0.62		56.02	4.90	60.0		8.40
2002	N	0~20	14.236	0.976	0.62		63.81	2.25	50.0		8.19
2002	PK	0~20	13.923	0.594	0.74		60.84	22.18	80.0		8.20
2002	NPK+水	0~20	14.570	0.657	0.78		65.67	19.08	60.0		8.15
2002	1.5N+PK	0~20	15.597	0.790	0.82		78.28	20.25	80.0		8.02
2002	NPK+F2	0~20	15.017	0.579	0.74		71.23	12.73	70.0		8.02
2002	NK	0~20	15.006	0.601	0.63		72.72	1.98	70.0		8.17
2002	NP	0~20	15.441	0.579	0.73		65.67	15.98	60.0		8.57
2002	CK_0	20~40	12.060	0.341	0.58		43.04	0.93	60.0		8.32
2002	NPK	20~40	10.554	0.364	0.57		49.71	2.68	70.0		8.10
2002	NPK+M	20~40	11.168	0.315	0.62		48.60	3.80	70.0		8.16
2002	NPK+1.5M	20~40	10.721	0.430	0.65		53.80	9.30	60.0		8.08
2002	NPK+S	20~40	10.387	0.505	0.62		50.83	3.53	55.0		8.07
2002	CK	20~40	10.610	0.319	0.58		41.92	0.43	60.0		8.38
2002	N	20~40	10.610	0.390	0.58		46.75	0.53	60.0		8.29
2002	PK	20~40	11.223	0.256	0.59		43.04	2.20	70.0		8.12
2002	NPK+水	20~40	10.610	0.467	0.60		39.33	2.55	70.0		8.16
2002	1.5N+PK	20~40	11.112	0.560	0.63		55.65	3.10	70.0		8.05
2002	NPK+F2	20~40	10.498	0.579	0.61		53.42	3.80	60.0		8.07
2002	NK	20~40	10.978	0.334	0.58		52.68	0.73	60.0		8.19
2002	NP	20~40	10.398	0.375	0.59		47.49	4.18	60.0		8.23
2003	CK_0	0~20	17.721	0.869	0.61		62.14	2.58	70.0		8.26
2003	NPK	0~20	14.635	0.822	0.72		61.22	14.88	60.0		8.32
2003	NPK+M	0~20	17.791	1.037	1.21		76.06	139.14	80.0		8.16
2003	NPK+1.5M	0~20	18.821	1.103	1.30		83.48	154.36	90.0		8.06
2003	NPK+S	0~20	17.825	0.878	0.78		70.49	18.89	60.0		8.20
2003	CK	0~20	13.991	0.695	0.63		51.38	2.21	50.0		8.48
2003	N	0~20	14.451	0.794	0.63		56.39	2.58	50.0		8.21
2003	PK	0~20	15.085	0.782	0.77		54.72	26.33	70.0		8.32
2003	NPK+水	0~20	15.626	0.757	0.83		69.38	23.20	60.0		8.20
2003	1.5N+PK	0~20	16.582	0.919	0.87		69.01	23.54	70.0		8.17
2003	NPK+F2	0~20	16.409	0.878	0.80		67.89	18.17	60.0		8.19
2003	NK	0~20	15.246	0.791	0.63		59.17	2.24	70.0		8.34
2003	NP	0~20	15.568	0.807	0.72		55.65	13.52	50.0		8.29

（续）

年份	处理	层级	有机质/(g/kg)	全 N/(g/kg)	全 P/(g/kg)	全 K/(g/kg)	碱解 N/(mg/kg)	速效 P/(mg/kg)	速效 K/(mg/kg)	缓效 K/(mg/kg)	pH (H_2O)
2003	CK_0	20～40	8.878	0.427	0.54		36.73	1.77	50.0		8.31
2003	NPK	20～40	10.732	0.542	0.60		43.04	3.74	50.0		8.27
2003	NPK+M	20～40	11.573	0.632	0.67		49.71	25.55	60.0		8.26
2003	NPK+1.5M	20～40	11.054	0.539	0.65		53.80	18.45	50.0		8.24
2003	NPK+S	20～40	11.285	0.554	0.63		42.67	5.10	50.0		8.28
2003	CK	20～40	10.018	0.455	0.56		38.96	1.19	40.0		8.47
2003	N	20～40	10.605	0.523	0.59		39.88	1.94	50.0		8.38
2003	PK	20～40	10.951	0.542	0.57		38.96	3.84	60.0		8.33
2003	NPK+水	20～40	11.239	0.536	0.63		45.26	4.93	50.0		8.22
2003	1.5N+PK	20～40	11.008	0.486	0.60		47.49	3.87	50.0		8.19
2003	NPK+F2	20～40	10.709	0.520	0.60		45.82	3.80	50.0		8.25
2003	NK	20～40	10.237	0.473	0.56		41.74	1.32	50.0		8.26
2003	NP	20～40	10.018	0.523	0.60		39.33	2.62	50.0		8.30
2004	CK_0	0～20	16.067	0.673	0.57		68.09	3.83	110.0		8.15
2004	NPK	0～20	14.394	0.813	0.69		63.90	12.24	80.0		8.15
2004	NPK+M	0～20	15.909	0.930	1.13		64.48	129.86	100.0		8.10
2004	NPK+1.5M	0～20	19.216	1.100	1.55		66.31	135.62	120.0		8.02
2004	NPK+S	0～20	15.823	0.711	0.73		62.32	10.56	80.0		8.06
2004	CK	0～20	18.983	0.374	0.55		56.04	2.75	70.0		8.30
2004	N	0～20	19.898	0.624	0.58		57.12	2.73	70.0		8.14
2004	PK	0～20	14.417	0.680	0.67		54.98	16.30	100.0		8.13
2004	NPK+水	0～20	17.636	0.665	0.76		63.12	13.98	90.0		8.12
2004	1.5N+PK	0～20	15.540	0.696	0.85		68.72	12.26	80.0		8.01
2004	NPK+F2	0～20	17.151	0.491	0.90		65.69	10.22	80.0		8.07
2004	NK	0～20	14.248	0.650	0.56		60.82	2.30	110.0		8.20
2004	NP	0～20	15.841	0.684	0.72		58.98	11.16	80.0		8.25
2004	CK_0	20～40	9.949	0.249	0.52		46.04	2.17	80.0		8.34
2004	NPK	20～40	9.469	0.457	0.52		46.63	4.23	80.0		8.21
2004	NPK+M	20～40	10.322	0.597	0.60		47.90	23.95	80.0		8.23
2004	NPK+1.5M	20～40	10.722	0.627	0.62		50.22	25.82	90.0		8.14
2004	NPK+S	20～40	10.301	0.242	0.54		45.30	2.85	80.0		8.13
2004	CK	20～40	16.502	0.265	0.52		41.13	1.94	80.0		8.32
2004	N	20～40	16.433	0.499	0.54		45.79	1.61	80.0		8.24
2004	PK	20～40	9.761	0.408	0.52		45.53	4.33	90.0		8.09
2004	NPK+水	20～40	11.468	0.333	0.55		45.54	3.79	90.0		8.17
2004	1.5N+PK	20～40	11.185	0.401	0.57		45.59	3.56	90.0		8.09

（续）

年份	处理	层级	有机质/(g/kg)	全 N/(g/kg)	全 P/(g/kg)	全 K/(g/kg)	碱解 N/(mg/kg)	速效 P/(mg/kg)	速效 K/(mg/kg)	缓效 K/(mg/kg)	pH (H_2O)
2004	NPK+F2	20～40	11.919	0.416	0.57		43.74	2.20	80.0		8.16
2004	NK	20～40	10.322	0.363	0.53		41.81	1.67	90.0		8.17
2004	NP	20～40	10.187	0.408	0.57		42.71	2.10	80.0		8.16
2004	CK_0	40～60	8.920	0.306	0.50				80.0		
2004	NPK	40～60	14.529	0.703	0.48				110.0		
2004	NPK+M	40～60	11.769	0.548	0.49				90.0		
2004	NPK+1.5M	40～60	12.951	0.654	0.49				100.0		
2004	NPK+S	40～60	13.528	0.386	0.49				100.0		
2004	CK	40～60	19.212	0.461	0.51				100.0		
2004	N	40～60	20.790	0.609	0.51				110.0		
2004	PK	40～60	14.226	0.680	0.47				110.0		
2004	NPK+水	40～60	14.399	0.507	0.51				110.0		
2004	1.5N+PK	40～60	14.422	0.578	0.51				100.0		
2004	NPK+F2	40～60	13.734	0.563	0.50				100.0		
2004	NK	40～60	13.878	0.537	0.49				120.0		
2004	NP	40～60	11.836	0.416	0.51				90.0		
2004	CK_0	60～80	10.978	0.367	0.48				120.0		
2004	NPK	60～80	14.652	0.726	0.44				110.0		
2004	NPK+M	60～80	16.043	0.703	0.42				100.0		
2004	NPK+1.5M	60～80	17.065	0.510	0.45				110.0		
2004	NPK+S	60～80	16.510	0.423	0.43				110.0		
2004	CK	60～80	19.784	0.378	0.44				90.0		
2004	N	60～80	19.360	0.518	0.41				50.0		
2004	PK	60～80	11.443	0.265	0.42				90.0		
2004	NPK+水	60～80	14.512	0.476	0.42				100.0		
2004	1.5N+PK	60～80	13.225	0.480	0.44				100.0		
2004	NPK+F2	60～80	16.982	0.635	0.45				100.0		
2004	NK	60～80	13.452	0.544	0.41				110.0		
2004	NP	60～80	15.808	0.620	0.47				100.0		
2004	CK_0	80～100	9.492	0.242	0.40				120.0		
2004	NPK	80～100	6.530	0.193	0.37				100.0		
2004	NPK+M	80～100	6.305	0.287	0.39				110.0		
2004	NPK+1.5M	80～100	8.316	0.102	0.42				110.0		
2004	NPK+S	80～100	9.968	0.253	0.42				120.0		
2004	CK	80～100	14.603	0.200	0.43				100.0		
2004	N	80～100	13.951	0.231	0.43				100.0		

（续）

年份	处理	层级	有机质/(g/kg)	全N/(g/kg)	全P/(g/kg)	全K/(g/kg)	碱解N/(mg/kg)	速效P/(mg/kg)	速效K/(mg/kg)	缓效K/(mg/kg)	pH (H_2O)
2004	PK	80～100	5.980	0.208	0.42				100.0		
2004	NPK+水	80～100	8.333	0.189	0.42				100.0		
2004	1.5N+PK	80～100	8.494	0.189	0.46				100.0		
2004	NPK+F2	80～100	9.968	0.272	0.41				100.0		
2004	NK	80～100	7.315	0.215	0.41				90.0		
2004	NP	80～100	12.420	0.541	0.44				100.0		
2005	CK_0	0～20	17.570	0.848	0.59		69.83	3.18	100.0		8.07
2005	NPK	0～20	15.075	0.765	0.71		67.24	15.51	80.0		8.16
2005	NPK+M	0～20	16.609	0.925	1.07		72.88	135.21	85.0		8.09
2005	NPK+1.5M	0～20	19.114	0.970	1.23		75.88	142.89	90.0		8.04
2005	NPK+S	0～20	16.602	0.827	0.75		67.27	14.04	80.0		8.10
2005	CK	0～20	15.315	0.739	0.60		56.34	3.03	70.0		8.36
2005	N	0～20	15.438	0.804	0.61		60.30	2.71	70.0		8.15
2005	PK	0～20	14.974	0.730	0.71		55.95	18.65	90.0		8.18
2005	NPK+水	0～20	16.116	0.761	0.71		66.29	17.56	85.0		8.15
2005	1.5N+PK	0～20	16.192	0.811	0.75		70.12	15.68	80.0		8.06
2005	NPK+F2	0～20	16.467	0.761	0.72		69.84	13.38	85.0		8.08
2005	NK	0～20	15.126	0.725	0.60		64.57	2.20	100.0		8.15
2005	NP	0～20	15.838	0.817	0.71		61.42	14.36	70.0		8.24
2005	CK_0	20～40	10.822	0.519	0.53		43.11	1.92	70.0		8.32
2005	NPK	20～40	11.687	0.560	0.57		46.55	4.49	70.0		8.23
2005	NPK+M	20～40	11.977	0.580	0.62		48.51	24.69	70.0		8.22
2005	NPK+1.5M	20～40	11.903	0.612	0.63		48.94	25.87	70.0		8.15
2005	NPK+S	20～40	11.768	0.580	0.58		45.27	2.99	70.0		8.16
2005	CK	20～40	12.050	0.535	0.56		40.61	1.65	70.0		8.35
2005	N	20～40	12.222	0.626	0.56		45.59	1.54	70.0		8.26
2005	PK	20～40	11.895	0.496	0.55		43.99	3.76	75.0		8.15
2005	NPK+水	20～40	11.000	0.548	0.51		43.07	3.70	75.0		8.18
2005	1.5N+PK	20～40	12.181	0.576	0.52		48.68	3.75	70.0		8.11
2005	NPK+F2	20～40	11.965	0.587	0.54		46.94	3.06	75.0		8.17
2005	NK	20～40	11.553	0.528	0.56		43.15	1.54	75.0		8.16
2005	NP	20～40	11.350	0.553	0.58		44.42	2.72	70.0		8.17
2006-09	CK_0	0～20									
2006-09	NPK	0～20	14.819	0.855	0.76		67.17	14.33	80.0		8.55
2006-09	NPK+M	0～20	18.239	1.096	1.29		98.98	88.83	100.0		8.53
2006-09	NPK+1.5M	0～20	23.907	1.404	1.93		113.12	121.58	155.0		8.28

（续）

年份	处理	层级	有机质/(g/kg)	全N/(g/kg)	全P/(g/kg)	全K/(g/kg)	碱解N/(mg/kg)	速效P/(mg/kg)	速效K/(mg/kg)	缓效K/(mg/kg)	pH (H_2O)
2006-09	NPK+S	0～20	16.425	0.919	0.87		84.84	17.04	75.0		8.62
2006-09	CK	0～20	13.027	0.803	0.61		70.70	1.37	60.0		8.73
2006-09	N	0～20	13.053	0.804	0.65		67.17	1.50	55.0		8.50
2006-09	PK	0～20	13.675	0.822	0.76		70.70	22.13	80.0		8.61
2006-09	NPK+水	0～20	15.338	0.877	0.82		84.84	14.00	65.0		8.66
2006-09	1.5N+PK	0～20	16.425	1.004	0.88		84.84	15.25	65.0		8.55
2006-09	NPK+F2	0～20	17.663	0.956	0.79		84.84	13.29	70.0		8.61
2006-09	NK	0～20	14.726	0.818	0.64		74.24	1.82	90.0		8.65
2006-09	NP	0～20	15.938	0.843	0.73		74.24	13.85	55.0		8.61
2007-06	CK_0	0～20									
2007-06	NPK	0～20	8.140				63.84	11.49	51.0		8.54
2007-06	NPK+M	0～20	12.215				104.16	97.14	100.0		7.90
2007-06	NPK+1.5M	0～20	13.753				120.96	109.23	182.0		7.55
2007-06	NPK+S	0～20	9.453				77.28	14.91	62.0		8.41
2007-06	CK	0～20	7.597				57.12	1.60	51.0		8.68
2007-06	N	0～20	8.534				60.48	1.67	46.0		8.45
2007-06	PK	0～20	8.530				67.20	21.42	73.0		8.45
2007-06	NPK+水	0～20	8.779				67.20	12.46	57.0		8.49
2007-06	1.5N+PK	0～20	9.557				77.28	11.31	51.0		8.45
2007-06	NPK+F2	0～20	9.561				73.92	8.85	51.0		8.52
2007-06	NK	0～20	8.265				60.48	1.94	79.0		8.45
2007-06	NP	0～20	9.048				70.56	12.87	46.0		8.43
2007-09	CK_0	0～20									
2007-09	NPK	0～20	14.711	0.921			77.28	10.97	73.0		8.51
2007-09	NPK+M	0～20	20.288	1.204			104.16	97.24	122.0		8.03
2007-09	NPK+1.5M	0～20	24.858	1.550			124.32	118.13	161.0		7.79
2007-09	NPK+S	0～20	15.612	0.933			84.00	13.35	68.0		8.46
2007-09	CK	0～20	12.861	0.700			70.56	1.75	62.0		8.64
2007-09	N	0～20	13.543	0.762			70.56	1.81	57.0		8.52
2007-09	PK	0～20	14.718	0.768			73.92	21.02	79.0		8.60
2007-09	NPK+水	0～20	15.373	0.967			84.00	11.32	68.0		8.52
2007-09	1.5N+PK	0～20	15.587	0.941			84.00	9.41	68.0		8.50
2007-09	NPK+F2	0～20	16.026	0.955			94.08	9.95	68.0		8.49
2007-09	NK	0～20	14.028	0.921			73.92	1.41	79.0		8.48
2007-09	NP	0～20	14.237	0.898			73.92	9.83	51.0		8.39
2008-06	CK_0	0～20									

（续）

年份	处理	层级	有机质/(g/kg)	全N/(g/kg)	全P/(g/kg)	全K/(g/kg)	碱解N/(mg/kg)	速效P/(mg/kg)	速效K/(mg/kg)	缓效K/(mg/kg)	pH (H_2O)
2008-06	NPK	0～20					103.01	14.55	75.0		8.68
2008-06	NPK+M	0～20					144.97	135.16	160.0		8.44
2008-06	NPK+1.5M	0～20					125.90	160.18	231.0		8.12
2008-06	NPK+S	0～20					68.67	16.50	88.0		8.71
2008-06	CK	0～20					68.67	2.26	56.0		8.92
2008-06	N	0～20					61.04	2.07	62.0		8.79
2008-06	PK	0～20					80.12	24.60	95.0		8.68
2008-06	NPK+水	0～20					76.30	15.22	75.0		8.69
2008-06	1.5N+PK	0～20					80.12	14.17	75.0		8.67
2008-06	NPK+F2	0～20					76.30	10.23	69.0		8.74
2008-06	NK	0～20					76.30	2.26	101.0		8.76
2008-06	NP	0～20					76.30	14.91	56.0		8.69
2008-09	CK_0	0～20									
2008-09	NPK	0～20	14.544	0.940			72.49	22.54	75.0		8.69
2008-09	NPK+M	0～20	18.180	1.301			110.64	136.09	127.0		8.38
2008-09	NPK+1.5M	0～20	22.788	1.608			125.90	160.79	160.0		8.11
2008-09	NPK+S	0～20	15.500	0.937			118.27	13.38	69.0		8.71
2008-09	CK	0～20	11.677	0.767			64.86	1.87	69.0		8.85
2008-09	N	0～20	11.853	0.775			53.41	2.09	49.0		8.74
2008-09	PK	0～20	14.166	0.856			68.67	26.75	82.0		8.69
2008-09	NPK+水	0～20	12.630	0.930			80.12	14.61	62.0		8.65
2008-09	1.5N+PK	0～20	15.314	0.988			87.75	19.21	82.0		8.69
2008-09	NPK+F2	0～20	15.100	0.967			80.12	12.77	69.0		8.77
2008-09	NK	0～20	14.156	0.886			68.67	1.82	95.0		8.81
2008-09	NP	0～20	16.085	0.932			76.30	3.62	69.0		8.55
2008-09	CK_0	20～40									
2008-09	NPK	20～40					49.60	2.00	56.0		8.81
2008-09	NPK+M	20～40					45.78	18.15	62.0		8.82
2008-09	NPK+1.5M	20～40					41.97	62.42	69.0		8.76
2008-09	NPK+S	20～40					57.23	2.14	56.0		8.81
2008-09	CK	20～40					38.15	2.38	56.0		8.88
2008-09	N	20～40					38.15	1.41	62.0		8.84
2008-09	PK	20～40					26.71	3.31	56.0		8.78
2008-09	NPK+水	20～40					38.15	2.30	56.0		8.75
2008-09	1.5N+PK	20～40					53.41	3.69	56.0		8.77
2008-09	NPK+F2	20～40					41.97	2.91	56.0		8.85

（续）

年份	处理	层级	有机质/(g/kg)	全N/(g/kg)	全P/(g/kg)	全K/(g/kg)	碱解N/(mg/kg)	速效P/(mg/kg)	速效K/(mg/kg)	缓效K/(mg/kg)	pH (H_2O)
2008-09	NK	20～40					72.49	1.10	69.0		8.87
2008-09	NP	20～40					49.60	36.80	56.0		8.83
2009-06	CK_0	0～20									
2009-06	NPK	0～20	14.147	0.850			65.10	17.71	54.0		7.77
2009-06	NPK+M	0～20	19.915	1.359			100.91	204.00	111.0		7.50
2009-06	NPK+1.5M	0～20	24.711	1.508			110.67	239.27	137.0		7.52
2009-06	NPK+S	0～20	17.211	0.927			68.36	17.96	54.0		7.80
2009-06	CK	0～20	11.478	0.709			52.08	2.52	45.0		7.83
2009-06	N	0～20	12.260	0.780			58.59	2.74	40.0		7.63
2009-06	PK	0～20	13.787	0.818			66.01	28.09	76.0		7.88
2009-06	NPK+水	0～20	14.558	0.943			83.23	16.00	58.0		7.98
2009-06	1.5N+PK	0～20	14.558	0.967			80.36	18.06	58.0		7.77
2009-06	NPK+F2	0～20	14.931	0.871			66.01	13.58	49.0		7.84
2009-06	NK	0～20	12.643	0.819			63.14	2.83	84.0		7.78
2009-06	NP	0～20	14.770	0.831				18.24	45.0		7.81
2009-10	CK_0	0～20									
2009-10	NPK	0～20	15.710	0.744			81.38		74.0		8.25
2009-10	NPK+M	0～20	22.689	1.285			113.93		104.0		8.18
2009-10	NPK+1.5M	0～20	24.596	1.461			110.67		132.0		8.11
2009-10	NPK+S	0～20	17.028	0.953			81.38		78.0		8.48
2009-10	CK	0～20	14.019	0.721			54.53		71.0		8.70
2009-10	N	0～20	14.033	0.817			61.70		64.0		8.43
2009-10	PK	0～20	15.351	0.839			61.85		89.0		8.46
2009-10	NPK+水	0～20	16.493	0.895			81.38		75.0		8.67
2009-10	1.5N+PK	0～20	15.730	0.932			74.87		73.0		8.49
2009-10	NPK+F2	0～20	16.466	0.892			68.36		73.0		8.71
2009-10	NK	0～20	15.545	0.849			65.10		118.0		8.76
2009-10	NP	0～20	16.870	0.893			78.12		72.0		8.66
2009-10	CK_0	20～40									
2009-10	NPK	20～40	10.241	0.536			45.57		72.0		8.61
2009-10	NPK+M	20～40	11.738	0.704			61.85		69.0		8.54
2009-10	NPK+1.5M	20～40	11.742	0.669			52.08		69.0		8.57
2009-10	NPK+S	20～40	10.227	0.619			55.34		62.0		8.51
2009-10	CK	20～40	9.454	0.532			42.32		63.0		8.69
2009-10	N	20～40	9.460	0.601			52.08		66.0		8.53
2009-10	PK	20～40	10.040	0.571			55.34		70.0		8.66

（续）

年份	处理	层级	有机质/(g/kg)	全 N/(g/kg)	全 P/(g/kg)	全 K/(g/kg)	碱解 N/(mg/kg)	速效 P/(mg/kg)	速效 K/(mg/kg)	缓效 K/(mg/kg)	pH (H_2O)
2009-10	NPK+水	20～40	10.984	0.640			48.83		70.0		8.56
2009-10	1.5N+PK	20～40	10.595	0.621			104.16		70.0		8.43
2009-10	NPK+F2	20～40	10.988	0.617			61.85		65.0		8.65
2009-10	NK	20～40	10.237	0.602			45.92		82.0		8.70
2009-10	NP	20～40	11.359	0.624			56.37		70.0		8.60
2010-06	CK_0	0～20									
2010-06	NPK	0～20	17.090	0.897			80.64	18.48	76.0		8.35
2010-06	NPK+M	0～20	27.100	1.496			132.72	313.18	159.0		8.09
2010-06	NPK+1.5M	0～20	37.490	2.066			171.36	473.21	275.0		7.78
2010-06	NPK+S	0～20	18.060	0.977			89.60	19.52	79.0		8.14
2010-06	CK	0～20	15.400	0.766			89.60	0.00	64.0		8.35
2010-06	N	0～20	15.380	0.849			74.48	0.82	60.0		8.25
2010-06	PK	0～20	15.960	0.713			76.72	35.81	97.0		8.34
2010-06	NPK+水	0～20	16.710	0.917			82.88	18.18	78.0		8.37
2010-06	1.5N+PK	0～20	17.890	0.962			89.60	20.27	72.0		8.26
2010-06	NPK+F2	0～20	18.120	0.098			88.76	18.56	79.0		8.32
2010-06	NK	0～20	15.440	0.906			77.56	19.18	112.0		8.38
2010-06	NP	0～20	16.200	0.892			75.04	17.55	59.0		7.95
2010-10	CK_0	0～20									
2010-10	NPK	0～20	15.060	0.893			76.68	51.93	81.0		8.49
2010-10	NPK+M	0～20	23.960	1.497			125.86	104.27	143.0		8.27
2010-10	NPK+1.5M	0～20	26.400	1.661			141.29	325.24	180.0		8.11
2010-10	NPK+S	0～20	16.940	0.961			98.25	18.86	78.0		8.33
2010-10	CK	0～20	14.430	0.766			68.44	1.30	67.0		8.59
2010-10	N	0～20	14.810	0.867			82.01	0.40	64.0		8.55
2010-10	PK	0～20	15.910	0.882			76.33	30.76	96.0		8.55
2010-10	NPK+水	0～20	17.380	1.002			82.82	11.07	83.0		8.51
2010-10	1.5N+PK	0～20	17.420	1.015			74.88	18.28	86.0		8.42
2010-10	NPK+F2	0～20	17.700	1.017			90.87	17.65	82.0		8.53
2010-10	NK	0～20	15.940	0.914			77.79	1.68	125.0		8.58
2010-10	NP	0～20	16.610	0.923			82.01	23.39	61.0		8.57
2010-10	CK_0	20～40									
2010-10	NPK	20～40	10.030	0.560			43.85	1.57	63.0		8.62
2010-10	NPK+M	20～40	11.180	0.687			55.20	50.52	63.0		8.56
2010-10	NPK+1.5M	20～40	12.080	0.726			57.88	58.87	67.0		8.52
2010-10	NPK+S	20～40	10.470	0.629			48.83	1.59	66.0		8.42

（续）

年份	处理	层级	有机质/(g/kg)	全 N/(g/kg)	全 P/(g/kg)	全 K/(g/kg)	碱解 N/(mg/kg)	速效 P/(mg/kg)	速效 K/(mg/kg)	缓效 K/(mg/kg)	pH(H_2O)
2010-10	CK	20～40	11.000	0.586			49.53	0.46	63.0		8.63
2010-10	N	20～40	10.170	0.633			54.03	0.51	56.0		8.56
2010-10	PK	20～40	10.710	0.618			55.34	0.20	66.0		8.56
2010-10	NPK+水	20～40	10.690	0.714			50.78	2.16	66.0		8.39
2010-10	1.5N+PK	20～40	11.810	0.696			54.81	2.43	66.0		8.34
2010-10	NPK+F2	20～40	11.230	0.694			53.59	2.52	63.0		8.45
2010-10	NK	20～40	10.000	0.635			44.66	0.84	74.0		8.52
2010-10	NP	20～40	12.530	0.651			48.72	3.73	62.0		8.45

注：土壤类型为褐潮土，土壤母质为黄土性物质。

表 4-59　河南郑州潮土监测站表层土壤养分含量

年份	处理	层级/cm	有机质/(g/kg)	全 N/(g/kg)	全 P/(g/kg)	全 K/(g/kg)	碱解 N/(mg/kg)	速效 P/(mg/kg)	速效 K/(mg/kg)	缓效 K/(mg/kg)	pH(H_2O)
1990	CK	0～20	11.40	0.62	0.64	17.60	54.0	10.7	88.8	702.80	8.10
1990	N	0～20	11.80	0.56	0.62	17.60	64.0	6.8	81.4	745.30	8.10
1990	NP	0～20	10.90	0.82	0.64	19.70	52.3	9.1	78.9	756.80	8.10
1990	NK	0～20	12.00	0.89	0.66	17.60	48.9	9.2	78.0	572.10	8.10
1990	PK	0～20	10.40	0.54	0.61	18.00	53.2	6.7	76.4	647.20	8.10
1990	NPK	0～20	10.30	0.59	0.64	18.00	52.3	7.9	79.7	647.20	8.10
1990	NPK+M	0～20	11.60	0.59	0.64	17.20	61.3	8.7	86.3	641.40	8.10
1990	1.5（NPK+M）	0～20	11.20	0.62	0.63	18.00	30.7	8.4	97.0	670.20	8.10
1990	NPK+S	0～20	11.70	0.64	0.66	17.60	45.1	9.4	95.5	652.90	8.10
1990	NPK+M+F2	0～20	8.90	0.56	0.64	18.00	50.5	10.8	97.0	710.60	8.10
1991	CK	0～20	10.70	0.65	0.64	21.70	34.3	4.5	77.9		
1991	N	0～20	10.70	0.58	0.62	20.20	40.6	1.4	76.4		
1991	NP	0～20	11.90	0.64	0.64	23.90	59.5	2.5	74.8		
1991	NK	0～20	12.00	0.62	0.66	21.00	53.2	2.4	76.4		
1991	PK	0～20	10.90	0.57	0.61	19.80	47.8	7.1	73.3		
1991	NPK	0～20	10.90	0.60	0.64	20.60	38.8	4.0	77.9		
1991	NPK+M	0～20	12.20	0.68	0.64	20.60	54.1	6.3	76.4		
1991	1.5（NPK+M）	0～20	13.10	0.72	0.63	20.60	60.4	14.0	70.2		
1991	NPK+S	0～20	12.40	0.69	0.66	21.00	45.1	5.3	70.2		
1991	NPK+M+F2	0～20	12.80	0.69	0.64	19.70	42.4	8.2	70.2		
1992	CK	0～20	10.70	0.64		17.20	58.4	4.0	62.9		
1992	N	0～20	11.00	0.65		15.80	65.9	0.9	56.7		
1992	NP	0～20	12.00	0.69		17.20	59.4	7.3	63.6		

（续）

年份	处理	层级/cm	有机质/(g/kg)	全N/(g/kg)	全P/(g/kg)	全K/(g/kg)	碱解N/(mg/kg)	速效P/(mg/kg)	速效K/(mg/kg)	缓效K/(mg/kg)	pH (H_2O)
1992	NK	0～20	11.90	0.70		18.10	53.7	1.2	67.6		
1992	PK	0～20	11.70	0.69		17.20	67.8	7.9	61.3		
1992	NPK	0～20	11.30	0.77		16.70	58.4	11.2	80.0		
1992	NPK+M	0～20	12.10	0.75		17.40	64.0	11.0	72.2		
1992	1.5（NPK+M）	0～20	13.40	0.83		17.20	61.2	21.3	70.7		
1992	NPK+S	0～20	12.70	0.78		17.60	65.9	7.2	72.2		
1992	NPK+M+F2	0～20	13.50	0.77		17.20	72.5	12.4	70.7		
1993	CK	0～20	12.10	0.60	0.58	17.20	72.8	4.2	64.7		
1993	N	0～20	11.10	0.69	0.55	17.70	61.3	2.7	69.3		
1993	NP	0～20	13.80	0.69	0.56	17.20	61.3	7.4	73.8		
1993	NK	0～20	12.80	0.68	0.60	17.70	61.3	3.3	87.6		
1993	PK	0～20	11.90	0.64	0.57	16.70	63.1	10.1	99.1		
1993	NPK	0～20	13.40	0.63	0.52	16.70	55.9	9.0	65.1		
1993	NPK+M	0～20	14.80	0.74	0.54	15.80	64.9	17.4	85.4		
1993	1.5（NPK+M）	0～20	15.10	0.81	0.58	17.20	82.9	23.4	77.8		
1993	NPK+S	0～20	14.60	0.76	0.54	15.30	68.5	9.4	91.7		
1993	NPK+M+F2	0～20	15.10	0.77	0.54	17.70	75.7	17.8	77.8		
1994	CK	0～20	10.80	0.68	0.59	17.60	53.8	2.2	58.1	577.30	
1994	N	0～20	10.50	0.68	0.62	17.20	59.4	0.4	65.2	603.10	
1994	NP	0～20	11.10	0.64	0.66	17.20	61.3	13.1	50.6	693.30	
1994	NK	0～20	11.40	0.72	0.59	17.60	70.5	2.8	73.1	690.00	
1994	PK	0～20	11.20	0.65	0.69	17.60	59.4	15.4	84.4	654.60	
1994	NPK	0～20	11.20	0.71	0.78	18.00	69.4	15.4	65.6	699.70	
1994	NPK+M	0～20	12.50	0.84	0.68	17.60	68.7	21.6	78.8	674.00	
1994	1.5（NPK+M）	0～20	13.60	0.88	0.76	18.00	70.5	30.0	97.6	635.30	
1994	NPK+S	0～20	12.70	0.82	0.75	18.50	70.5	17.6	93.3	770.60	
1994	NPK+M+F2	0～20	13.00	0.79	0.68	17.60	63.1	21.4	97.6	628.90	
1995	CK	0～20	10.20	0.80	0.60	17.40	57.7	2.8	56.2		
1995	N	0～20	11.80	0.73	0.59	17.00	61.2	1.3	51.2		
1995	NP	0～20	12.00	0.70	0.70	19.20	68.5	7.0	47.9		
1995	NK	0～20	12.20	0.69	0.64	16.10	63.0	2.1	71.1		
1995	PK	0～20	12.00	0.68	0.71	16.50	68.2	13.2	79.4		
1995	NPK	0～20	9.40	0.51	0.65	16.50	61.2	7.1	62.8		
1995	NPK+M	0～20	12.80	0.78	0.75	17.00	65.0	24.4	86.0		
1995	1.5（NPK+M）	0～20	14.80	0.85	0.76	18.30	75.7	35.3	82.7		
1995	NPK+S	0～20	13.20	0.75	0.66	18.30	64.8	7.6	132.5		
1995	NPK+M+F2	0～20	14.80	0.81	0.77	18.70	75.7	24.4	82.7		

（续）

年份	处理	层级/cm	有机质/(g/kg)	全N/(g/kg)	全P/(g/kg)	全K/(g/kg)	碱解N/(mg/kg)	速效P/(mg/kg)	速效K/(mg/kg)	缓效K/(mg/kg)	pH (H_2O)
1996	CK	0～20	11.40	0.61	0.57	15.90	66.1	3.2	50.0		8.96
1996	N	0～20	11.80	0.75	0.55	16.00	79.4	2.6	54.7		8.56
1996	NP	0～20	12.80	0.67	0.64	16.40	71.8	10.6	51.5		8.60
1996	NK	0～20	12.00	0.66	0.58	15.40	75.6	2.5	82.8		8.15
1996	PK	0～20	11.30	0.61	0.66	16.20	68.0	17.2	89.0		8.26
1996	NPK	0～20	11.40	0.63	0.64	16.60	68.0	13.2	68.1		8.39
1996	NPK+M	0～20	14.40	0.75	0.69	16.60	77.9	28.8	93.8		8.35
1996	1.5 (NPK+M)	0～20	14.60	0.84	0.75	16.20	90.7	35.6	87.5		8.20
1996	NPK+S	0～20	13.40	0.72	0.67	16.20	83.2	15.9	112.5		8.12
1996	NPK+M+F2	0～20	15.00	0.82	0.73	16.60	94.5	28.8	87.5		8.08
1997	CK	0～20	10.80	0.48	0.59	15.70	45.4	3.0	50.9		
1997	N	0～20	11.20	0.60	0.55	15.30	52.9	2.3	52.0		
1997	NP	0～20	16.10	0.66	0.63	16.40	60.5	11.6	50.9		
1997	NK	0～20	11.40	0.69	0.56	15.70	53.7	2.3	84.3		
1997	PK	0～20	11.10	0.89	0.66	16.40	49.1	17.9	99.1		
1997	NPK	0～20	11.30	0.66	0.67	15.70	51.4	26.0	86.1		
1997	NPK+M	0～20	14.40	0.84	0.68	17.30	64.3	27.8	94.8		
1997	1.5 (NPK+M)	0～20	15.70	0.89	0.80	16.40	68.0	56.4	103.6		
1997	NPK+S	0～20	14.00	0.78	0.69	16.90	75.6	18.3	119.4		
1997	NPK+M+F2	0～20	16.10	0.78	0.76	15.70	64.3	27.8	103.6		
1998	CK	0～20	10.70	0.62	0.57	16.00	9.2	2.4	42.2		8.58
1998	N	0～20	10.90	0.70	0.53	16.00	8.7	1.4	39.5		8.51
1998	NP	0～20	12.60	0.72	0.66	15.60	17.3	19.0	34.3		8.41
1998	NK	0～20	10.70	0.63	0.54	16.00	10.0	4.0	83.7		8.44
1998	PK	0～20	10.70	0.62	0.67	15.60	19.6	23.6	76.9		8.40
1998	NPK	0～20	11.40	0.65	0.67	15.70	23.0	30.3	70.2		8.42
1998	NPK+M	0～20	14.30	0.78	0.71	16.00	28.2	40.4	78.6		8.32
1998	1.5 (NPK+M)	0～20	15.40	0.87	0.81	16.00	38.9	61.8	88.8		8.42
1998	NPK+S	0～20	13.90	0.74	0.67	16.00	16.5	17.0	122.8		8.20
1998	NPK+M+F2	0～20	15.60	0.85	0.77	15.70		40.0	88.8		8.19
1999	CK	0～20	10.80	0.78	0.51	15.30	54.8	3.3	43.0		
1999	N	0～20	12.00	0.79	0.46	15.70	60.5	3.6	46.3		
1999	NP	0～20	13.30	0.86	0.59	15.30	64.3	19.4	39.8		
1999	NK	0～20	12.30	0.70	0.47	15.70	62.4	3.0	83.9		
1999	PK	0～20	12.90	0.67	0.65	15.70	64.3	24.6	81.9		
1999	NPK	0～20	12.50	0.85	0.59	15.70	75.6	27.0	69.2		
1999	NPK+M	0～20	15.80	0.96	0.70	14.90	83.2	45.6	95.9		

（续）

年份	处理	层级/cm	有机质/(g/kg)	全N/(g/kg)	全P/(g/kg)	全K/(g/kg)	碱解N/(mg/kg)	速效P/(mg/kg)	速效K/(mg/kg)	缓效K/(mg/kg)	pH (H_2O)
1999	1.5（NPK+M)	0～20	16.60	0.94	0.79	16.80	98.3	69.0	87.1		
1999	NPK+S	0～20	14.40	1.00	0.62	15.30	85.1	23.0	127.9		
1999	NPK+M+F2	0～20	15.00	1.01	0.67	14.90	75.6	40.2	87.1		
2000	CK	0～20	10.10	0.58	0.60	15.30	57.4	3.4	41.5		
2000	N	0～20	10.60	0.61	0.60	15.30	62.0	2.3	53.2		
2000	NP	0～20	12.30	0.67	0.59	15.70	61.0	18.3	51.5		
2000	NK	0～20	11.00	0.65	0.45	16.10	56.7	4.4	84.0		
2000	PK	0～20	7.70	0.62	0.60	15.70	34.0	34.3	51.5		
2000	NPK	0～20	11.80	0.63	0.66	14.90	53.0	28.4	68.2		
2000	NPK+M	0～20	15.60	0.84	0.76	14.50	68.0	53.5	104.1		
2000	1.5（NPK+M)	0～20	16.40	0.90	0.86	14.90	76.0	75.0	89.4		
2000	NPK+S	0～20	14.80	0.88	0.75	15.70	49.0	29.5	131.5		
2000	NPK+M+F2	0～20	15.80	0.90	0.71	14.90	76.0	43.0	89.4		
2000	CK	0～20	1.01		0.60		57.4	3.4			
2000	N	0～20	1.06		0.59		62.0	2.3			
2000	NP	0～20	1.23		0.45		61.0	18.3			
2000	NK	0～20	1.10		0.60		56.7	4.4			
2000	PK	0～20	0.77		0.66		34.0	34.3			
2000	NPK	0～20	1.18		0.76		53.0	28.4			
2000	NPK+M	0～20	1.56		0.86		68.0	53.5			
2000	1.5（NPK+M)	0～20	1.64		0.75		76.0	29.5			
2000	NPK+S	0～20	1.08		0.71		49.0	43.0			
2000	NPK+M+F2	0～20	1.58		0.87		76.0	75.0			
2000		0～20	0.00								
2001	CK	0～20	1.11	83.20	0.65		0.6	68.5			8.70
2001	N	0～20	1.13	83.20	0.67		16.5	54.6			8.75
2001	NP	0～20	1.26	90.70	0.76		1.1	57.7			8.80
2001	NK	0～20	1.19	71.80	0.62		18.1	56.2			8.75
2001	PK	0～20	1.20	79.40	0.76		19.3	97.8			8.90
2001	NPK	0～20	1.34	86.90	0.71		50.1	116.2			8.70
2001	NPK+M	0～20	1.47	94.50	0.77		13.8	122.2			8.70
2001	1.5（NPK+M)	0～20	1.61	119.10	0.97		46.4	136.4			8.60
2001	NPK+S	0～20	1.40	98.30	0.69		70.9	194.2			8.65
2001	NPK+M+F2	0～20	1.52	98.30	0.78		46.4	161.4			8.60
2001		0～20	0.00								
2002	CK	0～20	1.30	0.08	0.66		68.4	4.0	71.2		

（续）

年份	处理	层级/cm	有机质/(g/kg)	全 N/(g/kg)	全 P/(g/kg)	全 K/(g/kg)	碱解 N/(mg/kg)	速效 P/(mg/kg)	速效 K/(mg/kg)	缓效 K/(mg/kg)	pH (H_2O)
2002	N	0～20	1.01	0.06	0.55		50.4	1.9	54.1		
2002	NP	0～20	1.21	0.08	0.55		5 706.0	2.2	58.7		
2002	NK	0～20	1.23	0.07	0.71		68.4	19.0	57.2		
2002	PK	0～20	1.15	0.07	0.55		57.6	2.5	99.5		
2002	NPK	0～20	1.11	0.07	0.74		64.8	25.4	107.2		
2002	NPK+M	0～20	1.27	0.07	0.73		82.8	19.8	74.4		
2002	1.5 (NPK+M)	0～20	1.59	0.09	0.85		95.4	56.5	169.7		
2002	NPK+S	0～20	1.70	0.10	0.95		86.4	82.4	177.5		
2002	NPK+M+F2	0～20	1.50	0.08	0.73		93.6	23.3	80.6		
2002	CK_0	0～20	1.61	0.10	0.85		93.6	61.2	163.4		
2003	CK	0～20	1.03	0.80			54.0	3.7	56.2		
2003	N	0～20	1.07	0.63			57.6	3.7	56.2		
2003	NP	0～20	1.26	0.73			72.0	18.2	53.9		
2003	NK	0～20	1.09	0.74			59.0	2.4	104.4		
2003	PK	0～20	1.14	0.66			68.4	34.5	137.6		
2003	NPK	0～20	1.21	0.75			64.8	22.9	93.4		
2003	NPK+M	0～20	1.52	0.92			68.4	62.6	167.6		
2003	1.5 (NPK+M)	0～20	1.77	1.11			95.8	97.9	221.2		
2003	NPK+S	0～20	1.56	0.81			68.4	27.4	126.5		
2003	NPK+M+F2	0～20	1.67	1.00			82.8	75.1	151.8		
2004	CK	0～20	1.04	0.64	0.06	1.62	77.5	4.1	58.0		
2004	N	0～20	1.14	0.75	0.06	1.67	54.3	1.9	45.8		
2004	NP	0～20	1.28	0.75	0.07	1.72	85.3	3.3	55.0		
2004	NK	0～20	1.15	0.68	0.06	1.72	62.0	18.7	133.0		
2004	PK	0～20	1.14	0.58	0.08	1.72	54.3	1.6	153.0		
2004	NPK	0～20	1.38	0.66	0.08	1.72	85.3	31.5	108.6		
2004	NPK+M	0～20	1.65	0.78	0.09	1.77	73.6	33.9	107.1		
2004	1.5 (NPK+M)	0～20	1.83	0.94	0.10	1.72	108.5	63.0	205.2		
2004	NPK+S	0～20	1.34	0.87	0.08	1.82	77.5	81.8	105.6		
2004	NPK+M+F2	0～20	1.71	0.87	0.09	1.82	96.9	27.1	135.7		
2005	CK	0～20	1.02	0.66			54.3	2.7	57.7		8.66
2005	N	0～20	1.16	0.72			50.4	1.5	54.6		8.48
2005	NP	0～20	1.29	0.79			65.9	1.6	57.7		8.48
2005	NK	0～20	1.16	0.65			58.1	2.3	129.7		8.47
2005	PK	0～20	1.14	0.68			58.1	23.3	154.7		8.52
2005	NPK	0～20	1.25	0.72			85.3	18.8	101.5		8.46

（续）

年份	处理	层级/cm	有机质/(g/kg)	全N/(g/kg)	全P/(g/kg)	全K/(g/kg)	碱解N/(mg/kg)	速效P/(mg/kg)	速效K/(mg/kg)	缓效K/(mg/kg)	pH (H_2O)
2005	NPK+M	0～20	1.66	0.79			77.5	54.4	186.0		8.41
2005	1.5（NPK+M)	0～20	1.94	1.02			89.1	79.7	229.8		8.35
2005	NPK+S	0～20	1.48	0.88			73.6	22.4	145.3		8.39
2007	CK_0	0～20	1.50	0.76	0.62		53.5	4.2	100.2	720.53	8.22
2007	CK	0～20	0.96	0.59	0.56		52.7	1.9	75.7	717.83	7.91
2007	N	0～20	1.10	0.65	0.55		52.7	2.2	92.0	701.55	8.30
2007	NP	0～20	1.50	0.83	0.80		56.6	17.6	71.7	694.78	8.27
2007	NK	0～20	1.35	0.73	0.60		53.5	2.1	136.8	846.63	7.87
2007	PK	0～20	1.11	0.64	0.83		48.8	21.5	157.2	799.15	7.48
2007	NPK	0～20	1.18	0.72	0.68		55.8	14.5	100.2	801.90	7.73
2007	NPK+M	0～20	1.61	1.07	0.47		87.6	64.1	206.0	858.79	7.31
2007	1.5（NPK+M)	0～20	2.08	1.31	1.12		96.9	84.9	258.9	887.24	7.53
2007	NPK+S	0～20	1.50	0.94	0.77		79.8	22.7	206.0	913.04	7.56
2007	NPK+M+F2（大豆）	0～20	1.91	1.12	0.96		80.6	72.0	218.2	819.46	7.54
2007	CK_0	20～40	1.08	0.62	0.57		53.5	3.3	83.9	709.69	7.65
2007	CK	20～40	1.09	0.54	0.59		41.5	1.9	67.6	725.97	7.77
2007	N	20～40	1.06	0.60	0.52		53.9	1.9	75.8	744.95	8.07
2007	NP	20～40	1.08	0.63	0.64		46.1	8.1	71.7	793.57	8.26
2007	NK	20～40	0.89	0.60	0.56		51.1	2.6	108.3	848.00	7.69
2007	PK	20～40	0.92	0.54	0.68		41.1	2.0	140.9	815.44	7.55
2007	NPK	20～40	1.05	0.67	0.65		50.0	10.0	79.8	768.01	8.02
2007	NPK+M	20～40	1.27	0.79	0.73		62.4	8.4	112.4	843.93	7.99
2007	1.5（NPK+M)	20～40	1.54	0.96	0.91		72.1	60.0	165.3	899.50	7.08
2007	NPK+S	20～40	1.16	0.66	0.72		60.4	11.5	124.6	831.72	8.07
2007	NPK+M+F2（大豆）	20～40	1.33	0.82	0.84		62.0	42.7	140.9	869.68	8.08
2007	CK_0	40～60	0.61	0.36	0.52		21.7	2.8	75.7	772.08	7.67
2007	CK	40～60	0.48	0.38	0.47		17.1	2.4	67.6	725.97	7.63
2007	N	40～60	0.33	0.30	0.46		21.7	1.4	71.7	721.90	7.96
2007	NP	40～60	0.40	0.38	0.55		24.0	6.4	63.5	675.80	7.73
2007	NK	40～60	0.49	0.37	0.49		24.8	3.4	75.7	772.08	8.19
2007	PK	40～60	0.49	0.36	0.49		25.6	4.4	88.0	732.74	7.53
2007	NPK	40～60	0.48	0.48	0.51		17.8	3.7	63.5	757.17	8.32
2007	NPK+M	40～60	0.49	0.44	0.59		28.7	7.5	75.7	744.95	8.27
2007	1.5（NPK+M)	40～60	0.56	0.41	0.58		27.9	7.6	96.1	778.85	8.16
2007	NPK+S	40～60	0.47	0.37	0.52		21.7	3.4	71.7	721.90	8.01
2007	NPK+M+F2（大豆）	40～60	0.49	0.38	1.30		25.6	9.6	88.0	786.99	8.20

（续）

年份	处理	层级/cm	有机质/(g/kg)	全N/(g/kg)	全P/(g/kg)	全K/(g/kg)	碱解N/(mg/kg)	速效P/(mg/kg)	速效K/(mg/kg)	缓效K/(mg/kg)	pH (H_2O)
2007	CK_0	60～80	0.43	0.34	0.48		24.8	3.6	79.8	768.01	8.07
2007	CK	60～80	0.39	0.31	0.46		21.7	2.8	75.7	744.95	8.02
2007	N	60～80	0.39	0.37	0.46		24.8	1.6	79.8	768.01	7.69
2007	NP	60～80	0.39	0.35	0.48		23.3	3.6	63.5	730.04	7.95
2007	NK	60～80	0.47	0.39	0.48		20.9	3.4	67.6	725.97	8.07
2007	PK	60～80	0.28	0.35	0.46		23.3	2.7	75.7	744.95	7.43
2007	NPK	60～80	0.31	0.37	0.94		20.2	2.3	59.5	652.75	8.42
2007	NPK+M	60～80	0.37	0.34	0.49		25.6	5.7	67.6	780.22	8.13
2007	1.5（NPK+M）	60～80	0.64	0.42	1.48		22.5	8.0	83.9	763.94	7.95
2007	NPK+S	60～80	0.32	0.38	0.50		23.3	3.4	79.8	768.01	8.21
2007	NPK+M+F2（大豆）	60～80	0.41	0.38	0.51		21.7	4.9	71.7	857.51	8.17
2007	CK_0	80～100	0.26	0.29	0.45		20.9	2.5	67.6	807.34	7.94
2007	CK	80～100	0.32	0.34	0.48		14.7	1.8	75.7	717.83	7.89
2007	N	80～100	0.41	0.32	0.49		21.7	3.6	71.7	721.90	8.01
2007	NP	80～100	0.04	0.34	0.46		14.7	2.0	63.5	730.04	8.05
2007	NK	80～100	0.41	0.33	0.46		21.7	1.4	75.7	717.83	8.06
2007	PK	80～100	0.60	0.37	0.52		20.2	2.7	67.6	725.97	7.97
2007	NPK	80～100	0.28	0.37	0.44		25.6	1.9	59.5	734.11	7.69
2007	NPK+M	80～100	0.24	0.34	0.47		37.2	3.7	71.7	776.15	8.03
2007	1.5（NPK+M）	80～100	0.37	0.37	0.50		24.8	7.3	79.8	713.76	8.00
2007	NPK+S	80～100	0.65	0.32	0.52		23.3	3.9	67.6	725.97	7.85
2007	NPK+M+F2（大豆）	80～100	0.28	0.32	0.53		21.7	4.8	67.6	807.34	7.68
2008	CK_0	0～20	1.27	0.11	0.06		39.5	4.4	111.3	717.45	7.05
2008	CK	0～20	1.06	0.07	0.06		50.4	3.0	71.4	639.52	7.55
2008	N	0～20	1.06	0.08	0.06		52.7	2.6	58.1	596.94	7.79
2008	NP	0～20	1.29	0.09	0.08		64.7	18.0	62.5	622.76	7.60
2008	NK	0～20	1.25	0.09	0.06		55.8	6.7	120.2	767.74	7.22
2008	PK	0～20	1.09	0.07	0.09		57.3	21.3	160.1	570.22	7.67
2008	NPK	0～20	1.28	0.08	0.08		63.5	15.0	89.1	840.21	7.27
2008	NPK+M	0～20	1.84	0.12	0.10		79.8	36.2	133.5	846.56	7.22
2008	1.5（NPK+M）	0～20	2.06	0.14	0.12		103.5	66.1	209.0	929.02	7.06
2008	NPK+S	0～20	1.54	0.12	0.09		79.0	19.5	177.9	845.20	7.16
2008	NPK+M+F2（大豆）	0～20	1.78	0.05	0.10		82.1	39.2	142.4	803.97	7.21
2008	CK_0	20～40	1.14	0.08	0.06		51.5	3.6	80.3	702.04	7.61
2008	CK	20～40	0.70	0.06	0.06		40.3	2.2	67.0	601.47	7.64
2008	N	20～40	0.98	0.08	0.06		47.3	2.6	62.5	601.47	7.67

（续）

年份	处理	层级/cm	有机质/(g/kg)	全N/(g/kg)	全P/(g/kg)	全K/(g/kg)	碱解N/(mg/kg)	速效P/(mg/kg)	速效K/(mg/kg)	缓效K/(mg/kg)	pH (H_2O)
2008	NP	20～40	1.27	0.09	0.08		62.0	11.5	58.1	627.29	7.31
2008	NK	20～40	0.98	0.09	0.06		58.9	2.9	142.4	792.20	7.31
2008	PK	20～40	1.55	0.07	0.08		47.3	19.5	138.0	899.79	7.14
2008	NPK	20～40	1.24	0.08	0.07		62.0	9.3	71.4	747.34	7.79
2008	NPK+M	20～40	1.68	0.12	0.09		77.5	34.8	102.5	852.45	7.27
2008	1.5（NPK+M）	20～40	1.80	0.13	0.10		84.5	56.0	160.1	811.68	7.16
2008	NPK+S	20～40	1.49	0.00	0.08		71.3	14.1	115.8	843.39	7.28
2008	NPK+M+F2（大豆）	20～40	1.13	0.12	0.09		77.1	35.3	115.8	855.85	7.53
2009	CK_0	0～20	20.95	0.09	0.06		96.1	4.7	90.2	600.10	8.06
2009	CK	0～20	13.36	0.06	0.06		58.9	2.8	64.6	674.80	7.89
2009	N	0～20	13.18	0.07	0.06		71.3	2.7	68.2	597.60	7.84
2009	NP	0～20	15.41	0.09	0.08		78.3	14.2	64.6	564.40	8.12
2009	NK	0～20	12.77	0.04	0.06		71.3	2.6	141.6	671.40	7.99
2009	PK	0～20	13.72	0.07	0.09		67.4	19.7	165.4	696.60	8.06
2009	NPK	0～20	14.55	0.08	0.08		89.9	17.9	88.4	712.30	8.21
2009	NPK+M	0～20	18.00	0.03	0.10		119.3	1.4	154.4	756.70	8.14
2009	1.5（NPK+M）	0～20	21.24	0.13	0.13		131.7	74.4	255.3	754.00	8.05
2009	NPK+S	0～20	16.37	0.10	0.08		89.1	15.7	200.3	809.00	8.09
2009	NPK+M+F2（大豆）	0～20	21.37	0.11	0.10		100.7	50.8	181.9	851.80	8.14
2009	CK_0	20～40	11.13	0.06	0.06		83.7	3.5	64.6	576.70	9.19
2009	CK	20～40	7.86	0.05	0.06		102.3	1.8	60.9	629.40	8.08
2009	N	20～40	8.13	0.06	0.06		62.0	2.0	57.2	608.60	7.68
2009	NP	20～40	7.93	0.07	0.06		94.5	3.5	60.9	639.30	7.69
2009	NK	20～40	9.05	0.06	0.06		58.9	1.6	101.2	613.60	8.06
2009	PK	20～40	10.41	0.07	0.08		106.9	13.9	148.9	664.10	8.32
2009	NPK	20～40	7.52	0.05	0.06		55.0	5.2	60.9	703.00	8.29
2009	NPK+M	20～40	10.59	0.07	0.07		104.6	13.6	93.9	743.60	8.29
2009	1.5（NPK+M）	20～40	10.74	0.07	0.08		73.6	25.5	126.9	781.30	8.30
2009	NPK+S	20～40	11.69	0.07	0.07		106.2	9.1	104.9	806.20	8.31
2009	NPK+M+F2（大豆）	20～40	11.01	0.06	0.07		69.7	19.3	93.9	792.70	8.20
2009	CK_0	40～60	6.35	0.04	0.05		73.6	2.3	53.6	575.40	8.31
2009	CK	40～60	4.37	0.05	0.05		38.8	4.0	64.6	662.60	8.10
2009	N	40～60	4.57	0.04	0.05		34.9	4.9	60.9	629.40	7.96
2009	NP	40～60	3.69	0.03	0.05		31.8	2.1	53.6	646.60	7.84
2009	NK	40～60	4.17	0.03	0.05		38.8	0.5	64.6	650.30	7.85
2009	PK	40～60	5.16	0.04	0.05		32.6	1.1	71.9	618.40	8.40
2009	NPK	40～60	10.45	0.03	0.05		48.0	1.9	49.9	677.20	8.41

（续）

年份	处理	层级/cm	有机质/(g/kg)	全N/(g/kg)	全P/(g/kg)	全K/(g/kg)	碱解N/(mg/kg)	速效P/(mg/kg)	速效K/(mg/kg)	缓效K/(mg/kg)	pH (H_2O)
2009	NPK+M	40～60	4.46	0.04	0.05		34.1	2.0	57.2	706.70	8.37
2009	1.5 (NPK+M)	40～60	5.16	0.04	0.05		39.5	3.8	64.6	723.90	7.94
2009	NPK+S	40～60	7.18	0.03	0.05		33.3	1.5	60.9	703.00	8.33
2009	NPK+M+F2 (大豆)	40～60	3.58	0.04	0.06		35.7	3.6	64.6	674.80	8.09
2009	CK_0	60～80	6.33	0.04	0.05		38.8	5.0	64.6	576.70	9.18
2009	CK	60～80	3.96	0.03	0.05		42.6	2.8	62.7	590.80	8.01
2009	N	60～80	5.29	0.04	0.05		41.1	2.4	60.9	604.90	7.37
2009	NP	60～80	3.81	0.04	0.05		33.7	1.9	55.4	639.50	7.99
2009	NK	60～80	6.71	0.03	0.05		39.1	1.2	64.6	625.80	7.80
2009	PK	60～80	3.28	0.04	0.05		50.4	1.5	64.6	687.10	7.86
2009	NPK	60～80	7.86	0.02	0.05		39.5	1.6	57.2	657.60	8.27
2009	NPK+M	60～80	4.48	0.04	0.05		41.8	1.7	64.6	625.80	8.35
2009	1.5 (NPK+M)	60～80	4.93	0.04	0.05		39.5	2.5	57.2	682.20	8.28
2009	NPK+S	60～80	7.95	0.04	0.05		38.0	2.8	71.9	649.40	8.35
2009	NPK+M+F2 (大豆)	60～80	3.81	0.03	0.05		38.0	4.6	68.2	744.70	8.25
2009	CK_0	80～100	4.39	0.04	0.05		97.6	3.5	57.2	657.60	8.20
2009	CK	80～100	4.05	0.04	0.07		72.8	0.9	60.9	614.90	8.12
2009	N	80～100	4.37	0.03	0.05		71.3	2.0	64.6	601.20	7.84
2009	NP	80～100	3.47	0.04	0.05		46.5	1.6	66.4	623.90	7.98
2009	NK	80～100	3.87	0.03	0.05		75.9	1.7	68.2	573.00	8.01
2009	PK	80～100	2.50	0.03	0.04		78.3	2.4	49.9	579.10	8.13
2009	NPK	80～100	4.71	0.03	0.05		100.7	33.8	57.2	682.20	8.30
2009	NPK+M	80～100	2.57	0.03	0.05		89.1	2.6	51.7	565.00	8.46
2009	1.5 (NPK+M)	80～100	8.54	0.03	0.05		63.5	1.6	59.1	704.90	8.25
2009	NPK+S	80～100	2.68	0.03	0.05		71.3	2.9	60.9	678.50	8.37
2009	NPK+M+F2 (大豆)	80～100	6.40	0.03	0.05		61.2	2.8	57.2	731.20	8.27
2010	CK_0	0～20	14.25	0.10	0.06		267.3	4.4	129.0	702.12	8.24
2010	CK	0～20	11.98	0.06	0.06		105.9	2.4	61.4	673.57	8.53
2010	N	0～20	11.74	0.06	0.06		73.6	2.5	65.1	677.59	8.19
2010	NP	0～20	13.73	0.08	0.08		100.7	11.1	59.9	644.27	8.55
2010	NK	0～20	12.49	0.07	0.06		82.7	2.3	149.6	777.71	8.48
2010	PK	0～20	11.55	0.06	0.09		81.4	24.7	168.7	800.91	8.43
2010	NPK	0～20	14.26	0.06	0.08		89.1	14.1	93.0	768.91	8.48
2010	NPK+M	0～20	19.84	0.10	0.10		124.0	48.6	193.7	833.62	8.40
2010	1.5 (NPK+M)	0～20	21.73	0.12	0.12		133.0	68.0	274.5	883.56	8.31
2010	NPK+S	0～20	17.22	0.09	0.09		113.7	16.0	143.0	818.94	8.35
2010	NPK+M+F2 (大豆)	0～20	19.74	0.10	0.10		114.9	37.5	201.0	822.42	8.36

注：土壤类型为壤质潮土，土壤母质为冲积黄土。

表 4-60 浙江杭州水稻土监测站表层土壤养分含量（0～20 cm）

年份	处理	有机质/(g/kg)	全 N/(g/kg)	全 P/(g/kg)	全 K/(g/kg)	碱解 N/(mg/kg)	速效 P/(mg/kg)	速效 K/(mg/kg)	pH (H_2O)
1990	CK	25.40	1.55	1.03	18.60	123.00	42.30	61.6	7.21
1990	N	23.10	1.44	1.03	18.60	119.00	50.50	61.6	6.55
1990	NP	24.70	1.59	1.03	18.60	123.00	50.00	61.6	6.65
1990	NK	27.40	1.53	1.03	18.60	135.00	45.60	61.6	7.17
1990	M	25.00	1.46	1.03	18.60	122.00	45.70	61.6	7.02
1990	NPK	30.20	1.75	1.03	18.60	140.00	51.00	61.6	7.26
1990	NPK+M	27.50	1.63	1.03	18.60	121.00	37.90	61.6	7.09
1990	1.3NPK+M	29.10	1.76	1.03	18.60	131.00	46.30	61.6	7.02
1994	CK	25.10	1.80	1.02	19.01	247.00	30.60	58.7	6.98
1994	N	25.90	1.72	1.01	18.51	150.00	30.30	54.2	6.66
1994	NP	25.90	1.80	1.14	17.10	146.00	38.40	54.2	6.75
1994	NK	29.10	2.21	1.06	18.35	376.00	32.60	57.8	7.02
1994	M	28.60	2.14	1.32	18.93	223.00	47.00	58.7	6.88
1994	NPK	30.60	2.38	1.23	20.84	395.00	39.20	73.0	7.00
1994	NPK+M	30.30	2.24	1.34	19.34	310.00	41.10	74.8	6.90
1994	1.3NPK+M	32.10	2.37	1.42	18.51	289.00	44.40	73.9	6.92
1995	CK	25.80	1.59	1.01	21.54	170.00	32.60		6.88
1995	N	26.30	1.74	0.97	21.06	170.00	33.60		6.66
1995	NP	26.40	1.80	1.15	20.76	185.00	44.30		6.72
1995	NK	27.50	1.84	1.08	22.91	206.00	31.90		6.86
1995	M	28.00	1.88	1.24	21.74	190.00	52.40		6.96
1995	NPK	28.80	1.90	1.19	24.28	198.00	42.20		6.92
1995	NPK+M	29.40	2.00	1.28	24.28	220.00	48.20		7.02
1995	1.3NPK+M	29.80	2.17	1.36	24.48	244.00	56.40		6.98
1996	CK	28.00	1.79	1.15	19.38	160.00	33.30	77.6	
1996	N	29.20	1.79	1.01	19.79	178.00	36.20	87.8	
1996	NP	26.80	1.53	1.12	20.36	178.00	43.60	102.0	
1996	NK	28.00	1.63	1.03	21.15	196.00	36.80	115.0	
1996	M	27.90	2.04	1.56	20.36	190.00	56.60	89.2	
1996	NPK	29.10	1.94	1.23	21.54	202.00	48.60	121.0	
1996	NPK+M	32.30	2.04	1.42	21.54	212.00	58.80	107.0	
1996	1.3NPK+M	33.40	2.07	1.67	22.52	252.00	60.20	134.0	
1999	CK	28.20	1.53	1.03	21.47	167.00	43.70	77.6	
1999	N	30.10	1.81	0.92	21.00	170.00	41.40	87.8	
1999	NP	28.20	1.86	1.30	21.12	191.00	55.20	102.0	
1999	NK	32.10	1.89	1.07	21.71	172.00	43.70	115.0	
1999	M	31.70	1.68	1.63	19.58	165.00	94.30	89.2	
1999	NPK	32.00	2.04	1.28	19.82	181.00	52.90	121.0	

（续）

年份	处理	有机质/(g/kg)	全 N/(g/kg)	全 P/(g/kg)	全 K/(g/kg)	碱解 N/(mg/kg)	速效 P/(mg/kg)	速效 K/(mg/kg)	pH (H_2O)
1999	NPK+M	31.30	2.04	1.74	21.00	190.00	96.90	107.0	
1999	1.3NPK+M	35.60	2.19	1.60	21.71	205.00	75.90	134.0	
2000	CK	27.90	1.79	1.15	20.76	156.00	48.30	70.3	
2000	N	29.20	1.79	1.01	21.35	126.00	57.50	96.5	
2000	NP	26.80	1.53	1.12	20.88	137.00	55.20	114.0	
2000	NK	28.00	1.63	1.03	21.12	161.00	43.70	121.0	
2000	M	28.00	2.04	1.56	20.65	159.00	89.70	87.8	
2000	NPK	29.10	1.94	1.20	20.41	145.00	52.90	115.0	
2000	NPK+M	32.30	2.04	1.42	21.47	174.00	78.20	109.0	
2000	1.3NPK+M	34.30	2.07	1.67	20.76	256.00	92.00	113.0	
2001	CK	29.80	1.81	2.69	25.44	136.00	41.40	124.0	7.30
2001	N	26.80	1.78	2.38	24.30	166.00	44.70	98.8	6.55
2001	NP	23.70	1.64	2.62	24.02	149.00	48.70	76.2	7.10
2001	NK	29.50	2.12	2.54	24.16	175.00	42.60	105.0	6.50
2001	M	31.50	1.95	3.28	25.44	166.00	67.70	154.0	6.70
2001	NPK	29.80	1.92	2.85	24.02	132.00	77.10	154.0	6.63
2001	NPK+M	29.10	1.81	3.28	24.30	135.00	50.80	133.0	6.67
2001	1.3NPK+M	32.00	2.00	3.75	23.73	173.00	71.10	133.0	7.35
2002	CK	28.80	3.50	3.00		187.00	75.00	147.0	
2002	N	32.60	3.30	3.80		161.00	81.00	90.7	
2002	NP	28.60	3.10	2.80		144.00	74.90	106.0	
2002	NK	28.70	3.00	3.00		137.00	74.90	120.0	
2002	M	31.00	3.00	2.60		130.00	52.80	100.0	
2002	NPK	32.80	3.40	3.30		144.00	78.70	93.0	
2002	NPK+M	35.40	3.50	3.70		165.00	83.80	98.8	
2002	1.3NPK+M	33.60	4.10	4.30		194.00	95.00	122.0	
2002	CK_0	30.60	2.89	2.82		140.00	61.50	106.0	
2003	CK	20.80	2.72	1.83	25.00	115.00	63.00	50.0	7.40
2003	N	25.00	2.34	2.58	24.40	154.00	84.50	80.0	7.25
2003	NP	23.70	2.39	2.24	24.20	145.00	60.80	90.0	7.21
2003	NK	25.30	3.10	2.83	24.20	154.00	92.50	110.0	7.15
2003	M	26.70	2.88	2.83	24.10	154.00	79.60	80.0	7.30
2003	NPK	25.00	3.32	2.99	24.30	156.00	103.00	90.0	7.30
2003	NPK+M	30.30	3.80	3.37	24.20	168.00	101.00	100.0	7.26
2003	1.3NPK+M	29.10	2.88	3.74	23.80	181.00	108.00	90.0	7.36
2004	CK	23.30	3.00	2.70		115.00	63.00	50.0	
2004	N	26.70	2.90	2.80		168.00	87.30	80.0	
2004	NP	25.00	2.30	2.60		154.00	79.60	80.0	

（续）

年份	处理	有机质/(g/kg)	全 N/(g/kg)	全 P/(g/kg)	全 K/(g/kg)	碱解 N/(mg/kg)	速效 P/(mg/kg)	速效 K/(mg/kg)	pH (H_2O)
2004	NK	23.70	2.40	2.20		154.00	84.50	80.0	
2004	M	25.30	3.10	2.80		145.00	60.80	90.0	
2004	NPK	25.00	3.30	3.00		154.00	92.50	110.0	
2004	NPK+M	30.30	3.80	3.40		156.00	103.00	90.0	
2004	1.3NPK+M	29.10	2.90	3.70		168.00	101.00	100.0	
2004	CK_0	20.80	2.72	1.83		115.00	63.00	50.0	
2005	CK	19.40	1.31	2.19	25.00	181.00	108.00	90.0	7.50
2005	N	19.70	1.31	1.41	24.00	167.00	212.00	340.0	7.40
2005	NP	22.30	1.61	1.97	24.60	203.00	267.00	237.0	7.30
2005	NK	19.90	1.53	2.12	24.60	191.00	267.00	296.0	7.30
2005	M	19.40	1.48	2.29	24.00	204.00	302.00	331.0	7.50
2005	NPK	20.60	1.32	2.15	24.40	216.00	293.00	311.0	7.50
2005	NPK+M	25.20	1.93	3.09	23.80	259.00	336.00	462.0	7.30
2005	1.3NPK+M	23.60	1.77	2.69	23.80	248.00	371.00	397.0	7.30
2006	CK	15.10	1.13	3.26	23.80	107.00	132.48	136.2	7.04
2006	N	13.60	1.03	2.12	17.90	84.70	147.38	124.1	7.36
2006	NP	15.90	1.08	2.06	18.20	109.00	143.48	125.3	7.36
2006	NK	15.10	1.13	2.10	19.10	92.90	155.63	159.1	7.82
2006	M	13.90	1.13	2.36	17.30	90.60	163.88	174.7	7.22
2006	NPK	16.40	1.22	2.05	18.30	106.00	201.70	213.3	7.50
2006	NPK+M	19.00	1.18	2.86	17.20	116.00	240.66	257.9	7.15
2006	1.3NPK+M	19.00	1.32	3.19	21.80	109.00	240.66	261.5	7.32
2007	CK	13.40	1.03	2.42	24.30	98.80	145.10	113.0	6.58
2007	N	13.30	1.11	2.39	25.50	101.00	151.70	109.5	6.70
2007	NP	11.60	1.13	2.25	25.50	81.70	238.40	103.4	6.57
2007	NK	12.00	0.96	2.35	24.30	124.00	129.00	127.7	7.37
2007	M	12.90	1.15	2.41	49.60	104.00	168.50	243.4	6.74
2007	NPK	17.50	1.41	2.71	23.70	135.00	214.30	192.8	7.15
2007	NPK+M	17.70	1.62	3.27	25.40	123.00	221.40	274.7	7.01
2007	1.3NPK+M	18.60	1.65	3.23	23.20	123.00	211.60	216.9	7.13
2008	CK	12.70	1.60	2.21	18.00	82.30	212.50	99.7	6.92
2008	N	14.70	0.94	2.14	18.10	82.30	152.60	89.5	7.18
2008	NP	13.20	0.94	1.87	14.70	72.90	183.40	88.8	7.09
2008	NK	15.90	1.41	2.07	17.70	89.40	179.50	118.7	7.15
2008	M	11.50	1.41	2.33	17.50	77.60	222.80	139.8	6.80
2008	NPK	11.30	1.69	2.82	19.50	89.40	259.00	156.7	6.88
2008	NPK+M	17.10	1.41	2.91	17.80	91.70	362.10	182.0	6.61
2008	1.3NPK+M	14.40	1.46	3.28	18.00	106.00	355.30	202.4	6.77

（续）

年份	处理	有机质/(g/kg)	全 N/(g/kg)	全 P/(g/kg)	全 K/(g/kg)	碱解 N/(mg/kg)	速效 P/(mg/kg)	速效 K/(mg/kg)	pH (H_2O)
2009	CK	15.20	1.66	1.78	17.49	73.83	168.30	81.3	6.70
2009	M	17.30	2.09	2.11	17.25	77.01	103.20	69.3	6.57
2009	NPK+M	17.20	1.72	2.03	17.05	88.27	110.50	65.1	6.85
2009	1.3NPK+M	17.60	1.89	2.15	16.59	90.78	126.00	98.2	6.81
2009	N	16.00	2.50	1.88	17.17	68.56	120.40	72.3	6.77
2009	NK	15.10	3.35	1.59	16.82	71.08	153.20	118.7	6.72
2009	NP	15.90	2.50	1.97	17.05	89.52	222.70	139.2	6.78
2009	NPK	15.80	1.66	1.97	17.64	64.60	227.90	171.7	6.87
2009	CK_0	13.00	1.73	1.49	16.76	68.35	62.38	49.0	7.64
2010	CK	21.80	1.24	1.60	14.04	200.20	49.30	56.3	7.16
2010	M	27.10	1.68	1.44	15.63	215.60	98.30	125.7	7.14
2010	NPK+M	26.50	1.92	1.57	13.40	331.30	120.10	199.3	6.91
2010	1.3NPK+M	28.70	1.79	1.53	14.76	184.80	122.60	213.3	7.20
2010	N	18.40	1.05	1.20	15.25	139.50	41.30	51.3	6.70
2010	NK	17.00	1.15	1.19	14.99	132.10	44.60	104.0	6.69
2010	NP	19.50	1.10	1.46	15.79	118.10	52.70	61.0	6.64
2010	NPK	19.30	1.43	1.00	13.51	375.70	68.70	94.7	7.59
2010	CK_0	22.40	1.44	1.23	15.99	167.50	70.10	95.3	7.59

注：土壤类型为水稻土，土壤母质为江河冲积物。

表 4－61　重庆北碚紫色土监测站表层土壤养分含量

年份	作物	处理	采样深度/cm	有机质/(g/kg)	全 N/(g/kg)	全 P/(g/kg)	全 K/(g/kg)	碱解 N/(mg/kg)	速效 P/(mg/kg)	速效 K/(mg/kg)	缓效 K/(mg/kg)	pH (H_2O)
1991		基础（CK）	0～20	22	1.132	0.581	20.4	105	4	99	573	7.6
1991		基础（N）	0～20	25.3	1.436	0.677	20.6	74	6	99	543	7.6
1991		基础（NP）	0～20	24.2	1.367	0.679	21.1	92	3.5	79	560	7.6
1991		基础（NK）	0～20	24.8	1.399	0.766	21.2	98	3.5	84	572	7.5
1991		基础（PK）	0～20	24.5	1.333	0.887	21.6	92	4	89	584	7.9
1991		基础（NPK）	0～20	22.9	1.178	0.624	20.7	91	3.5	78	541	7.8
1991		基础（NPK+M）	0～20	21.9	1.173	0.848	21.1	92	3.5	94	580	7.8
1991		基础（1.5 NPK+M）	0～20	24.9	1.341	0.685	20.7	91	4	89	548	7.6
1991		基础（NPK+S）	0～20	24.2	1.277	0.54	21.3	96	4	79	635	7.6
1991		基础（NPK+M+F2）	0～20	25.3	1.245	0.72	22.1	102	3.5	100	637	7.6
1991		基础［(NPK) Cl+M］	0～20	22.3	1.287	0.649	21.3	93	4	89	564	7.8
1991		基础（M）	0～20	25.7	1.364	0.697	21	92	3.5	94	608	7.6
1991		基础（CK）	20～40	24	1.349	0.512	19.7	94	5	84	535	8
1991		基础（N）	20～40	24	1.293	0.435	20.5	96	4	95	578	7.7
1991		基础（NP）	20～40	21.5	1.341	0.519	20.6	100	5	79	534	7.6

（续）

年份	作物	处理	采样深度/cm	有机质/(g/kg)	全N/(g/kg)	全P/(g/kg)	全K/(g/kg)	碱解N/(mg/kg)	速效P/(mg/kg)	速效K/(mg/kg)	缓效K/(mg/kg)	pH (H_2O)
1991		基础（NK）	20~40	24.5	1.453	0.52	20.7	96	5	84	537	7.8
1991		基础（PK）	20~40	24.9	1.351	0.567	20.3	98	5	84	553	7.7
1991		基础（NPK）	20~40	24.1	1.222	0.53	19.7	92	4	84	524	7.7
1991		基础（NPK+M）	20~40	23.3	1.427	0.571	19.5	95	4	84	573	7.8
1991		基础（1.5 NPK+M）	20~40	24	1.422	0.536	20.5	100	5	84	557	7.6
1991		基础（NPK+S）	20~40	23.9	1.248	0.587	20.7	85	6	84	511	7.2
1991		基础（NPK+M+F2）	20~40	21.8	1.358	0.559	19.9	87	4	89	572	7.7
1991		基础［(NPK) Cl+M］	20~40	22.8	1.347	0.501	20.6	91	5	82	592	7.7
1991		基础（M）	20~40	27.7	1.452	0.538	19.9	100	4	87	588	7.6
1992		CK	0~20	25	1.191	0.467	18.2	73	4	95	494	8
1992		N	0~20	26.5	1.407	0.507	18.8	79	3	94	535	8.1
1992		NP	0~20	24.9	1.408	0.583	17.5	90	7	74	519	8.1
1992		NK	0~20	25.8	1.405	0.717	18.9	84	4	84	570	8.4
1992		PK	0~20	23.8	1.329	0.69	19.1	73	10	90	589	8.1
1992		NPK	0~20	25.5	1.367	0.572	18.4	91	4	98	519	7.8
1992		NPK+M	0~20	24.8	1.266	0.639	19	87	7	95	549	7.7
1992		1.5NPK+M	0~20	26.3	1.349	0.589	18.9	87	8	87	515	8.3
1992		NPK+S	0~20	26.3	1.413	0.624	19	84	4	105	484	8.3
1992		NPK+M+F2	0~20	25.5	1.324	0.574	19.2	96	5	87	590	7.6
1992		(NPK) Cl+M	0~20	23.5	1.198	0.559	18.9	83	5	94	519	7.7
1992		M	0~20	25.1	1.379	0.546	18.4	89	5	100	554	7.7
1993		CK	0~20					94	9	85		
1993		N	0~20					95	4.2	79		
1993		NP	0~20					82	9	75		
1993		NK	0~20					79	1.1	69		
1993		PK	0~20					84	2.1	70		
1993		NPK	0~20					77	8.5	64		
1993		NPK+M	0~20					92	2.1	67		
1993		1.5NPK+M	0~20					96	2.1	70		
1993		NPK+S	0~20					89	6.3	60		
1993		NPK+M+F2	0~20					93	4.2	70		
1993		(NPK) Cl+M	0~20					88	7.9	63		
1993		M	0~20					87	6.8	62		
1994		CK	0~20	20.14	1.25	0.624	21.53	84	2.1	60	542	7.9
1994		N	0~20	22.61	1.38	0.651	18.72	87	1.6	75	498	7.7
1994		NP	0~20	20.44	1.478	0.932	17.46	84	5.3	71	501	7.6

（续）

年份	作物	处理	采样深度/cm	有机质/(g/kg)	全N/(g/kg)	全P/(g/kg)	全K/(g/kg)	碱解N/(mg/kg)	速效P/(mg/kg)	速效K/(mg/kg)	缓效K/(mg/kg)	pH (H_2O)
1994		NK	0~20	24.28	1.465	0.683	18.57	83	2.3	92	520	7.6
1994		PK	0~20	21.26	1.432	0.888	20.62	75	8.4	115	507	7.6
1994		NPK	0~20	22.42	1.383	1.788	20.25	84	6.8	86	485	7.7
1994		NPK+M	0~20	22.26	1.438	0.866	21.05	77	8.6	95	511	7.6
1994		1.5NPK+M	0~20	24.69	1.455	1.022	19.11	90	11.5	90	494	7.6
1994		NPK+S	0~20	24.33	1.516	1.068	18.99	82	6.6	96	542	7.7
1994		NPK+M+F2	0~20	25.33	1.504	0.914	20.75	87	10.8	103	536	7.4
1994		(NPK) Cl+M	0~20	23.17	1.481	0.937	19.64	80	8.4	107	503	7.4
1994		M	0~20	24.08	1.493	1.216	20.88	81	2.2	65	566	7.6
1994		CK	20~40	19.58	1.313	0.549	17.14	70	2.6	76	519	7.9
1994		N	20~40	20.23	1.37	0.556	17.88	69	1.6	68	572	8
1994		NP	20~40	21.5	1.356	0.557	17.87	72	1.6	49	552	8
1994		NK	20~40	22.71	1.49	0.713	18.34	82	1.3	74	564	8
1994		PK	20~40	22.34	1.474	0.668	17.96	89	2.4	82	510	7.8
1994		NPK	20~40	20.35	1.385	0.57	18.57	77	3.1	82	538	8
1994		NPK+M	20~40	22.04	1.466	0.54	18.9	74	3	66	526	7.9
1994		1.5NPK+M	20~40	22.7	1.514	0.347	18.75	76	2.1	70	555	7.9
1994		NPK+S	20~40	20.34	1.408	0.525	17.5	73	2.1	96	476	7.9
1994		NPK+M+F2	20~40	24.36	1.338	0.624	18	71	3.2	68	538	7.9
1994		(NPK) Cl+M	20~40	20.32	1.461	0.586	17.52	74	2.4	64	571	7.9
1994		M	20~40	22.69	1.454	0.612	18.59	77	3.2	93	529	7.9
1995		CK	0~20					73	5.3	93		
1995		N	0~20					76	3	89		
1995		NP	0~20					80	22.4	89		
1995		NK	0~20					81	5.3	89		
1995		PK	0~20					81	20	99		
1995		NPK	0~20					80	18	106		
1995		NPK+M	0~20					79	18.4	99		
1995		1.5NPK+M	0~20					92	30.2	99		
1995		NPK+S	0~20					81	19.7	99		
1995		NPK+M+F2	0~20					85	21.2	102		
1995		(NPK) Cl+M	0~20					81	24.4	83		
1995		M	0~20					74	5.1	88		
1996		CK	0~20	20.74	1.11	0.578	20.1	75	3.4	58.6	494.1	
1996		N	0~20	25.61	1.44	0.651	19.4	994.1	4.2	72.7	450.8	
1996		NP	0~20	26.62	1.53	0.912	18.8	88.8	16.9	55.5	484.1	

（续）

年份	作物	处理	采样深度/cm	有机质/(g/kg)	全N/(g/kg)	全P/(g/kg)	全K/(g/kg)	碱解N/(mg/kg)	速效P/(mg/kg)	速效K/(mg/kg)	缓效K/(mg/kg)	pH (H_2O)
1996		NK	0~20	26.13	1.54	0.683	20.8	97.6	4.6	83.6	543.9	
1996		PK	0~20	24.6	1.3	0.988	21.5	80.8	18.5	99.1	540.1	
1996		NPK	0~20	24.53	1.39	0.831	20.8	93.8	17.6	82.9	484.5	
1996		NPK+M	0~20	24.2	1.41	1.08	21	87.8	23	91.2	505.8	
1996		1.5NPK+M	0~20	28.73	1.69	1.02	21.6	99.5	33.3	130.9	537.8	
1996		NPK+S	0~20	28.01	1.79	1.07	22.7	98.6	23.6	103.1	500.3	
1996		NPK+M+F2	0~20	27.12	1.57	0.954	21.8	88.4	27.5	108.6	545.2	
1996		(NPK) Cl+M	0~20	24.17	1.35	0.937	21.5	83.8	17	78.7	510.2	
1996		M	0~20	26.86	1.53	0.765	21.3	87	4.8	85.9	494.1	
1997		CK	0~20					69.1	2.1	73.5		7.55
1997		N	0~20					83.3	1.2	73.8		7.22
1997		NP	0~20					88.3	11.5	73.9		7.02
1997		NK	0~20					91.1	2.2	94.3		7.11
1997		PK	0~20					83.1	19.7	105.2		7.11
1997		NPK	0~20					85.9	13.9	78.9		7.22
1997		NPK+M	0~20					82.9	14.7	84		7.11
1997		1.5NPK+M	0~20					96.2	22.4	90		6.92
1997		NPK+S	0~20					97	12.8	102.6		6.96
1997		NPK+M+F2	0~20					94	18.3	94.5		6.9
1997		(NPK) Cl+M	0~20					74.8	14.9	78.9		6.53
1997		M	0~20					83.1	3.1	94.7		7.31
1998		CK	0~20					73.4	2.4			
1998		N	0~20					85.7	4			
1998		NP	0~20					94.3	12.7			
1998		NK	0~20					97.1	5.1			
1998		PK	0~20					77.5	18.6			
1998		NPK	0~20					85.6	24			
1998		NPK+M	0~20					90	24.7			
1998		1.5NPK+M	0~20					88.6	27.9			
1998		NPK+S	0~20					95.1	28.8			
1998		NPK+M+F2	0~20					100	24			
1998		(NPK) Cl+M	0~20					87.7	20.9			
1998		M	0~20					90.7	4.8			
2000		CK	0~20	22.51	1.23	0.527	19.37	77	3.1	66	442	
2000		N	0~20	23.31	1.5	0.61	19.43	85	3.2	65	436	
2000		NP	0~20	26.07	1.64	0.781	18.91	108	40	53	422	

（续）

年份	作物	处理	采样深度/cm	有机质/(g/kg)	全 N/(g/kg)	全 P/(g/kg)	全 K/(g/kg)	碱解 N/(mg/kg)	速效 P/(mg/kg)	速效 K/(mg/kg)	缓效 K/(mg/kg)	pH (H_2O)
2000		NK	0~20	26.68	1.74	0.675	20.22	105	2.6	77	485	
2000		PK	0~20	23.92	1.53	0.994	21.45	91	44.5	116	506	
2000		NPK	0~20	26.52	1.62	0.697	20.52	94	37	74	466	
2000		NPK+M	0~20	26.58	1.65	0.946	21	92	40	84	493	
2000		1.5NPK+M	0~20	27.73	1.84	0.927	20.03	102	61.5	91	488	
2000		NPK+S	0~20	28.02	1.71	0.644	21.18	116	37.7	79	492	
2000		NPK+M+F2	0~20									
2000		(NPK) Cl+M	0~20	25.8	1.48	0.742	19.42	98	40.6	70	443	
2000		M	0~20	29	1.78	0.653	20.8	104	4.5	92	491	
2001	水稻	CK_0	0~20									
2001	水稻	CK	0~20	20.63	1.2	0.568	19.9	72	2.8	67.5		7.8
2001	水稻	N	0~20	23.48	1.423	0.556	19.47	98	1.5	57.4		7.42
2001	水稻	NP	0~20	25.39	1.512	0.62	19.88	97.5	26	51.8		6.96
2001	水稻	NK	0~20	24.96	1.523	0.646	20.92	95.7	2	72		6.83
2001	水稻	PK	0~20	23.7	1.366	0.747	21.48	84.3	34	98.7		7.08
2001	水稻	NPK	0~20	25.09	1.489	0.725	20.23	93.6	27.5	20		7.43
2001	水稻	NPK+M	0~20	25.44	1.526	0.84	20.88	94.9	34.3	74.9		7.25
2001	水稻	1.5NPK+M	0~20	27.48	1.418	0.858	20.73	95.7	41.3			7.15
2001	水稻	NPK+M+F2	0~20	27.93	1.549	0.839	20.95	112.5	32.3	82.6		0.71
2001	水稻	(NPK) Cl+M	0~20	25.66	1.334	0.748	20.9	100.1	30	74		6.27
2001	水稻	M	0~20	27.74	1.487	0.737	21.1	83.4	4.1	63.6		7.46
2002	小麦	CK_0	0~20					89.22	3.5	80		
2002	小麦	CK	0~20					103.17	2.5	90		
2002	小麦	N	0~20					103.54	3.25	80		
2002	小麦	NP	0~20					103.9	22	80		
2002	小麦	NK	0~20					105.37	2.5	110		
2002	小麦	PK	0~20					94.72	26.25	130		
2002	小麦	NPK	0~20					95.09	20.25	90		
2002	小麦	NPK+M	0~20					121.16	18.75	100		
2002	小麦	1.5NPK+M	0~20					107.57	40	100		
2002	小麦	NPK+M+F2	0~20					113.08	26.75	125		
2002	小麦	(NPK) Cl+M	0~20					102.8	23	115		
2002	小麦	M	0~20					113.82	4.75	140		
2002	水稻	CK_0	0~20									
2002	水稻	CK	0~20					81.51	2.5	80		
2002	水稻	N	0~20					87.38	2.5	70		

（续）

年份	作物	处理	采样深度/cm	有机质/(g/kg)	全N/(g/kg)	全P/(g/kg)	全K/(g/kg)	碱解N/(mg/kg)	速效P/(mg/kg)	速效K/(mg/kg)	缓效K/(mg/kg)	pH (H_2O)
2002	水稻	NP	0～20					113.82	25.25	55		
2002	水稻	NK	0～20					102.07	0.75	100		
2002	水稻	PK	0～20					96.93	36.5	120		
2002	水稻	NPK	0～20					102.07	23.75	80		
2002	水稻	NPK+M	0～20					98.03	27.5	90		
2002	水稻	1.5NPK+M	0～20					112.35	42.25	110		
2002	水稻	NPK+M+F2	0～20					105	27.25	90		
2002	水稻	(NPK) Cl+M	0～20					102.07	22.75	90		
2002	水稻	M	0～20					106.47	5	115		
2003	小麦	CK_0	0～20									
2003	小麦	CK	0～20					72.45	3.2	73		
2003	小麦	N	0～20					91.35	3.5	74		
2003	小麦	NP	0～20					90.7	19	61		
2003	小麦	NK	0～20					96.39	3.8	92		
2003	小麦	PK	0～20					84.11	32	109		
2003	小麦	NPK	0～20					81.27	20.5	72		
2003	小麦	NPK+M	0～20					82.85	28	101		
2003	小麦	1.5NPK+M	0～20					97.02	35	93		
2003	小麦	NPK+M+F2	0～20					97.34	21	91		
2003	小麦	(NPK) Cl+M	0～20					93.24	21	72		
2003	小麦	M	0～20					86	4.2	102		
2003	水稻	CK_0	0～20									
2003	水稻	CK	0～20					60.8	3.3	76		
2003	水稻	N	0～20					76.55	2.7	76		
2003	水稻	NP	0～20					87.26	24	74		
2003	水稻	NK	0～20					84.11	3.3	95		
2003	水稻	PK	0～20					75.29	34	103		
2003	水稻	NPK	0～20					80.33	22	79		
2003	水稻	NPK+M	0～20					85.05	27.5	81		
2003	水稻	1.5NPK+M	0～20					96.39	41	92		
2003	水稻	NPK+M+F2	0～20					93.87	30	98		
2003	水稻	(NPK) Cl+M	0～20					79.38	20	82		
2003	水稻	M	0～20					83.79	4.2	97		
2004	小麦	CK_0	0～20									
2004	小麦	CK	0～20					83.64	3	70		
2004	小麦	N	0～20					99.06	1.25	50		

（续）

年份	作物	处理	采样深度/cm	有机质/(g/kg)	全 N/(g/kg)	全 P/(g/kg)	全 K/(g/kg)	碱解 N/(mg/kg)	速效 P/(mg/kg)	速效 K/(mg/kg)	缓效 K/(mg/kg)	pH (H_2O)
2004	小麦	NP	0～20					105.56	17.5	50		
2004	小麦	NK	0～20					107.59	1.75	80		
2004	小麦	PK	0～20					94.19	28.25	90		
2004	小麦	NPK	0～20					95.82	19.25	65		
2004	小麦	NPK+M	0～20					96.63	25.75	50		
2004	小麦	1.5NPK+M	0～20					110.43	48	90		
2004	小麦	NPK+M+F2	0～20					113.68	26.75	80		
2004	小麦	(NPK) Cl+M	0～20					104.75	20.5	80		
2004	小麦	M	0～20					95	2.25	85		
2004	水稻	CK_0	0～20	16.775	0.78	0.37	17.046	47	3.25	50		
2004	水稻	CK	0～20	24.226	1.282	0.546	19.02	70.86	4.5	70		
2004	水稻	N	0～20	25.986	1.422	0.501	18.483	82.98	3.25	45		
2004	水稻	NP	0～20	28.383	1.696	0.785	17.224	96.93	22.5	45		
2004	水稻	NK	0～20	29.023	1.621	0.546	17.473	94.72	2.5	70		
2004	水稻	PK	0～20	28.25	1.578	0.869	18.822	84.81	26.5	110		
2004	水稻	NPK	0～20	27.098	1.539	0.73	17.877	84.08	19.5	60		
2004	水稻	NPK+M	0～20	28.157	1.482	0.814	18.138	97.66	23.5	80		
2004	水稻	1.5NPK+M	0～20	30.081	1.745	1.073	17.569	97.29	39	90		
2004	水稻	NPK+M+F2	0～20	30.648	1.681	0.856	18.495	99.13	22.5	90		
2004	水稻	(NPK) Cl+M	0～20	28.466	1.496	0.825	18.537	89.95	17.5	70		
2004	水稻	M	0～20	28.909	1.672	0.56	18.588	91.42	6.5	110		
2005	水稻	CK_0	0～20									
2005	水稻	CK	0～20	17.944	1.366	0.582	18.104	84.53	5	80		
2005	水稻	N	0～20	23.916	1.773	0.602	18.324	92.61	5.25	80		
2005	水稻	NP	0～20	23.616	1.708	0.78	20.802	115.03	31.5	75		
2005	水稻	NK	0～20	25.43	1.748	0.563	20.948	109.88	6.25	110		
2005	水稻	PK	0～20	22.748	1.797	0.957	20.7	109.15	46.25	130		
2005	水稻	NPK	0～20	23.212	1.666	0.758	18.291	106.58	22.75	100		
2005	水稻	NPK+M	0～20	23.458	1.663	0.486	9.763	105.47	31	90		
2005	水稻	1.5NPK+M	0～20	27.889	2.025	1.124	18.291	124.95	49.5	110		
2005	水稻	NPK+M+F2	0～20	25.143	1.813	0.799	20.94	102.9	28	100		
2005	水稻	(NPK) Cl+M	0～20	24.084	1.728	1.003	20.84	126.79	36	105		
2005	水稻	M	0～20	25.325	1.818	0.634	20.714	113.93	5.5	120		
2006	水稻	CK_0	0～20									
2006	水稻	CK	0～20	20.627	1.065	0.463	19.669	77.8	1.8	85	395	7.6
2006	水稻	N	0～20	25.082	1.326	0.444	17.101	107.4	1.5	85	405	6.7

（续）

年份	作物	处理	采样深度/cm	有机质/(g/kg)	全N/(g/kg)	全P/(g/kg)	全K/(g/kg)	碱解N/(mg/kg)	速效P/(mg/kg)	速效K/(mg/kg)	缓效K/(mg/kg)	pH (H_2O)
2006	水稻	NP	0～20	27.396	1.504	0.831	17.578	95.3	25.3	77	392.5	6.5
2006	水稻	NK	0～20	26.216	1.441	0.449	20.104	98.6	1.1	100	420	6.4
2006	水稻	PK	0～20	24.868	1.262	0.895	17.459	109.6	31.8	135	515	6.8
2006	水稻	NPK	0～20	25.641	1.455	0.746	17.943	108.5	20.3	87.5	442.5	7.2
2006	水稻	NPK+M	0～20	25.837	1.439	0.825	19.361	90.9	22.3	92.5	487.5	7.1
2006	水稻	1.5NPK+M	0～20	32.836	1.735	1.034	18.35	120.5	35.8	110	410	6.3
2006	水稻	NPK+M+F2	0～20	32.941	1.131	0.752	20.067	116.1	23	105	465	6.9
2006	水稻	(NPK) Cl+M	0～20	25.692	1.355	0.707	18.72	110.6	22.3	100	390	6.9
2006	水稻	M	0～20	26.945	1.527	0.441	20.511	106.3	1.5	132.5	487.5	7.3
2007	水稻	CK_0	0～20									
2007	水稻	CK	0～20					87.1	1.7	80		
2007	水稻	N	0～20					107.1	1	72.5		
2007	水稻	NP	0～20					108.8	20.3	70		
2007	水稻	NK	0～20					116.6	2.1	105		
2007	水稻	PK	0～20					110.8	28.9	127.5		
2007	水稻	NPK	0～20					96.4	18.2	95		
2007	水稻	NPK+M	0～20					112.8	26	90		
2007	水稻	1.5NPK+M	0～20					123.2	36.8	110		
2007	水稻	NPK+M+F2	0～20					110.4	25.7	107.5		
2007	水稻	(NPK) Cl+M	0～20					109	23.8	87.5		
2007	水稻	M	0～20					115.2	3	117.5		
2008	小麦	CK_0	0～20					89.22	3.5	80		
2008	小麦	CK	0～20					99	1.5	80		7.91
2008	小麦	N	0～20					106.6	1.5	80		7.02
2008	小麦	NP	0～20					121.9	19.5	80		6.85
2008	小麦	NK	0～20					118	4	120		6.8
2008	小麦	PK	0～20					116.1	33.5	140		6.86
2008	小麦	NPK	0～20					114.2	25.5	90		7.12
2008	小麦	NPK+M	0～20					114.2	25	90		7.25
2008	小麦	1.5NPK+M	0～20					131.4	44	120		6.65
2008	小麦	(NPK) Cl+M	0～20					118	19	80		5.89
2008	小麦	M	0～20					118	2.5	130		7.37
2008	油菜	NPK+M+F2	0～20					127.6	26	120		6.9
2008	水稻	CK_0	0～20									
2008	水稻	CK	0～20					81.9	1.5	70		7.94
2008	水稻	N	0～20					106.6	1.5	60		7.35

（续）

年份	作物	处理	采样深度/cm	有机质/(g/kg)	全N/(g/kg)	全P/(g/kg)	全K/(g/kg)	碱解N/(mg/kg)	速效P/(mg/kg)	速效K/(mg/kg)	缓效K/(mg/kg)	pH(H_2O)
2008	水稻	NP	0～20					102.8	18.5	50		7.03
2008	水稻	NK	0～20					110.4	1.5	90		6.72
2008	水稻	PK	0～20					104.7	30.5	130		7.04
2008	水稻	NPK	0～20					106.6	19.5	80		7.16
2008	水稻	NPK+M	0～20					104.7	25.5	80		7.45
2008	水稻	1.5NPK+M	0～20					120	51	100		6.67
2008	水稻	(NPK) Cl+M	0～20					108.5	24	90		5.57
2008	水稻	M	0～20					112.3	2	100		7.45
2008	水稻	NPK+M+F2	0～20					123.8	23	100		7.16
2009	小麦	CK_0	0～20									
2009	小麦	CK	0～20					90.8	5.5	70		
2009	小麦	N	0～20					108.8	5	70		
2009	小麦	NP	0～20					121.6	39.5	80		
2009	小麦	NK	0～20					126.4	2.8	155		
2009	小麦	PK	0～20					112.8	58.8	170		
2009	小麦	NPK	0～20					119.1	29	90		
2009	小麦	NPK+M	0～20					104.4	57.8	140		
2009	小麦	1.5NPK+M	0～20					127.2	66	150		
2009	油菜	NPK+M+F2	0～20					117.6	39.5	95		
2009	小麦	(NPK) Cl+M	0～20					125	38.3	135		
2009	小麦	M	0～20					118.3	3.8	130		
2009	水稻	CK_0	0～20									
2009	水稻	CK	0～20					84.5	2.5	74.8		8.01
2009	水稻	N	0～20					103.6	3.8	66		7.11
2009	水稻	NP	0～20					116.9	25	62.4		7.12
2009	水稻	NK	0～20					112.5	2.5	97.5		7.25
2009	水稻	PK	0～20					102.5	54	126.8		7.07
2009	水稻	NPK	0～20					124.6	17.8	74.3		7.18
2009	水稻	NPK+M	0～20					114.3	27.8	81.6		6.94
2009	水稻	1.5NPK+M	0～20					123.8	35.5	118.3		6.64
2009	水稻	NPK+M+F2	0～20					123.8	24.5	92.1		6.88
2009	水稻	(NPK) Cl+M	0～20					112.1	22.5	85.6		5.85
2009	水稻	M	0～20					119.1	2	113.4		7.54
2010	小麦	CK_0										
2010	小麦	CK		17.89				81.6	3.4	66		7.7
2010	小麦	N		20.63				95.7	3.2	57.5		6.9

（续）

年份	作物	处理	采样深度/cm	有机质/(g/kg)	全N/(g/kg)	全P/(g/kg)	全K/(g/kg)	碱解N/(mg/kg)	速效P/(mg/kg)	速效K/(mg/kg)	缓效K/(mg/kg)	pH (H_2O)
2010	小麦	NP		24.46				118.2	29.2	61.5		6.7
2010	小麦	NK		24.46				106.9	3.8	93		6.6
2010	小麦	PK		21.51				101.3	37.6	108		6.4
2010	小麦	NPK		23.96				119.6	37.4	106		6.3
2010	小麦	NPK+M		22.29				114.7	38.7	74		6.6
2010	小麦	1.5NPK+M		26.31				121.7	49.6	106		6.9
2010	小麦	NPK+M+F2		25.47				128	28.3	128.5		6.3
2010	小麦	（NPK）Cl+M		24.16				116.8	28.2	106.5		5.3
2010	小麦	M		25.17				109.7	4.8	127		7
2010	水稻	CK_0										
2010	水稻	CK		19.59				79.5	5.2	71.5		7.7
2010	水稻	N		23.6				102.7	2.4	61.5		6.3
2010	水稻	NP		22.71				107.6	29.4	58		7
2010	水稻	NK		21.45				106.2	3.1	97.5		6.4
2010	水稻	PK		25.85				104.8	48	134		6.6
2010	水稻	NPK		24.15				108.3	29.1	72.5		6.7
2010	水稻	NPK+M1		25				109	27.8	79.5		7.1
2010	水稻	1.5NPK+M1		24.27				123.8	65.9	101		6.7
2010	水稻	NPK+M2		22.99				133	30.2	102.5		6.6
2010	水稻	NPK+M+F2		23.91				102.7	27.5	75.5		6.8
2010	水稻	（NPK）Cl+M1		24.6				119.6	28.5	75.5		5.2
2010	水稻	M1		24.24				114	4.2	120		7.2

注：土壤类型为普通紫色湿润雏形土（第二次土壤普查：紫色土类、中性紫色土亚类），土壤母质为侏罗系沙溪庙组紫色泥岩。

表 4-62　湖南祁阳红壤监测站表层土壤养分含量（0～20 cm）

年份	处理	层级/cm	有机质/(g/kg)	全N/(g/kg)	全P/(g/kg)	全K/(g/kg)	碱解N/(mg/kg)	速效P/(mg/kg)	速效K/(mg/kg)	缓效K/(mg/kg)	pH (H_2O)
1992	CK	0～20	15.9	0.78	0.42		116.9	5.3	123.9	171.8	6.70
1992	N	0～20	15.7	0.79	0.41		183.4	4.8	114.3	200.9	6.50
1992	NP	0～20	16.1	0.84	0.56		94.5	8.6	153.0	200.4	6.30
1992	NK	0～20	14.4	0.88	0.45		154.0	4.2	196.5	350.2	6.20
1992	PK	0～20	15.9	0.98	0.55		191.8	5.6	182.1	249.5	6.50
1992	NPK	0～20	15.3	1.08	0.57		191.1	10.1	94.9	288.2	5.90
1992	NPK+M	0～20	18.6	0.98	0.70		148.4	21.7	182.6	356.2	6.20
1992	1.5（NPK+M）	0～20	19.9	0.86	0.73		97.3	22.9	186.9	472.6	6.10
1992	NPK+S	0～20	14.6	1.08	0.51		119.0	8.7	220.7	327.1	5.80
1992	NPK+M+F2	0～20	20.3	1.08	0.74		135.8	25.6	196.5	443.5	6.60

（续）

年份	处理	层级/cm	有机质/(g/kg)	全N/(g/kg)	全P/(g/kg)	全K/(g/kg)	碱解N/(mg/kg)	速效P/(mg/kg)	速效K/(mg/kg)	缓效K/(mg/kg)	pH (H_2O)
1992	1.5M	0~20	17.9	1.07	0.58		180.6	15.6	188.9	501.7	6.70
1993	CK	0~20	15.0	0.65	0.45		73.5	5.6	100.6		5.68
1993	N	0~20	15.6	0.82	0.46		135.7	5.2	85.3		5.28
1993	NP	0~20	16.4	0.93	0.63		86.5	13.6	82.5		5.31
1993	NK	0~20	15.3	0.84	0.44		93.6	5.4	167.5		5.25
1993	PK	0~20	15.0	0.88	0.62		76.5	15.6	183.2		5.65
1993	NPK	0~20	15.9	1.10	0.65		116.3	20.9	156.7		5.26
1993	NPK+M	0~20	18.0	1.36	1.10		125.4	23.8	193.6		6.25
1993	1.5（NPK+M)	0~20	19.7	1.48	1.25		135.9	27.9	215.6		6.18
1993	NPK+S	0~20	15.3	0.98	0.58		96.8	18.6	167.8		5.03
1993	NPK+M+F2	0~20	20.3	1.35	0.78		129.4	25.6	220.5		6.29
1993	1.5M	0~20	18.9	1.12	0.65		109.5	15.6	135.8		6.45
1994	CK	0~20	12.1	0.96	0.48	15.2	60.5	6.8	81.9	229.0	6.00
1994	N	0~20	12.6	1.00	0.47	16.9	85.5	6.1	77.7	230.0	5.00
1994	NP	0~20	11.8	1.07	0.67	15.3	79.9	18.6	64.8	228.0	5.50
1994	NK	0~20	11.6	0.96	0.43	15.7	69.9	5.5	170.1	432.0	5.50
1994	PK	0~20	13.0	0.93	0.64	18.4	68.9	22.8	144.1	388.0	5.60
1994	NPK	0~20	13.8	1.07	0.76	16.5	51.3	23.7	135.0	320.0	5.30
1994	NPK+M	0~20	13.8	1.42	0.98	15.6	97.0	25.9	189.0	448.0	6.30
1994	1.5（NPK+M)	0~20	14.6	1.37	1.22	18.7	106.9	27.8	243.0	632.0	6.30
1994	NPK+S	0~20	14.0	0.99	0.62	17.4	83.9	22.8	137.0	336.0	5.30
1994	NPK+M+F2	0~20	13.9	1.29	0.77	15.4	94.0	21.5	164.5	448.0	6.40
1994	1.5M	0~20									
1995	CK	0~20	15.9	0.88	0.46		229.6	6.5	80.4		6.30
1995	N	0~20	14.9	1.09	0.45		172.2	2.2	46.5		5.50
1995	NP	0~20	17.0	1.17	0.71		190.4	13.7	109.4		5.20
1995	NK	0~20	14.4	1.19	0.43		112.7	6.0	278.8		6.00
1995	PK	0~20	16.8	1.07	0.65		267.4	15.1	203.4		6.20
1995	NPK	0~20	17.0	1.20	0.66		166.6	11.7	114.3		5.20
1995	NPK+M	0~20	13.9	1.21	0.97		161.0	35.5	196.5		6.90
1995	1.5（NPK+M)	0~20	24.5	1.32	1.14		135.8	53.1	293.3		6.50
1995	NPK+S	0~20	18.6	1.23	0.76		238.0	28.2	172.3		5.30
1995	NPK+M+F2	0~20	21.4	0.74	0.84		235.2	29.5	153.0		6.80
1995	1.5M	0~20	23.7	1.20	0.74		224.0	27.3	157.8		7.20
1996	CK	0~20	13.4	0.58	0.48		68.5	4.6	67.8	200.9	5.50
1996	N	0~20	13.9	0.61	0.47		98.6	3.2	28.2	210.6	5.10
1996	NP	0~20	18.3	0.89	0.65		104.5	18.6	92.3	268.8	4.80
1996	NK	0~20	18.2	0.94	0.52		55.6	8.6	205.4	589.1	5.00

（续）

年份	处理	层级/cm	有机质/(g/kg)	全N/(g/kg)	全P/(g/kg)	全K/(g/kg)	碱解N/(mg/kg)	速效P/(mg/kg)	速效K/(mg/kg)	缓效K/(mg/kg)	pH (H_2O)
1996	PK	0～20	14.1	0.77	0.69		55.6	9.8	178.6	705.4	5.30
1996	NPK	0～20	15.1	1.05	0.83		117.8	27.6	96.4	715.1	4.60
1996	NPK+M	0～20	20.2	1.37	0.88		135.6	37.6	82.5	395.0	5.80
1996	1.5 (NPK+M)	0～20	19.2	1.21	1.52		147.8	39.4	236.0	618.2	5.70
1996	NPK+S	0～20	15.0	0.94	0.66		114.6	33.2	138.0	482.3	4.60
1996	NPK+M+F2	0～20	22.4	1.45	1.09		145.3	39.7	192.5	569.6	5.70
1996	1.5M	0～20	17.5	1.12	0.76		137.6	25.6	92.1	598.7	5.80
1997	CK	0～20	15.6	0.54	0.51		85.5	3.0	57.0		5.40
1997	N	0～20	18.8	1.11	0.50		89.0	2.0	19.6		5.20
1997	NP	0～20	18.9	0.91	0.73		83.5	21.2	82.0		4.70
1997	NK	0～20	11.5	0.67	0.42		72.4	4.2	232.0		5.50
1997	PK	0～20	10.9	0.79	0.75		75.2	8.0	194.0		5.40
1997	NPK	0～20	19.5	0.93	0.96		107.9	34.0	114.0		4.60
1997	NPK+M	0～20	27.3	1.21	1.36		103.8	71.9	82.0		5.40
1997	1.5 (NPK+M)	0～20	26.5	1.39	1.72		125.3	51.4	206.0		5.90
1997	NPK+S	0～20	17.3	0.89	0.78		103.0	36.0	146.0		4.60
1997	NPK+M+F2	0～20	27.8	1.32	1.20		135.1	37.6	118.1		6.10
1997	1.5M	0～20	22.9	0.76	0.88		114.0	30.9	132.0		6.40
1998	CK	0～20	15.4	1.00	0.46		96.4	4.9	65.9	181.5	5.40
1998	N	0～20	15.6	0.94	0.47		86.6	3.8	56.2	142.7	4.30
1998	NP	0～20	17.0	1.10	0.96		104.6	40.1	61.0	142.7	4.70
1998	NK	0～20	15.5	0.92	0.47		114.6	4.1	245.0	356.2	4.40
1998	PK	0～20	17.3	0.97	0.79		94.6	28.3	225.6	482.3	5.20
1998	NPK	0～20	17.8	1.07	1.39		99.6	26.6	133.7	268.8	4.30
1998	NPK+M	0～20	15.6	1.36	1.35		169.0	88.3	365.2	705.4	5.90
1998	1.5 (NPK+M)	0～20	30.7	1.39	1.79		138.2	155.2	433.6	812.2	5.80
1998	NPK+S	0～20	19.0	1.09	0.83		100.8	35.1	128.8	346.5	4.50
1998	NPK+M+F2	0～20	28.3	1.46	1.54		135.9	182.2	211.1	444.5	6.10
1998	1.5M	0～20	27.5	1.32	0.99		152.3	64.6	186.8	433.8	6.30
1999	CK	0～20	14.5	0.57	0.48		68.6	5.7	82.9		5.20
1999	N	0～20	14.8	0.81	0.43		149.8	4.7	58.4		3.50
1999	NP	0～20	16.9	0.73	0.75		77.0	26.6	100.9		4.30
1999	NK	0～20	14.9	0.85	0.45		75.3	5.4	295.7		4.20
1999	PK	0～20	16.0	0.78	0.75		67.2	22.4	264.7		4.80
1999	NPK	0～20	16.9	0.79	0.73		79.1	21.4	198.3		4.20
1999	NPK+M	0～20	22.4	1.10	1.13		10.3	80.4	288.6		5.80
1999	1.5 (NPK+M)	0～20	28.7	1.24	1.57		138.3	175.4	405.2		5.90
1999	NPK+S	0～20	17.4	0.70	0.67		83.7	21.9	158.3		4.20

（续）

年份	处理	层级/cm	有机质/(g/kg)	全N/(g/kg)	全P/(g/kg)	全K/(g/kg)	碱解N/(mg/kg)	速效P/(mg/kg)	速效K/(mg/kg)	缓效K/(mg/kg)	pH (H_2O)
1999	NPK+M+F2	0～20	22.4	1.68	1.14		110.2	80.6	255.3		5.60
1999	1.5M	0～20	23.8	1.24	1.04		107.3	77.5	358.2		6.40
2000	CK	0～20	16.2	0.95	0.44		68.5	1.3	80.3		5.60
2000	N	0～20	16.7	1.17	0.43		82.6	3.7	51.8		4.40
2000	NP	0～20	16.4	1.08	0.76		88.9	16.5	55.9		4.60
2000	NK	0～20	16.5	1.39	0.44		76.3	3.1	218.3		4.70
2000	PK	0～20	15.7	1.07	0.72		70.0	14.8	216.2		5.30
2000	NPK	0～20	17.1	1.26	0.71		82.6	11.4	108.6		4.70
2000	NPK+M	0～20	21.2	1.25	1.04		77.7	52.2	200.1		5.80
2000	1.5 (NPK+M)	0～20	27.2	1.76	1.62		140.0	114.5	372.6		6.10
2000	NPK+S	0～20	18.3	1.34	0.68		85.4	11.6	139.3		4.80
2000	NPK+M+F2	0～20	25.3	1.74	1.23		125.6	72.4	198.0		6.10
2000	1.5M	0～20	21.3	1.27	0.89		111.3	36.8	352.2		6.60
2001	CK	0～20	15.8	0.91	0.46	12.8	61.8	0.7	39.5		5.70
2001	N	0～20	15.6	1.01	0.43	12.3	73.1	1.4	31.6		4.40
2001	NP	0～20	18.2	0.97	0.74	12.6	79.7	52.7	45.3		
2001	NK	0～20	16.9	1.03	0.31	12.9	70.8	1.3	193.1		4.60
2001	PK	0～20	15.6	1.05	0.82	12.3	60.3	50.0	207.9		5.40
2001	NPK	0～20	18.5	1.26	0.87	11.8	86.4	62.7	113.8		4.70
2001	NPK+M	0～20	24.7	1.45	1.45	11.3	118.4	191.6	190.5		5.70
2001	1.5 (NPK+M)	0～20	26.6	1.54	1.83	11.4	121.5	227.4	376.4		5.60
2001	NPK+S	0～20	17.5	0.99	0.75	10.8	87.2	48.2	84.1		4.60
2001	NPK+M+F2	0～20	23.6	1.38	1.38	10.3	108.1	140.5	113.8		5.80
2001	1.5M	0～20	22.6	1.39	0.87	10.8	103.6	127.8	153.4		6.70
2002	CK	0～20	14.6	0.93	0.41		66.2	3.3	119.3		5.90
2002	N	0～20	16.2	1.01	0.41		71.7	3.4	95.4		4.50
2002	NP	0～20	18.0	1.02	0.69		74.8	20.4	93.1		4.70
2002	NK	0～20	15.8	0.93	0.41		77.7	1.9	298.5		4.50
2002	PK	0～20	17.7	1.03	0.75		66.8	46.9	456.0		5.60
2002	NPK	0～20	17.0	0.95	0.78		84.0	43.9	207.7		4.70
2002	NPK+M	0～20	24.5	1.34	1.22		120.5	104.4	513.5		5.90
2002	1.5 (NPK+M)	0～20	27.7	1.49	1.56		124.2	169.7	515.9		5.80
2002	NPK+S	0～20	19.4	1.09	0.68		87.3	27.8	202.9		4.90
2002	NPK+M+F2	0～20	25.7	1.39	1.18		201.1	122.9	298.5		6.10
2002	1.5M	0～20	24.5	1.37	0.96		106.7	81.7	241.2		6.80
2003	CK	0～20	14.5	0.73	0.41		69.9	6.9	36.0		5.40
2003	N	0～20	17.0	0.83	0.39		113.6	5.0	50.5		4.20
2003	NP	0～20	18.1	0.47	0.53		80.8	40.7	50.5		4.60

（续）

年份	处理	层级/cm	有机质/(g/kg)	全 N/(g/kg)	全 P/(g/kg)	全 K/(g/kg)	碱解 N/(mg/kg)	速效 P/(mg/kg)	速效 K/(mg/kg)	缓效 K/(mg/kg)	pH (H_2O)
2003	NK	0～20	17.1	0.43	0.16		88.4	5.5	157.4		4.30
2003	PK	0～20	17.2	0.72	0.71		72.9	39.7	286.0		5.30
2003	NPK	0～20	20.7	0.92	0.67		89.5	35.6	128.2		4.60
2003	NPK+M	0～20	31.5	1.05	1.16		124.1	132.8	242.3		5.90
2003	1.5 (NPK+M)	0～20	33.5	1.07	1.45		127.8	237.3	316.6		5.70
2003	NPK+S	0～20	20.5	0.91	0.64		89.5	34.0	91.8		4.70
2003	NPK+M+F2	0～20	30.9	1.02	1.09		94.4	134.7	130.7		5.70
2003	1.5M	0～20	24.2	0.82	0.81		10.3	87.3	135.5		6.30
2004	CK	0～20	16.7	0.83	0.43		59.5	4.6	52.2		5.50
2004	N	0～20	17.9	1.12	0.41		119.0	4.5	34.8		4.00
2004	NP	0～20	19.0	1.13	0.77		94.5	24.6	42.2		4.34
2004	NK	0～20	16.4	0.72	0.43		66.5	4.2	186.9		4.21
2004	PK	0～20	16.6	0.71	0.74		61.3	23.1	291.6		5.31
2004	NPK	0～20	19.7	1.11	0.79		84.0	26.1	124.5		4.46
2004	NPK+M	0～20	24.2	1.63	1.17		89.3	144.7	239.3		5.61
2004	1.5 (NPK+M)	0～20	36.6	1.84	1.97		129.5	194.0	486.2		5.43
2004	NPK+S	0～20	19.0	1.11	0.76		71.8	22.1	179.4		4.49
2004	NPK+M+F2	0～20	32.2	1.56	1.68		133.0	111.1	231.8		5.81
2004	1.5M	0～20	30.9	1.50	1.32		117.3	105.6	289.1		6.54
2004	CK	20～40	14.1	0.65	0.39		59.5	4.7	42.2		5.75
2004	N	20～40	14.0	0.77	0.39		82.3	4.3	44.7		4.36
2004	NP	20～40	14.4	0.88	0.55		77.0	14.6	44.7		4.97
2004	NK	20～40	14.5	0.65	0.42		52.5	4.3	206.8		4.56
2004	PK	20～40	14.9	0.50	0.60		47.3	18.3	234.3		5.63
2004	NPK	20～40	15.8	0.86	0.58		56.0	14.2	109.6		4.67
2004	NPK+M	20～40	17.5	1.39	0.87		63.0	68.1	181.9		6.12
2004	1.5 (NPK+M)	20～40	29.5	1.46	1.12		106.8	127.7	426.3		6.16
2004	NPK+S	20～40	16.3	0.96	0.57		60.9	17.2	144.5		4.67
2004	NPK+M+F2	20～40	23.5	1.05	1.21		92.8	86.6	114.6		6.03
2004	1.5M	20～40	23.5	1.28	1.04		106.8	69.1	181.9		6.68
2005	CK	0～20	11.9	0.67	0.48	14.5	64.2	10.2	35.4	77.1	5.63
2005	N	0～20	11.0	0.66	0.43	11.1	72.3	6.3	20.3	92.2	4.39
2005	NP	0～20	12.7	0.76	0.76	13.3	76.7	45.4	25.3	111.9	4.49
2005	NK	0～20	14.1	0.69	0.48	12.8	91.0	6.3	125.9	209.6	4.17
2005	PK	0～20	12.9	0.61	0.64	12.1	73.1	43.7	193.8	315.1	5.34
2005	NPK	0～20	14.7	0.81	0.82	12.5	80.9	45.4	103.3	182.6	4.48
2005	NPK+M	0～20	22.4	1.31	1.73	14.4	144.0	165.5	229.0	304.7	5.74
2005	1.5 (NPK+M)	0～20	22.0	1.24	1.89	14.1	164.3	299.3	324.5	407.4	5.86

（续）

年份	处理	层级/cm	有机质/(g/kg)	全N/(g/kg)	全P/(g/kg)	全K/(g/kg)	碱解N/(mg/kg)	速效P/(mg/kg)	速效K/(mg/kg)	缓效K/(mg/kg)	pH(H_2O)
2005	NPK+S	0～20	14.8	0.85	0.79	13.8	82.3	50.0	108.3	165.2	4.50
2005	NPK+M+F2	0～20	21.9	1.05	1.37	12.7	100.8	102.0	113.3	326.3	5.71
2005	1.5M	0～20	22.8	1.03	1.30	13.5	115.2	99.8	128.4	306.2	6.57
2005	CK	20～40	8.8	0.60	0.39	14.8	48.0	7.4	25.3	99.5	5.85
2005	N	20～40	8.0	0.61	0.38	10.9	52.9	4.5	25.3	111.9	4.74
2005	NP	20～40	9.3	0.56	0.56	13.1	49.0	30.5	20.3	92.2	5.04
2005	NK	20～40	9.8	0.46	0.45	12.8	65.5	5.5	128.4	207.1	4.63
2005	PK	20～40	8.9	0.46	0.54	12.3	47.6	21.9	133.4	214.4	5.81
2005	NPK	20～40	9.2	0.54	0.53	13.5	45.7	20.5	63.1	136.2	4.83
2005	NPK+M	20～40	14.4	0.93	1.07	14.0	77.7	88.6	125.9	234.3	6.07
2005	1.5 (NPK+M)	20～40	12.9	0.75	1.07	14.4	66.9	144.2	208.9	275.3	6.25
2005	NPK+S	20～40	11.3	0.70	0.58	14.3	57.4	26.5	88.2	173.0	4.81
2005	NPK+M+F2	20～40	14.7	0.70	0.96	13.8	71.1	89.8	83.2	172.6	5.93
2005	1.5M	20～40	13.7	0.75	0.73	15.6	67.0	51.9	45.5	166.1	6.86
2006	CK	0～20	13.0	0.74	0.42		42.7	10.8	53.4	106.2	5.56
2006	N	0～20	13.4	0.69	0.46		91.4	6.5	48.5	73.9	3.94
2006	NP	0～20	15.5	0.71	0.85		66.2	67.9	50.9	83.8	4.40
2006	NK	0～20	14.1	0.66	0.43		95.6	6.4	225.6	182.3	4.21
2006	PK	0～20	14.1	0.73	0.86		57.8	61.5	304.4	277.5	5.13
2006	NPK	0～20	16.5	1.00	0.86		68.6	62.4	161.7	171.8	4.33
2006	NPK+M	0～20	25.0	1.06	0.94		97.0	245.0	338.8	330.0	5.83
2006	1.5 (NPK+M)	0～20	24.8	1.18	2.02		101.5	328.9	425.0	181.7	5.86
2006	NPK+S	0～20	15.7	0.73	0.80		67.2	53.7	174.0	209.2	4.51
2006	NPK+M+F2	0～20	25.1	1.06	1.49		95.9	245.6	250.3	257.1	5.89
2006	1.5M	0～20	23.0	1.00	1.23		92.4	179.9	132.1	300.7	6.58
2006	CK	20～40	8.6	0.53	0.38		34.7	8.1	43.5	78.8	5.84
2006	N	20～40	9.1	0.53	0.41		49.4	3.9	48.5	86.3	4.48
2006	NP	20～40	8.9	0.39	0.46		40.6	20.6	38.6	71.3	5.01
2006	NK	20～40	13.9	0.59	0.37		53.9	4.5	218.3	140.0	4.82
2006	PK	20～40	8.0	0.52	0.40		31.5	15.5	142.0	154.2	5.68
2006	NPK	20～40	8.9	0.50	0.40		39.2	14.1	110.0	124.1	5.15
2006	NPK+M	20～40	9.7	0.71	1.04		42.0	41.9	142.0	141.8	6.41
2006	1.5 (NPK+M)	20～40	13.5	0.69	1.01		59.2	179.9	319.2	237.9	6.18
2006	NPK+S	20～40	10.4	0.65	0.46		47.8	17.5	132.1	151.7	4.98
2006	NPK+M+F2	20～40	15.0	0.74	0.95		64.1	129.9	220.7	299.0	6.06
2006	1.5M	20～40	14.5	0.76	0.76		59.5	66.0	107.5	151.4	6.77
2007	CK	0～20	14.0	0.73	0.40	16.3	58.5	3.8	56.5	127.7	5.87
2007	N	0～20	13.9	0.85	0.42	13.7	95.0	4.8	51.6	92.7	4.19

（续）

年份	处理	层级/cm	有机质/(g/kg)	全N/(g/kg)	全P/(g/kg)	全K/(g/kg)	碱解N/(mg/kg)	速效P/(mg/kg)	速效K/(mg/kg)	缓效K/(mg/kg)	pH (H_2O)
2007	NP	0～20	17.4	0.71	0.83	15.1	100.5	40.7	51.6	92.7	4.42
2007	NK	0～20	15.7	0.86	0.41	14.3	131.5	2.6	244.0	129.9	4.30
2007	PK	0～20	14.9	0.83	0.76	17.1	38.7	36.7	303.2	220.4	5.56
2007	NPK	0～20	17.1	0.97	0.86	17.7	89.9	34.3	172.4	151.5	4.53
2007	NPK+M	0～20	24.8	1.05	1.71	15.6	121.3	181.6	318.0	235.6	6.04
2007	1.5 (NPK+M)	0～20	27.7	1.24	2.52	14.9	173.2	248.7	451.2	341.9	6.12
2007	NPK+S	0～20	18.8	0.87	0.96	13.7	94.3	38.8	199.6	164.3	4.76
2007	NPK+M+F2	0～20	25.6	1.17	1.85	13.9	129.4	180.3	253.9	229.8	6.07
2007	1.5M	0～20	25.9	1.38	1.37	14.0	117.7	161.6	234.1	189.8	6.91
2007	CK	20～40	10.8	0.80	0.35	16.5	40.9	4.4	46.6	97.7	6.26
2007	N	20～40	9.1	0.52	0.33	13.9	27.8	4.1	56.5	107.8	4.72
2007	NP	20～40	9.9	0.62	0.45	16.2	35.8	12.3	54.0	110.2	4.99
2007	NK	20～40	9.1	0.67	0.35	16.1	78.6	2.7	229.2	114.7	4.69
2007	PK	20～40	10.9	0.66	0.50	16.2	45.7	12.1	199.6	144.4	5.92
2007	NPK	20～40	9.9	0.55	0.46	15.8	54.1	9.8	135.4	108.7	5.15
2007	NPK+M	20～40	12.2	0.64	0.70	15.8	58.5	53.7	170.0	154.0	6.30
2007	1.5 (NPK+M)	20～40	15.8	0.93	1.15	14.7	72.4	109.6	310.6	213.0	6.48
2007	NPK+S	20～40	13.5	0.74	0.53	13.8	64.3	12.7	152.7	131.3	5.03
2007	NPK+M+F2	20～40	16.6	0.85	1.03	14.1	77.8	83.1	150.2	163.7	6.26
2007	1.5M	20～40	16.6	0.84	0.76	15.4	68.3	61.3	137.9	147.0	6.95
2008	CK	0～20	12.7	0.94	0.46	15.1	57.2	3.2	56.6	196.4	5.90
2008	N	0～20	13.4	1.01	0.50	15.9	73.9	3.4	41.6	152.1	4.40
2008	NP	0～20	17.1	1.16	0.88	17.0	78.2	67.3	71.7	169.5	4.50
2008	NK	0～20	16.0	1.19	0.42	18.7	121.0	3.9	222.2	256.7	4.10
2008	PK	0～20	12.7	1.05	0.96	17.9	42.0	60.3	277.4	439.3	5.20
2008	NPK	0～20	17.2	1.18	0.97	17.4	63.8	60.0	219.7	271.1	4.50
2008	NPK+M	0～20	24.3	1.48	1.76	16.4	98.2	225.0	310.0	430.5	6.30
2008	1.5 (NPK+M)	0～20	28.0	1.73	2.40	19.0	121.0	347.2	480.5	569.0	6.10
2008	NPK+S	0～20	17.1	1.11	0.89	15.4	79.7	51.7	204.6	274.3	4.60
2008	NPK+M+F2	0～20	23.2	1.46	1.60	15.6	102.2	205.5	217.1	356.9	6.20
2008	1.5M	0～20	26.4	1.54	1.34	14.1	102.2	29.0	229.7	332.4	6.80
2008	CK	20～40	8.4	0.77	0.35	17.5	34.1	2.5	31.5	174.0	6.20
2008	N	20～40	8.6	0.73	0.28	15.1	35.5	2.5	41.6	199.6	4.50
2008	NP	20～40	8.5	0.79	0.39	15.8	73.2	9.0	46.6	147.0	4.90
2008	NK	20～40	5.7	0.82	0.45	18.6	44.2	2.5	169.5	214.3	4.20
2008	PK	20～40	8.1	0.74	0.55	18.4	44.2	3.0	167.0	240.6	5.90
2008	NPK	20～40	7.6	0.70	0.35	16.0	32.6	2.8	121.8	202.5	4.80
2008	NPK+M	20～40	9.5	0.70	0.66	17.3	27.5	16.7	96.7	192.0	6.50

（续）

年份	处理	层级/cm	有机质/(g/kg)	全 N/(g/kg)	全 P/(g/kg)	全 K/(g/kg)	碱解 N/(mg/kg)	速效 P/(mg/kg)	速效 K/(mg/kg)	缓效 K/(mg/kg)	pH (H_2O)
2008	1.5（NPK+M）	20～40	14.3	0.78	0.90	16.2	74.6	53.9	257.3	293.0	6.30
2008	NPK+S	20～40	8.5	0.71	0.34	15.5	73.9	2.5	106.8	193.8	5.20
2008	NPK+M+F2	20～40	11.5	0.86	0.49	12.0	59.8	116.4	71.7	217.1	6.70
2008	1.5M	20～40	9.4	0.84	0.55	15.3	50.0	23.3	71.7	217.1	6.90
2009	CK	0～20	14.0	0.91	0.45	15.6	68.2	3.0	60.1	106.9	5.64
2009	N	0～20	12.3	0.89	0.44	12.9	80.6	4.0	45.9	72.1	3.88
2009	NP	0～20	15.5	1.01	0.71	12.4	91.9	35.2	55.4	82.2	4.10
2009	NK	0～20	13.5	1.02	0.40	14.2	89.5	2.4	202.5	151.3	4.00
2009	PK	0～20	14.3	0.96	0.75	11.9	73.0	37.3	292.6	267.5	5.26
2009	NPK	0～20	15.6	1.08	1.06	14.1	92.7	36.0	181.1	143.2	4.30
2009	NPK+M	0～20	21.4	1.42	1.65	14.7	117.5	127.1	278.4	271.9	5.82
2009	1.5（NPK+M）	0～20	24.6	1.60	2.25	12.6	128.0	209.3	434.9	380.6	5.94
2009	NPK+S	0～20	14.8	1.07	1.00	12.9	86.7	31.2	188.2	204.8	4.18
2009	NPK+M+F2	0～20	26.5	1.68	1.84	12.9	152.4	168.4	356.6	429.4	6.07
2009	1.5M	0～20	27.8	1.73	1.78	14.9	140.0	184.2	330.6	347.4	6.50
2009	CK	20～40	6.3	0.72	0.43	15.2	42.5	2.4	57.8	109.3	5.55
2009	N	20～40	9.2	0.70	0.42	13.2	46.9	2.4	55.4	121.5	3.97
2009	NP	20～40	9.2	0.72	0.54	16.1	43.7	6.9	55.4	92.0	4.60
2009	NK	20～40	8.5	0.79	0.37	13.7	59.0	1.7	202.5	112.0	4.20
2009	PK	20～40	9.8	0.77	0.60	14.4	50.1	14.0	202.5	180.8	5.45
2009	NPK	20～40	8.9	0.74	0.54	13.9	50.5	10.5	140.8	134.4	4.61
2009	NPK+M	20～40	8.0	0.70	0.63	13.9	45.3	25.0	126.6	158.4	6.11
2009	1.5（NPK+M）	20～40	15.0	1.07	1.40	13.4	89.1	115.7	292.6	287.1	6.20
2009	NPK+S	20～40	10.8	0.86	0.55	13.0	55.8	9.8	150.3	174.0	4.57
2009	NPK+M+F2	20～40	17.6	1.18	1.10	13.1	96.3	100.6	176.4	246.1	6.36
2009	1.5M	20～40	14.0	1.04	1.04	14.8	80.2	22.9	145.5	227.9	6.75
2010	CK	0～20	14.9	0.98			60.2	3.7	92.0		5.69
2010	N	0～20	14.1	0.93			66.3	3.9	86.5		4.12
2010	NP	0～20	18.7	1.05			80.8	55.8	129.0		4.39
2010	NK	0～20	15.1	0.97			72.4	3.7	358.5		4.23
2010	PK	0～20	15.1	1.03			79.3	43.1	485.5		5.28
2010	NPK	0～20	17.9	1.09			75.5	44.7	260.5		4.38
2010	NPK+M	0～20	22.9	1.50			124.2	150.7	521.5		5.40
2010	1.5（NPK+M）	0～20	26.9	1.68			126.5	246.5	584.5		5.86
2010	NPK+S	0～20	18.4	1.07			79.3	49.6	341.5		4.42
2010	NPK+M+F2	0～20	27.6	1.64			131.9	139.3	400.0		6.00
2010	1.5M	0～20	25.4	1.62			122.7	130.5	341.0		6.49
2010	CK	20～40	12.2	0.79			45.0	3.5	78.0		5.86

（续）

年份	处理	层级/cm	有机质/(g/kg)	全N/(g/kg)	全P/(g/kg)	全K/(g/kg)	碱解N/(mg/kg)	速效P/(mg/kg)	速效K/(mg/kg)	缓效K/(mg/kg)	pH (H_2O)
2010	N	20～40	11.2	0.81			55.6	3.5	105.0		4.25
2010	NP	20～40	10.5	0.79			44.2	11.6	93.5		4.53
2010	NK	20～40	8.6	0.82			55.6	2.6	347.0		4.39
2010	PK	20～40	10.2	0.79			26.7	13.7	293.0		5.59
2010	NPK	20～40	12.2	0.66			45.0	10.1	249.5		4.69
2010	NPK+M	20～40	13.4	0.93			62.5	77.9	283.5		5.63
2010	1.5 (NPK+M)	20～40	12.3	1.05			57.9	96.4	397.5		6.03
2010	NPK+S	20～40	9.3	0.69			51.1	10.7	240.5		4.61
2010	NPK+M+F2	20～40	16.3	1.01			65.6	79.6	185.5		6.34
2010	1.5M	20～40	13.8	1.06			74.7	64.1	208.5		6.72

4.7 土壤物理性质

4.7.1 概述

土壤物理性质数据集包括8个不同土壤类型监测站（吉林公主岭黑土监测站、新疆乌鲁木齐灰漠土监测站、陕西杨凌黄土监测站、北京昌平褐潮土监测站、河南郑州潮土监测站、浙江杭州水稻土监测站、重庆北碚紫色土监测站、湖南祁阳红壤监测站）的试验地在不同施肥处理下的土壤物理性质指标数据，包括：采样深度、容重、孔隙度、毛管孔隙度等。

4.7.2 数据采集和处理方法

通过各站上报汇总数据进行数据采集。每年作物收获后在试验小区采集土壤样品，土壤样品采集、样品处理、各项指标分析都按照《土壤农业化学常规分析法》（1984年版）教科书方法实施，实时实地如实记录数据并核实，以确保数据真实性。

4.7.3 数据质量控制和评估

数据质量控制原则是样品采集、样品处理、样品分析、计算统一按照教科书的科学方法执行，实时实地如实记录数据并核实，以确保数据真实性。记录方式方法符合科学要求，数据记录无误，为确保试验结果的科学性、正确性提供保障依据。

4.7.4 数据价值

土壤物理性质数据体现了我国不同气候带、不同土壤类型、不同施肥处理条件下对土壤物理性质的影响以及土壤各物理性质指标的演变规律等，为研究土壤肥力提升、土壤质量退化提供宝贵资料。

4.7.5 土壤物理性质数据

表4-63至表4-70分别为吉林公主岭黑土监测站、新疆乌鲁木齐灰漠土监测站、陕西杨凌黄土监测站、北京昌平褐潮土监测站、河南郑州潮土监测站、浙江杭州水稻土监测站、重庆北碚紫色土监测站、湖南祁阳红壤监测站的土壤物理性质数据。

表 4-63　吉林公主岭黑土监测站土壤物理性质

年份	处理	采样深度/cm	容重/（g/cm³）	孔隙度/%	田间持水孔隙/%	通气孔隙/%	自然含水量/%
1990	CK_0	0～20					
1990	CK	0～20	1.24	55.40	35.90	15.60	15.50
1990	N	0～20					
1990	NP	0～20	1.18	53.90	38.90	16.90	14.80
1990	NK	0～20					
1990	PK	0～20					
1990	NPK	0～20	1.15	55.60	37.90	17.00	15.80
1990	NPK+M1	0～20	1.16	55.00	37.00	13.90	17.10
1990	1.5（NPK+M1）	0～20	1.19	55.50	38.50	15.10	16.30
1990	NPK+S	0～20					
1990	NPK+M1+F2	0～20					
1990	NPK+M2	0～20	1.13	56.10	37.90	14.00	16.10
1994	CK_0	0～20	1.07	58.50	41.80	17.50	
1994	CK	0～20	1.24	54.20	32.50	23.70	
1994	N	0～20	1.25	55.60	40.50	15.80	
1994	NP	0～20	1.25	54.60	36.50	16.70	
1994	NK	0～20	1.24	55.50	38.40	17.40	
1994	PK	0～20	1.21	54.60	32.80	17.80	
1994	NPK	0～20	1.24	54.80	32.60	17.80	
1994	NPK+M1	0～20	1.10	57.80	40.50	17.30	
1994	1.5（NPK+M1）	0～20	1.09	57.90	41.00	18.10	
1994	NPK+S	0～20	1.10	57.00	40.90	16.10	
1994	NPK+M1+F2	0～20					
1994	NPK+M2	0～20	1.10	57.40	42.90	18.30	
1994	CK_0	20～40	1.26	51.60	34.10	16.70	
1994	CK	20～40	1.29	50.50	33.00	17.40	
1994	N	20～40	1.28	51.00	37.70	16.70	
1994	NP	20～40	1.28	51.00	36.40	15.20	
1994	NK	20～40	1.29	51.90	36.10	15.90	
1994	PK	20～40	1.29	50.40	32.60	12.60	
1994	NPK	20～40	1.29	50.60	31.40	12.80	
1994	NPK+M1	20～40	1.25	51.60	34.10	17.50	
1994	1.5（NPK+M1）	20～40	1.11	53.40	39.30	16.90	
1994	NPK+S	20～40	1.22	53.30	38.00	15.30	
1994	NPK+M1+F2	20～40					

（续）

年份	处理	采样深度/cm	容重/（g/cm³）	孔隙度/%	田间持水孔隙/%	通气孔隙/%	自然含水量/%
1994	NPK+M2	20～40	1.20	54.30	40.00	17.10	
1995	CK_0	0～20	1.07	58.50	41.80	15.50	
1995	CK	0～20	1.24	54.20	32.50	20.70	
1995	N	0～20	1.25	55.60	40.50	14.20	
1995	NP	0～20	1.25	54.60	36.50	15.70	
1995	NK	0～20	1.24	55.50	38.40	15.40	
1995	PK	0～20	1.21	54.60	32.80	17.80	
1995	NPK	0～20	1.24	54.80	32.60	17.80	
1995	NPK+M1	0～20	1.10	57.80	40.50	15.30	
1995	1.5（NPK+M1）	0～20	1.09	57.90	41.00	15.10	
1995	NPK+S	0～20	1.10	57.00	40.90	15.10	
1995	NPK+M1+F2	0～20					
1995	NPK+M2	0～20	1.10	57.40	42.90	13.10	
1996	CK_0	0～20	1.09	58.00	41.50	15.50	
1996	CK	0～20	1.29	54.40	32.60	18.80	
1996	N	0～20	1.30	55.10	40.30	13.50	
1996	NP	0～20	1.28	54.90	36.70	15.00	
1996	NK	0～20	1.29	55.00	38.20	15.10	
1996	PK	0～20	1.30	54.00	32.50	17.50	
1996	NPK	0～20	1.27	54.10	32.30	17.40	
1996	NPK+M1	0～20	1.15	57.90	40.50	16.40	
1996	1.5（NPK+M1）	0～20	1.12	57.90	41.10	15.00	
1996	NPK+S	0～20	1.13	57.40	40.90	15.50	
1996	NPK+M1+F2	0～20					
1996	NPK+M2	0～20	1.15	57.70	42.90	13.20	
1997	CK_0	0～20	1.12	58.10	41.40	15.40	
1997	CK	0～20	1.31	54.20	32.40	19.80	
1997	N	0～20	1.29	54.70	40.10	14.00	
1997	NP	0～20	1.30	54.60	36.40	16.60	
1997	NK	0～20	1.31	54.80	38.30	15.50	
1997	PK	0～20	1.30	54.10	32.30	17.80	
1997	NPK	0～20	1.29	54.00	32.10	17.70	
1997	NPK+M1	0～20	1.15	57.80	40.30	15.70	
1997	1.5（NPK+M1）	0～20	1.14	57.90	41.00	15.50	
1997	NPK+S	0～20	1.15	57.50	40.70	15.00	

（续）

年份	处理	采样深度/cm	容重/（g/cm³）	孔隙度/%	田间持水孔隙/%	通气孔隙/%	自然含水量/%
1997	NPK+M1+F2	0～20					
1997	NPK+M2	0～20	1.14	57.80	42.80	14.50	
1998	CK_0	0～20	1.45	58.50	35.90	17.10	
1998	CK	0～20	1.33	50.70	34.70	15.50	
1998	N	0～20	1.39	52.00	35.40	14.30	
1998	NP	0～20	1.30	55.30	36.20	18.50	
1998	NK	0～20		55.00	35.30	19.00	
1998	PK	0～20		54.90	34.10	19.80	
1998	NPK	0～20	1.24	55.20	34.50	20.00	
1998	NPK+M1	0～20		57.10	35.60	20.50	
1998	1.5（NPK+M1）	0～20	1.24	57.90	36.50	19.20	
1998	NPK+S	0～20	1.26	57.50	36.30	20.20	
1998	NPK+M1+F2	0～20					
1998	NPK+M2	0～20		57.90	36.10	20.80	
1999	CK_0	0～20	1.45	59.00	36.00	20.50	
1999	CK	0～20	1.40	50.60	35.10	14.50	
1999	N	0～20	1.50	52.20	35.00	17.00	
1999	NP	0～20	1.41	55.30	35.70	19.00	
1999	NK	0～20	1.35	55.40	36.00	18.40	
1999	PK	0～20	1.36	54.50	37.10	17.00	
1999	NPK	0～20	1.33	55.50	36.80	18.10	
1999	NPK+M1	0～20	1.35	57.60	37.20	19.50	
1999	1.5（NPK+M1）	0～20	1.48	58.40	38.10	20.10	
1999	NPK+S	0～20	1.31	58.00	37.30	19.00	
1999	NPK+M1+F2	0～20					
1999	NPK+M2	0～20	1.33	58.10	37.50	18.60	
2000	CK_0	0～20	1.35	44.89	23.72	21.14	15.14
2000	CK	0～20	1.43	43.03	23.60	19.43	17.75
2000	N	0～20	1.39	44.84	23.16	21.68	15.63
2000	NP	0～20	1.39	42.56	22.18	20.39	17.60
2000	NK	0～20	1.36	45.60	23.95	21.65	17.07
2000	PK	0～20	1.27	49.40	23.90	25.50	18.80
2000	NPK	0～20	1.26	48.78	22.80	25.98	17.53
2000	NPK+M1	0～20	1.18	52.03	26.23	25.80	19.47
2000	1.5（NPK+M1）	0～20	1.18	52.61	25.75	26.86	19.40

（续）

年份	处理	采样深度/cm	容重/（g/cm³）	孔隙度/%	田间持水孔隙/%	通气孔隙/%	自然含水量/%
2000	NPK+S	0～20	1.37	44.31	24.06	20.25	17.60
2000	NPK+M1+F2	0～20	1.17	53.20	25.80	27.40	18.63
2000	NPK+M2	0～20	1.19	52.23	26.43	24.79	19.90
2000	CK_0	20～40	1.23	50.40	24.27	26.13	13.20
2000	CK	20～40	1.27	48.99	26.30	22.69	18.80
2000	N	20～40	1.24	50.00	25.47	24.52	17.00
2000	NP	20～40	1.23	50.00	25.10	24.90	17.07
2000	NK	20～40	1.27	49.20	22.27	26.93	17.77
2000	PK	20～40	1.26	50.00	24.17	25.83	18.26
2000	NPK	20～40	1.26	49.19	24.30	24.89	17.93
2000	NPK+M1	20～40	1.25	50.00	27.40	22.68	17.10
2000	1.5（NPK+M1）	20～40	1.19	52.02	26.50	25.52	16.70
2000	NPK+S	20～40	1.27	49.60	22.20	27.40	16.18
2000	NPK+M1+F2	20～40	1.25	51.20	26.73	24.47	17.43
2000	NPK+M2	20～40	1.24	50.00	26.07	23.93	17.47

表 4-64　新疆乌鲁木齐灰漠土监测站土壤物理性质

年份	处理	采样深度/cm	容重/（g/cm³）	孔隙度/%	毛管孔隙度/%	非毛管孔隙度/%
1994	$N_2P_2K_2$+2M	0～20	1.1	60.4	13.6	46.8
1994	NPK	0～20	1.1	57.7	14.3	43.4
1994	$N_1P_1K_1$+M	0～20	1.2	54.3	12.8	41.5
1994	CK	0～20	1.3	52.8	12.3	40.5
1994	NK	0～20	1.3	51.7	12.1	39.6
1994	N	0～20	1.3	52.1	12.6	39.5
1994	NP	0～20	1.3	51.0	11.9	39.1
1994	PK	0～20	1.3	51.2	11.4	40.3
1994	$N_3P_3K_3$+S	0～20	1.3	52.8	13.4	39.4
1994	$N_2P_2K_2$+2M	20～40	1.1	50.6	18.8	31.8
1994	NPK	20～40	1.3	51.2	19.7	31.5
1994	$N_1P_1K_1$+M	20～40	1.4	48.7	16.5	32.2
1994	CK	20～40	1.4	47.9	17.1	30.8
1994	NK	20～40	1.4	47.6	16.8	30.8
1994	N	20～40	1.4	47.2	16.3	30.8
1994	NP	20～40	1.4	46.4	15.8	30.9
1994	PK	20～40	1.4	45.7	16.5	29.2
1994	$N_3P_3K_3$+S	20～40	1.4	47.9	18.2	29.7

表4-65　陕西杨凌黄土监测站土壤物理性质

年份	处理	采样深度/cm	容重/（g/cm³）	孔隙度/%
1990	CK	0～5	1.25	53.36
1990	N	0～5	1.25	53.36
1990	NK	0～5	1.25	53.36
1990	PK	0～5	1.25	53.36
1990	NP	0～5	1.25	53.36
1990	NPK	0～5	1.25	53.36
1990	NPK+S	0～5	1.25	53.36
1990	NPK+M	0～5	1.25	53.36
1990	1.5（NPK+M）	0～5	1.25	53.36
1990	CK_{00}	0～5	1.25	53.36
1990	CK_0	0～5	1.25	53.36
1990	CK	15～20	1.56	41.57
1990	N	15～20	1.56	41.57
1990	NK	15～20	1.56	41.57
1990	PK	15～20	1.56	41.57
1990	NP	15～20	1.56	41.57
1990	NPK	15～20	1.56	41.57
1990	NPK+S	15～20	1.56	41.57
1990	NPK+M	15～20	1.56	41.57
1990	1.5（NPK+M）	15～20	1.56	41.57
1990	CK_{00}	15～20	1.56	41.57
1990	CK_0	15～20	1.56	41.57
1995	CK	0～5	1.14	57.46
1995	N	0～5	1.25	53.36
1995	NK	0～5	1.19	55.60
1995	PK	0～5	1.17	56.34
1995	NP	0～5	1.08	59.70
1995	NPK	0～5	1.16	56.72
1995	NPK+S	0～5	1.20	55.22
1995	NPK+M	0～5	1.08	59.70
1995	1.5（NPK+M）	0～5	1.04	61.19
1995	CK_{00}	0～5	1.42	47.01
1995	CK_0	0～5	1.21	54.85
1995	CK	15～20	1.59	40.45
1995	N	15～20	1.59	40.45
1995	NK	15～20	1.56	41.57

（续）

年份	处理	采样深度/cm	容重/（g/cm³）	孔隙度/%
1995	PK	15～20	1.59	40.45
1995	NP	15～20	1.57	41.20
1995	NPK	15～20	1.61	39.70
1995	NPK+S	15～20	1.54	42.32
1995	NPK+M	15～20	1.55	41.95
1995	1.5（NPK+M）	15～20	1.55	41.95
1995	CK_{00}	15～20	1.54	42.32
1995	CK_0	15～20	1.57	41.20
1998	CK	0～5	1.26	
1998	N	0～5	1.29	
1998	NK	0～5	1.34	
1998	PK	0～5	1.33	
1998	NP	0～5	1.24	
1998	NPK	0～5	1.27	
1998	NPK+S	0～5	1.31	
1998	NPK+M	0～5	1.31	
1998	1.5（NPK+M）	0～5	1.20	
1998	CK_{00}	0～5	1.37	
1998	CK_0	0～5	1.36	

表 4-66　北京昌平褐潮土监测站土壤物理性质

年份	处理	采样深度/cm	容重/（g/cm³）	孔隙度/%	毛管孔隙度/%	非毛管孔隙度/%	田间持水量/%
2000	CK_0	0～20	1.40	47.30	42.66	4.64	31.26
2000	CK	0～20	1.35	48.93	41.74	7.20	30.90
2000	N	0～20	1.27	51.93	45.21	6.72	35.53
2000	NP	0～20	1.27	52.07	46.06	6.01	36.26
2000	NK	0～20	1.31	50.55	44.60	5.95	34.08
2000	PK	0～20	1.37	48.46	44.67	3.79	32.71
2000	NPK	0～20	1.33	49.82	44.37	5.45	33.39
2000	NPK+M	0～20	1.35	49.00	42.05	6.95	31.18
2000	NPK+1.5M	0～20	1.30	51.02	44.69	6.33	34.85
2000	NPK+S	0～20	1.39	47.72	42.34	5.38	30.79
2000	NPK+水	0～20	1.25	52.69	48.76	3.93	38.87
2000	1.5N+PK	0～20	1.27	51.97	46.84	5.13	36.81
2000	CK_0	20～40	1.47	44.46	41.22	3.24	28.05
2000	CK	20～40	1.44	45.56	40.01	5.55	27.73

（续）

年份	处理	采样深度/cm	容重/（g/cm³）	孔隙度/%	毛管孔隙度/%	非毛管孔隙度/%	田间持水量/%
2000	N	20～40	1.48	44.22	39.42	4.80	26.70
2000	NP	20～40	1.46	44.89	41.39	3.50	28.36
2000	NK	20～40	1.53	42.24	37.85	4.39	24.82
2000	PK	20～40	1.49	43.64	39.64	4.00	26.54
2000	NPK	20～40	1.50	43.30	38.71	4.59	25.79
2000	NPK+M	20～40	1.48	44.01	39.30	4.70	26.50
2000	NPK+1.5M	20～40	1.46	45.07	39.68	5.40	27.28
2000	NPK+S	20～40	1.46	45.08	39.81	5.27	27.41
2000	NPK+水	20～40	1.47	44.45	40.11	4.34	27.29
2000	1.5N+PK	20～40	1.52	42.74	40.74	2.00	26.85

表 4-67　河南郑州潮土监测站土壤物理性质（0～20 cm）

年份	处理	容重/（g/cm³）	孔隙度/%	毛管孔隙度/%	非毛管孔隙度/%	田间持水量/%
1990	CK_0					
1990	CK	1.48	45.2			
1990	N					
1990	NP	1.56	41.1			
1990	NK					
1990	PK	1.56	41.1			
1990	NPK					
1990	NPK+M	1.57	43.7			
1990	1.5（NPK+M）					
1990	NPK+S	1.60	39.2			
1990	NPK+M+F2					
1994	CK_0	1.25	52.8	36.9	15.9	15.9
1994	CK	1.26	52.4	39.2	13.2	15.0
1994	N	1.22	53.2	42.7	10.5	14.0
1994	NP	1.24	54.0	36.7	17.3	17.5
1994	NK	1.32	50.2	38.2	12.0	17.8
1994	PK	1.26	52.4	35.7	16.8	16.1
1994	NPK	1.31	50.6	37.1	13.5	18.1
1994	NPK+M	1.11	58.1	39.8	18.3	15.7
1994	1.5（NPK+M）	1.19	55.1	41.3	13.8	15.9
1994	NPK+S	1.26	52.4	35.2	17.2	16.7
1994	NPK+M+F2	1.23	53.6	36.0	17.5	15.7

表 4-68 浙江杭州水稻土监测站土壤物理性质

年份	处理	采样深度/cm	容重/（g/cm³）	孔隙度/%	田间持水量/%
1995	N	0～20	1.18	55.47	41.74
1995	NP	0～20	1.11	58.12	46.64
1995	NK	0～20	1.10	58.59	47.35
1995	NPK	0～20	1.17	55.73	38.40
1995	NPK+M	0～20	1.23	53.70	36.20
1995	1.3NPK+M	0～20	1.09	58.78	46.97
1995	CK	0～20	1.17	55.70	39.13
1995	M	0～20	1.23	53.50	36.50
1995	N	20～40	1.64	38.21	22.14
1995	NP	20～40	1.63	38.68	22.94
1995	NK	20～40	1.62	38.87	22.91
1995	NPK	20～40	1.61	39.37	24.03
1995	NPK+M	20～40	1.63	38.40	23.40
1995	1.3NPK+M	20～40	1.62	38.74	22.73
1995	CK	20～40	1.59	40.00	25.23
1995	M	20～40	1.61	39.37	24.27
1998	N	0～15	1.03		
1998	NP	0～15	0.88		
1998	NK	0～15	0.96		
1998	NPK	0～15	1.07		
1998	M	0～15	1.00		
1998	CK	0～15	1.07		
1998	NPK+M	0～15	1.02		
1998	1.3NPK+M	0～15	1.09		
1998	N	15～30	1.44		
1998	NP	15～30	1.44		
1998	NK	15～30	1.46		
1998	NPK	15～30	1.44		
1998	M	15～30	1.56		
1998	CK	15～30	1.59		
1998	NPK+M	15～30	1.55		
1998	1.3NPK+M	15～30	1.47		

表 4-69 重庆北碚紫色土监测站土壤物理性质（0～20 cm）

年份	处理	容重/（g/cm³）	孔隙度/%	毛管孔隙度/%	非毛管孔隙度/%	田间持水量/%
1990	CK	1.360	48.7			
1990	N	1.430	46.0			
1990	NP	1.410	46.8			

（续）

年份	处理	容重/（g/cm³）	孔隙度/%	毛管孔隙度/%	非毛管孔隙度/%	田间持水量/%
1990	NK	1.330	49.8			
1990	PK	1.340	49.4			
1990	NPK	1.430	46.0			
1990	NPK+M	1.420	46.4			
1990	1.5NPK+M	1.340	49.4			
1990	NPK+S	1.390	47.5			
1990	NPK+M+F2	1.360	48.7			
1990	（NPK）Cl+M	1.390	47.5			
1990	M	1.310	50.6			
1994	CK	1.387	47.7	45.0	2.7	32.4
1994	N	1.390	47.5	44.8	2.7	32.2
1994	NP	1.361	48.6	47.3	1.3	34.7
1994	NK	1.389	47.6	47.0	0.6	33.8
1994	PK	1.367	48.4	46.6	1.8	34.1
1994	NPK	1.309	50.6	47.9	2.7	36.9
1994	NPK+M	1.364	48.5	45.1	3.4	33.1
1994	1.5NPK+M	1.615	50.4	48.1	2.3	35.6
1994	NPK+S	1.333	49.7	47.1	2.6	35.3
1994	NPK+M+F2	1.297	51.1	49.1	2.0	37.8
1994	（NPK）Cl+M	1.364	48.5	45.9	2.6	33.6
1994	M	1.299	51.0	47.4	3.6	36.5

表 4-70 湖南祁阳红壤监测站土壤物理性质

年份	处理	采样深度/cm	容重/（g/cm³）	孔隙度/%	毛管孔隙度/%	非毛管孔隙度/%	田间持水量/%
1994	CK_0	0～20	1.28	51.7	30.3	21.4	23.7
1994	CK_0	20～40	1.35	49.1	31.6	17.5	23.4
1994	CK	0～20	1.09	58.9	30.1	28.8	27.6
1994	CK	20～40	1.53	42.3	37.2	5.1	24.3
1994	N	0～20	1.03	61.1	26.7	34.4	25.9
1994	N	20～40	1.49	43.8	35.1	8.2	23.9
1994	NP	0～20	1.05	60.4	27.8	32.6	26.5
1994	NP	20～40	1.33	49.8	33.1	16.7	24.9
1994	NK	0～20	1.06	60.0	28.4	31.6	26.8
1994	NK	20～40	1.45	45.3	35.5	9.8	24.5
1994	PK	0～20	1.07	59.6	28.3	31.3	26.4
1994	PK	20～40	1.50	43.4	36.9	6.5	24.6
1994	NPK	0～20	1.04	60.7	27.5	33.2	26.4

（续）

年份	处理	采样深度/cm	容重/（g/cm³）	孔隙度/%	毛管孔隙度/%	非毛管孔隙度/%	田间持水量/%
1994	NPK	20～40	1.53	42.3	30.1	12.2	24.9
1994	NPK+M	0～20	1.19	55.1	29.8	25.3	25.0
1994	NPK+M	20～40	1.54	41.9	36.8	5.1	23.9
1994	1.5（NPK+M）	0～20	1.11	58.1	29.8	28.3	26.8
1994	1.5（NPK+M）	20～40	1.51	43.0	37.0	6.0	24.5
1994	NPK+S	0～20	1.07	59.6	27.5	32.1	25.7
1994	NPK+S	20～40	1.40	47.2	33.3	13.9	23.8
1994	1.5M	0～20	1.20	54.7	31.9	22.8	26.6
1994	1.5M	20～40	1.52	42.6	37.2	5.4	24.5
1999	CK	0～20	1.21	53.3			23.2
1999	CK	20～40	1.54	41.1			20.6
1999	N	0～20	1.19	55.6			23.3
1999	N	20～40	1.65	38.3			20.2
1999	NP	0～20	1.19	54.2			23.9
1999	NP	20～40	1.54	40.7			20.9
1999	NK	0～20	1.16	59.8			23.1
1999	NK	20～40	1.63	37.2			24.4
1999	PK	0～20	1.33	48.8			24.2
1999	PK	20～40	1.47	43.6			22.2
1999	NPK	0～20	1.39	46.7			23.6
1999	NPK	20～40	1.58	39.3			25.0
1999	NPK+M	0～20	1.44	47.2			23.9
1999	NPK+M	20～40	1.48	42.9			25.6
1999	1.5（NPK+M）	0～20	1.35	48.3			22.5
1999	1.5（NPK+M）	20～40	1.55	40.3			22.2
1999	NPK+S	0～20	1.23	52.5			20.6
1999	NPK+S	20～40	1.64	36.9			28.2
1999	1.5M	0～20	1.40	46.2			23.9
1999	1.5M	20～40	1.50	42.4			

4.8 气象监测

4.8.1 概述

气象监测数据包括8个不同土壤类型监测站（吉林公主岭黑土监测站、新疆乌鲁木齐灰漠土监测站、陕西杨凌黄土监测站、北京昌平褐潮土监测站、河南郑州潮土监测站、浙江杭州水稻土监测站、重庆北碚紫色土监测站、湖南祁阳红壤监测站）的自动气象站观测数据，包括：平均气温、最高气温、最低气温、相对湿度、降水量、日照时数、风速等。

4.8.2 数据采集和处理方法

通过各监测站上报汇总数据进行数据采集。各监测站通过各试验地的自动气象站直接观测获得气象数据，实时实地如实记录数据并核实，以确保数据真实性。

4.8.3 数据质量控制和评估

数据质量控制原则为：各站自动气象站运行前得到出厂校准，运行正常，定期观测并导出直接观测数据，如实记录数据并核实，以确保数据真实性。

4.8.4 数据价值

气象监测数据体现了气候变化对不同施肥处理作物生长情况及产量的影响，通过年际间气候变化和产量变化了解气候对农业生产的影响以及与施肥的关系等，为农业生产和农业科学研究提供数据资料。

4.8.5 气象监测数据

表4-71至表4-78分别为吉林公主岭黑土监测站、新疆乌鲁木齐灰漠土监测站、陕西杨凌黄土监测站、北京昌平褐潮土监测站、河南郑州潮土监测站、浙江杭州水稻土监测站、重庆北碚紫色土监测站、湖南祁阳红壤监测站的气象监测数据。

表4-71 吉林公主岭黑土监测站气象监测数据

年份	月份	平均气温/℃	最高气温/℃	最低气温/℃	相对湿度/%	降水量/mm	日照时数/h	风速/(m/s)
1989	1		1.5		72	9.6	5.4	2.9
1989	2		7.7		61	7	8.1	2.1
1989	3	1.2	17.9		50	6.4	8.4	3.3
1989	4	10.7	23.3		44	29.3	10.6	3.8
1989	5	17.1	32.8	3.5	48	66.3	10.7	3.5
1989	6	20.3	32	9.9	67	86.6	8.5	3.7
1989	7	22.4	30.7	13.1	79	361.6	7.7	2.6
1989	8	22.7	34.2	12.3	73	29.2	9.5	2.1
1989	9	14.8	26.8	2.3	72	36.1	7.9	2
1989	10	9	21.8		61	19.1	8.3	3
1989	11		16		58	0.5	6.8	2.7
1989	12		12.2		62	1.5	6.4	2.1
1990	1		4.7		65	5.7	6.9	2
1990	2		7.3		70	17.9	5.6	2.4
1990	3	3	19.8		63	28.8	8.1	2.9
1990	4	8.5	24.2		56	43.2	6.7	3.7
1990	5	15.4	25.7	5	63	95.6	7.7	2.8
1990	6	20.7	32	10.5	72	145.3	6.3	2.9

（续）

年份	月份	平均气温/℃	最高气温/℃	最低气温/℃	相对湿度/%	降水量/mm	日照时数/h	风速/（m/s）
1990	7	23.3	31.5	12.7	82	177.8	5.4	2.4
1990	8	22.6	30.5	15	79	76	7.2	2.2
1990	9	15.9	29.3	4	74	31.5	7.8	1.7
1990	10	11	23.4		59	11.5	8.2	3
1990	11	1.1	14.5		61	4.3	5.5	2.5
1990	12		5.9		64	29.7	5.3	2.8
1991	1		1		69	6.1	6.4	1.7
1991	2		3.3		63	1.2	7.6	2.3
1991	3		11.4		53	32.1	8	2.7
1991	4	9	23.3		51	32.8	7.9	3.7
1991	5	15.9	29.6	0.8	52	34.7	8.8	3.6
1991	6	20.3	30.2	9.7	67	120.9	8.4	2.6
1991	7	22.5	30.9	14.8	82	204.8	6.6	2.1
1991	8	24.3	32.6	10.9	77	34.3	7.6	2.3
1991	9	16.6	29	1.5	73	41.4	7.9	2.5
1991	10	7.9	24.9		69	35.1	6.5	3
1991	11		14.5		61	19.9	6.4	3.9
1991	12		6.9		61	5.8	5.1	2.3
1992	1		1		73	4.6	5.2	2.4
1992	2		16.1		57	3.6	7.1	3.1
1992	3	0.7	18.6		45	6.8	8.1	2.7
1992	4	9.4	24.5		52	26.1	8.3	3.3
1992	5	15.8	31.7	2.1	55	44.2	7.5	2.4
1992	6	19.2	30	5	65	69.3	7.4	2.5
1992	7	23.6	34	14.1	72	186.9	8.1	2.4
1992	8	22.1	31	13.1	78	50.7	5.9	2.3
1992	9	15.2	28.3	1.9	72	53.2	7.3	2.6
1992	10	7.5	22.5		69	19	6.9	2
1992	11		14.6		69	24.3	4.7	3.5
1992	12		4.2		73	9.5	4.9	2.1
1993	1		1.5		73	0.8	5.8	1.8
1993	2		3.8		64	2.1	6.8	2.9
1993	3	1.6	16.2		48	3.6	8	2.8
1993	4	7.8	24.3		45	18.1	7.5	3.3
1993	5	17.1	33.8	4.7	45	24	8.5	3.5
1993	6	20.2	30.3	8.9	75	118	7	2.3

（续）

年份	月份	平均气温/℃	最高气温/℃	最低气温/℃	相对湿度/%	降水量/mm	日照时数/h	风速/（m/s）
1993	7	23.4	31.4	18.1	79	131.4	5	2.4
1993	8	21.9	30.9	9.9	79	249.2	6.9	2
1993	9	16.3	28.6	2.1	71	81.7	8.6	2.1
1993	10	7.1	23		65	16.1	7.6	2.4
1993	11		14.9		72	21.6	5.1	2.2
1993	12		3.9		68	13.1	5.4	2.8
1994	1		1.1		69	5.1	5.6	2.2
1994	2		3.4		63	0	8.4	2.2
1994	3		18.9		53	10.9	8.2	2.6
1994	4	11.8	27.7		39	3.4	9.1	3.6
1994	5	16.1	27.4	3.9	49	40.5	9.3	4
1994	6	23.7	35.8	9.6	58	36.4	8.4	3.2
1994	7	25.9	34	17.1	77	245.1	6.7	2.7
1994	8	23.8	31.9	15.4	81	186.1	4.9	2.3
1994	9	16.4	30.1	5.4	76	98.9	7.7	2.3
1994	10	8.4	21.9		65	14.2	7.3	2.2
1994	11	1.3	17.6		58	14.1	6.5	3.3
1994	12		4		68	4.5	5.2	2.5
1995	1		4.4		56	2.9	7.6	2.8
1995	2		4.5		60	0	7.8	2
1995	3	0.5	15.5		58	10.4	8.3	3.2
1995	4	8.5	26		45	29.9	9.2	4.5
1995	5	13.9	27.5	2	56	81.8	8.7	2.9
1995	6	21.5	33.3	9.9	67	76.4	8.5	2.2
1995	7	22.6	30.8	13.9	80	168.9	5.6	2.7
1995	8	22.6	30.2	13.6	79	72.4	6.1	1.9
1995	9	16.1	28.3	3.3	67	21.3	8.8	2.6
1995	10	9.5	22.1		70	53.9	6.2	2.8
1995	11	0.2	15.4		53	0	7.6	3.1
1995	12		4.2		63	2.9	5.8	2.4
1996	1		2.2		51	2.5	7.8	2.9
1996	2		9.5		43	1	8.5	3.1
1996	3		15.2		46	9.9	8.4	3.2
1996	4	8.8	27.5		47	15	8.1	3.9
1996	5	17.3	31.1	2.9	52	26.3	8.9	2.8
1996	6	22.4	33.1	10.8	58	79.9	8.7	3.5

（续）

年份	月份	平均气温/℃	最高气温/℃	最低气温/℃	相对湿度/%	降水量/mm	日照时数/h	风速/（m/s）
1996	7	23.1	30.4	14.6	82	171.2	4.7	2.2
1996	8	21.5	30.6	9.8	78	143.4	7.7	2.4
1996	9	16.2	28	3.9	67	30.7	8.3	2.1
1996	10	7.4	21.9		59	32.9	7.4	2.4
1996	11		13.2		66	33.3	6.3	3
1996	12		2.4		67	3.4	6.4	2.6
1997	1		1		71	18.7	6.8	2.2
1997	2		6.8		71	4	7.2	2.5
1997	3	1.3	17.7		56	6.8	8.6	3.2
1997	4	10.1	25.3		45	12.1	9.1	3
1997	5	15.6	29.7	2.5	55	99.2	6.9	3.1
1997	6	23	37.3	10.5	56	20.3	9.3	3.1
1997	7	25.7	34.4	15.6	69	71.6	8.4	2.4
1997	8	23.9	31.8	15.5	78	327.5	6.1	2.6
1997	9	15.6	28.2	3.8	68	77.6	8.7	2.6
1997	10	6.3	24.4		62	17.2	6.8	2.9
1997	11		14.9		62	4.7	5.8	2.8
1997	12		5.7		58	1.4	5.9	3.1
1998	1				61	4.3	6.9	2.3
1998	2		12.9		49	0.7	7.8	2.1
1998	3	2.5	15.4		46	14.8	8.9	3.6
1998	4	14	28.6		51	9.8	8.3	3.7
1998	5	17.5	29.6	4.7	58	67.3	8.2	3.5
1998	6	21.5	31.8	9.9	68	86.5	7.9	3.2
1998	7	23.8	32	16.3	83	239	4.7	2
1998	8	22	30.7	12.4	83	253.3	5.2	2
1998	9	18.1	29.5	4.3	73	32.2	6.4	2.1
1998	10	11.4	25.2		65	37.8	7.6	2.6
1998	11		13.8		63	10	6	2.3
1998	12		5.6		67	13	6.2	2.4
1999	1		4.6		52	0.2	8	2.6
1999	2		8.2		51	1.6	8.2	2.8
1999	3		12.3		59	38.2	6.4	2.9
1999	4	9.2	26.2		56	43.9	7.3	3
1999	5	15.8	29.8	3	49	44	8.8	3.2
1999	6	21.1	34.3	7.8	66	67.6	7.6	2.9

（续）

年份	月份	平均气温/℃	最高气温/℃	最低气温/℃	相对湿度/%	降水量/mm	日照时数/h	风速/（m/s）
1999	7	25.6	33.8	18.6	77	198.2	5.2	2.1
1999	8	22.4	32.6	13	78	163	6.5	2.3
1999	9	17.2	31.5	2.7	63	12.2	7.5	2.3
1999	10	7.9	21.2		55	15.8	7	3.3
1999	11		16.7		68	27.4	5.6	2.9
1999	12		3		71	9.3	5.9	2.4
2000	1				74	21	5.8	2.2
2000	2		0.7		72	2.3	8	2.3
2000	3	0.4	14.4		55	6.6	8.6	3.5
2000	4	8.5	21.5		50	24.4	7.7	3.3
2000	5	17.5	32.4	2.7	56	67.5	8.9	2.9
2000	6	23.9	34.5	10.6	56	80.6	9.6	2.4
2000	7	26	35.2	16.6	68	19.4	8.8	2.9
2000	8	24.3	33.3	15.5	76	233.2	6.9	2.2
2000	9	18.5	31.8	5.9	66	29	8.3	1.9
2000	10	7.4	22.4		55	12.1	7.5	2.9
2000	11		19.1		59	23.6	5.9	2.7
2000	12		3.4		70	24.7	5	2.3

表 4－72 新疆乌鲁木齐灰漠土监测站气象监测数据

年份	月份	平均气温/℃	平均最高气温/℃	平均最低气温/℃	降水量/mm	蒸发量/mm	日照时数/h
1990	1						
1990	2						
1990	3						
1990	4	13.7	18.0	7.0	20.1	—	
1990	5	19.1	25.0	10.9	—	—	7.2
1990	6	25.3	31.2	16.1	—	221.2	9.1
1990	7	25.7	30.7	17.3	16.4	262.3	7.7
1990	8	24.3	30.5	15.6	2.1	236.4	8.1
1990	9	19.7	25.2	10.6	—	—	9.3
1990	10	9.9	16.0	3.6	10.2	98.0	6.2
1990	11	−1.2	3.7	−7.4	18.9	—	
1990	12	−6.9	−3.5	−13.6	—	—	
1991	1	−12.8	−7.1	−20.2	7.3	—	
1991	2	−11.4	−7.1	−19.9	—	—	
1991	3	−1.8	1.9	−7.2	16.2	—	
1991	4	13.9	18.9	4.4	2.2	184.0	6.9
1991	5	20.0	25.8	11.7	5.5	355.9	8.5

（续）

年份	月份	平均气温/℃	平均最高气温/℃	平均最低气温/℃	降水量/mm	蒸发量/mm	日照时数/h
1991	6	24.2	28.2	16.8	46.2	277.1	8.0
1991	7	30.1	32.8	17.8	18.2	293.9	7.4
1991	8	23.5	28.7	15.6	35.8	265.7	6.9
1991	9	19.6	26.3	10.6	8.4	218.1	9.3
1991	10	12.2	17.8	2.8	5.7	113.3	7.3
1991	11	−4.2	4.9	−6.5	—	—	
1991	12	−10.3	−5.3	−14.8	19.0	—	
1992	1	−13.7	−6.8	−19.3	9.9	—	
1992	2	−11.0	−5.3	−16.9	6.0	—	
1992	3	1.0	4.8	−3.6	3.1	—	
1992	4	13.2	19.7	5.2	34.5	163.2	6.4
1992	5	18.4	23.8	9.3	16.1	254.8	7.1
1992	6	23.4	28.7	11.9	16.8	237.9	7.9
1992	7	25.2	30.2	17.2	62.3	261.3	8.0
1992	8	22.2	28.3	13.1	5.9	223.2	9.0
1992	9	—	—	—	—	—	7.5
1992	10	7.8	13.7	0.7	16.1	71.9	6.7
1992	11	−4.7	1.1	−9.0	20.9	—	5.1
1992	12	−11.3	−5.9	−14.7	35.7	—	2.0
1993	1	−17.1	−9.5	−23.1	10.5	—	4.0
1993	2	−8.5	−3.4	−13.9	22.5	—	3.9
1993	3	1.1	5.7	−4.1	17.4	—	5.5
1993	4	11.4	17.3	3.8	2.4	149.7	7.8
1993	5	16.5	22.7	8.9	32.9	215.1	8.8
1993	6	23.9	35.9	15.1	35.7	225.6	8.6
1993	7	25.1	28.7	18.1	31.3	238.1	8.0
1993	8	22.4	28.0	14.2	25.1	297.9	9.4
1993	9	16.5	22.6	8.5	10.2	147.6	8.9
1993	10	7.5	14.7	0.7	82.2	5.6	7.4
1993	11	−6.2	−1.6	−10.0	14.4	—	3.5
1993	12	−15.7	−9.3	−20.2	21.4	—	3.6
1994	1	−17.4	−10.0	−21.3	9.8	—	3.2
1994	2	−14.3	−7.4	−20.1	13.1	—	4.6
1994	3	−3.6	2.3	−9.8	13.5	—	7.7
1994	4	10.1	16.7	3.7	—	119.7	6.5
1994	5	16.2	25.0	11.0	18.6	210.5	9.2
1994	6	23.1	29.1	15.5	16.2	255.0	8.7
1994	7	25.6	31.4	18.2	30.7	262.9	8.4

（续）

年份	月份	平均气温/℃	平均最高气温/℃	平均最低气温/℃	降水量/mm	蒸发量/mm	日照时数/h
1994	8	23.9	30.8	15.8	5.6	230.3	8.4
1994	9	15.2	22.7	8.0	12.6	152.1	8.6
1994	10	6.6	12.6	1.4	38.4	72.2	6.9
1994	11	2.9	7.9	−0.2	—	—	
1994	12	−10.1	−6.0	−13.3	29.2	—	
1995	1	−18.6	−10.5	−23.5	6.0	—	
1995	2	−10.5	−3.5	−16.5	16.0	—	
1995	3	0.0	5.2	−4.6	14.6	—	
1995	4	12.3	17.9	4.5	7.8	179.7	
1995	5	17.9	23.4	10.4	27.6	217.3	
1995	6	24.3	30.0	15.5	7.8	264.6	
1995	7	25.1	31.5	17.9	20.8	267.5	7.6
1995	8	24.2	30.6	16.8	21.4	250.8	9.6
1995	9	19.2	25.9	11.6	0.0	165.9	8.0
1995	10	8.5	14.6	3.3	31.9	72.5	7.0
1995	11	−1.8	4.1	−5.6	7.2	—	4.4
1995	12	−14.1	−7.4	−16.7	16.7	—	2.1
1996	1	−20.7	−12.7	−25.7	23.3	—	1.5
1996	2	−14.5	−7.2	−20.7	7.0	—	3.9
1996	3	−0.7	3.4	−4.0	12.8	—	5.7
1996	4	9.4	15.1	3.1	51.3	130.8	6.5
1996	5	19.0	24.8	11.7	19.8	236.5	8.9
1996	6	23.5	28.8	15.6	69.3	242.4	8.7
1996	7	25.3	30.7	18.2	52.4	231.6	8.1
1996	8	22.9	29.7	14.2	24.8	246.1	9.1
1996	9	12.6	25.4	9.4	18.9	173.7	8.7
1996	10	8.3	14.7	2.6	33.2	76.6	6.5
1996	11	−2.9	1.8	−6.1	36.0	—	4.0
1996	12	−12.7	−8.2	−17.1	16.4	—	4.0
1997	1	−15.5	−8.5	−19.8	17.0	—	4.5
1997	2	−12.6	−6.0	−19.4	4.6	—	6.3
1997	3	3.7	8.2	−0.8	0.9	—	5.7
1997	4	17.3	23.7	9.1	0.0	257.8	10.6
1997	5	21.0	26.5	13.3	34.1	262.0	9.2
1997	6	24.6	30.1	17.0	3.0	296.4	8.6
1997	7	25.8	31.8	17.9	16.1	309.4	9.9
1997	8	24.2	30.4	16.3	10.5	277.1	8.8
1997	9	19.1	29.5	11.0	0.0	206.7	9.0

（续）

年份	月份	平均气温/℃	平均最高气温/℃	平均最低气温/℃	降水量/mm	蒸发量/mm	日照时数/h
1997	10	11.3	19.1	4.2	0.0	123.4	8.9
1997	11	−6.6	−0.8	−9.8	34.0		5.3
1997	12	−16.0	−8.2	−20.0	21.8	—	3.6
1998	1	−17.9	−12.0	−21.9	7.0	—	2.8
1998	2	−8.3	−3.0	−12.9	19.0	—	4.1
1998	3	−0.6	3.0	−3.8	21.8	—	3.2
1998	4	10.9	16.8	4.4	33.9	148.3	3.3
1998	5	16.7	21.8	10.3	97.0	191.6	8.4
1998	6	24.3	30.0	16.6	13.8	243.0	9.5
1998	7	25.2	31.3	18.0	45.6	269.7	9.5
1998	8	25.0	32.0	17.7	40.0	240.6	9.4
1998	9	17.7	24.7	10.8	13.5	175.8	8.4
1998	10	8.3	16.7	1.9	3.7	101.7	7.9
1998	11	−1.3	5.4	−5.6	17.4	—	4.2
1998	12	−12.0	−6.3	−15.1	20.2	—	2.4
1999	1	−17.3	−8.9	−21.9	58.6	—	3.6
1999	2	−8.7	−2.1	−13.1	—	—	4.7
1999	3	−1.7	3.7	−5.5	14.2	—	5.6
1999	4	12.0	18.5	4.7	18.9	169.2	8.1
1999	5	19.7	26.1	12.7	9.6	273.1	9.4
1999	6	23.3	28.8	16.0	45.0	264.0	8.7
1999	7	25.7	30.9	19.2	36.3	288.3	8.9
1999	8	23.8	30.1	16.6	54.6	248.0	9.4
1999	9	17.2	24.9	10.3	22.5	183.6	9.2
1999	10	9.9	17.7	4.2	17.4	104.2	6.8
1999	11	−2.9	1.4	−6.8	6.9	—	3.9
1999	12	−12.1	−4.7	−15.5	40.6	—	2.4
2000	1	−18.5	−9.8	−23.0	35.0	—	2.9
2000	2	−12.7	−3.9	−18.6	10.1	—	4.9
2000	3	−0.6	7.6	−6.6	11.1	—	2.3
2000	4	14.9	22.9	7.7	17.1	237.8	8.9
2000	5	24.1	27.3	12.5	37.2	260.1	9.6
2000	6	24.5	29.1	16.7	32.4	272.4	8.5
2000	7	26.5	38.0	18.0	30.1	262.3	9.0
2000	8	24.4	30.4	15.6	33.2	228.5	8.5
2000	9	18.3	26.2	10.7	16.2	195.6	8.9
2000	10	4.5	10.2	−0.4	36.3	58.6	5.8
2000	11	−4.8	0.0	−8.2	12.5	—	3.3

（续）

年份	月份	平均气温/℃	平均最高气温/℃	平均最低气温/℃	降水量/mm	蒸发量/mm	日照时数/h
2000	12	−11.5	−4.9	−15.5	11.0	—	2.0
2001	1	−14.7	−7.1	−19.0	27.5		65.2
2001	2						
2001	3	−11.2	−3.3	−15.8	6.0		111.2
2001	4						
2001	5	4.0	11.7	−0.7	0.5		256.4
2001	6	12.5	19.8	4.4	22.8	156.2	230.8
2001	7	22.8	30.8	12.8	8.1	329.8	277.1
2001	8	25.3	33.4	16.6	12.3	330.3	255.2
2001	9	25.8	31.9	17.2	33.8	286.1	256.5
2001	10	25.4	32.0	16.8	6.8	255.4	250.5
2001	11	17.2	25.9	9.7	20.4	179.4	256.4
2001	12	8.4	15.1	2.2	29.8	74.7	183.9
2002	1	3.2	7.8	−3.3	9.5		120.4
2002	2	−17.5	−11.9	−18.9	20.2		48.7
2002	3	−12.4	−8.4	−15.5	2.0		43.9
2002	4	−8.6	−2.6	−10.6	1.4		85.0
2002	5	1.3	7.4	0.1	7.5		113.4
2002	6	10.3	16.6	3.8	54.7	114.1	158.1
2002	7	19.8	27.9	10.5	14.3	265.6	213.7
2002	8	24.9	33.1	15.9	27.2	275.3	283.9
2002	9	25.9	33.2	17.3	22.3	270.9	295.1
2002	10	26.1	33.4	16.4	40.9	313.0	289.9
2002	11	17.8	26.8	7.3	9.9	181.0	251.5
2002	12	9.8	19.0	1.7	8.2	104.9	244.5
2003	1	0.6	6.3	−4.8	23.6		125.7
2003	2	−14.3	−7.4	−18.8	33.0		75.5
2003	3	−14.5	−7.6	−20.5	12.9		73.5
2003	4	−9.9	−3.2	−17.6	14.0		99.0
2003	5	−1.2	5.3	−7.8	40.3		109.3
2003	6	9.2	17.0	1.4	19.0	140.6	162.5
2003	7	19.7	25.8	9.7	26.2	220.6	244.2
2003	8	26.8	32.6	15.2	12.3	274.5	268.0
2003	9	24.1	30.9	13.4	47.1	242.6	262.8
2003	10	23.1	31.1	12.8	17.6	237.1	292.2
2003	11	17.4	26.0	7.3	31.9	165.3	230.8
2003	12	9.5	18.6	0.1	0	116.7	246.6
2004	1	−4.5	1.0	−9.8	28.5		112.3

（续）

年份	月份	平均气温/℃	平均最高气温/℃	平均最低气温/℃	降水量/mm	蒸发量/mm	日照时数/h
2004	2	−15.1	−8.0	−21.2	13.0		97.2
2004	3	−16.3	−8.9	−22.6	26.0		83.0
2004	4	−10.9	−2.5	−17.1	37.4		121.2
2004	5	1.1	7.0	−6.1	12.7		113.2
2004	6	16.0	22.6	5.4	19.2	215.1	197.1
2004	7	21.5	27.5	9.9	35.7	274.0	215.8
2004	8	26.3	31.3	14.0	9.5	333.5	303.7
2004	9	27.2	32.4	17.1	35.6	290.9	310.3
2004	10	24.6	29.9	13.8	21.4	249.2	283.7
2004	11	18.4	25.5	8.4	7.2	152.4	241.0
2004	12	8.1	15.9	1.4	17.3	85.3	227.7
2005	1	−0.9	2.4	−4.2	20.1		86.0
2005	2	−8.8	−3.7	−14.0	47.4		53.5
2005	3	−16.9	−13.1	−21.6	12.5		92.2
2005	4	−16.5	−11.8	−23.1	11.5		74.9
2005	5	5.3	8.7	−2.5	4.5		208.5
2005	6	15.8	21.9	5.0	26.4	221.3	273.4
2005	7	22.7	27.8	10.3	14.4	238.5	308.3
2005	8	28.2	32.2	16.1	18.9	317.3	279.0
2005	9	29.4	33.6	17.9	18.2	290.8	242.2
2005	10	24.8	29.5	15.2	69.8	211.6	232.2
2005	11	21.4	27.9	10.2	1.5	172.0	246.0
2005	12	12.6	18.2	3.0	3.4	114.4	173.3
2006	1						
2006	2						
2006	3						
2006	4	16.9	21.4	5.9	14.1	178.2	
2006	5	21.5	25.1	10.3	51.0	257.3	
2006	6	28.2	32.0	15.8	14.0	274.6	
2006	7	28.9	32.6	18.6	11.1	278.0	
2006	8	27.9	34.1	15.7	1.9	274.2	
2006	9	21.2	26.8	8.7	7.1	193.7	
2006	10	14.9	20.2	4.3	9.9	102.7	
2006	11						
2006	12						
2007	1	−1.3	5.4	−5.6	17.4		125.7
2007	2	−12.0	−6.3	−15.1	20.2		75.5
2007	3						

（续）

年份	月份	平均气温/℃	平均最高气温/℃	平均最低气温/℃	降水量/mm	蒸发量/mm	日照时数/h
2007	4						
2007	5						
2007	6	17.6	22.2	6.7	19.5	177.9	261.5
2007	7	21.8	25.3	10.7	61.2	201.5	277.1
2007	8	27.2	31.1	15.7	142.0	295.6	266.5
2007	9	28.4	30.8	18.7	20.6	277.0	256.5
2007	10	25.7	29.6	14.9	29.3	233.1	250.5
2007	11						
2007	12						
2008	1						
2008	2						
2008	3						
2008	4	15.8	21.0	4.9	5.6	212.3	
2008	5						
2008	6						
2008	7						
2008	8	22.1	25.9	17.2	36.2	388.8	104.1
2008	9	17.8	23.9	8.5	7.0	65.2	243.0
2008	10	10.3	16.9	1.2	10.0	28.5	173.0
2008	11	0.1	7.9	−5.3	5.8	3.6	89.0
2008	12	−10.3	−2.5	−17.1	0.0		54.8
2009	1	−12.9	−5.4	−16.5	0.0		60.3
2009	2	−10.2	−3.6	−16.6	0.0		91.7
2009	3	3.0	14.1	−6.5	0.0		215.7
2009	4	14.8	23.4	9.4	31.0		248.3
2009	5	18.1	25.3	8.7	40.2	105.4	259.7
2009	6	22.8	28.7	16.4	21.6	83.7	220.4
2009	7	25.3	29.9	18.2	6.8	72.1	271.9
2009	8	24.0	29.5	21.3	9.0		256.3
2009	9						
2009	10						
2009	11	−5.3	−0.8	−9.8	12.8		8.0
2009	12	−11.7	−2.9	−17.3	0.0		0.1
2010	1	−13.3	−5.5	−16.9	10.1		
2010	2	−10.5	−3.1	−18.6	5.0		
2010	3	1.4	11.3	−6.7	38.3		
2010	4	11.0	15.4	6.6	6.4		
2010	5	18.2	25.3	8.7	16.4		

（续）

年份	月份	平均气温/℃	平均最高气温/℃	平均最低气温/℃	降水量/mm	蒸发量/mm	日照时数/h
2010	6	22.9	31.3	16.8	7.6		
2010	7	27.6	34.4	18.7	2.0		
2010	8	26.3	37.8	19.1	0.0		
2010	9	19.7	31.9	13.1	4.0		
2010	10	10.1	22.2	3.0	17.6		
2010	11	1.2	6.7	−5.5	29.2		
2010	12	−11.0	−2.7	−18.9	2.4		

表 4-73　陕西杨凌黄土监测站气象监测数据

年份	月份	平均气温/℃	相对湿度/%	降水量/mm	日照时数/h	风速/（m/s）	云量
1990	1		74	11.6	2.6	1.0	5
1990	2	2.0	81	13.9	1.7	1.2	8
1990	3	8.3	75	38.4	4.2	1.3	6
1990	4	12.7	71	46.9	5.2	1.8	7
1990	5	19.1	71	58.2	6.8	1.5	6
1990	6	22.9	69	176.8	6.5	1.2	7
1990	7	26.4	76	94.3	7.0	1.4	6
1990	8	23.8	82	116.4	6.4	1.0	5
1990	9	20.5	81	45.9	5.8	0.7	6
1990	10	14.2	82	35.3	4.3	0.8	6
1990	11	8.7	75	8.7	3.7	1.1	5
1990	12	0.8	69	0.7	4.5	1.1	4
1991	1	0.4	69	8.9	3.1	1.0	6
1991	2	3.6	70	11.5	3.8	1.0	7
1991	3	7.2	82	66.4	3.1	0.9	8
1991	4	13.4	75	45.5	5.1	1.5	7
1991	5	17.5	72	86.5	5.9	1.2	7
1991	6	24.3	69	61.8	7.3	1.1	6
1991	7	28.0	65	76.7	7.8	1.3	6
1991	8	24.3	81	115.7	6.8	0.9	5
1991	9	20.1	79	59.0	5.9	0.9	5
1991	10	14.1	66	18.6	4.8	0.9	6
1991	11	5.8	67	9.9	4.5	0.9	4
1991	12	0.5	74	13.8	4.4	1.1	5
1992	1		72	0.0	3.9	0.9	3
1992	2	3.4	50	0.1	5.9	1.1	5
1992	3	6.3	83	58.9	2.2	1.1	8
1992	4	15.3	69	32.2	7.4	1.3	5

（续）

年份	月份	平均气温/℃	相对湿度/%	降水量/mm	日照时数/h	风速/（m/s）	云量
1992	5	19.3	73	48.8	6.2	1.4	7
1992	6	22.5	71	74.3	5.5	1.2	7
1992	7	26.2	67	62.3	7.9	1.5	5
1992	8	24.5	82	146.9	6.2	1.0	6
1992	9	18.1	88	133.7	3.1	0.8	8
1992	10	11.4	83	55.8	4.6	0.8	6
1992	11	6.3	66	8.3	5.3	1.2	3
1992	12	0.9	74	1.3	3.2	0.8	4
1993	1		73	6.5	3.3	0.8	5
1993	2	4.1	69	18.0	3.9	1.3	6
1993	3	7.4	77	45.1	3.9	1.1	7
1993	4	14.1	74	29.9	5.7	0.8	6
1993	5	16.8	78	52.4	5.3	1.2	7
1993	6	23.5	70	78.4	7.5	1.1	6
1993	7	25.2	76	60.8	5.6	1.2	8
1993	8	23.4	82	40.3	5.3	0.8	7
1993	9	19.8	80	14.6	6.4	0.8	5
1993	10	13.5	79	39.4	3.9	1.5	6
1993	11	5.6	78	22.3	3.2	1.7	5
1993	12	0.4	64	2.3	3.2	0.7	4
1994	1	0.3	63	6.9	3.7	0.8	5
1994	2	2.5	70	17.6	2.7	0.6	6
1994	3	7.4	67	19.6	5.4	1.0	6
1994	4	14.6	75	77.2	4.9	1.8	6
1994	5	21.6	56	1.8	7.9	2.0	4
1994	6	23.7	72	100.7	5.3	1.6	7
1994	7	27.8	67	22.2	8.3	1.9	4
1994	8	27.0	70	20.0	7.9	1.7	4
1994	9	19.3	75	41.0	4.7	1.6	6
1994	10	12.5	73	81.6	4.9	1.6	5
1994	11	8.5	81	56.4	2.6	1.4	7
1994	12	1.8	83	9.4	2.0	1.5	7
1995	1	0.2	64	2.2	4.3	1.5	4
1995	2	3.7	57	1.7	6.0	1.8	5
1995	3	8.1	57	22.5	5.6	1.8	5
1995	4	13.7	65	36.6	5.4	1.7	6

（续）

年份	月份	平均气温/℃	相对湿度/%	降水量/mm	日照时数/h	风速/（m/s）	云量
1995	5	20.4	62	20.3	7.3	1.8	6
1995	6	26.4	55	30.1	8.5	1.8	5
1995	7	28.1	63	31.8	8.0	1.8	5
1995	8	24.9	78	115.7	6.5	1.6	6
1995	9	20.4	76	23.6	5.1	1.2	6
1995	10	14.0	82	62.4	3.3	1.2	6
1995	11	7.1	62	5.0	5.1	1.6	4
1995	12	1.3	61	0.2	4.0	1.5	5
1996	1		66	4.5	3.6	1.3	5
1996	2	1.6	65	13.2	4.9	1.5	5
1996	3	6.4	64	28.9	3.9	1.7	7
1996	4	12.9	71	15.3	4.4	1.6	7
1996	5	18.9	70	40.1	5.8	1.5	6
1996	6	24.0	66	98.6	6.1	1.5	6
1996	7	26.6	75	80.8	6.4	1.6	6
1996	8	25.0	81	73.6	6.3	1.4	5
1996	9	19.7	86	93.9	3.9	1.1	7
1996	10	13.9	82	68.0	3.5	1.0	6
1996	11	6.2	84	70.0	2.5	0.9	7
1996	12	1.8	61	0.0	4.8	1.5	2
1997	1		65	4.5	3.8	1.5	3
1997	2	3.1	73	18.0	3.6	1.1	7
1997	3	9.3	80	23.8	3.3	0.8	7
1997	4	14.3	76	80.2	5.5	1.2	6
1997	5	21.0	66	6.4	7.5	1.6	6
1997	6	26.2	49	20.0	7.9	2.0	6
1997	7	27.4	67	32.8	7.5	1.5	6
1997	8	27.2	63	3.3	7.5	1.9	4
1997	9	19.4	72	109.9	6.3	1.3	5
1997	10	14.4	70	20.2	5.1	1.3	5
1997	11	6.0	74	17.0	2.4	1.4	6
1997	12	0.8	71	0.2	1.9	1.3	5
1998	1		66	6.5	4.2	1.4	5
1998	2	5.2	61	2.5	4.1	1.6	7
1998	3	7.6	74	33.1	3.8	1.8	7
1998	4	16.5	78	61.0	6.0	1.5	5

（续）

年份	月份	平均气温/℃	相对湿度/%	降水量/mm	日照时数/h	风速/（m/s）	云量
1998	5	18. 2	80	112. 0	4. 4	1. 6	8
1998	6	25. 8	64	12. 5	6. 6	1. 5	6
1998	7	26. 0	80	172. 8	3. 9	1. 3	8
1998	8	24. 2	86	147. 7	4. 9	1. 0	8
1998	9	21. 3	78	28. 0	6. 5	1. 1	4
1998	10	14. 9	79	47. 4	2. 5	1. 1	7
1998	11	9. 0	68	0. 4	3. 3	1. 2	3
1998	12	3. 5	67	0. 8	3. 3	1. 2	4
1999	1	2. 0	54	0. 0	3. 8	1. 2	4
1999	2	5. 4	45	0. 1	5. 9	1. 6	5
1999	3	8. 9	69	21. 4	3. 8	1. 4	7
1999	4	15. 7	70	66. 5	5. 3	1. 4	7
1999	5	19. 9	72	124. 3	6. 1	1. 5	6
1999	6	23. 8	74	82. 3	4. 1	1. 3	8
1999	7	25. 9	78	61. 4	4. 8	1. 2	7
1999	8	25. 7	75	19. 0	7. 0	1. 3	5
1999	9	21. 4	83	71. 3	4. 3	1. 0	7
1999	10	14. 1	83	86. 4	2. 8	0. 9	7
1999	11	7. 9	75	11. 9	2. 5	1. 1	6
1999	12	2. 2	59	1. 7	5. 1	1. 0	3
2000	1		72	5. 2	1. 6	1. 0	7
2000	2	2. 9	61	5. 5	2. 8	1. 0	6
2000	3	10. 8	54	2. 9	5. 3	1. 3	6
2000	4	15. 3	57	19. 8	5. 8	1. 6	5
2000	5	21. 6	59	37. 4	6. 5	1. 4	5
2000	6	24. 3	69	82. 6	3. 9	1. 3	8
2000	7	28. 1	70	4. 9	6. 4	1. 5	5
2000	8	24. 1	82	91. 2	4. 3	1. 1	7
2000	9	19. 5	81	66. 7	3. 6	1. 2	7
2000	10	13. 2	85	73. 6	1. 8	1. 1	8
2000	11	5. 6	81	25. 3	2. 6	1. 3	6
2000	12	2. 5	76	7. 6	3. 1	1. 4	5
2001	1	0. 6	68	0. 5	2. 5	1. 1	
2001	2	4. 6	68	0. 4	3. 5	1. 6	
2001	3	11. 1	47	0. 0	5. 9	1. 8	
2001	4	13. 9	68	0. 8	4. 0	1. 6	

（续）

年份	月份	平均气温/℃	相对湿度/%	降水量/mm	日照时数/h	风速/（m/s）	云量
2001	5	21.3	59	0.4	6.4	1.6	
2001	6	25.2	61	2.2	6.8	1.7	
2001	7	27.9	65	2.6	7.4	1.8	
2001	8	24.7	76	1.1	5.3	1.5	
2001	9	19.2	84	3.0	2.7	1.3	
2001	10	14.7	81	1.6	2.9	1.2	
2001	11	7.8	68	0.1	4.3	1.4	
2001	12	0.5	72	0.5	2.7	1.3	
2002	1	3.3	64	0.2	4.8	1.3	
2002	2	6.0	59	0.2	4.5	1.4	
2002	3	11.2	61	0.3	5.6	1.6	
2002	4	15.3	61	0.7	5.0	1.8	
2002	5	18.7	75	2.3	5.0	1.6	
2002	6	26.9	61	3.7	7.0	1.9	
2002	7	27.9	64	0.1	7.3	1.6	
2002	8	25.3	75	2.6	6.1	1.3	
2002	9	20.3	73	2.2	5.3	1.3	
2002	10	15.1	67	1.3	4.8	1.5	
2002	11	7.8	67	0.3	5.2	1.0	
2002	12	−0.3	79	0.6	1.1	1.1	
2003	1	0.0	66	0.3	4.1	1.3	
2003	2	5.1	71	0.2	3.0	1.5	
2003	3	8.6	66	0.4	4.5	1.6	
2003	4	14.3	70	1.7	4.6	1.8	
2003	5	20.5	66	1.5	6.2	2.0	
2003	6	26.0	54	1.1	7.1	1.8	
2003	7	25.9	74	4.2	6.0	1.7	
2003	8	22.7	87	11.1	1.8	1.5	
2003	9	20.3	85	5.5	4.5	1.4	
2003	10	13.4	79	3.2	4.3	1.4	
2003	11	6.3	78	1.4	3.3	1.4	
2003	12	1.9	66	0.2	3.5	1.3	
2004	1	0.1	61	0.0	4.2	1.7	
2004	2	5.2	54	0.5	6.6	2.0	
2004	3	10.0	63	1.4	5.0	2.1	
2004	4	16.7	62	0.4	7.4	2.1	

（续）

年份	月份	平均气温/℃	相对湿度/%	降水量/mm	日照时数/h	风速/（m/s）	云量
2004	5	20.1	62	0.8	7.3	2.5	
2004	6	25.0	59	1.9	6.8	2.4	
2004	7	26.3	72	2.8	6.6	2.1	
2004	8	23.8	86	4.6	4.0	1.6	
2004	9	19.3	85	4.2	4.7	1.5	
2004	10	12.6	80	1.1	3.9	1.3	
2004	11	6.6	77	0.6	5.1	1.4	
2004	12	1.6	77	0.3	3.1	1.6	
2005	1	−1.9	68	0.0	1.8	1.0	
2005	2	0.6	68	0.4	3.2	1.3	
2005	3	7.9	62	0.3	6.1	1.4	
2005	4	16.2	59	0.5	7.4	1.6	
2005	5	19.7	68	3.0	5.3	1.5	
2005	6	25.6	58	1.9	7.3	1.6	
2005	7	26.2	70	2.6	4.6	1.7	
2005	8	22.6	80	6.0	2.1	1.2	
2005	9	20.2	80	3.6	3.1	0.8	
2005	10	12.6	79	3.4	3.6	1.0	
2005	11	8.0	71	0.2	3.8	1.1	
2005	12	−1.0	53	0.0	3.3	1.2	
2006	1	−0.7	74	0.5	1.0	1.0	
2006	2	3.8	69	0.7	2.9	1.2	
2006	3	9.7	54	0.1	6.2	1.3	
2006	4	15.6	58	0.8	6.9	1.6	
2006	5	20.4	61	1.6	7.6	1.6	
2006	6	25.2	58	3.6	7.2	1.4	
2006	7	27.3	69	2.8	5.1	1.3	
2006	8	25.0	76	6.4	3.6	1.0	
2006	9	18.5	76	3.2	3.0	0.8	
2006	10	15.9	78	1.1	2.8	0.6	
2006	11	8.4	72	0.3	4.4	0.7	
2006	12	1.4	69	0.2	2.8	0.7	
2007	1	0.4	55	0.2	3.8	0.9	
2007	2	5.4	59	0.1	3.9	1.0	
2007	3	8.6	66	2.2	4.3	1.4	
2007	4	15.0	50	0.1	7.1	1.4	

（续）

年份	月份	平均气温/℃	相对湿度/%	降水量/mm	日照时数/h	风速/（m/s）	云量
2007	5	21.7	49	1.4	7.4	1.4	
2007	6	24.4	58	2.2	4.7	1.2	
2007	7	23.9	78	5.0	3.7	1.0	
2007	8	24.4	87	6.7	3.6	0.8	
2007	9	18.2	87	1.8	4.4	0.9	
2007	10	12.7	88	1.6	2.9	0.9	
2007	11	7.9	75	0.1	4.7	0.7	
2007	12	1.6	80	0.2	1.8	0.8	
2008	1	−2.9	78	0.6	2.5	0.7	
2008	2	0.5	69	0.2	5.3	1.0	
2008	3	10.4	66	0.6	5.8	1.1	
2008	4	14.4	77	1.2	5.4	1.2	
2008	5	20.7	64	0.4	7.3	1.1	
2008	6	24.0	67	1.7	4.9	1.1	
2008	7	25.6	76	2.2	5.0	1.2	
2008	8	24.0	79	3.8	5.6	1.1	
2008	9	18.7	88	3.2	3.2	0.8	
2008	10	13.6	89	2.4	3.1	0.5	
2008	11	7.3	76	0.2	4.0	0.9	
2008	12	1.6	57	0.0	4.6	1.0	
2009	1	0.2	57	0.0	4.5	1.0	
2009	2	3.4	74	0.5	4.2	0.9	
2009	3	8.5	69	1.3	4.3	1.3	
2009	4	13.0	70	1.4	5.4	1.3	
2009	5	19.2	77	1.6	5.1	1.1	
2009	6	24.6	68	1.0	6.5	1.2	
2009	7	26.5	80	2.5	3.4	1.2	
2009	8	24.2	87	7.9	3.8	0.7	
2009	9	20.7	89	4.9	3.5	0.8	
2009	10	13.2	88	1.5	3.7	0.8	
2009	11	7.6	75	0.2	6.0	0.8	
2009	12	2.4	57	0.1	5.7	1.1	
2010	1	−3.2	61	0.0	2.2	0.9	
2010	2	3.1	67	0.2	2.7	1.0	
2010	3	7.2	57	0.4	6.5	1.1	
2010	4	16.2	60	0.5	7.2	1.1	

（续）

年份	月份	平均气温/℃	相对湿度/%	降水量/mm	日照时数/h	风速/（m/s）	云量
2010	5	19.4	73	2.9	6.5	1.0	
2010	6	24.3	70	1.6	6.0	1.0	
2010	7	25.7	74	4.0	5.4	1.0	
2010	8	23.6	86	2.5	3.3	0.7	
2010	9	17.9	92	13.9	1.8	0.6	
2010	10	13.8	87	1.7	3.0	0.7	
2010	11	8.6	87	1.8	2.3	0.7	
2010	12	−3.2	61	.0	2.2	0.9	

表 4-74　北京昌平褐潮土监测站气象监测数据

年份	月份	平均气温/℃	最高气温/℃	最低气温/℃	相对湿度/%	降水量/mm	日照时数/h	风速/（m/s）	云量
1989	1	−2	1.6	−4.6	53	8	5.6	1.6	3
1989	2	1.6	5.4	−1.4	44	0.1	6.4	1.8	5
1989	3	8.4	18.1	1.6	30	0.3	8.2	2.9	4
1989	4	16.1	19.4	12.1	42	35.7	9.4	2.1	5
1989	5	21.1	27.3	14.2	49	33.2	9.3	2.5	5
1989	6	24.7	29.9	19	55	39.3	8.2	2.2	7
1989	7	25.7	30.4	21.8	69	125.2	6.3	1.9	7
1989	8	25.1	29	19.6	69	104.6	7.6	1.6	6
1989	9	19.3	24.7	12.7	67	89	6.5	1.4	5
1989	10	13.8	18.6	9.9	57	4.8	7.8	1.5	3
1989	11	4.6	13.1	−1.1	52	2.7	5.9	1.8	4
1989	12	−0.3	9	−4.5	57	2	5.2	1.4	4
1990	1	−4.9	0.5	−9.8	43	4.8	5.4	2	3
1990	2	−0.6	2.9	−7.3	70	21.7	4.1	1.4	5
1990	3	7.6	13.4	2.5	55	40.6	6	1.8	5
1990	4	13.6	18.4	6.3	45	60.1	7.5	2.6	5
1990	5	19.6	24.2	14.8	56	119.7	8.5	2.3	6
1990	6	24.8	28.8	19.7	56	4.6	8.8	1.8	6
1990	7	25.6	29.6	22.2	78	223.7	4.6	1.5	8
1990	8	25.4	28.5	22.1	76	157.3	6.4	1.3	6
1990	9	20.2	24.8	16	70	63.5	6.5	1.7	5
1990	10	15.2	20.3	11.2	62	0.7	7.7	1.4	3
1990	11	6.4	11.7	−1.6	58	3.8	4.9	1.9	4
1990	12	−0.8	5.8	−6.5	43	0.4	5.9	2	2
1991	1	−2.3	1.2	−5.8	45	0.5	4.9	1.7	3

（续）

年份	月份	平均气温/℃	最高气温/℃	最低气温/℃	相对湿度/%	降水量/mm	日照时数/h	风速/（m/s）	云量
1991	2	0.1	3.8	−7.6	42	1	6.4	2.2	3
1991	3	4.3	10.2	0	57	25.2	5.4	2.2	6
1991	4	13.9	18.7	7.4	48	17.2	8.3	2.6	4
1991	5	19.9	25.8	12.7	52	56.1	8.2	2.4	6
1991	6	24.1	27.6	18.4	63	236.8	9.2	1.8	6
1991	7	25.8	29.6	20.9	74	198.6	7	1.8	6
1991	8	27.1	30	22.4	73	124.9	8.8	1.7	4
1991	9	20.4	25.2	16	72	72.1	7	1.5	5
1991	10	13.7	18.3	7.2	55	12.5	7.5	1.9	3
1991	11	4.6	11.6	−1.6	49	1.2	6.5	2.6	2
1991	12	−1.8	3.9	−8.5	57	5.1	4.3	2.3	4
1992	1	−1.1	3.8	−4	47	0.8	6.5	2.1	2
1992	2	1.8	10	−3.1	30	0.1	8.6	2.4	2
1992	3	6.7	14.9	0.8	44	3.6	6.8	2.5	5
1992	4	15.5	22	6.1	36	10.5	8.6	2.7	4
1992	5	20.5	28.1	13.9	53	53.3	8.9	1.9	5
1992	6	23.5	27.8	16	58	69.8	9	1.9	5
1992	7	26.8	31	23.4	65	154.3	7.2	1.6	6
1992	8	24.6	27.5	21.3	76	141.8	6.6	1.8	7
1992	9	20.5	27	16.4	63	54.6	8	2.4	5
1992	10	12.1	18.3	7.6	62	38.3	7.2	2.1	4
1992	11	3.4	9	−4.3	55	16.8	6.5	2.4	2
1992	12	−0.3	4.1	−3.7	57	0.2	5.3	2.2	3
1993	1	−3.6	2.9	−8.2	49	3.7	6.7	2.5	2
1993	2	1.6	5.5	−2.9	42	1.6	7.3	2.4	4
1993	3	8.1	15.2	1	40	0.3	8	2.4	4
1993	4	14	23.1	6.1	39	17.4	8.8	3.1	4
1993	5	21.4	27.6	13.4	45	9.2	9.3	3.3	4
1993	6	25.4	29.6	19.1	57	39.4	8.4	2.5	6
1993	7	25.2	30	20	76	206.8	5.8	2.1	8
1993	8	25.2	28.3	21.3	71	158.9	7.6	2.1	6
1993	9	21.3	26.4	16.2	58	18.6	8.5	2.6	3
1993	10	13.9	18.8	6.5	54	10	6.8	2.1	3
1993	11	3.6	12.2	−5.9	60	43.5	4.8	2.4	5
1993	12	−0.8	4.4	−5.5	40	0	5.8	2.9	2
1994	1	−1.6	2.8	−6.8	40	0.4	5.3	2.8	4

（续）

年份	月份	平均气温/℃	最高气温/℃	最低气温/℃	相对湿度/%	降水量/mm	日照时数/h	风速/（m/s）	云量
1994	2	0.8	4.9	−2.7	51	5.1	5.9	2.4	5
1994	3	5.5	15	−0.3	34	0.2	8	3.2	3
1994	4	17.3	21.3	9.7	41	2.3	7.5	2.7	5
1994	5	21	25.3	9.8	45	66.6	8.7	3.1	5
1994	6	26.8	30.4	24.2	54	24.5	8.4	2.5	6
1994	7	27.7	30.4	23.2	75	459.4	6.8	2.2	6
1994	8	26.5	29.1	23.3	77	214.4	5.7	2	6
1994	9	21.1	27.4	16.3	53	15.6	8.7	2.2	3
1994	10	14.1	19	8.5	51	10.6	6.9	1.8	4
1994	11	6.4	14.6	0.4	64	12.9	4.3	1.4	4
1994	12	−1.4	6.9	−8	51	5.2	5.2	2.6	4
1995	1	−0.7	4.4	−3.4	30	0	6.8	2.9	2
1995	2	2.1	6	−3.1	37	1.7	7.1	2.2	2
1995	3	7.7	12	0.7	35	6.9	7.6	3	4
1995	4	14.6	22.5	7.7	35	5.5	8.7	3.6	4
1995	5	19.8	25.1	12.2	43	46.1	8.8	3	5
1995	6	24.3	27.6	19.9	66	69.6	6.1	2.5	6
1995	7	25.8	30.4	19.4	73	195.8	6.2	2.3	6
1995	8	25.4	28.4	21.4	78	120.2	5.7	1.8	7
1995	9	19	23.8	13.4	70	116.6	5.8	1.9	5
1995	10	14.5	19.2	2.8	59	9.6	6	2.4	4
1995	11	7.7	13.7	1.2	41	0.2	7.7	2.4	1
1995	12	−0.4	4.2	−4.6	39	2.8	6.4	2.4	2
1996	1	−2.2	2.9	−5.8	32	0.3	6.7	2.8	2
1996	2	−0.4	7.6	−4	22	0	8.3	3	2
1996	3	6.2	11.3	1.8	35	11	7.4	3.4	5
1996	4	14.3	22.8	7	38	6.5	8.8	3	5
1996	5	21.6	27.3	12.9	45	2.3	9.6	2.9	4
1996	6	25.4	27.9	21.6	56	55.8	7.1	2.7	6
1996	7	25.5	29	19	76	307.9	4.7	2	8
1996	8	23.9	29.4	16.9	81	250.2	3.8	1.8	7
1996	9	20.7	25.8	16.1	72	33.2	6.3	2.2	5
1996	10	12.8	17	6.4	66	30.9	5.5	1.9	4
1996	11	4.2	10.2	−3.3	48	2.7	5.5	2.6	3
1996	12	0.9	5.2	−3.8	44	3	5.6	2.5	2
1997	1	−3.8	2.6	−9.3	49	5.2	5.8	2.1	2

（续）

年份	月份	平均气温/℃	最高气温/℃	最低气温/℃	相对湿度/%	降水量/mm	日照时数/h	风速/（m/s）	云量
1997	2	1.3	7.4	−3.4	41	0.4	6.5	2.5	3
1997	3	8.7	17.6	3.1	47	10.8	6.8	2.7	4
1997	4	14.5	21.5	7.2	50	17.5	8.8	2.8	3
1997	5	19.9	25.7	14.9	55	41.8	8.3	2.8	5
1997	6	24.6	28.9	16.4	57	35.9	8.9	2.4	5
1997	7	28.2	32.1	23.4	69	140.3	7.3	2.2	5
1997	8	26.5	28.5	24.1	74	83.6	7.6	2.1	5
1997	9	18.6	24.9	14.2	68	44.2	7.7	2.3	4
1997	10	14	20.6	7.1	47	43.1	9	2.9	1
1997	11	5.4	11	−1	66	2.3	4	2.2	5
1997	12	−1.5	3.7	−4.6	56	8.9	4.5	2.2	3
1998	1	−3.9	0.6	−10.1	43	1.4	5.6	2.6	3
1998	2	2.4	9.4	−3.4	45	26.4	6.9	2.7	4
1998	3	7.6	15.1	0	51	4.5	6.7	2.7	5
1998	4	15	23.8	6.2	68	54.8	5.9	2.6	6
1998	5	19.8	24.4	16.3	61	61.8	8.8	2.6	5
1998	6	23.6	30.7	17.4	71	143.2	6.5	2.6	6
1998	7	26.5	30.6	23.2	79	248.2	6.2	2	7
1998	8	25.1	29.2	19.6	75	114.5	7.9	2	6
1998	9	22.2	26.5	18.4	71	5.1	6.8	1.9	4
1998	10	14.8	22.8	8.9	65	61.9	5.9	1.7	4
1998	11	4	12.6	−4	64	11.4	5.7	2	3
1998	12	0.1	6.8	−5.3	51	0.6	6.4	1.9	2
1999	1	−1.6	5	−6.4	38	0.1	7	2.6	2
1999	2	2.2	6.8	−0.7	34	0	8	2.8	2
1999	3	4.8	10.8	−1.3	59	5.4	5.1	2.9	6
1999	4	14.4	19.6	6.1	57	33.9	7.9	2.8	4
1999	5	19.5	23.3	13.2	59	32.7	8.5	2.4	4
1999	6	25.3	31.1	20	60	24.3	8.6	2.7	5
1999	7	28.1	34.2	21.7	67	59.8	7.9	2.1	5
1999	8	25.6	28.2	20.8	71	57.4	7.1	2.1	5
1999	9	20.9	27.6	14.3	69	33.6	5.5	1.9	6
1999	10	13	18.2	7.2	56	11.7	6.9	2	4
1999	11	5.9	12.8	−1.5	63	9.9	6.2	2.2	3
1999	12	−0.6	6.1	−7.3	45	0.9	6.5	2.5	2
2000	1	−6.4	0.6	−10.4	55	12	5.5	2.6	3

（续）

年份	月份	平均气温/℃	最高气温/℃	最低气温/℃	相对湿度/%	降水量/mm	日照时数/h	风速/（m/s）	云量
2000	2	−1.5	4.2	−7.7	40	0.1	8	2.3	2
2000	3	8	15.8	2.6	36	8.9	8.9	3.4	3
2000	4	14.6	21.7	9.8	40	18.7	8.3	3.3	4
2000	5	20.4	26.6	14.1	57	38.1	9.8	2.9	4
2000	6	26.7	30.4	21.5	53	19.3	9.2	2.4	4
2000	7	29.6	32.8	24.4	61	62.2	7.5	2.4	6
2000	8	25.7	29	22.6	76	151.1	6	1.9	6
2000	9	21.8	27	16.6	64	18.6	8	1.8	4
2000	10	12.6	18.8	7	62	35.7	5.5	2.2	6
2000	11	3	10.4	−1.9	59	9.9	5.3	2.3	4
2000	12	−0.6	3.8	−5.6	48	0.1	5.6	2.3	3

表 4-75　河南郑州潮土监测站气象监测数据（1990—2010 年）

年份	月份	平均气温/℃	降水量/mm	日照时数/h
1990	1		25.4	2.6
1990	2	2.2	57.8	2.7
1990	3	9.0	78.8	4.9
1990	4	15.3	31.3	6.7
1990	5	21.2	75.3	6.8
1990	6	25.9	221.9	6.1
1990	7	28.2	143.1	5.3
1990	8	26.4	76.6	6.1
1990	9	22.5	58.0	4.9
1990	10	17.4	10.2	5.6
1990	11	10.4	47.4	4.5
1990	12	3.2	4.3	4.2
1991	1	1.6	6.5	3.6
1991	2	4.2	9.6	3.5
1991	3	6.2	59.4	4.2
1991	4	15.0	18.4	6.7
1991	5	19.6	109.8	6.1
1991	6	26.1	65.5	6.9
1991	7	29.0	27.9	7.0
1991	8	25.8	99.8	8.4
1991	9	22.7	67.9	7.1
1991	10	16.2	2.6	7.2

（续）

年份	月份	平均气温/℃	降水量/mm	日照时数/h
1991	11	9.1	20.5	6.2
1991	12	1.7	9.2	3.6
1992	1	1.9	0.0	5.9
1992	2	5.3	0.7	7.2
1992	3	7.0	29.1	4.1
1992	4	17.2	17.9	8.5
1992	5	21.4	146.1	7.4
1992	6	25.3	34.9	7.2
1992	7	28.9	97.8	7.9
1992	8	25.7	85.1	5.9
1992	9	20.6	123.6	4.7
1992	10	14.1	11.5	6.0
1992	11	8.9	9.3	5.8
1992	12	3.0	9.7	3.8
1993	1		12.6	4.4
1993	2	6.0	19.3	4.8
1993	3	9.3	26.3	6.2
1993	4	16.2	104.4	7.9
1993	5	20.0	28.0	6.5
1993	6	26.7	92.3	8.0
1993	7	26.4	80.5	6.3
1993	8	25.3	57.8	5.3
1993	9	22.6	38.0	6.7
1993	10	16.1	38.8	6.3
1993	11	6.2	69.4	3.6
1993	12	2.8	0.0	5.2
1994	1	3.0	2.4	5.1
1994	2	3.7	3.7	3.7
1994	3	8.7	11.6	6.2
1994	4	17.4	91.0	6.4
1994	5	24.0	73.9	8.7
1994	6	26.6	217.4	6.1
1994	7	28.9	245.0	7.4
1994	8	27.5	39.2	7.6
1994	9	22.4	2.2	6.7
1994	10	15.8	52.4	5.4

（续）

年份	月份	平均气温/℃	降水量/mm	日照时数/h
1994	11	9.6	29.1	3.5
1994	12	3.2	16.0	3.2
1995	1	2.5	0.0	3.7
1995	2	5.3	0.0	6.6
1995	3	9.8	14.6	3.9
1995	4	15.5	16.5	5.0
1995	5	22.3	16.5	6.8
1995	6	27.0	30.6	6.1
1995	7	27.7	242.4	3.6
1995	8	26.1	130.7	4.7
1995	9	21.1	11.4	4.4
1995	10	16.7	95.8	4.7
1995	11	10.4	3.3	3.0
1995	12	3.5	0.7	4.4
1996	1	1.4	0.8	5.3
1996	2	3.3	15.0	6.0
1996	3	7.4	13.5	6.0
1996	4	15.2	29.6	6.5
1996	5	22.2	18.1	8.0
1996	6	26.8	14.1	8.0
1996	7	27.4	144.9	6.1
1996	8	25.8	212.1	4.3
1996	9	21.7	124.3	5.1
1996	10	16.1	43.0	4.6
1996	11	7.7	27.5	6.5
1996	12	5.0	0.0	5.1
1997	1	0.9	8.4	4.4
1997	2	5.1	16.1	5.1
1997	3	10.5	40.4	5.7
1997	4	15.9	16.3	6.0
1997	5	22.6	54.0	7.8
1997	6	27.4	14.1	7.6
1997	7	28.8	144.9	7.6
1997	8	28.5	212.1	8.7
1997	9	20.7	124.3	6.7
1997	10	18.1	43.0	7.6

（续）

年份	月份	平均气温/℃	降水量/mm	日照时数/h
1997	11	8.0	27.5	3.0
1997	12	2.6	0.0	3.5
1998	1	1.0	5.3	4.3
1998	2	6.0	20.4	5.0
1998	3	9.8	30.2	4.7
1998	4	17.5	20.1	5.8
1998	5	20.5	160.3	5.6
1998	6	27.1	25.5	8.9
1998	7	28.0	226.2	5.5
1998	8	26.5	129.0	5.4
1998	9	25.1	0.1	7.1
1998	10	18.7	5.9	4.7
1998	11	11.0	1.5	5.9
1998	12	4.7	2.8	4.6
1999	1	3.7	0.0	5.9
1999	2	6.9	0.0	6.2
1999	3	9.1	29.8	4.2
1999	4	17.1	36.7	6.9
1999	5	22.2	36.8	7.7
1999	6	26.7	48.9	6.9
1999	7	28.0	220.0	8.0
1999	8	26.6	58.0	7.9
1999	9	23.4	101.9	5.2
1999	10	15.9	65.3	4.1
1999	11	10.6	2.9	5.8
1999	12	4.7	0	5.9
2000	1		24.0	2.8
2000	2	3.4	0.9	4.9
2000	3	12.2	0.0	7.4
2000	4	17.8	7.3	8.3
2000	5	23.6	12.4	8.4
2000	6	26.8	48.4	7.2
2000	7	28.1	269.1	5.6
2000	8	26.3	92.6	5.7
2000	9	21.9	218.4	5.2
2000	10	15.0	76.0	3.1

（续）

年份	月份	平均气温/℃	降水量/mm	日照时数/h
2000	11	7.5	23.3	3.9
2000	12	4.8	3.7	3.9
2001	1	−1.3	42.1	2.7
2001	2	2.6	20.1	3.8
2001	3	11.6	1.6	7.2
2001	4	15.4	8.2	6.2
2001	5	23.9	0.6	7.8
2001	6	26.9	75.2	7.1
2001	7	27.6	97.4	7.0
2001	8	26.0	65.8	6.1
2001	9	21.7	14.9	5.1
2001	10	16.5	37.6	4.8
2001	11	9.1	0.5	5.8
2001	12	0.7	37.8	3.5
2002	1	4.5	10.8	5.4
2002	2	7.7	0	5.2
2002	3	12.6	25.2	5.8
2002	4	16.0	26.1	5.9
2002	5	20.3	107.3	5.4
2002	6	26.9	99.4	6.6
2002	7	27.6	90.2	5.4
2002	8	26.6	147.2	5.4
2002	9	21.2	45.8	6.1
2002	10	15.0	17.7	5.0
2002	11	7.5	2.9	4.7
2002	12	1.1	26.7	1.8
2003	1	1.2	7.7	4.6
2003	2	3.9	25.0	3.4
2003	3	8.6	32.5	4.0
2003	4	15.7	17.1	5.0
2003	5	21.4	33.9	4.8
2003	6	25.7	142.0	5.5
2003	7	26.1	113.1	3.4
2003	8	24.2	265.6	1.6
2003	9	21.4	111.1	3.3
2003	10	14.9	156.4	4.5

（续）

年份	月份	平均气温/℃	降水量/mm	日照时数/h
2003	11	7.8	33.5	2.3
2003	12	3.1	16.0	3.5
2004	1	1.5	2.1	3.8
2004	2	7.7	17.7	6.0
2004	3	10.9	5.3	5.0
2004	4	17.9	11.8	6.4
2004	5	22.3	78.8	7.7
2004	6	25.3	106.6	5.6
2004	7	27.0	264.5	4.0
2004	8	24.8	121.7	3.2
2004	9	21.6	100.2	5.1
2004	10	15.2	3.9	4.3
2004	11	9.6	40.1	4.8
2004	12	2.4	14.7	2.4
2005	1	−0.5	0	2.7
2005	2	0.3	8.3	2.8
2005	3	8.7	9.6	5.9
2005	4	18.5	13.3	7.6
2005	5	21.3	56.5	6.0
2005	6	28.2	132.9	6.7
2005	7	26.9	214.4	2.5
2005	8	25.4	118.0	4.5
2005	9	21.3	133.3	4.2
2005	10	15.5	35.3	4.8
2005	11	11.5	4.9	4.9
2005	12	1.9	2.3	4.6
2006	1	0.3	25.8	2.1
2006	2	3.9	17.8	4.2
2006	3	11.5	5.4	7.4
2006	4	17.2	37.0	7.1
2006	5	21.9	65.5	6.8
2006	6	27.8	82.9	7.9
2006	7	27.1	181.9	3.0
2006	8	26.1	162.1	4.2
2006	9	21.2	50.0	3.6
2006	10	19.0	0	4.3

（续）

年份	月份	平均气温/℃	降水量/mm	日照时数/h
2006	11	10.9	58.7	5.2
2006	12	3.0	5.5	3.5
2007	1	2.4	0.0	4.1
2007	2	7.6	13.6	4.2
2007	3	10.1	64.4	4.5
2007	4	17.0	15.8	7.2
2007	5	24.6	24.7	7.6
2007	6	26.0	55.9	5.4
2007	7	26.2	152.9	4.0
2007	8	26.4	228.5	4.8
2007	9	22.1	4.6	5.1
2007	10	15.9	18.6	2.9
2007	11	9.3	9.0	4.8
2007	12	3.9	8.4	2.9
2008	1	−0.7	17.0	2.4
2008	2	2.5	2.5	5.7
2008	3	12.2	2.0	6.2
2008	4	16.9	90.8	6.3
2008	5	23.7	59.4	7.3
2008	6	26.1	24.6	5.5
2008	7	26.6	309.7	3.7
2008	8	26.8	58.5	4.8
2008	9	21.6	64.4	4.2
2008	10	17.2	13.3	4.5
2008	11	10.7	12.9	5.0
2008	12	3.8	3.1	5.0
2009	1	1.0	0	4.4
2009	2	5.9	30.1	1.8
2009	3	10.1	17.3	5.3
2009	4	17.0	49.2	6.4
2009	5	22.0	82.9	6.8
2009	6	28.8	49.8	8.2
2009	7	27.9	125.2	5.0
2009	8	26.0	270.2	4.9
2009	9	21.0	80.4	3.5
2009	10	18.5	9.6	5.4

（续）

年份	月份	平均气温/℃	降水量/mm	日照时数/h
2009	11	5.4	46.7	4.8
2009	12	2.9	1.1	4.5
2010	1	1.1	0.2	4.9
2010	2	3.7	13.2	3.5
2010	3	8.9	15.4	4.1
2010	4	14.3	54.6	5.6
2010	5	22.4	21.6	6.2
2010	6	27.5	18.7	6.7
2010	7	28.8	152.6	3.3
2010	8	26.3	178.6	3.7
2010	9	21.7	141.1	2.7
2010	10	16.0	2.8	4.2
2010	11	10.9	1.5	6.3
2010	12	5.5	0.0	5.6

表 4-76 浙江杭州水稻土监测站气象监测数据

年份	月份	平均气温/℃	最高气温/℃	最低气温/℃	相对湿度/%	降水量/mm	蒸发量/mm	日照时数/h
1990	1	4.0	11.7	−2.8	82.0	71.0	310.0	
1990	2	5.3	12.0	−2.7	88.0	161.2	196.0	
1990	3	12.0	19.2	5.0	77.0	50.5	837.0	
1990	4	16.0	23.3	9.9	74.0	119.8	1 185.0	
1990	5	20.9	26.9	14.1	74.0	140.7	1 475.6	
1990	6	26.2	30.6	19.6	79.0	152.4	1 806.0	
1990	7	30.3	32.9	24.2	72.0	119.3	2 644.3	
1990	8	28.6	32.0	24.6	79.0	327.7	1 934.4	
1990	9	23.0	27.7	19.0	86.0	208.6	831.0	
1990	10	17.9	20.6	13.5	78.0	59.7	880.4	
1990	11	14.2	20.4	7.7	80.0	124.5	597.0	
1990	12	6.8	14.1	1.4	70.0	50.2	554.9	
1991	1	4.5	9.5	0.4	81.0	66.7	359.6	
1991	2	6.9	14.3	2.5	76.0	77.6	518.0	
1991	3	9.0	19.8	3.3	85.0	145.2	496.0	
1991	4	14.7	19.9	6.9	81.0	168.6	867.0	
1991	5	20.5	30.8	11.7	78.0	170.0	1 320.6	
1991	6	24.5	31.1	20.7	85.0	204.5	1 119.0	
1991	7	29.0	32.5	23.2	77.0	192.1	2 030.5	
1991	8	27.4	30.1	25.3	77.0	90.0	1 829.0	

（续）

年份	月份	平均气温/℃	最高气温/℃	最低气温/℃	相对湿度/%	降水量/mm	蒸发量/mm	日照时数/h
1991	9	23.7	30.2	18.7	80.0	174.5	1 143.0	
1991	10	18.0	24.1	12.4	70.0	27.1	1 125.3	
1991	11	12.1	18.4	7.1	71.0	42.9	741.0	
1991	12	6.8	15.2	−4.7	78.0	38.1	418.5	
1992	1	4.8	15.2	0.4	77.0	80.0	421.6	
1992	2	7.2	19.2	0.2	66.0	16.6	707.6	
1992	3	8.6	15.9	3.3	86.0	293.2	381.3	
1992	4	16.7	22.3	11.2	73.0	53.4	1 242.0	
1992	5	20.6	26.4	15.7	74.0	152.1	1 416.7	
1992	6	23.3	27.7	18.8	79.0	205.1	1 434.0	
1992	7	27.8	33.8	20.8	77.0	118.9	1 959.2	
1992	8	27.1	30.9	22.5	83.0	189.8	1 370.2	
1992	9	23.8	28.4	19.2	82.0	168.8	1 113.0	
1992	10	17.1	25.2	12.8	68.0	2.5	1 140.8	
1992	11	11.6	16.5	5.0	69.0	16.9	744.0	
1992	12	8.0	15.3	2.6	78.0	55.1	440.2	
1993	1	2.8	9.4	−2.9	75.0	103.5	353.4	
1993	2	8.0	18.4	2.7	68.0	67.5	812.0	
1993	3	9.8	16.2	6.1	74.0	164.5	883.5	
1993	4	15.9	25.9	8.1	73.0	97.9	1 269.0	
1993	5	19.6	27.6	15.0	82.0	167.7	1 094.3	
1993	6	25.1	30.5	18.8	81.0	286.3	1 518.0	
1993	7	26.9	31.9	20.6	82.0	269.3	1 643.0	
1993	8	26.5	30.1	21.0	84.0	226.4	1 404.3	
1993	9	23.7	28.3	18.3	80.0	167.3	1 308.0	
1993	10	17.8	20.9	12.5	77.0	92.8	951.7	
1993	11	13.0	22.2	1.9	80.0	81.2	588.0	
1993	12	6.0	14.0	0.6	67.0	26.8	635.5	
1994	1	5.1	11.4	−0.6	76.0	72.5	434.0	
1994	2	5.5	10.1	2.5	79.0	125.2	414.4	
1994	3	9.2	14.1	3.4	72.0	80.2	843.2	
1994	4	16.8	24.6	11.1	83.0	105.1	849.0	
1994	5	23.6	26.9	18.4	67.0	91.6	2 070.8	
1994	6	24.9	31.9	18.9	81.0	496.2	1 704.0	
1994	7	31.0	33.3	28.7	70.0	5.2	3 003.9	
1994	8	29.7	33.2	26.4	73.0	137.7	2 613.3	

（续）

年份	月份	平均气温/℃	最高气温/℃	最低气温/℃	相对湿度/%	降水量/mm	蒸发量/mm	日照时数/h
1994	9	23.9	30.4	18.4	72.0	36.5	1 530.0	
1994	10	18.3	24.8	12.9	72.0	76.0	1 116.0	
1994	11	14.8	19.2	11.4	82.0	61.3	603.0	
1994	12	8.7	15.5	2.8	85.0	111.5	297.6	
1995	1	4.7	10.2	0.7	73.0	98.7	517.7	
1995	2	6.2	9.9	1.3	69.0	33.2	596.4	
1995	3	11.1	17.8	5.8	70.0	167.2	1 001.3	
1995	4	14.8	21.6	8.5	79.0	188.7	921.0	
1995	5	20.4	25.2	14.2	76.0	173.0	1 370.2	
1995	6	22.9	27.3	18.6	86.0	302.8	1 011.0	
1995	7	28.8	33.2	20.4	75.0	196.0	2 455.2	
1995	8	29.3	32.1	25.4	73.0	112.5	2 681.5	
1995	9	24.9	32.5	20.2	77.0	32.6	1 476.0	
1995	10	18.7	24.2	14.5	80.0	121.9	951.7	
1995	11	11.7	16.9	6.4	64.0	5.4	900.0	
1995	12	6.1	10.2	1.5	67.0	17.3	598.3	
1996	1	4.3	10.7	−0.7	78.0	105.9	403.0	
1996	2	4.7	18.3	−1.2	69.0	41.5	626.4	
1996	3	8.4	17.0	3.4	80.0	247.3	623.1	
1996	4	14.1	22.6	6.1	71.0	74.1	1 212.0	
1996	5	20.8	25.9	16.9	71.0	33.0	1 639.9	
1996	6	25.5	29.5	17.7	82.0	338.8	1 386.0	
1996	7	27.6	31.6	21.7	81.0	281.6	1 922.0	
1996	8	28.4	31.3	21.7	79.0	135.9	2 073.9	
1996	9	24.8	27.9	20.7	78.0	33.9	1 461.0	
1996	10	19.2	23.1	14.4	80.0	94.8	936.2	
1996	11	12.8	20.1	7.3	76.0	79.5	597.0	
1996	12	7.6	11.1	3.3	68.0	15.4	651.0	
1997	1	4.5	10.6	−0.8	74.0	56.8	455.7	
1997	2	6.6	16.3	1.9	74.0	49.6	532.0	
1997	3	11.5	19.5	7.3	81.0	68.2	644.8	
1997	4	16.4	23.6	10.2	73.0	84.9	1 167.0	
1997	5	23.2	27.8	16.0	69.0	73.8	1 940.6	
1997	6	25.3	30.6	17.9	76.0	122.7	1 698.0	
1997	7	27.7	31.1	22.4	79.0	432.6	1 891.0	
1997	8	27.6	30.8	24.8	82.0	194.2	1 481.8	

（续）

年份	月份	平均气温/℃	最高气温/℃	最低气温/℃	相对湿度/%	降水量/mm	蒸发量/mm	日照时数/h
1997	9	22.8	30.6	18.6	73.0	25.9	1 392.0	
1997	10	19.2	23.0	11.4	73.0	52.1	1 085.0	
1997	11	12.7	20.1	4.8	79.0	158.3	597.0	
1997	12	7.3	11.5	1.6	82.0	116.1	313.1	
1998	1	4.1	9.4	−2.3	79.0	206.5	381.3	
1998	2	8.2	18.5	2.6	77.0	98.5	582.4	
1998	3	10.1	18.0	0.8	83.0	233.8	651.0	
1998	4	19.2	25.7	8.8	76.0	138.0	1 359.0	
1998	5	21.7	26.5	17.1	81.0	155.8	1 295.8	
1998	6	24.4	27.3	20.6	82.0	176.2	1 338.0	
1998	7	29.7	33.0	26.7	75.0	192.8	2 436.6	
1998	8	29.5	33.4	21.1	73.0	44.5	2 362.2	
1998	9	23.5	27.6	18.7	78.0	185.0	1 323.0	
1998	10	20.2	23.5	16.9	76.0	30.7	1 112.9	
1998	11	15.1	19.0	10.6	73.0	25.0	831.0	
1998	12	8.6	15.3	3.8	76.0	51.6	480.5	
1999	1	6.2	13.2	1.4	76.0	50.7	446.4	
1999	2	8.1	12.9	3.7	66.0	31.1	758.8	
1999	3	10.0	17.1	4.8	84.0	196.9	530.1	
1999	4	16.3	20.3	10.0	71.0	136.7	1 290.0	
1999	5	21.4	25.2	18.7	76.0	157.4	1 500.4	
1999	6	22.7	27.3	19.0	89.0	611.0	960.0	
1999	7	26.1	30.9	22.6	84.0	169.3	1 348.5	
1999	8	26.8	29.7	23.3	84.0	346.4	1 608.9	
1999	9	25.7	31.0	20.5	78.0	26.6	1 590.0	
1999	10	19.4	26.8	14.1	79.0	60.3	858.7	
1999	11	12.2	18.4	4.4	75.0	29.6	651.0	
1999	12	6.9	11.3	−1.2	68.0	8.0	595.2	
2000	1	4.3	13.0	−2.1	80.0	126.9	331.7	
2000	2	4.7	8.1	−1.7	78.0	88.7	411.8	
2000	3	11.2	21.0	6.4	72.0	110.9	957.9	
2000	4	17.1	21.7	12.6	69.0	90.3	1 422.0	
2000	5	22.7	27.5	18.2	67.0	82.6	1 968.5	
2000	6	25.3	31.4	19.4	77.0	168.2	1 692.0	
2000	7	29.4	33.1	24.1	73.0	108.9	2 554.4	
2000	8	28.3	30.6	25.0	80.0	128.3	1 856.9	

（续）

年份	月份	平均气温/℃	最高气温/℃	最低气温/℃	相对湿度/%	降水量/mm	蒸发量/mm	日照时数/h
2000	9	24.3	30.4	20.2	75.0	47.1	1 467.0	
2000	10	19.1	24.5	13.1	83.0	97.8	759.5	
2000	11	11.5	17.3	6.3	85.0	118.6	384.0	
2000	12	8.7	13.5	2.7	82.0	30.0	403.0	
2001	1	6.1	14.9	−3.0	76.5	88.4		77.6
2001	2	7.2	25.2	0.5	80.9	106.0		72.1
2001	3	12.3	27.5	1.5	66.2	47.6		162.5
2001	4	16.1	29.8	6.9	74.5	88.8		137.8
2001	5	21.9	33.4	13.5	78.6	96.8		157.4
2001	6	24.4	37.1	17.0	84.3	408.8		123.3
2001	7	30.3	38.1	23.0	73.1	102.3		258.9
2001	8	26.4	34.4	19.4	85.2	390.2		123.3
2001	9	24.1	30.8	18.0	76.9	44.6		139.1
2001	10	19.6	28.1	10.6	73.8	34.9		184.2
2001	11	12.7	21.7	4.4	69.2	40.4		135.0
2001	12	6.6	22.0	−3.5	78.1	117.8		93.2
2002	1	7.6	22.3	−0.8	67.1	90.2		154.6
2002	2	9.1	19.5	0.5	70.9	56.1		125.7
2002	3	13.6	27.5	4.6	76.3	160.9		133.0
2002	4	17.1	32.0	8.5	79.2	206.2		81.5
2002	5	20.1	32.3	14.5	81.7	153.9		70.7
2002	6	26.2	35.3	18.6	77.0	131.7		161.1
2002	7	27.6	37.5	20.3	80.2	218.8		143.8
2002	8	26.8	38.3	19.2	82.1	282.8		120.6
2002	9	24.1	35.2	14.8	75.1	85.3		133.0
2002	10	18.9	33.0	8.0	73.7	87.1		149.8
2002	11	12.6	26.4	3.1	72.8	77.0		136.0
2002	12	6.9	18.4	−2.5	82.5	194.0		44.8
2003	1	4.3	18.0	−4.1	69.4	41.3		112.4
2003	2	7.6	23.2	−1.5	78.7	137.6		76.3
2003	3	10.7	29.7	−0.1	72.7	172.2		119.1
2003	4	16.4	31.1	7.7	79.0	115.4		105.5
2003	5	21.2	32.8	11.2	74.8	88.5		123.3
2003	6	25.0	35.9	18.1	73.0	116.1		133.1
2003	7	31.0	40.0	23.1	69.4	81.4		248.5
2003	8	29.4	40.3	22.0	74.3	48.4		196.7

（续）

年份	月份	平均气温/℃	最高气温/℃	最低气温/℃	相对湿度/%	降水量/mm	蒸发量/mm	日照时数/h
2003	9	26.1	38.7	17.0	74.3	43.7		183.7
2003	10	18.5	31.0	9.5	70.4	32.4		177.6
2003	11	13.0	30.6	2.6	76.6	43.7		120.1
2003	12	6.4	18.0	−2.5	66.3	28.2		129.9
2004	1	4.7	14.4	−5.7	71.8	94.0		88.9
2004	2	9.5	25.2	−0.6	64.2	84.7		147.8
2004	3	10.4	28.3	0.9	68.7	50.7		116.5
2004	4	17.5	34.2	5.2	66.2	83.5		176.3
2004	5	22.2	36.0	11.4	72.8	231.7		180.9
2004	6	24.8	35.3	16.6	73.7	87.0		121.7
2004	7	30.2	39.5	21.1	64.0	74.9		286.4
2004	8	29.1	38.7	21.8	70.7	89.8		201.1
2004	9	23.4	33.4	16.7	77.6	93.5		120.1
2004	10	18.6	28.0	9.1	62.7	7.0		200.3
2004	11	14.5	26.7	2.0	68.8	52.0		145.2
2004	12	8.4	21.2	−4.5	75.4	97.7		89.7
2005	1	3.2	12.2	−5.4	70.8	78.2		92.4
2005	2	4.4	16.6	−2.4	76.5	155.4		56.4
2005	3	9.6	24.5	−1.8	63.9	70.6		161.3
2005	4	19.2	34.3	7.5	61.9	72.7		200.2
2005	5	21.2	33.2	11.9	71.4	99.5		124.0
2005	6	27.4	37.5	19.1	63.8	26.2		216.4
2005	7	29.8	39.3	21.6	66.7	240.7		180.8
2005	8	28.4	38.0	22.2	68.2	133.1		156.4
2005	9	27.2	37.2	19.7	68.9	60.1		197.0
2005	10	19.0	33.9	8.6	74.8	80.3		132.9
2005	11	15.1	28.4	3.9	74.7	82.2		102.6
2005	12	5.5	16.4	−3.3	62.4	39.6		141.8
2006	1	5.8	18.7	−4.1	80.6	161.9		62.1
2006	2	6.2	25.0	−1.4	76.3	100.6		58.6
2006	3	12.5	26.7	0.4	62.3	36.3		137.9
2006	4	18.3	32.4	5.2	65.0	135.3		154.8
2006	5	21.5	31.5	14.1	70.5	176.7		131.4
2006	6	25.9	37.4	16.9	76.9	144.1		119.5
2006	7	30.1	38.1	23.1	72.3	127.3		183.8
2006	8	30.6	39.2	23.9	66.3	54.0		215.6

（续）

年份	月份	平均气温/℃	最高气温/℃	最低气温/℃	相对湿度/%	降水量/mm	蒸发量/mm	日照时数/h
2006	9	23.3	36.7	16.6	76.3	102.1		96.9
2006	10	21.9	30.1	12.8	72.8	7.5		91.9
2006	11	15.2	28.4	7.3	70.8	98.5		81.3
2006	12	7.7	19.0	−1.3	69.4	20.0		89.0
2007	1	5.3	16.2	−1.9	72.6	82.8		66.3
2007	2	10.5	25.8	−1.1	71.0	49.4		97.0
2007	3	12.7	32.8	1.4	72.4	171.3		105.4
2007	4	16.5	32.1	5.0	63.1	149.1		139.2
2007	5	23.8	33.8	13.9	64.9	32.8		154.5
2007	6	25.4	36.0	18.1	80.5	178.6		61.9
2007	7	30.9	39.4	22.7	67.4	122.7		199.9
2007	8	30.2	39.5	23.9	68.3	60.3		208.6
2007	9	24.6	34.6	18.3	77.4	215.9		96.7
2007	10	19.8	31.5	10.7	73.0	248.5		112.9
2007	11	12.9	21.2	2.5	70.1	31.5		136.5
2007	12	8.7	16.3	−0.3	77.0	35.6		94.0
2008	1	3.7	17.0	−1.8	75.3	91.7		56.3
2008	2	3.9	22.6	−4.0	64.5	61.4		132.7
2008	3	12.8	24.5	4.0	64.2	37.7		154.9
2008	4	17.1	31.0	8.1	68.0	101.9		115.0
2008	5	23.2	34.9	13.5	62.5	117.7		211.1
2008	6	24.6	34.7	18.6	81.0	361.0		75.6
2008	7	30.1	38.5	23.1	69.4	114.4		225.4
2008	8	28.4	37.8	21.2	76.2	137.5		174.2
2008	9	25.8	35.9	18.9	75.9	44.2		130.8
2008	10	20.4	30.7	12.0	75.1	67.4		110.1
2008	11	12.9	22.7	1.3	72.4	118.5		120.7
2008	12	7.6	22.6	−3.2	61.3	20.5		134.4
2009	1	4.4	15.8	−5.2	65.0	36.3		128.3
2009	2	9.5	28.5	3.0	80.6	190.7		65.2
2009	3	11.1	26.9	2.6	73.6	117.6		109.6
2009	4	17.6	31.1	5.3	63.9	117.9		191.5
2009	5	22.9	36.4	14.4	58.9	77.0		218.8
2009	6	26.8	37.4	17.7	71.7	85.6		168.4
2009	7	29.6	39.7	21.5	68.7	227.7		204.7
2009	8	28.4	38.4	20.1	78.7	213.0		114.3

（续）

年份	月份	平均气温/℃	最高气温/℃	最低气温/℃	相对湿度/%	降水量/mm	蒸发量/mm	日照时数/h
2009	9	25.5	34.7	20.3	76.4	113.7		119.0
2009	10	20.6	29.1	12.2	66.9	18.0		176.2
2009	11	10.8	27.8	−1.1	78.8	186.6		86.5
2009	12	6.7	16.0	−3.0	69.6	69.8		127.4
2010	1	5.8	22.2	−3.2	69.8	37.1		98.1
2010	2	7.8	27.0	−2.4	78.8	151.2		96.1
2010	3	10.3	31.4	−2.5	70.3	300.4		118.5
2010	4	14.0	25.2	4.4	69.3	127.9		129.7
2010	5	21.6	33.5	13.5	69.1	65.1		152.5
2010	6	24.3	36.2	17.4	76.3	163.3		109.6
2010	7	28.8	37.5	23.2	76.9	256.5		169.9
2010	8	30.6	39.5	23.4	67.6	164.6		256.5
2010	9	25.8	36.6	15.1	77.9	212.9		135.3
2010	10	18.3	27.4	7.7	72.1	158.0		121.9
2010	11	13.4	24.2	5.8	69.7	25.5		124.1
2010	12	8.2	21.9	−3.6	60.7	65.6		177.1

表 4－77　重庆北碚紫色土监测站气象监测数据

年份	月份	平均气温/℃	最高气温/℃	最低气温/℃	相对湿度/%	降水量/mm	日照时数/h
1990	1	8.4	10.7	6.6	84.0	25.5	0.9
1990	2	8.9	11.6	6.7	84.0	26.4	3.0
1990	3	15.1	19.2	12.0	79.0	61.5	3.5
1990	4	17.8	22.0	14.5	79.0	84.3	2.4
1990	5	21.9	27.3	17.8	76.0	153.6	5.4
1990	6	24.8	29.8	21.1	80.0	215.2	5.0
1990	7	28.7	33.9	24.8	74.0	77.8	7.4
1990	8	30.0	35.8	25.3	68.0	40.4	8.9
1990	9	24.9	29.7	21.6	75.0	78.0	6.5
1990	10	17.8	20.7	15.9	87.0	108.9	1.4
1990	11	15.3	19.3	12.5	85.0	62.0	5.4
1990	12	9.5	12.2	7.5	88.0	2.4	0.9
1991	1	8.5	11.0	6.9	81.0	13.4	0.7
1991	2	9.8	12.7	7.9	85.0	9.9	0.5
1991	3	14.8	18.7	12.5	77.0	40.2	2.2
1991	4	17.4	21.9	14.6	80.0	104.2	3.3
1991	5	21.5	26.1	18.3	81.0	210.1	4.2
1991	6	26.1	30.6	23.4	81.0	249.3	4.6

（续）

年份	月份	平均气温/℃	最高气温/℃	最低气温/℃	相对湿度/%	降水量/mm	日照时数/h
1991	7	27.6	32.0	24.6	80.0	177.7	5.7
1991	8	26.6	31.5	23.6	82.0	146.7	4.6
1991	9	23.7	28.2	20.7	79.0	105.0	5.3
1991	10	18.1	21.3	16.2	88.0	143.5	0.7
1991	11	13.3	16.3	11.3	86.0	40.1	1.0
1991	12	9.4	11.5	7.8	88.0	43.3	1.0
1992	1	6.7	9.7	4.7	87.0	8.6	0.9
1992	2	9.9	12.3	6.6	84.0	33.3	1.4
1992	3	11.9	15.5	9.6	82.0	81.6	1.4
1992	4	19.4	23.9	15.9	80.0	134.1	4.5
1992	5	21.8	25.9	19.0	85.0	231.7	2.2
1992	6	24.7	29.0	21.6	80.0	267.1	4.2
1992	7	28.1	32.6	24.7	72.0	35.8	6.4
1992	8	28.9	34.4	25.0	68.0	89.7	6.4
1992	9	23.9	28.1	21.0	79.0	92.9	3.7
1992	10	17.3	21.1	15.0	85.0	102.1	1.6
1992	11	13.1	18.2	11.6	60.0	17.9	3.1
1992	12	9.3	12.7	7.0	86.0	12.5	0.5
1993	1	6.6	9.5	4.5	81.0	23.7	0.7
1993	2	11.1	15.2	8.1	81.0	47.7	1.6
1993	3	12.3	15.8	9.9	79.0	63.3	1.8
1993	4	18.8	23.5	15.5	80.0	110.0	3.4
1993	5	21.5	34.1	14.7	82.0	109.6	3.2
1993	6	25.4	30.3	21.5	78.0	144.2	4.5
1993	7	27.3	31.1	24.4	80.0	219.7	3.8
1993	8	24.9	27.4	24.9	68.0	221.2	2.1
1993	9	23.2	27.5	20.2	84.0	148.9	3.1
1993	10	18.2	21.5	15.8	84.0	91.3	1.8
1993	11	14.1	18.0	11.4	86.0	34.2	2.2
1993	12	8.0	10.6	6.2	88.0	23.6	0.7
1994	1	6.8	9.9	5.8	88.0	20.1	0.6
1994	2	10.3	14.0	7.7	76.0	10.5	0.9
1994	3	11.6	15.5	8.9	83.0	33.7	1.8
1994	4	19.4	23.6	16.3	80.0	57.8	2.7
1994	5	24.1	29.6	20.2	71.0	44.7	3.5
1994	6	25.2	29.7	21.9	80.0	173.8	3.5
1994	7	28.7	34.2	24.6	75.0	280.0	6.9
1994	8	31.0	36.3	26.5	64.0	104.2	7.5

（续）

年份	月份	平均气温/℃	最高气温/℃	最低气温/℃	相对湿度/%	降水量/mm	日照时数/h
1994	9	22.0	25.0	19.9	85.0	151.2	1.6
1994	10	17.2	20.8	15.0	82.0	109.8	1.1
1994	11	15.8	18.4	14.0	91.0	70.3	0.0
1994	12	10.2	15.2	8.8	88.0	40.2	0.3
1995	1	7.1	10.0	5.1	84.0	17.9	0.5
1995	2	9.0	12.1	6.6	83.0	22.4	0.8
1995	3	12.4	17.0	9.3	77.0	23.1	1.4
1995	4	17.7	21.8	14.9	78.0	35.0	1.7
1995	5	23.1	28.1	18.8	74.0	141.8	3.1
1995	6	24.7	29.9	24.6	83.0	167.9	2.5
1995	7	28.3	31.8	24.7	77.0	178.9	6.5
1995	8	28.7	33.4	25.0	74.0	143.0	5.5
1995	9	24.9	28.9	22.2	76.0	82.4	4.3
1995	10	18.7	21.9	16.7	87.0	95.8	1.2
1995	11	13.6	17.4	11.2	84.0	47.3	1.7
1995	12	9.1	10.9	7.9	87.0	53.0	0.5
1996	1	6.6	8.5	6.0	86.0	32.9	0.4
1996	2	8.1	11.8	5.6	70.0	18.0	1.5
1996	3	12.1	16.0	9.3	82.0	81.7	1.5
1996	4	16.3	20.1	13.6	81.0	67.6	2.1
1996	5	20.6	24.0	18.2	86.0	150.3	1.4
1996	6	25.7	30.3	22.4	78.0	164.3	4.2
1996	7	27.7	32.1	24.7	83.0	240.7	3.7
1996	8	29.6	34.8	25.7	71.0	204.8	8.1
1996	9	23.9	28.1	21.2	81.0	125.8	3.5
1996	10	18.1	21.8	19.5	84.0	73.6	1.8
1996	11	13.4	15.3	12.0	88.0	95.1	0.3
1996	12	8.7	11.4	6.7	85.0	3.7	0.5
1997	1	9.2	11.7	7.2	82.0	7.5	0.3
1997	2	9.5	11.9	7.8	84.0	81.4	0.3
1997	3	14.5	17.7	12.3	82.0	68.1	0.5
1997	4	17.6	22.0	14.4	80.0	55.1	3.0
1997	5	23.2	28.4	19.1	78.0	117.0	4.6
1997	6	24.0	28.6	20.5	83.0	380.4	4.1
1997	7	27.8	32.4	24.2	81.0	214.2	5.7
1997	8	30.8	37.1	25.8	62.0	20.8	8.3
1997	9	23.9	29.3	20.1	72.0	53.6	4.6
1997	10	18.2	20.9	18.8	88.0	84.1	1.3

（续）

年份	月份	平均气温/℃	最高气温/℃	最低气温/℃	相对湿度/%	降水量/mm	日照时数/h
1997	11	13.3	16.8	10.8	84.0	29.0	1.4
1997	12	8.4	10.2	7.0	87.0	14.6	0.1
1998	1	7.9	10.6	5.7	80.0	11.9	0.6
1998	2	10.2	13.5	7.8	81.0	31.5	1.2
1998	3	13.1	17.4	9.9	77.0	14.2	2.8
1998	4	23.3	29.4	18.3	64.0	151.5	7.4
1998	5	23.2	27.9	19.9	78.0	210.8	4.3
1998	6	24.6	28.7	22.2	88.0	274.5	2.5
1998	7	28.3	32.7	25.2	83.0	161.9	4.4
1998	8	27.0	31.0	24.2	86.0	227.8	3.4
1998	9	24.3	29.3	20.9	61.0	102.9	4.5
1998	10	20.3	24.4	17.6	83.0	79.7	1.4
1998	11	16.2	20.4	13.3	82.0	3.8	2.2
1998	12	10.1	12.5	8.4	87.0	23.1	0.3
1999	1	8.3	11.3	6.4	84.0	9.1	0.5
1999	2	10.7	14.6	8.8	83.0	11.1	1.0
1999	3	13.3	17.5	10.4	79.0	40.2	2.0
1999	4	18.6	23.1	15.7	82.0	253.3	3.3
1999	5	21.4	25.7	18.3	76.0	186.6	3.4
1999	6	25.2	28.9	22.7	86.0	160.1	2.6
1999	7	27.2	31.7	24.1	69.0	359.8	2.5
1999	8	27.4	32.6	23.8	78.0	138.2	3.8
1999	9	25.8	31.2	22.5	79.0	205.8	4.4
1999	10	18.8	21.6	16.8	88.0	102.5	1.2
1999	11	14.4	17.4	12.4	86.0	77.1	1.1
1999	12	8.2	11.4	6.1	89.0	25.6	0.8
2000	1	7.6	9.7	6.1	83.0	10.4	0.0
2000	2	9.0	12.3	6.8	75.0	8.1	1.4
2000	3	13.9	18.2	14.7	77.0	26.8	2.0
2000	4	17.7	22.2	14.7	81.0	152.8	2.7
2000	5	23.6	29.2	18.9	74.0	101.0	5.7
2000	6	25.0	38.6	22.1	82.0	71.3	2.2
2000	7	28.0	42.4	24.0	79.0	187.0	4.7
2000	8	26.3	31.3	23.2	84.0	230.5	3.1
2000	9	23.1	27.3	20.0	84.0	205.0	2.8
2000	10	19.4	23.2	16.8	85.0	70.4	2.5
2000	11	12.8	16.5	10.1	94.0	34.7	1.8
2000	12	9.3	12.3	7.1	86.0	25.1	0.4

（续）

年份	月份	平均气温/℃	最高气温/℃	最低气温/℃	相对湿度/%	降水量/mm	日照时数/h
2001	1	7.8	14.3	1.3	84.8	21.6	14.7
2001	2	11.0	20.4	2.4	81.6	17.5	59.2
2001	3	15.8	27.9	7.8	96.4	24.3	105.5
2001	4	17.7	29.6	5.8	75.7	149.8	165.4
2001	5	22.2	36.2	13.7	76.5	151.4	142.6
2001	6	23.4	35.9	18.1	82.5	183.8	81.3
2001	7	30.8	39.3	21.8	62.5		94.8
2001	8	26.9	39.5	19.3	77.4	158.8	105.9
2001	9	24.2	35.7	16.7	81.3	47.3	91.3
2001	10	19.7	28.6	14.8	1 810.0	105.3	57.9
2001	11	14.7	22.9	8.0	61.6	33.3	29.9
2001	12	8.3	15.8	−0.1	81.9	22.6	38.0
2002	1	7.8	13.9	2.0	83.5	11.7	10.9
2002	2	12.9	19.9	7.8	82.6	15.0	5.6
2002	3	15.8	27.4	5.6	72.5	57.7	132.7
2002	4	18.3	32.8	10.3	74.1	110.6	132.0
2002	5	20.9	33.9	15.3	85.0	227.4	58.4
2002	6	24.7	35.6	17.2	82.7	322.1	86.6
2002	7	28.3	39.0	21.7	64.9	110.5	173.4
2002	8	26.3	37.5	19.0	74.9	206.6	175.7
2002	9	24.9	36.7	15.4	69.6	77.7	171.6
2002	10	19.9	29.4	9.2	81.3	84.2	112.4
2002	11	15.7	25.7	8.5	77.8	43.9	41.5
2002	12	8.4	14.3	1.0	86.3	197.5	13.3
2003	1	8.0	14.9	−0.2	50.7	11.5	40.5
2003	2	12.4	22.6	3.2	76.8	7.4	65.3
2003	3	14.5	33.0	3.9	0.1	1 461.2	154.8
2003	4	19.0	30.8	14.3	25.2	68.8	101.4
2003	5	22.6	33.5	17.0	78.1	160.4	104.9
2003	6	24.6	34.4	18.4	87.2	335.0	77.8
2003	7	28.3	38.0	22.3	78.8	249.6	161.2
2003	8	29.0	40.0	20.2	71.8	55.1	169.2
2003	9	23.9	35.3	17.0	52.0	108.1	102.5
2003	10	17.4	26.6	13.4	89.4	70.2	26.0
2003	11	4.0	29.0	6.6	29.1	46.8	8.7
2003	12	9.1	14.5	2.5	75.2	33.3	14.3
2004	1	8.4	15.0	3.2	80.0	13.6	25.7
2004	2	10.1	19.8	2.5	74.3	80.4	88.5

（续）

年份	月份	平均气温/℃	最高气温/℃	最低气温/℃	相对湿度/%	降水量/mm	日照时数/h
2004	3	14.1	25.1	6.1	82.6	161.4	71.8
2004	4	20.1	36.5	11.9	78.7	364.4	145.9
2004	5	21.6	33.1	11.6	77.8	277.1	170.2
2004	6	23.5	37.0	17.7	85.9	497.0	78.7
2004	7	28.3	38.4	20.8	74.0	179.2	182.0
2004	8	27.2	40.9	21.9	81.0	307.3	69.1
2004	9	23.2	35.7	17.6	59.9	234.1	79.8
2004	10	16.9	27.1	12.6	58.1	49.2	32.7
2004	11	13.5	25.2	5.8	89.7	94.7	32.5
2004	12	9.4	15.1	2.8	76.9	27.1	17.5
2005	1	7.6	12.8	7.2	81.7	3.8	21.1
2005	2	9.3	12.6	7.1	77.4	22.6	26.5
2005	3	13.4	17.8	10.4	77.5	55.8	57.9
2005	4	20.0	25.4	15.9	76.7	125.9	130.5
2005	5	22.8	26.6	19.9	82.0	178.1	173.0
2005	6	26.5	31.6	22.7	81.2	163.3	116.9
2005	7	28.9	34.0	25.4	77.6	152.9	161.1
2005	8	25.6	29.6	22.9	84.6	351.0	79.4
2005	9	25.8	31.3	22.1	70.5	81.9	168.0
2005	10	13.2	16.0	11.5	87.3	80.9	28.8
2005	11	14.2	16.9	12.8	85.4	37.3	22.3
2005	12	8.7	10.9	7.3	84.9	9.5	12.0
2006	1	7.6	10.4	5.9	91.4	29.9	19.3
2006	2	8.6	11.5	6.6	93.5	42.3	17.2
2006	3	12.4	17.1	9.4	90.3	75.2	56.0
2006	4	18.8	24.9	14.6	78.0	90.4	111.7
2006	5	23.4	29.1	19.1	67.0	190.5	157.0
2006	6	25.8	30.4	22.4	67.7	145.8	98.9
2006	7	31.2	37.1	26.8	51.7	26.1	203.8
2006	8	33.2	39.5	28.1	50.7	5.7	225.1
2006	9	25.2	30.3	21.7	72.3	166.4	95.2
2006	10	20.9	24.6	18.7	89.2	44.4	20.4
2006	11	15.6	19.1	13.5	87.5	55.2	20.9
2006	12	9.3	12.0	7.5	88.2	13.0	11.5
2007	1	7.8	11.1	5.4	88.1	21.5	16.6
2007	2	12.7	17.5	9.8	80.4	22.9	24.4
2007	3	14.9	19.7	12.1	77.7	34.0	60.4
2007	4	18.2	23.3	14.8	79.3	109.7	72.9

（续）

年份	月份	平均气温/℃	最高气温/℃	最低气温/℃	相对湿度/%	降水量/mm	日照时数/h
2007	5	24.6	30.5	20.4	70.7	102.6	172.0
2007	6	24.7	28.7	21.7	84.7	261.4	69.7
2007	7	27.3	31.6	24.5	85.1	437.6	78.5
2007	8	29.4	35.5	25.3	75.5	81.2	172.0
2007	9	23.8	28.7	20.6	82.1	116.6	128.7
2007	10	19.3	22.1	17.4	85.4	87.7	46.0
2007	11	14.1	17.7	11.9	87.8	33.5	37.2
2007	12	10.1	12.3	8.7	87.1	17.8	18.9
2008	1	6.0	8.0	4.6	84.4	11.5	2.7
2008	2	7.0	10.3	4.8	81.3	35.9	31.9
2008	3	15.4	20.4	12.0	80.9	54.8	62.0
2008	4	19.1	23.8	15.6	77.9	101.1	75.3
2008	5	23.6	28.7	19.7	76.2	88.2	98.2
2008	6	25.7	31.3	21.8	80.7	163.7	149.2
2008	7	28.6	34.9	24.8	74.9	78.8	191.7
2008	8	26.1	30.2	23.9	85.2	217.6	46.1
2008	9	25.7	30.7	22.6	78.1	77.5	102.7
2008	10	19.8	23.3	17.8	89.1	97.6	64.3
2008	11	14.2	18.1	11.8	85.9	53.2	61.5
2008	12	9.1	12.1	7.0	89.4	36.6	25.0
2009	1	7.9	10.9	5.9	88.8	22.8	21.4
2009	2	13.5	17.6	10.9	85.0	19.0	48.1
2009	3	14.6	19.8	10.9	71.9	48.8	103.8
2009	4	18.8	23.6	15.8	76.4	104.4	58.2
2009	5	21.9	25.8	19.0	77.0	88.9	69.2
2009	6	25.3	30.2	22.1	79.0	227.0	78.3
2009	7	28.6	33.7	25.1	71.9	54.6	134.4
2009	8	28.4	33.3	24.6	73.5	383.5	151.6
2009	9	26.8	32.0	23.2	66.0	52.1	179.6
2009	10	19.1	22.5	17.1	83.3	65.6	48.8
2009	11	12.3	16.2	9.9		15.6	
2009	12	9.1	12.1	7.0	89.4	36.6	25.0
2010	1	8.8	12.3	6.4	86.1	13.0	24.2
2010	2	10.3	14.6	7.7	73.0	10.0	33.7
2010	3	14.1	19.4	10.7	74.1	44.2	90.4
2010	4	16.6	21.0	13.6	76.7	129.7	53.3
2010	5	21.8	26.2	18.9	77.8	117.0	71.2
2010	6	23.9	28.3	20.9	80.6	100.4	53.4

（续）

年份	月份	平均气温/℃	最高气温/℃	最低气温/℃	相对湿度/%	降水量/mm	日照时数/h
2010	7	28.9	33.9	25.4	73.0	209.6	143.7
2010	8	28.7	34.2	24.8	66.0	33.4	182.1
2010	9	25.1	29.6	22.4	74.0	99.8	102.8
2010	10	18.1	22.1	15.6	79.6	48.7	72.3
2010	11	14.2	18.0	11.8	81.9	53.1	48.2

表 4-78 湖南祁阳红壤监测站气象监测数据

年份	月份	平均气温/℃	最高气温/℃	最低气温/℃	相对湿度/%	降水量/mm	蒸发量/mm	日照时数/h
1989	1	5.1	6.9	2.8	87.0	128.6	22.6	
1989	2	5.8	9.0	2.6	87.0	106.9	33.3	
1989	3	11.6	13.6	7.7	78.0	80.5	54.4	
1989	4	16.5	23.2	14.1	82.0	145.8	82.8	
1989	5	22.1	26.7	18.1	82.0	334.8	123.4	
1989	6	26.6	30.8	21.4	79.0	233.6	176.0	
1989	7	29.3	33.4	21.6	99.0	81.5	271.6	
1989	8	29.0	34.0	22.2	72.0	21.0	228.8	
1989	9	24.9	30.0	18.4	78.0	0.0	163.7	
1989	10	20.4			75.0	0.0	129.2	
1989	11	13.4			78.0	0.0	75.6	
1989	12	9.0			82.0	0.0	49.8	
1990	1	6.2			86.0	0.0	30.4	
1990	2	6.5			89.0	0.0	29.0	
1990	3	13.4			84.0	0.0	68.4	
1990	4				83.0	0.0	98.4	
1990	5	22.8			78.0	0.0	145.9	
1990	6	27.4			79.0	0.0	173.8	
1990	7	29.7			71.0	0.0	264.8	
1990	8	29.7			69.0	0.0	259.4	
1990	9	25.7			73.0	0.0	164.5	
1990	10	19.5			77.0	0.0	105.9	
1990	11	15.9			80.0	0.0	70.7	
1990	12	8.8			77.0	0.0	51.1	
1991	1	5.9	7.6	3.9	88.0	185.6	20.0	
1991	2		12.8	4.8	84.0	85.0	40.0	
1991	3		16.6	6.8	86.0	249.3	56.0	
1991	4		17.6	9.4	82.0	118.5	91.3	
1991	5	22.9	26.2	16.9	77.0	136.0	177.2	
1991	6	27.1	31.1	22.9	79.0	139.4	192.9	

（续）

年份	月份	平均气温/℃	最高气温/℃	最低气温/℃	相对湿度/%	降水量/mm	蒸发量/mm	日照时数/h
1991	7	30.6	35.8	25.3	69.0	81.3	285.9	
1991	8		33.2	23.1	80.0	145.3	198.9	
1991	9	24.7	29.9	21.0	76.0	57.1	161.4	
1991	10		23.4	15.3	74.0	85.9	127.8	
1991	11		18.2	8.7	77.0	94.6	73.9	
1991	12	8.7	12.1	5.4	85.0	57.3	37.3	
1992	1	7.2	11.5	3.7	82.0	43.5	53.8	2.3
1992	2	8.1	11.2	5.2	84.0	160.7	43.6	2.0
1992	3	9.0	12.3	5.9	87.0	348.7	48.5	1.3
1992	4	19.1	24.0	15.0	82.0	99.7	115.5	3.8
1992	5	22.4	25.8	18.7	84.0	130.4	109.6	2.9
1992	6	25.4	29.2	21.7	82.0	261.5	153.7	5.1
1992	7	28.7	33.5	24.5	72.0	214.0	244.8	8.2
1992	8	29.8	35.1	25.2	67.0	2.6	278.7	7.8
1992	9	24.8	30.9	20.2	74.0	60.8	195.0	5.4
1992	10	18.1	23.9	12.8	67.0	13.8	160.5	5.4
1992	11	14.0	21.3	7.2	63.0	15.7	132.0	5.8
1992	12	9.5	13.8	3.9	78.0	74.0	67.4	2.1
1993	1	4.2	7.8		82.0	81.1	36.5	2.8
1993	2	9.5	14.5	5.1	79.0	109.6	56.4	3.6
1993	3	11.4	15.3	5.8	83.0	114.2	60.8	2.1
1993	4	19.1	24.0	15.0	84.0	99.7	89.2	2.9
1993	5	22.4	25.8	18.7	83.0	130.4	107.4	2.8
1993	6	25.4	29.4	21.8	82.0	261.5	172.2	5.1
1993	7	28.7	33.5	24.5	79.0	214.0	209.6	5.6
1993	8	29.8	35.1	25.2	81.0	2.6	165.5	4.9
1993	9	24.8	30.9	20.2	82.0	60.8	132.5	4.7
1993	10	18.1	23.9	12.8	76.0	13.8	116.8	4.8
1993	11	14.0	21.3	7.2	59.0	15.7	61.9	3.4
1993	12	9.5	13.8	3.9	74.0	74.0	61.4	4.7
1994	1		10.6	4.8	79.0	28.9	45.3	2.1
1994	2		10.2	5.0	84.0	95.1	37.4	1.2
1994	3		14.5	8.2	82.0	120.7	52.5	1.9
1994	4		23.8	16.2	84.0	173.8	115.6	3.6
1994	5		29.6	21.1	77.0	167.2	163.5	4.9
1994	6		30.1	22.9	84.0	417.9	147.6	5.1
1994	7		33.1	25.2	80.0	143.0	174.1	6.4
1994	8		33.0	24.7	82.0	340.5	170.4	6.2

（续）

年份	月份	平均气温/℃	最高气温/℃	最低气温/℃	相对湿度/%	降水量/mm	蒸发量/mm	日照时数/h
1994	9		27.6	20.5	82.0	28.4	117.0	3.4
1994	10		21.8	14.4	81.0	141.1	78.4	4.0
1994	11		20.0	12.4	81.0	36.8	64.8	3.0
1994	12		12.4	7.8	74.0	75.1	34.6	1.4
1995	1		9.6	3.3	83.0	106.8	37.9	1.9
1995	2		11.6	6.4	81.0	155.2	45.6	1.5
1995	3		15.7	9.4	80.0	109.3	59.2	1.7
1995	4		20.9	15.1	85.0	124.4	95.2	1.9
1995	5		29.2	19.7	75.0	52.7	172.9	4.8
1995	6		30.8	22.9	80.0	109.7	168.0	4.6
1995	7		35.0	26.0	68.0	31.5	303.5	8.6
1995	8		33.6	25.5	74.0	132.7	231.2	5.7
1995	9		30.8	22.2	69.0	98.8	199.8	6.0
1995	10		24.1	16.6	81.0	108.7	94.4	2.9
1995	11		18.8	10.3	70.0	50.2	93.9	3.7
1995	12		13.4	5.2	70.0	12.1	71.3	3.6
1996	1		9.3	3.6	81.0	97.9	41.7	1.0
1996	2		12.7	4.5	73.0	21.8	84.5	3.1
1996	3		14.6	7.1	82.0	228.6	73.4	2.4
1996	4		21.0	13.7	77.0	157.9	124.0	3.1
1996	5		26.8	19.5	82.0	231.0	126.0	2.6
1996	6		31.7	24.2	79.0	161.0	173.8	3.5
1996	7		33.1	25.6	78.0	241.5	204.4	5.3
1996	8		33.3	25.3	79.0	235.2	205.9	6.0
1996	9		30.6	22.5	77.0	13.3	175.5	5.8
1996	10		25.8	16.6	76.0	27.6	135.0	4.4
1996	11		16.5	10.3	81.0	32.4	61.9	1.3
1996	12		15.8	6.4	72.0	22.0	66.4	3.5
1997	1		12.0	4.8	78.0	87.2	47.7	2.5
1997	2		11.5	6.5	85.0	141.9	33.6	1.8
1997	3		18.0	11.9	83.0	202.4	69.5	2.0
1997	4		21.7	15.0	83.0	151.4	84.8	2.3
1997	5		30.3	21.2	73.0	226.0	157.4	5.8
1997	6		30.1	22.7	81.0	164.5	134.9	4.6
1997	7		32.5	25.3	78.0	133.2	168.0	5.1
1997	8		33.7	25.6	76.0	140.8	195.5	6.3
1997	9		26.2	18.9	80.0	140.6	111.1	3.7
1997	10		24.5	17.2	83.0	125.5	68.8	3.0

（续）

年份	月份	平均气温/℃	最高气温/℃	最低气温/℃	相对湿度/%	降水量/mm	蒸发量/mm	日照时数/h
1997	11		17.8	10.7	77.0	87.8	62.6	3.5
1997	12		10.4	6.6	84.0	107.6	29.4	0.0
1998	1	4.3	10.4		87.0	196.2		0.3
1998	2	9.2	20.2	4.0	85.0	136.1		2.0
1998	3	10.8	24.8	2.3	86.0	221.4		1.4
1998	4	21.8	27.9	10.4	75.0	114.3		5.2
1998	5	22.7	28.0	15.4	82.0	253.7		3.7
1998	6	26.4	30.1	21.4	84.0	190.8		2.3
1998	7	30.7	33.5	27.8	71.0	35.5		7.1
1998	8	31.3	34.2	22.2	66.0	13.1		9.2
1998	9	25.8	30.6	20.7	72.0	43.6		6.5
1998	10	21.8	28.1	17.0	67.0	44.8		5.8
1998	11	16.5	23.7	10.5	74.0	20.5		4.2
1998	12	10.2	15.9	1.7	76.0	16.8		3.3
1999	1	8.3	13.8	1.9	78.0	37.0		2.4
1999	2	11.2	19.2	4.0	67.0	16.9		3.1
1999	3	11.3	23.5	4.3	84.0	106.9		2.0
1999	4	18.6	27.8	11.8	82.0	184.3		2.7
1999	5	22.5	26.2	18.7	79.0	224.1		3.5
1999	6	26.8	31.4	21.5	82.0	130.4		4.0
1999	7	27.6	31.8	22.8	84.0	183.4		5.0
1999	8	27.1	32.4	22.7	83.0	144.3		3.5
1999	9	26.3	31.4	20.0	77.0	59.8		6.8
1999	10	19.3	28.0	14.0	81.0	59.8		2.1
1999	11	14.1	20.7	5.8	78.0	46.6		3.4
1999	12	9.6	14.3	2.3	61.0	3.1		5.1
2000	1	5.2	16.7		82.0	116.9		1.6
2000	2	6.2	9.8		84.0	66.1		0.4
2000	3	12.7	20.1	7.9	84.0	188.0		2.0
2000	4	17.4	24.7	12.6	85.0	193.3		1.8
2000	5	23.7	29.7	18.0	77.0	198.9		5.1
2000	6	27.0	32.4	18.9	76.0	130.7		5.9
2000	7	30.3	33.7	25.6	69.0	35.5		8.4
2000	8	28.7	32.9	25.6	76.0	146.3		5.8
2000	9	24.2	30.0	18.6	76.0	108.3		4.6
2000	10	18.5	28.4	11.5	86.0	152.4		2.2
2000	11	11.3	18.1	5.6	78.0	44.9		3.8
2000	12	9.2	16.2	3.5	79.0	20.3		2.6

附录1　基于肥力网数据资源出版的专著目录

基于肥力网数据资源出版的专著目录见附表1。

附表1　2001—2010年国家土壤肥力与肥料效益监测站网出版专著目录

序号	专著名称	编著者	出版社名称	出版年份
1	《中国土壤生物演变及安全评价》	张夫道等著	中国农业出版社	2006
2	《中国土壤肥力演变》	徐明岗等主编，刘骅等为副主编	中国农业科学技术出版社	2006
3	《小麦-玉米轮作体系养分资源综合管理理论与实践》	陈新平、张福锁主编	中国农业大学出版社	2006
4	《新疆棉花养分资源综合管理》	田长彦等主编	科学出版社	2008
5	《长期施肥土壤钾素演变》	张会民、徐明岗等著	中国农业出版社	2008
6	《农田土壤培肥》	徐明岗、卢昌艾、李菊梅主编	科学出版社	2009
7	《中国生态系统定位观测与研究数据集　农田生态系统卷　国家土壤肥力与肥料效益监测站网》	马义兵、李秀英等主编	中国农业出版社	2010
8	《施肥制度与土壤可持续利用》	赵秉强等著	科学出版社	2012
9	《义乌市标准农田地力现状及提升措施》	李敏、周维民、吴春艳著	中国农业科学技术出版社	2012
10	《南方稻区水稻栽培理论与技术》	秦道珠	湖南科学技术出版社	2013
11	《浙江省作物专用复混肥料农艺配方》	陈义、陈红金、唐旭等编著	中国农业出版社	2013
12	《中国土壤肥力演变（第二版）》	徐明岗、张文菊、黄绍敏等著	中国农业科学技术出版社	2014
13	《吉林玉米高产理论与实践》	王立春等著	科学出版社	2014
14	《陕西省作物专用复混肥料农艺配方》	杨学云、赵秉强、常艳丽等编著	中国农业出版社	2015

附录 2　肥力网工作照片

肥力网工作照片见图 1 至图 10。

图 1　杨学云站长带队田间夏收

图 2　重庆紫色土长期试验田间考察

图 3　2017 年肥力网工作总结会于新疆维吾尔自治区伊犁哈萨克自治州召开

图 4　湖南祁阳红壤监测站红壤长期定位实验考察

图 5　浙江杭州水稻土监测站工作会议

图 6　水稻土长期试验田间考察

图 7　河南郑州潮土监测站长期试验交流会

图 8　潮土长期试验田间考察

图 9　彭畅博士在样品室工作

图 10　朱平站长田间考察